普通高等教育"十一五"国家级规划教材

电气工程及自动化专业精品教材

自动化仪表与过程控制

（第 6 版）

施　仁　刘文江　郑辑光　王　勇　编著

电子工业出版社

Publishing House of Electronics Industry

北京·BEIJING

内 容 简 介

本书为"普通高等教育'十一五'国家级规划教材",主要讨论生产过程自动化中使用的各种检测与控制仪表的工作原理,以及过程控制系统的设计整定方法。

全书分上、下两篇。上篇为自动化仪表部分,介绍最常用的工业检测仪表、调节器、执行器和防爆栅等的工作原理及控制系统集成技术。重点讨论 DDZ—Ⅲ型电动单元组合仪表、YS—1000 可编程序调节器、CS3000 集散控制系统和现场总线控制系统的工作原理及使用方法。下篇为过程控制部分,介绍了过程控制对象动态特性测试方法、单回路及串级调节系统的设计和参数整定方法,以及解耦控制、推理控制及预测控制等先进控制技术,最后介绍了几种典型调节系统在生产过程自动化中的应用实例。

本书可供高等学校自动化专业、电气工程及自动化专业本科生、研究生作为教材或参考书使用,也可供相关专业学生及从事生产过程检测控制的研究及工程技术人员参考使用。

图书在版编目(CIP)数据

自动化仪表与过程控制 / 施仁等编著. —6 版. —北京:电子工业出版社,2018.1
ISBN 978-7-121-31956-3

Ⅰ. ①自… Ⅱ. ①施… Ⅲ. ①自动化仪表–高等学校–教材②过程控制–高等学校–教材 Ⅳ. ①TH86 ②TP273

中国版本图书馆 CIP 数据核字(2017)第 139698 号

策划编辑:陈晓莉
责任编辑:凌　毅　　文字编辑:陈晓莉
印　　刷:北京虎彩文化传播有限公司
装　　订:北京虎彩文化传播有限公司
出版发行:电子工业出版社
　　　　　北京市海淀区万寿路 173 信箱　　邮编　100036
开　　本:787×1092　1/16　印张:20.5　字数:578 千字
版　　次:1984 年 1 月第 1 版
　　　　　2018 年 1 月第 6 版
印　　次:2025 年 2 月第 12 次印刷
定　　价:49.00 元

凡所购买电子工业出版社图书有缺损问题,请向购买书店调换。若书店售缺,请与本社发行部联系,联系及邮购电话:(010)88254888,(010)88258888。

质量投诉请发邮件至 zlts@phei.com.cn,盗版侵权举报请发邮件至 dbqq@phei.com.cn。

本书咨询联系方式:(010)88254528,lingyi@phei.com.cn。

前　　言

本书是"普通高等教育'十一五'国家级规划教材",由"电子信息与电气学科教学指导委员会"及"电气工程及其自动化专业教学分指导委员会"推荐出版。

本教材最初是根据 1977 年恢复高考后,全国工科电子类自动控制专业教材编审委员会制订的教学大纲,由西安交通大学施仁、刘文江编写,国防工业出版社 1980 年出版的《工业自动化仪表与过程控制》全国统编教材。此后,根据国务院关于高等学校教材出版分工的规定,改由电子工业出版社作为全国自动控制专业统编教材出版、发行。多年来被诸多院校广泛采用,也收到不少改进意见。随着自动化、通信与计算机技术的快速发展,本书内容也不断翻新,多次修订,分别于 1984 年(第 1 版)、1991 年(第 2 版)、2003 年(第 3 版)、2006 年(第 4 版)、2011年(第 5 版)面世。2006 年本书第四版被评为"普通高等教育'十一五'国家级规划教材"、电气工程及自动化专业精品教材。为适应近年来科技发展和节能环保的需求,本书再次进行了修订,如对模拟调节器的篇幅做了压缩,在数字设备信号互联中介绍了 OPC 技术,在工程应用中增加了火力发电厂的脱硝控制等,作为第 6 版出版。

本教材的参考教学时数为 60 学时,上、下篇各约 30 学时,其主要内容是:上篇为自动化仪表部分,介绍工业检测仪表、调节器、执行器和防爆栅,以及集散控制系统(DCS)与现场总线控制系统(FCS)的工作原理和控制系统集成技术。下篇为过程控制部分,介绍控制对象动态特性测试方法、单回路及串级调节系统的设计和参数整定方法,以及解耦控制、推理控制及预测控制等先进控制技术,最后介绍了几种典型控制系统在生产过程自动化中的应用实例。

本教材的自动化仪表部分主要以 DDZ—Ⅲ型电动单元组合仪表、日本横河公司 YS—1000 可编程序调节器、CS3000 集散控制系统和现场总线控制系统为重点,介绍基本工作原理和使用特点。关于仪表具体结构和调校方法讨论不多。本书下篇为过程控制部分,主要介绍控制对象动态特性测试和数据处理方法,以及控制系统设计和参数整定的一般原理,不针对特定的工艺过程。

本课程是高等学校自动化专业、电气工程专业学生在学完电子技术基础、控制理论、微机原理等课程后开设的专业课程。通过学习本课程,学生可以掌握自动化仪表的工作原理和使用特点,选用通用的工业自动化技术工具,初步具备集成自动控制系统的能力,在深入了解被控对象要求的基础上,对控制系统进行设计、组装、调试和投运。

本教材由施仁编写自动化仪表概述及第 1、第 2、第 4 章,郑辑光编写第 3 章,刘文江编写第 5、第 6、第 7、第 9 章,王勇编写第 8 章,并对第 5~9 章内容进行一定的修改整理。为了方便教学,郑辑光、王勇为本教材制作了电子课件,欢迎任课教师索取(http://www.hxedu.com.cn)。

本书编写过程中参考了各种书刊及资料,在此谨向他们表示深切的谢意。由于作者水平有限,书中肯定有不少缺点和不足,请广大读者批评指正。

编者

2017 年 12 月于西安

目 录

上篇 自动化仪表

　　自动化仪表是工业企业实现自动化的必要手段和技术工具,各种控制方案和算法都必须借助自动化工具才能实现。随着自动化技术的广泛应用,自动化仪表的需求量很大,已形成一个专门的仪表门类。自动化工程师要设计自动控制系统必须掌握各种自动化仪表的工作原理和性能特点,才能合理地选择和正确地使用,组成性能价格比好的控制系统。

　　半个多世纪以来,自动化仪表经历了从气动液动仪表、电动仪表、电子式模拟仪表、数字智能仪表,到计算机集散控制系统(DCS)等发展阶段,为各行各业的现代化大规模生产提供了强大的支持。近年来,随着网络通信等相关技术的快速发展,自动化仪表正处于一场重大的变革中,以仪表的全数字化、开放化、网络化为特征的现场总线控制系统(FCS)正在迅猛发展。现场总线把从检测端到执行端的所有自动化仪表通过数字通信连接起来,使控制系统网络化,十分有利于工业企业实现高层次的综合自动化。

　　自动化仪表与控制理论一样,都是自动化工作者的研究内容。自动化技术工具的进步不仅会推动工业企业自动化水平的提高,还会影响控制理论的研究方向和内容。

本篇内容
● 自动化仪表概述
● 检测仪表
● 调节器
● 集散控制系统与现场总线控制系统
● 执行器和防爆栅

自动化仪表概述

0.1 自动化仪表及其发展概况

看到"仪表"两个字，人们很容易想到电流表、电压表、示波器等实验室中常用的测试仪器。本课程要讨论的不是这些通用仪表，而是讨论工业自动化中，特别是连续生产过程自动化中必需的一类专门的仪器仪表，称为自动化仪表。其中包括对工艺参数进行测量的检测仪表、根据测量值对给定值的偏差按一定的调节规律发出调节命令的调节仪表，以及根据调节仪表的命令对进出生产装置的物料或能量进行控制的执行器等。这些仪表代替人们对生产过程进行测量、控制、监督和保护，是实现生产过程自动化必不可少的技术工具。

对于没有实践经历的自动控制初学者，往往以为控制工程师的工作是，先画出控制方案图，然后自己动手，设计制作一定的测控装置去实现要求的控制算法。不难想象，如果大家都按自己的思路，为各种系统制作专用的测控装置，其规格品种必将是五花八门、互不兼容的。这对于用户来说，其维护和备品备件将是无法解决的问题。为减少仪表品种，便于互换和维护，人们把自动化仪表的外部功能和联络信号进行规范化，即规定若干通用的标准化功能模块，其内部原理和电路可以不同，但外部功能必须相同，此外，它们之间的互连信号标准必须统一。这些规范促进了自动化仪表向通用化发展，大大方便了用户。这样，对控制工程师来说，主要的工作不是自己去制作仪表，而只要熟悉和精通各种现成的自动化仪表的工作原理和性能特点，以便根据不同的测控要求和应用环境，从大量系列化生产的通用型自动化仪表中，合理地选择和正确地使用它们，组成经济、可靠、性能优良的自动控制系统。自动化工程师的主要工作是"系统集成"。

自动化仪表作为一类专门的仪表，最早出现于20世纪40年代，当时由于石油、化工、电力等工业对自动化的需要，出现了将测量、记录、调节仪表组合在一起的多功能自动化仪表。此后，随着大型工业企业的出现，生产向综合自动化和集中控制的方向发展，人们发现多功能仪表的结构不够灵活，不如将仪表按功能划分，制成若干种能独立完成一定功能的标准单元，各单元间以标准联络信号相互联系，这样，仪表的性能容易提高。在使用中可以根据需要，选择一定的单元，积木式地把仪表组合起来，构成各种复杂程度不同的控制系统。这种积木式的仪表就称为单元组合式仪表。显然，将多功能仪表分解为若干基本单元的做法，无论对仪表厂的大量生产，还是对用户的选用和维护都是有利的。尽管近年来随着自动化仪表由模拟技术向数字技术的发展，仪表的功能结构又重新由单功能向多功能转变，但这种按功能划分标准单元的思路在仪表内部还是被充分地肯定下来。

自动化仪表除了有上述不同的功能结构外，还可根据能源的种类，分为电动、气动等仪表。其中气动仪表的出现比电动仪表早，而且价格便宜，结构简单，特别对石油、化工等易燃易爆的生产现场，具有本质性的安全防爆性能，因而在相当长的一段时间里，一直处于优势地位。但从20世纪60年代起，由于电动仪表的晶体管化和集成电路化，控制功能日益完备，在使用低电压、小电流时，可在电路上及结构上采取严密措施，限制进入易燃易爆场所的能量，从而保证在生产现场不会发生足以引起燃烧或爆炸的"危险火花"。这样，限制电动仪表在易燃易爆场所使用的一个主要障碍被扫除，电信号比气压信号在传送和处理上的优越性就能得到充分的发挥。大家知道，气压信号传递速度慢，传输距离短，管线安装不便。相比之下，电信号传输、放大、变换、测量都比气压信号方便得多，特别是电动仪表容易和计算机配合使用，实现生产过程的全盘自动化。因此，电动仪表取得了压倒性的优势。

0.2　电动单元组合仪表及其控制系统的组成

我国生产的电动单元组合仪表，到目前为止已有了四代产品，它们分别为：20 世纪 60 年代中期生产的以电子管和磁放大器为主要放大元件的 DDZ—Ⅰ型仪表；70 年代初开始生产的以晶体管作为主要放大元件的 DDZ—Ⅱ型仪表；80 年代初开始生产的以线性集成电路为主要放大元件、具有安全火花防爆性能的 DDZ—Ⅲ型仪表；以及 80 年代后期开始生产的以微处理器为核心的数字式智能仪表 DDZ—S。这里的"DDZ"是电(Dian)、单(Dan)、组(Zu)三字的汉语拼音文字中第一个字母的组合。这四代产品虽然电路形式和信号标准不同，性能指标和单元划分的方法也不完全一样，但它们实现的控制功能和基本的设计思想是相同的，只要掌握其中一种，其他产品便不难分析。

图 0-1 是使用电动单元组合式仪表构成简单调节系统的例子，从中可以看到单元划分的原则和各单元的功能。图中，被调量一般是非电的工艺参数，如温度、压力等，必须经过一定的检测元件，将其变换为易于传送和显示的物理量。检测元件还称为敏感元件、传感器、换能器、一次仪表等。被称为换能器的理由是工艺参数在检测元件上进行了能量形式的转换，例如，在使用热电偶测温时，热电偶将温度(热能)转换成了电压(电能)。被称为一次仪表的理由是这些检测元件安装在生产第一线，直接与工艺介质相接触，取得第一次的测量信号。

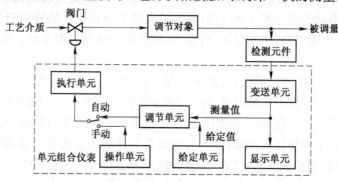

图 0-1　用电动单元组合式仪表构成的调节系统

由于检测元件输出的能量很小，一般不能直接驱动显示和调节仪表，必须经过放大或再一次的能量转换，才能将检测元件输出的微弱信号变换为能远距离传送的统一标准信号。图0-1中，起上述作用的环节就是变送单元，或称变送器，它有若干不同的类型，与相应的检测元件相配合。

由变送单元输出的统一标准信号，一方面送到显示单元供记录或指示，同时送到调节单元与给定值进行比较。给定值可以由专门的给定单元取得，也可由调节单元内部取得。目前，多数调节单元内部都有设定给定值的装置。调节单元又称调节器，它按比较得出的偏差，以一定的调节规律，如比例、微分、积分等运算关系发出调节信号，通过执行单元改变阀门的开度，控制进入调节对象的工艺介质流量，达到自动调节的目的。

除了图 0-1 中表示的几种基本单元外,在电动单元组合式仪表中,还有实现物理量转换的转换单元,进行加、减、乘、除、乘方、开方等运算的计算单元,以及为保证安全防爆所需的安全单元等。其中,转换单元也是常用的单元,由于目前电动执行器无论在结构、性能、价格及安全方面都不如气动执行器,所以大部分使用电动仪表构成的调节系统中,其执行器却仍然使用气动的。这样,就必须使用电-气转换器,将电动调节仪表输出的电信号转换为气压信号,以推动气动调节阀实现自动调节。安全单元是安全火花型防爆仪表所特有的一种单元,它的作用是在易燃易爆的生产现场周围筑起一道安全栅栏,从电路上对危险场所的线路采取隔离措施,防止高能量电路与现场线路之间的直接接触;同时通过电压、电流的双重限制电路,严格保证进入危险场所的能量在安全范围以内,因而是实现安全火花防爆的关键环节。

如前所述,使用单元组合仪表必须有统一的联络信号。我国电动单元组合仪表中存在两种标准信号制度,在 DDZ—Ⅰ型和 DDZ—Ⅱ型仪表中采用 0~10mA 直流电流作为标准信号,而在 DDZ—Ⅲ型和 DDZ—S 型仪表中,采用国际上统一[①]的 4~20mA 直流电流作为标准信号。这两种标准都以直流电流作为联络信号。采用直流信号的优点是传输过程中易于和交流感应干扰相区别,且不存在相移问题,可不受传输线中电感、电容和负载性质的限制。采用电流制的优点首先可以不受传输线及负载电阻变化的影响,适于信号的远距离传送;其次由于电动单元组合仪表很多是采用力平衡原理构成的,使用电流信号可直接与磁场作用产生正比于信号的机械力。此外,对于要求电压输入的仪表和元件,只要在电流回路中串联电阻便可得到电压信号,故使用比较灵活。

在这两种信号制度里,零信号和满幅度信号电流大小的选择是这样考虑的:在 DDZ—Ⅲ型和 DDZ—S 型仪表中,以 20mA 表示信号的满度值,而以此满度值的 20% 即 4mA 表示零信号。这种称为"活零点"的安排,有利于识别仪表断电、断线等故障,且为现场变送器实现两线制提供了可能性。所谓两线制变送器就是将供电的电源线与信号的传输线合并起来,一共只用两根导线。为便于理解这种两线制变送器的组成原理,图 0-2 给出了一个简单的示意图。图中,被测压力 P 经弹性波纹管转变为电位器 RP_1 的滑动触头位移,产生正比于压力 P 的电压 V_1,该电压经运算放大器 A 和晶体管 VT 组成的电流负反馈电路,把 V_1 转变为晶体管的输出电流 I_2,它在 0~16mA 间随被测压力 P 作正比变化。此外,图中还可看到,为了给仪表内的检测和放大电路供电,用了一个 4mA 的恒流电路,它把内部耗电稳定在一个固定的数值上。图中,稳压管 VD_z 除用来稳定内部电路的供电电压外,还调剂内部电路的供电电流。这样,上述两部分电流合计,流过该仪表的总电流在 4~20mA 间变化,实现了电源线和信号线的合并。

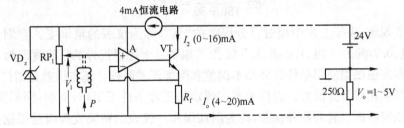

图 0-2 两线制变送器的组成原理

① 1973 年 4 月国际电工委员会(IEC)通过的标准规定,过程控制系统的模拟信号为直流电流 4~20mA,电压信号为直流 1~5V。我国的 DDZ—Ⅲ 型仪表规定,现场传输信号用 4~20mA(直流),控制室内各仪表间的联络信号用 1~5V(直流)。

使用两线制变送器不仅节省电缆,布线方便,且大大有利于安全防爆,因为减少一根通往危险现场的导线,就减少了一个窜进危险能量的通道。由于活零点的表示法具有上述优点,受到普遍的欢迎和广泛的应用。

在上述信号标准里,从安全防爆、减少损耗、节省能量考虑,信号电流的满度值希望选取得小一些。但太小也有困难,因为对于力平衡式仪表,电流小了,产生的电磁力也小,不易保证这些仪表的精度。此外,在采用活零点的仪表中,降低满幅度电流的数值,必然同时降低起点电流的数值。起点电流太小将给两线制仪表带来困难,因为它将要求降低整个仪表在零信号时消耗的总电流。而在目前的元器件水平下,起点电流比 4mA 再小有时将发生困难。因此,目前国际上采用 4~20mA 作为标准信号。

0.3　仪表的基本技术指标

自动化仪表和其他仪表一样,在保证可靠工作的前提下,有如下一些衡量其性能优劣的基本指标。

1. 精确度

任何仪表都有一定的误差。因此,使用仪表时必须先知道该仪表的精确程度,以便估计测量结果与真实值的差距,即估计测量值的误差大小。

模拟式仪表的精确度一般不宜用绝对误差(测量值与真实值的差)和相对误差(绝对误差与该点的真实值之比)来表示,因为前者不能体现对不同量程仪表的合理要求,后者很容易引起任何仪表都不能相信的误解。例如,对一只满量程为 100mA 的电流表,在测量零电流时,由于机械摩擦使表针的显示偏离零位而得到 0.2mA 的读数,若按上述相对误差的算法,那么该点的相对误差即为无穷大,似乎这个仪表是完全不能使用的;但在工程人员看来,出现这样的测量误差是很容易理解的,根本不值得大惊小怪,它可能还是一只比较精密的仪表呢!

模拟式仪表的合理精确度,应该以测量范围中最大的绝对误差和该仪表的测量范围之比来衡量,这种比值称为相对(于满量程的)百分误差。例如,某温度计的刻度由 $-50℃\sim+150℃$,即其测量范围为 200℃,若在这个测量范围内,最大测量误差不超过 3℃,则其相对百分误差 δ 为

$$\delta = \frac{3}{150+50} = 1.5\%$$

仪表工业规定,去掉上式中相对百分误差的"%",称为仪表的精确度。它划分成若干等级,如 0.1 级、0.2 级、0.5 级、1.0 级、1.5 级、2.5 级等。上述温度计的精确度即为 1.5 级。

仪表的误差还根据使用条件分为基本误差和附加误差两种。基本误差是指仪表在正常工作条件下的最大相对百分误差。若仪表不在规定的正常条件下工作,例如,因周围温度、电源电压等偏高或偏低而引起的额外误差,称为附加误差。仪表的精确度等级是根据其基本误差确定的。

2. 灵敏度和灵敏限

灵敏度表示测量仪表对被测参数变化的敏感程度,常以仪表输出(如指示装置的直线位移或角位移)与引起此输出的被测参数变化量之比表示,即

$$灵敏度 = \frac{\Delta a}{\Delta x}$$

式中，Δa 为仪表指示装置的直线位移或角位移；Δx 为被测参数的变化值。

仪表的灵敏度可用增加放大系统的放大倍数来提高。但是，单纯提高仪表的灵敏度并不一定能提高仪表的精确度，例如，把一个电流表的指针接得很长，虽然可把直线位移的灵敏度提高，但其读数的精确度并不一定提高。相反，可能由于平衡状况变坏而精确度反而下降。为了防止这种虚假灵敏度，常规定仪表读数标尺的分格值不能小于仪表允许误差的绝对值。

仪表的灵敏限，是指仪表能感受并发生动作的输入量的最小值。

3. 变差

在外界条件不变的情况下，使用同一仪表对被测参量进行反复测量（正行程和反行程）时，所产生的最大差值与测量范围之比称为变差。造成变差的原因很多，例如，传动机构间存在的间隙和摩擦力、弹性元件的弹性滞后等。在设计和制造仪表时，必须尽量减小变差的数值。一个仪表的变差越小，其输出的重复性和稳定性越好。

仪表除静态误差外，在输入量随时间变化时，由于仪表内部的惯性和滞后，还存在动态误差。对自动化仪表来说，因为它工作在调节系统的闭环之中，其动态特性不仅影响自身的输出，还直接影响整个调节系统的调节质量。例如，在一个调节系统中，若检测仪表的惯性比调节对象的惯性还大，那么不仅系统的调节速度被减慢，而且在过渡过程中检测仪表不能及时反映真实的情况，被调量可能存在很大的冲击和波动，但检测仪表的指示却很平稳，这种虚假的现象会给生产造成严重的损失。因此，在选用自动化仪表时，必须对其动态特性予以充分的重视，根据需要，尽量减小仪表的惯性和滞后，使之快速和准确地响应输入量的变化。

复习思考题

0-1　自动化仪表是指哪一类仪表？什么叫单元组合式仪表？

0-2　DDZ—Ⅱ型与 DDZ—Ⅲ型仪表的电压、电流信号传输标准是什么？在现场与控制室之间采用直流电流传输信号有什么好处？

0-3　什么叫两线制变送器？它与传统的四线制变送器相比有什么优点？试举例画出两线制变送器的基本结构，说明其必要的组成部分。

0-4　什么是仪表的精确度？试问一台量程为 $-100\text{℃} \sim +100\text{℃}$、精确度为 0.5 级的测量仪表，在量程范围内的最大误差为多少？

第1章 检测仪表

各种不同的工业企业在实现自动化时需要检测的工艺参数种类很多。例如,在热工过程中,最常遇到的是温度、压力、流量和物位4种参数的检测问题;在化工过程中,除上述四大参数外,还需要进行成分分析和某些物理化学性质如密度、黏度、酸度等的测量;在冶金、钢铁、机械工业中,则又需对某些机械参数如质量、力、加速度、位移、厚度等进行检测;在电厂中还有频率、相位、功率因数等电工量需要测定等。显然,要把所有的工艺参数检测方法都讨论是不可能的,下面只对几种比较有普遍性的工艺参数进行示例性的讨论。通过一些典型例子,说明目前采用的主要检测手段和达到的技术水平,介绍组成检测仪表的基本原则和保证可靠工作的一般方法。希望读者在学习了这些有限的例子后,能举一反三,为掌握其他检测仪表打下基础。

1.1 温度检测仪表

温度是工业生产中最基本的工艺参数之一,任何化学反应或物理变化的进程都与温度密切相关,因此温度的测量与控制是生产过程自动化的重要任务之一。

1.1.1 测量温度的主要方法

测量温度的方法虽然很多,但从感受温度的途径来分,有以下两大类:一类是接触式的,即通过测温元件与被测物体的接触而感知物体的温度;另一类是非接触的,即通过接收被测物体发出的辐射热来判断温度。

目前常见的接触式测温仪表有如下几种。

1. 膨胀式温度计

利用固体或液体热胀冷缩的特性测量温度。例如,常见的体温表便是液体膨胀式温度计;利用固体膨胀的,有根据热胀冷缩而使长度变化做成的杆式温度计和利用双金属片受热产生弯曲变形的双金属温度计。

2. 压力式温度计

压力式温度计是根据密封在固定容器内的液体或气体,当温度变化时压力发生变化的特性,将温度的测量转化为压力的测量。它主要由两部分组成:一是温包,由盛液体或气体的感温固定容器构成;二是反映压力变化的弹性元件。

3. 热电偶温度计

根据热电效应,将两种不同的导体接触并构成回路时,若两个接点温度不同,回路中便出现毫伏级的热电动势,该电动势可准确反映温度。

4. 电阻式温度计

利用金属或半导体的电阻随温度变化的特性,将温度的测量转化为对电阻的测量。

非接触式测温仪表是根据物体发出的热辐射测量物体温度。常见的有根据物体在高温时的发光亮度测定温度的光学高温计,以及将热辐射能量聚焦于感温元件上,再根据全频段辐射能的强弱测定温度的全辐射温度计。

非接触测温方法的优点是测量上限不受感温元件耐热程度的限制,因而最高可测温度原则上没有限制。事实上,目前对1800℃以上的高温,辐射温度计是唯一可用的测温仪表。近年来红外线测温技术的发展,使辐射测温方法由可见光向红外线扩展,对700℃以下不发射可见光的物体也能应用,使非接触测温下限向常温扩展,可用于低到0℃左右的温度测量。由于非接触测温仪表不需要与被测物体进行传导热交换,因此不会因测温而改变原来的温度场,而且测温速度快,可对运动物体进行测量。其缺点是对不同物体进行测量时,由于各种物体的辐射能力不同,必须根据物体不同的吸收系数对读数进行修正,一般误差较大。

综观以上各种测温仪表,机械式的大多只能做就地指示,辐射式的精度较差,只有电的测温仪表精度较高,信号又便于远传和处理。因此热电偶与电阻式两种测温仪表得到了最广泛的应用。

1.1.2　热电偶

热电偶的原理可用图1-1来说明。当两种不同的导体或半导体连接成闭合回路时,若两个接点温度不同,回路中就会出现热电动势,并产生电流。

从物理上看,这一热电动势包括接触电动势和温差电动势两部分,但主要是由接触电动势组成的。当两种不同导体A、B接触时,由于两边的自由电子密度不同,在交界面上产生电子的相互扩散。若A中自由电子密度大于B中的密度,那么在开始接触的瞬间,从A向B扩散的电子数目将比B向A扩散的多,使A失去较多的电子而带正电荷,相反,B带负电荷。致使在A、B接触处产生电场,以阻碍电子在B中的进一步积累,最后达到平衡。平衡时,在A、B两导体间的电位差称为接触电动势,其数值决定于两种材料的种类和接触点的温度。

图1-1表示的热电偶回路中,在温度不同的两个接点上,分别存在两个数值不同的接触电动势 $e_{AB}(T)$ 及 $e_{AB}(T_0)$,回路中的总电动势为

$$E(T, T_0) = e_{AB}(T) - e_{AB}(T_0) \tag{1-1}$$

式中,e 的下标表示电动势的方向,e_{AB} 表示由A到B的电动势。

对一定的热电偶材料,若将一端温度 T_0 维持恒定(这个接点称为自由端或冷端),而将另一端插在需要测温的地方,则热电动势 E 为测温端温度 T(这个接点又称为工作端或热端)的单值函数,用电表或仪器测定此热电动势的数值,便可确定被测温度 T。

在实际使用热电偶测温时,总要在热电偶回路中插入测量仪表和使用各种导线进行连接,也就是说总要在热电偶回路中插入其他种类的导体。下面研究插入另一种导体是否影响热电动势 E 的数值。在图1-2中,除热电偶两种材料A、B外,又插入第三种导体C组成闭合回路,设A、B的接触点温度为 T,A、C和B、C两处接触点的温度为 T_0,则回路中总电动势为

$$E = e_{AB}(T) + e_{BC}(T_0) + e_{CA}(T_0) \tag{1-2}$$

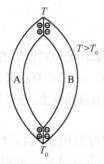
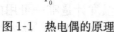
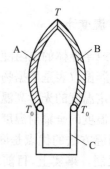

图 1-1　热电偶的原理　　　　　　　　图 1-2　热电偶回路中插入第三种导体的情形

若各接点温度都相同，即 $T=T_0$，则由热力学第二定律可推断，此时总电动势 E 必为零。因为此时如果有电动势 E 存在，必有电流流动，使回路中某一部分加热。在没有外界做功的条件下，这种热量自动由温度低处流向高处的现象是不可能发生的。

因此可写出

$$e_{AB}(T_0)+e_{BC}(T_0)+e_{CA}(T_0)=0 \tag{1-3}$$

所以

$$e_{BC}(T_0)+e_{CA}(T_0)=-e_{AB}(T_0) \tag{1-4}$$

代入式(1-2)得

$$E=e_{AB}(T)-e_{AB}(T_0)$$

这仍然是式(1-1)的结果。由此可知，只要接入第三种导体的两个连接点温度相等，它的接入对回路电动势毫无影响。这一结论在使用上有着重要的意义。据此，我们可放心地在温度相同的电路中插入各种仪表和导线进行测量。

下面讨论热电偶的材料。原则上说，随便两种不同的导体焊在一起，都会出现热电动势。这并不是说所有热电偶都具有实用价值，能被大量采用的材料必须在测温范围内具有稳定的化学及物理性质，热电动势要大，且与温度接近线性关系。

为统一各国生产的热电偶种类及其特性，以便互换和替代，国际电工委员会(IEC)于 1977年制定了热电偶的国际标准，规定了标准的热电动势—温度特性分度表。此前，我国长期按前苏联的国家标准生产热电偶，IEC 标准推出后，我国决定按国际标准生产，并制定了相应的我国国家标准，从 1986 年起，在生产和使用中全面贯彻新的国家标准。表 1-1 列出了几种常用的我国标准型热电偶的材料、分度号及主要特性。

表 1-1　几种常用的我国标准型热电偶的材料、分度号及主要特性

热电偶名称	分度号	热电偶丝材料	测温范围/℃	平均灵敏度	特　　点	补偿导线
铂铑 30—铂铑 6	B	正极铂 70%，铑 30% 负极铂 94%，铑 6%	0～1800	$10\mu V/℃$	价格贵，稳定，精度高，可在氧化性气氛使用	冷端在 0～100℃间可不用补偿导线
铂铑 10—铂	S	正极铂 90%，铑 10% 负极铂 100%	0～1600	$10\mu V/℃$	同上。热电特性的线性度比 B 好	铜—铜镍合金
镍铬—镍硅	K	正极镍 89%，铬 10% 负极镍 94%，硅 3%	0～1300	$40\mu V/℃$	线性好，价廉，可在氧化及中性气氛中使用	铜—康铜
镍铬—康铜	E	正极同上，负极康铜 (铜 60%，镍 40%)	−200～900	$80\mu V/℃$	灵敏度高，价廉，可在氧化及弱还原气氛使用	
铜—康铜	T	正极铜，负极康铜 (铜 60%，镍 40%)	−200～400	$50\mu V/℃$	最便宜，但铜易氧化，常用于 150℃以下温度测量	

表 1-1 中,铂及其合金属于贵重金属,其组成的热电偶价格很贵。它的优点是热电动势非常稳定,故主要用作标准热电偶及测量 1100℃ 以上的高温。在普通金属热电偶中,镍铬—镍硅的电动势温度关系线性度最好,镍铬—康铜的灵敏度最高,铜—康铜的价格最便宜。除表中所列出的常用热电偶外,我国还能生产许多新型热电偶,如可用来测量 2800℃ 的钨铼超高温热电偶,以及测 -270℃ 的金铁—镍铬低温热电偶等。

热电偶测温的误差,在低温段为 1~2.5℃,高温段相对误差为 0.25%~1%。例如,I 级铂铑10—铂热电偶在 0~1100℃ 间的允许误差为 ±1℃,温度高于 1100℃ 时约为 ±0.4%T(℃)。使用热电偶时必须十分注意其适用条件,在有害的气氛环境下,热电特性会急剧变化,产生很大的测量误差。图 1-3 给出了几种常用的热电偶特性。

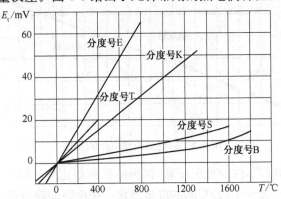

图 1-3　几种常用热电偶的特性(冷端温度为 0℃)

为了延长热电偶的使用寿命,常在热电偶丝外面套上金属或石英、陶瓷等制成的保护套管,以隔离有害气体和物质对热电偶的损害。但加套管后,热电偶测温的滞后性加大。根据结构的不同,一般热电偶的时间常数为 1.5~4 分钟。特殊结构的小惯性热电偶的时间常数约为几秒,快速薄膜热电偶的时间常数则为毫秒级。

热电偶的热电动势大小不仅与测量端温度有关,还决定于自由端(冷端)的温度。所以,使用热电偶时常需保持冷端温度恒定,例如将冷端置于冰瓶内,由冰水混合物保证 0℃ 的稳定温度。在工业测量仪表中,通常在电路中引入一个随冷端温度变化的附加电动势,自动补偿冷端温度的变化,以保证测量精度。考虑到冷端恒温器或电动势补偿装置通常离测量点较远,在使用较贵的热电偶时,如果全用热偶丝从测量点引至恒温器,代价将太高。为了节约,工业上选用在较低温度下(100℃ 以下)与所用热电偶的热—电特性相近的廉价金属,作为热偶丝在低温区的替代品,称为补偿导

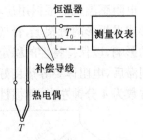

图 1-4　补偿导线的使用

线,其接法如图 1-4 所示。这样,热偶丝只要引至温度 100℃ 以下的地方,其余的长度可用廉价的补偿导线来延伸。例如,贵金属铂铑—铂热电偶,可用铜(正极)和铜镍合金(负极)作补偿导线,将冷端延伸到离测点较远的地方。工业上,各种补偿导线有规定的显著颜色可供辨认,使用时要注意正负极性不能接错。

1.1.3　热电阻

测量低于 150℃ 的温度时,由于热电偶的电动势较小,常使用金属电阻感温元件(简称热

电阻)测量温度。热电阻不像热电偶那样需要冷端温度补偿,测量精度也比较高,在 $-200\sim+500℃$ 的温度范围内,获得极为广泛的应用。

热电阻测温仪表是根据金属导体的电阻随温度变化的特性进行测温的。例如,铜的电阻温度系数为 $4.28\times10^{-3}/℃$,当温度由 $0℃$ 上升到 $100℃$ 时,铜电阻的阻值约增大42.8%。因此对确定的电阻,只要精确地测定其阻值的变化,便可知道温度的高低。

适合用作电阻感温元件的材料应满足如下要求:电阻温度系数大,电阻与温度的关系线性度较好,在测温范围内物理化学性能稳定。目前用得最多的是铂和铜两种材料,其特性如图 1-5 所示。在低温及超低温测量中则使用铟电阻、锰电阻及碳电阻等。

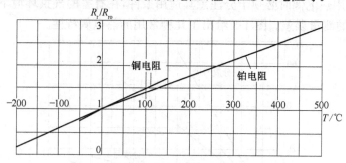

图 1-5　铂电阻及铜电阻的特性

铂电阻的特点是精度高,性能稳定可靠,被国际组织规定为 $-259\sim+630℃$ 间的基准器,在工业上则广泛用于 $-200\sim+500℃$ 间的温度测量。铂电阻的缺点是其电阻与温度的关系不太线性,在 $0\sim850℃$ 之间,其阻值与温度关系可表示为

$$R_T=R_0(1+AT+BT^2)$$

式中,R_T,R_0 分别为 $T(℃)$ 及 $0(℃)$ 时的电阻值;A,B 为常数,$A=3.908\times10^{-3}/℃$,$B=-5.802\times10^{-7}/℃^2$。

铜电阻的优点是价格便宜,电阻与温度关系的线性度较好;但温度稍高便容易氧化,多用于 $-50\sim+100℃$ 间的温度测量。

电阻感温元件根据用途不同,做成各种形状和尺寸,其基本结构都是把很细的电阻缠绕在棒形或平板形的骨架上,骨架由陶瓷或云母等制成。温度变化时,电阻丝在骨架上要求不受应力的影响,以保持特性的稳定。在电阻丝外面一般都有保护层或保护套管。为了减小测温的时间滞后,电阻体要导热良好,并尽量减小热容量。目前国产的电阻感温元件,热惯性大的,时间常数为 4 分钟左右,热惯性小的约为几秒。

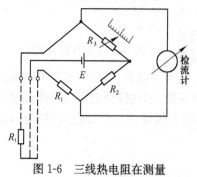

图 1-6　三线热电阻在测量
电桥中的接法

在使用热电阻测温时,有一个需要注意的问题,就是电阻体外部的导线电阻是与热电阻串联的,如果导线电阻不确定,测温是无法进行的。因此,不管热电阻和测量仪表之间的距离远近,要使导线电阻符合规定的数值。尽管这样,考虑到导线所处的环境温度变化时,导线电阻仍会变化,使测温产生误差。为此,常使用三根引出线的热电阻,如图 1-6 所示。这样,在使用平衡电桥对热电阻 R_t 进行测量时,由电阻体引出的三根导线,一根的电阻与电源 E 串联,不影响桥路的平衡,另外两根的电阻被分别置于电桥的两臂内,它们随环境温度变化对电桥的影响可以大致抵消。

1.1.4　半导体热敏电阻

半导体热敏电阻由于感温的灵敏度特别高,在一些精度要求不高的测量和控制装置中得到一定的应用。我们知道,大多数金属材料,当温度每变化 1℃时,阻值变化 0.4%～0.6%,但热敏电阻可达 2%～6%,即其灵敏度比金属电阻高一个数量级。因此使用热敏电阻时,其测量和放大线路十分简单。

热敏电阻元件一般是由镍、钴、锰、铜、铁、铝等多种氧化物按一定的比例混合后,经研磨、成型、烧结成坚固致密的整体,再焊上引线制成的;可做成珠状、杆状、片状等各种形状,尺寸可做得很小,例如,可做成直径只有十分之几毫米的小珠粒,因而热惯性极小,可测量微小物体或某一局部点上的温度。

半导体热敏电阻与金属电阻不同,它的电阻温度系数是负的。在温度升高时,由于半导体材料内部的载流子密度增加,故电阻下降,其电阻温度关系如图 1-7 所示。可以看到,这是一个非线性关系,可大致表示为如下的对数函数

$$R_T = R_{T_0} e^{B\left(\frac{1}{T} - \frac{1}{T_0}\right)}$$

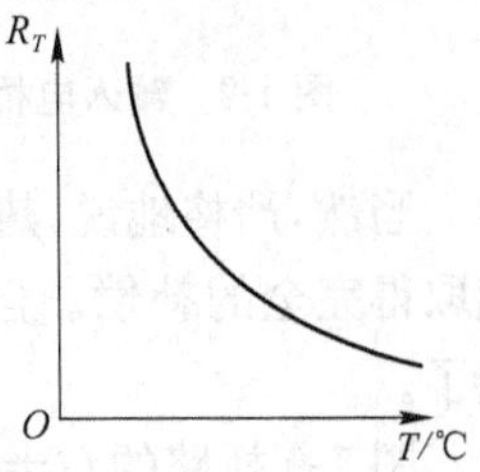

图 1-7　热敏电阻的特性

式中,R_T 与 R_{T_0} 分别表示 T(K)与 T_0(K)时的电阻值;B 为常数,与材料成分及制造方法有关。

半导体热敏电阻的电阻温度系数不是常数,约与温度平方 T^2(K)成反比。

由于热敏电阻的特性曲线不太一致,互换性差,使其在精确测量中的应用受到一定的限制。

目前热敏电阻的使用温度为 -50～+300℃。

1.1.5　热电偶温度变送器的基本结构

在单元组合式仪表中,热电偶、热电阻等敏感元件输出的信号,需经一定的变换装置转变为标准信号。如在电动单元组合仪表中应变换为 4～20mA 直流电流信号,以便与调节器等配合工作。这种信号变换装置称为变送单元或变送器。

在电动温度变送器中,根据所用的敏感元件(热电偶或热电阻)及测量参数(测量某点温度或两点间的温差)的不同有几种品种。不过,它们的基本结构是相同的,如图 1-8 所示,其核心都是一个直流低电平电压(mV)—电流(mA)变换器,大体上都可分为输入电路、放大电路及反馈电路三部分。下面以 DDZ—Ⅲ型电动单元组合仪表的热电偶温度变送器为例,对各部分的工作原理进行具体的介绍。

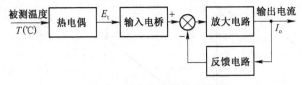

图 1-8　温度变送器的方块图

1. 输入电路

热电偶温度变送器的输入电路主要起热电偶的冷端温度补偿与零点调整的作用,如图 1-9

所示。由于它形式上是一个电桥，常称为输入电桥。

图1-9桥路的左半边是产生冷端温度补偿电动势的。由铜丝绕制的电阻R_{Cu}安装在热电偶的冷端接点处，当冷端温度变化时，利用铜丝电阻随温度变化的特性，向热电偶补充一个由冷端温度决定的电动势作为补偿。桥路左臂由稳压电源V_Z(约5V)和高电阻R_1(约10kΩ)建立的恒值电流I_2流过铜电阻R_{Cu}，在R_{Cu}上产生一个电压，此电压与热电动势E_t串联相加。

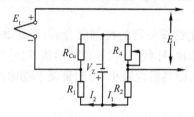

图1-9 输入电桥电路

当冷端温度升高时，热电动势E_t下降，但由于R_{Cu}增值，在R_{Cu}两端的电压增加。只要铜电阻的大小选择适当，便可得到满意的补偿。例如，对铂铑—铂热电偶，其冷端温度在0～100℃间变化的平均热电动势为6μV/℃，已知铜的电阻温度系数$\alpha=0.004/℃$，故全补偿的条件可写为

$$I_2(\text{mA}) \times R_{Cu}(\Omega) \times 0.004/(℃)=6(\mu\text{V}/℃)$$

若$I_2=0.5\text{mA}$，则求得$R_{Cu}=3\Omega$。

当然，严格地说，热电动势的温度特性是非线性的，而铜电阻的特性却接近线性，两者不可能取得完全的补偿。但实际使用中，由于冷端温度变化范围不大，这样的补偿已经可以满意了。

图1-9桥路的右半边是零点调整(亦称零点迁移)电路。由另一高电阻R_2确定的恒值电流I_1流过可变电阻R_4，在它上面建立的电压与热电动势E_t及冷端温度补偿电动势串联。这不仅可以抵消铜电阻上的起始压降，且可自由地改变桥路输出的零点。调整输出零点的必要性对采用活零点的DDZ—Ⅲ型仪表来说是很容易理解的，因为在DDZ—Ⅲ型仪表中，标准信号是4～20mA，即以满幅度输出的20%代表信号的零值。因此在温度变送器中，当热电动势为零时，应由输入桥路提供满幅度电压的20%，建立输出的起点。

较大幅度的调整零点，即所谓进行零点迁移，不管对DDZ—Ⅲ还是其他系列的变送器都是需要的。有些生产装置的参数变化范围很窄，例如，某点的温度总在500～1000℃间变化，因此希望对500℃以下的温度区域不予指示，而给工作区域以较高的检测灵敏度。此时可通过零点迁移装置，配合灵敏度调节，实现量程压缩。为了说明方便，下面举一个以0～10mA电流为标准信号的变送器例子，如图1-10所示。图1-10(a)为零点不迁移的情况。图1-10(b)为通过零点迁移装置，给热电动势反向加上一个相当于500℃的附加电动势，这样，只有当温度超过500℃时，变送器才有输出；由于灵敏度未变，输入/输出特性只是向右平移，其输出电流0～10mA所对应的温度范围仍为1000℃。图1-10(c)的情况是在零点迁移500℃以后，又把灵敏度提高一倍，这样，变送器不仅反映的起始温度变了，而且量程范围也变成为500～1000℃，在这个温度范围内变送器可得到较高的灵敏度。

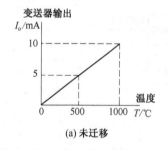

(a) 未迁移

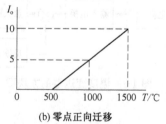

(b) 零点正向迁移

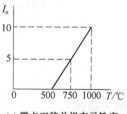

(c) 零点正移并提高灵敏度

图1-10 温度变送器的零点迁移

2. 放大电路

由于热电偶的电动势数值很小,一般只有十几毫伏或几十毫伏,因此将它变换为高电平输出必须经过多级放大。考虑到热电动势是直流信号,变送器中的放大器必须是高增益和低漂移的直流放大器。其电压增益一般约需 $10^4 \sim 10^5$ 倍,零点漂移必须小于几微伏或几十微伏。变送器的量程愈小,对自身的零点漂移要求愈严格。例如,对一个满量程为 3mV 的温差变送器,如果自身的零点漂移超过 $10\mu V$,那么仅这一项误差就超过 0.3%,再考虑其他因素,这样的变送器就很难达到 0.5 级的精度。

除了对增益和零点漂移的要求以外,温度变送器中的放大器还必须具有较强的抗干扰能力,特别是抗共模干扰的能力。因为测量元件和传输线上经常会受到各种电磁干扰,例如,用热电偶测量电炉温度时,热偶丝可能与电热丝靠得很近;在 800℃ 以上的高温下,耐火砖及热电偶瓷套管的绝缘电阻会降得很低。这样,电热丝上的工频交流电便会向热电偶泄漏,使热电偶上出现几伏或几十伏的对地干扰电压,这种在两根信号线上共同存在的对地干扰电压称为共模干扰或纵向干扰。除了这种干扰形式外,在两根信号线之间更经常地存在电磁感应、静电耦合以及电阻泄漏引起的差模干扰。由于这种干扰表现为两根信号线之间的电压差,所以也称为线间干扰或横向干扰。

关于差模干扰,由于在一般实验室仪器及电子线路的调试中都会碰到,人们对它是比较熟悉和重视的。它常常导致放大器饱和、灵敏度下降、零点偏移,甚至使放大器不能正常工作。但在温度变送器中,考虑到热电偶信号的变化很慢,可以从频率上把测量信号与干扰区别开来,或者在变送器的输入端用滤波器等加以抑制。

对控制仪表来说,具有特殊性的是,它常受到幅度很大的共模干扰的作用,这一点往往被人们所忽视。其实共模干扰在一定的条件下很容易转化为差模干扰,同样会影响仪表的正常工作。例如,图 1-11(a)中,作用在热电偶上的共模干扰 e_{cm} 经两根传输线送到变送器输入端时,由于线路阻抗 Z_1、Z_2 与变送器输入阻抗 Z_3、Z_4 的分压作用,将在 A、B 两点间形成如下的差模干扰电压:

$$e_{AB} = e_{cm}\left(\frac{Z_3}{Z_1 + Z_3} - \frac{Z_4}{Z_2 + Z_4}\right)$$

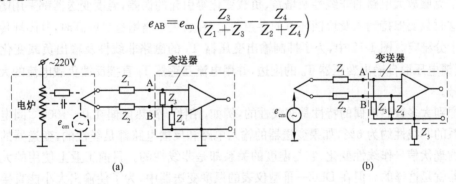

(a)　　　　　　　　　　　　　　(b)

图 1-11　变送器受到的共模干扰

由此可知,要使共模干扰不转化为差模干扰,必须使阻抗 Z_1、Z_2、Z_3、Z_4 组成的电桥平衡,即必须满足 $Z_1 : Z_3 = Z_2 : Z_4$。这样的条件并不容易实现,因为这些阻抗值都是随使用条件变化的参数,例如,线路阻抗 Z_1、Z_2 除随传输线长短变化外,由于包含冷端温度补偿电路和零点迁移电路等,常随使用状况而变化。再考虑到共模干扰的频谱很宽(从直流到极高的高频),上述的桥路平衡条件不可能在所有的频率上完全满足。

抑制共模干扰的一个有效办法是把仪表浮空,也就是把变送器内的零线和大地绝缘。采取这种措施后的仪表等效电路如图 1-11(b)所示。图中 Z_5 表示变送器零线与大地之间的绝缘阻抗。显然,如果 $Z_5 \to \infty$,那么共模干扰电压 e_{cm} 在阻抗 Z_3、Z_4 上的分压都趋于零,两者之间的压差 U_{AB} 必为零,可以有效地抑制共模干扰向差模干扰的转化。图 1-12 所示的方框图就是按这种思想设计的一种变送器方案。考虑到作为变送器负载的调节器、记录仪等常需要接地,图中变送器用隔离变压器分为互相绝缘的前后两部分,其中输入及放大电路部分与检测元件相连,但对地浮空;另一部分检波输出电路与负载相连,可根据需要接地或不接地。工作时,热电动势直流信号先经放大电路放大,然后由变流器变换成交流方波,经输出变压器 T_o 以磁通耦合方式传递给检波输出电路。同样,电源和输出电流反馈也分别通过变压器 T_s 和 T_f 送给放大电路。这样,只要这些隔离变压器的绝缘电阻足够大,同时使通过变压器的信号调制频率足够高,那么,变压器绕组之间以及绕组对地的分布电容就可以做得比较小(在 DDZ—Ⅲ型温度变送器中电源和信号调制频率都在 10～20 kHz 左右),因而对直流或 50 Hz 干扰来说,可以认为浮空是相当彻底的,能有效地抑制这一频段的共模干扰向差模干扰的转化。

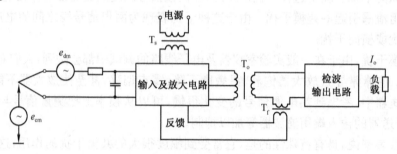

图 1-12　变送器的抗干扰措施

3. 反馈电路

为了克服放大电路的非线性及增益、负载变化等引起的误差,温度变送器都采用闭环方式构成。这时只要保持输入及反馈环节的参数稳定,在放大电路增益足够高时,其闭环传递函数可保证十分稳定。图 1-12 中,为了抑制输出变压器 T_o 的磁路非线性及输出负载变化引起的误差,反馈电压取自输出变压器 T_o 的副边,并用电流互感器 T_f 直接反馈负载电流的大小作为反馈信号。

考虑到大多数热电偶的特性是非线性的,例如,铂铑—铂热电偶在 0～1000℃ 间电动势与温度关系的非线性约为 6%,如果变送器的输入电路和反馈电路都是线性的,变送器的输出将随输入的毫伏信号作线性变化,它与温度的关系却是非线性的。目前工业上使用的大多数温度变送器就是这样的。但在 DDZ—Ⅲ型仪表的温度变送器中,为了使输出大小能直接与被测温度成线性关系,以便指示及控制,在变送器的输入或反馈电路中加入线性化电路,对测量元件的非线性给予修正。对热电偶温度变送器来说,因为输入热电动势太小,不宜在输入电路中修正,都在反馈电路中采取措施,使用非线性反馈电路,如图 1-13 所示。当温度较高,热电偶灵敏度偏高的区域,使负反馈作用强一些,这样以反馈电路的非线性补偿热电偶的非线性,可以获得输出电流 I_o 与温度 $T(℃)$ 的线性关系。当然这种具有线性化机构的变送器在进行量程变换时,其反馈的非线性特性必须作相应的调整。

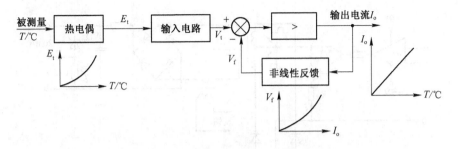

图 1-13　温度变送器的线性化方法

1.1.6　DDZ—Ⅲ型热电偶温度变送器的实际线路

因为温度变送器是最常用的工业自动化仪表之一，下面讨论一个实际的例子。图 1-14 是 DDZ—Ⅲ型仪表的一种热电偶温度变送器的简化线路图。其基本结构就是按图 1-12 的原则安排的。

图 1-14 中，热电动势 E_t 与铜电阻 R_{Cu} 上的冷端温度补偿电动势相加后，送至运算放大器 IC$_2$ 的同相输入端。IC$_2$ 的反相输入端则接受电位器 RP$_1$ 上的零点迁移电压及反馈电压 V_f，这两个电压在量程电位器 RP$_1$ 上叠加，改变 RP$_2$ 触点的位置可以改变反馈电压的分压比，即改变反馈强度，因而改变整个变送器的量程。不过在这个电路中，当改变 RP$_2$ 触点位置时，也同时改变着零点迁移电压的分压比。因此在改变量程时，零点会被牵连变化，使用时必须注意到这一特点。

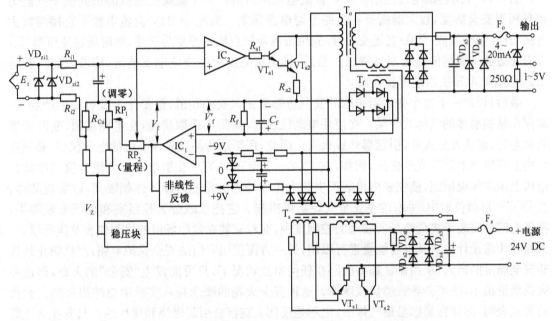

图 1-14　DDZ—Ⅲ型热电偶温度变送器的简化线路图

放大器 IC$_2$ 是一个低漂移高增益运算放大器，它根据加在同相端和反相端两个输入电压之差工作。为了方便，将这部分电路单独画出如图 1-15 所示。当热电动势 E_t 增大时，IC$_2$ 输出正电压，经复合管 VT$_{a1}$、VT$_{a2}$ 构成的电压-电流转换器，转化为恒流输出 I_1。这个电流在方波电源的作用下，交替地通过输出变压器 T$_o$ 的两个原边绕组，在副边绕组中感应出与 I_1 大小成正比的交变电流。此电流经整流滤波，即为变送器的直流输出电流 I_o。

这里使用复合管 VT$_{a1}$、VT$_{a2}$ 的目的是提高功率放大级的输入阻抗，减少运算放大器 IC$_2$

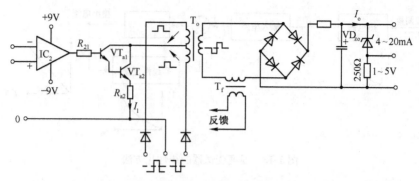

图 1-15 变送器的功率放大及输出电路

的功耗，从而降低其温度漂移。输出端稳压管 VD_{zo} 的作用在于，当电流输出回路断线时，输出电流 I_o 仍可通过稳压管形成回路，保证电压输出信号不受影响。

图 1-14 变送器的反馈回路是由电流互感器 T_f、整流滤波电路，以及由运算放大器 IC_1 构成的非线性函数电路组成的。由于输出变压器 T_o 的副边电流是正负对称的交变电流，串入一个电流互感器 T_f 便可以实现隔离反馈。T_f 的副边电流经检波滤波，在 R_f、C_f 上可得到与输出电流 I_o 成正比的直流反馈电压 V'_f，该电压经运算放大器 IC_1 和多段二极管折线逼近电路组成的非线性变换电路转换为电压 V_f 后，反馈到运算放大器 IC_2 的反相输入端，实现对热电偶特性的线性化修正。关于非线性变换电路的具体结构，此处不再详述。

图 1-14 变送器的电源是由 +24V 直流电源供给的。为了提高变送器的抗共模干扰能力和有利于安全防爆，放大器需要在电路上与电源隔离。为此，+24V 直流电源不直接与放大电路相连，需经直流-交流-直流变换，即先用振荡器把直流电源变为交流，然后通过变压器 T_s，以交变磁通将能量传递给副边绕组。最后，将副边绕组上的交流电压整流、滤波、稳压，获得 ±9V 的直流电压供给运算放大器。

最后，讨论一下这个变送器采取的安全防爆措施。我们知道，很多化工及石油生产场所，常存在易燃易爆的气体或介质。在使用电动仪表时，如果不采取措施，在电路接通、断开或事故状态时，难免发生火花，引起爆炸或火灾。因此，用于这些易燃易爆场所的电动仪表，必须在结构上或电路上采取安全措施，例如，在 DDZ—Ⅰ 型和 DDZ—Ⅱ 型电动单元组合仪表中常在结构上采取隔爆措施，使仪表内可能产生的火花和外界的易燃易爆气体相隔离，以实现防爆。在 DDZ—Ⅲ 型仪表中，采取的是安全火花防爆措施。它把仪表分为控制室和现场安装两类，将强电部分安装于离危险场所较远的控制室中，而对安装在危险场所的检测仪表及执行器，一方面在线路设计上对其自身能量进行限制，另一方面使用专门的安全保护电路；严格防止外界非安全能量的窜入，从而保证那些电路在任何事故状况下，只可能发生"安全"的火花，即这些火花能量很小，决不会导致燃烧或爆炸。这种安全火花的概念是从实践中总结出来的。大量的实践表明，即使在易燃易爆气体中，也不是任何火花都会引起燃烧和爆炸的。只有在火花能量足以在某一点引起强烈的化学反应，形成燃烧并产生联锁反应时，才会形成爆炸事故。例如，对最易爆炸的氢、乙炔、水煤气等气体，实验证明，在 30V 的电压下，对纯电阻性电路，电流只要小于 70mA，便不会发生爆炸。

图 1-14 所示的 DDZ—Ⅲ 型温度变送器是控制室安装仪表，属于安全火花型防爆仪表，在线路上采取了如下安全防爆措施：

① 在热电偶输入端设稳压二极管 VD_{zi1}、VD_{zi2} 及限流电阻 R_{i1}、R_{i2}，以防止仪表的高能量传递到生产现场。

② 变送器的输入端与输出端及电源回路之间通过输出变压器 T_o、电源变压器 T_s 及反馈变压器 T_f 在电路上进行隔离。为了防止电源线或输出线上的高电压通过上述变压器原副边绕组之间短路而窜入输入端,在各变压器的原副边绕组间都设有接地的隔离层。此外,在输出端及电源端还装有大功率二极管 $VD_{s1} \sim VD_{s6}$ 及熔断器 F_o、F_s,当过高的正向电压或交流电压加到变送器输出端或电源两端时,将在二极管电路中产生大电流,把熔断器烧毁,切断电源,使危险的电压不能加到变送器上。由于这些二极管的功率较大,在熔断器烧毁过程中不会先被损坏。

DDZ—Ⅲ型温度变送器除上面讨论的热电偶温度变送器外,还有热电阻和直流毫伏变送器两个品种。它们的放大电路是完全相同的,只是输入和反馈部分略有不同,这里不作详述。

1.2　压力检测仪表

压力也是工业生产中的重要工艺参数,例如,在化工生产上,压力往往决定化学反应的方向和速率。此外,压力测量的意义还不局限于它自身,有些物理量,如温度、流量、液位等往往通过压力来间接测量。所以压力的测量在自动化中具有特殊的地位。

在具体讨论压力测量方法之前,需要对"压力"这个名词先说明一下。物理上把单位面积上所受的作用力叫做压强,而把某一面积所受力的总和,称为压力。而我国工程上习惯把"压力"理解为单位面积上所受的作用力,显然这和物理学的名词是混淆的。由于工程上这种叫法使用已久,下面只好按这一习惯的名词进行讨论。

生产上,压力的测量常遇到如下三种情况:

① 测量某一点压力与大气压力之差,当这点压力高于大气压力时,此差值称为表压,这种压力计的读数为零时,该点压力即为大气压力;当该点压力低于大气压时,此差值称为负压或真空度;

② 测定某一点的绝对压力;

③ 测量两点间的压力差,这种测量仪表称为差压计。

工程上,过去常用千克/厘米^2 作为压力单位,称为工程大气压(at),此外,有些场合还使用毫米汞柱(mmHg)、毫米水柱(mmH_2O)、磅/英寸^2($1b/in^2$)、巴(bar)、标准大气压(atm)等。1984 年,我国政府决定废除这些单位,规定从 1991 年起,一律使用以国际单位制(SI)为基础的中国法定计量单位。

在我国法定单位制和国际单位制中,压力单位采用牛顿/米^2,称为"帕斯卡",简称"帕"(Pa)。它与过去使用的千克/厘米^2 之间的换算关系为

$$1 \text{工程大气压} = 1 \frac{\text{千克}}{\text{厘米}^2} = \frac{1\text{kg} \times 9.80665\text{m/s}^2}{10^{-4}\text{m}^2} = 98066.5 \frac{\text{牛顿}}{\text{米}^2} = 98066.5\text{Pa}$$

由于 Pa 的单位很小,所以最常用的压力单位是 MPa(兆帕)和 kPa(千帕)。

$$1\text{MPa} = 10^6\text{Pa} = 10.19716 \text{工程大气压}$$

由于工业上需要测量的压力范围很宽,测量条件和精度要求也各不相同,因此测压仪表的种类极多。有些测压仪表如液柱式、浮标式差压计等虽是常见的,但有的只适于作就地指示,有的以水银为工作液,造成环境污染,正在被淘汰。下面只介绍几种用得最多的弹性式测压元件及其变送器。

1.2.1 弹性式压力测量元件

利用弹性元件受压产生变形可以测量压力。由于其产生的位移或力较易转化为电量，且构造简单，价格便宜，测压范围宽，被测压力低至几帕，高达数百兆帕都可使用，测量精度也比较高，故在目前测压仪表中占有统治地位。工业上最常用的弹性测压元件有弹簧管、波纹管及膜片三类。

弹簧管是一种常用的弹性测压元件。由于它由法国人波登发明，所以常叫做波登管，如图 1-16(a)所示。它是一种弯成圆弧形的空心管子，管子的横截面是椭圆形的。当从固定的一端通入被测压力时，由于椭圆形截面在压力的作用下趋向圆形，使弧形弯管产生伸直的变形，其自由端产生向外的位移。此位移虽然是一个曲线运动，但在位移量不大时，可近似认为是直线运动，且位移大小与压力成正比。近年来由于材料的发展和加工技术的提高，已能制成温度系数极小、管壁非常均匀的弹簧管，不仅可制作一般的工业用压力计，也可作精密测量。

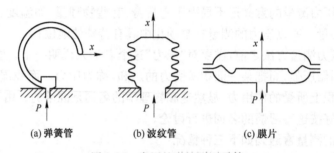

(a) 弹簧管　　　　(b) 波纹管　　　　(c) 膜片

图 1-16　常用的弹性测压元件

有时为了使自由端有较大的位移，使用多圈弹簧管，即把弹簧管做成盘形或螺旋弹簧的形状，它们的工作原理与单圈弹簧管相同。

制造弹簧管的材料根据压力高低及被测介质的性质而不同，测量低压时常用磷青铜，测量中压时用黄铜，测量高压时则用合金钢或不锈钢。当被测介质有腐蚀性时，例如，测氨气的压力时，必须用不锈钢而不能用铜质弹簧管。

图 1-16(b)所示的波纹管是将金属薄管折皱成手风琴风箱形状而成的，在引入被测压力 P 时，其自由端产生伸缩变形。它比弹簧管优越的是能得到较大的直线位移，缺点是压力—位移特性的线性度不如弹簧管好。因此，经常是将它和弹簧组合一起使用，如图 1-17 所示，在波纹管内部安置一个螺旋弹簧。若波纹管本身的刚度比弹簧小得多，那么波纹管主要起压力—力的转换作用，弹性反力主要靠弹簧提供，这样可以获得较好的线性度。

图 1-16(c)所示的单膜片测压元件主要用做低压的测量，膜片一般用金属薄片制成，有时也用橡皮膜。为了使压力—位移特性在较大的范围内具有直线性，在金属圆形膜片上加工出同心圆的波纹。外圈波纹较深，越靠近中心越浅。膜片中心压着两个金属硬盘，称为硬心。当压力改变时，波纹膜与硬心一起移动。膜片式压力计的优点是可以测量微压及用于黏滞性介质的压力测量。

在自动化仪表中广泛使用膜盒元件来测量差压，其结构如图 1-18 所示。两个金属膜片分别位于膜盒的上、下两个测量室内，它们的硬心固定地连接在一起，当被测压力 P_1、P_2 分别从上、下两侧引入时，膜片根据差压的正负，向上或向下移动，通过硬心输出机械位移或力。在两块波纹膜片之间充有膨胀系数小、化学性能稳定、不易气化和凝固的液体——硅油。它一方面用来传递压力,另一方面对膜片起过载保护作用。当差压突然过载时,先是硅油通过中间间隙缓慢地从一边流入另一边,起一定的缓冲作用;当硅油流过一定数量后,硬心与机座上的密封垫圈靠紧,阻止硅油继续流动,使留下的一部分硅油支持膜片顶住外加压力,保证膜盒受单向压力时,不致损坏。在新型的差压表中,膜盒机座也制成与膜片具有相同的波纹。过载时,膜片可与机座完全接触,由于波纹完全吻合,保护更加可靠。

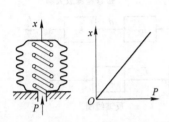

图 1-17　波纹管与弹簧的组合

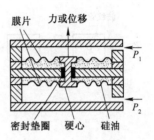

图 1-18　膜盒测压元件

上述各种弹性元件输出的位移或力必须经过变送器才能变为标准电信号。变送器有两种组成方式:一种是开环式的,先将位移或力转化为 R、L、C 等电参量,然后经一定的电路变为标准信号,这种变送器的原理虽然比较简单,但对材料、工艺和电路的要求比较高;另一种是闭环式的,利用负反馈保证仪表的精度,以往应用较多的力平衡式变送器就属于这一类。

1.2.2　力平衡式压力(差压)变送器

力平衡式压力变送器的工作原理如图 1-19 所示。被测压力 P 经波纹管转换为力 F_i 作用于杠杆左端 A 点,使杠杆绕支点 O 作逆时针旋转,稍一偏转,位于杠杆右端的位移检测元件便有感觉,使电子放大器产生一定的输出电流 I_o。此电流流过反馈线圈和变送器的负载,并与永久磁铁作用产生一定的电磁力,使杠杆 B 点受到反馈力 F_f,形成一个使杠杆做顺时针转动的反力矩。由于位移检测放大器极其灵敏,杠杆实际上只要产生极微小的位移,放大器便有足够的输出电流形成反力矩与作用力矩相平衡。当杠杆处于平衡状态时,输出电流 I_o 正比于被测压力 P。

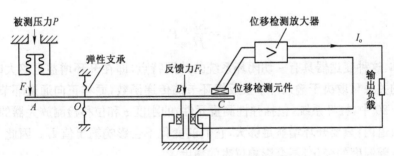

图 1-19　力平衡式压力变送器的工作原理图

这种闭环的力平衡结构的优点,首先在于当弹性材料的弹性模数温度系数较大时,可以减小温度的影响。因为这里的平衡状态不是靠弹性元件的弹性反力来建立的,当位移检测放大器非常灵敏时,杠杆的位移量很小,若整个弹性系统的刚度设计得很小,那么弹性反力在平衡状态的建立中无足轻重,可以忽略不计。这样,弹性元件的弹性力随温度的漂移就不会影响这类变送器的精度。此外,由于变换过程中位移量很小,弹性元件的受力面积能保持恒定,因而线性度也比较好。由于位移量小，还可减少弹性迟滞现象，减小仪表的变差。

为了说明上述道理，可画出这种变送器的方块图如图 1-20 所示。被测压力 P_i 乘以波纹管的有效面积 S 便得到作用于 A 点的力 F_i，此力再乘以对支点 O 的距离 l_{OA} 即为作用力矩

$$M_i = F_i \times l_{OA}$$

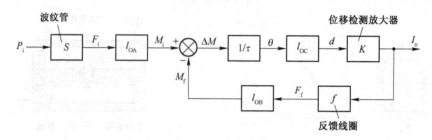

图 1-20　力平衡变送器的方块图

作用力矩 M_i 与反馈力矩 M_f 之差 ΔM 使杠杆绕 O 点旋转，转角 $\theta = \dfrac{\Delta M}{\tau}$。这里 τ 是杠杆系统的扭转刚度，它的大小表示要使杠杆产生单位转角所需的力矩。

当杠杆转动时，位移检测点 C 处就有位移 $d = l_{OC} \times \theta$，其中 l_{OC} 为检测点 C 到支点 O 的距离。该位移被检测，并转换为电流输出 I_o。图中 K 表示位移检测放大器的传递系数。

输出电流 I_o 流过反馈线圈，产生电磁反馈力 $F_f = f \times I_o$，其中 f 为电磁铁的传递系数。此力乘以力臂 l_{OB} 即为反馈力矩 M_f。

由图 1-20 可写出其闭环传递函数

$$I_o = \frac{\dfrac{1}{\tau} l_{OC} K}{1 + \dfrac{1}{\tau} l_{OC} K f l_{OB}} S l_{OA} P_i$$

当开环增益很大，即 $\dfrac{1}{\tau} \times l_{OC} \times K \times f \times l_{OB} \gg 1$ 时，上式可简化为

$$I_o = \frac{S l_{OA}}{f l_{OB}} P_i$$

由此可知，这种变送器具有一切闭环系统的共同特点，即在开环增益足够大时，其输入量与输出量间的关系只取决于输入环节及反馈环节的传递函数，而与正向通道环节的传递函数无关。在图 1-20 中，杠杆系统（包括弹性测量元件）的刚度 τ 和位移检测放大器的传递系数 K 都处于正向通道内，只要开环增益足够大，它们的变化不会影响输出值 I_o。因此，弹性测量元件的弹性模数随温度的变化，不会影响仪表的精度。

这里需要说明，力平衡仪表虽然对弹性反力的变化不甚敏感，但对杠杆系统任何一处存在的摩擦力却是十分敏感的，因为摩擦力矩的引入相当于在比较点引入干扰，会直接引起误差，造成死区和变差。为此，力平衡仪表中支承点都使用弹簧钢片做成弹性支承，以避免摩擦力的引入。

从上面的分析看到，在力平衡变送器中，只要测压元件的有效面积 S 能保持恒定，磁铁的磁场强度均匀稳定，力臂的长度 l_{OA}、l_{OB} 不变，便可得到较好的变换精度。

1.2.3 位移式差压(压力)变送器

技术的发展常常是螺旋式上升的。最早的电信号压力计都是开环结构,先将弹性测压元件的位移转换为电感、电阻或电容的变化,再经一定的电路转换后输出。由于当时材料质量和工艺水平不高,弹性元件的弹性模数随温度变化很大,因而平衡位置受温度影响大,即输出的温度漂移较大。另外,早期的位移测量技术不高,测压元件必须有足够大的变形才能测量,因而使弹性元件的非线性和变差都比较大。在这样的条件下,力平衡式变送器的研制成功是一个重大的飞跃。力平衡式变送器中弹性元件的变形很小,又是一个闭环系统,借助于负反馈,能减小温度变化、弹性滞后及变形非线性等因素的影响,大大提高测量精度,成为前一段时期压力变送器的主要形式。

随着科学技术的发展,材料弹性模数随温度变化的问题获得了很大的改善,例如,镍铬钛钢(Ni:41%~43%,Cr:4.9%~5.5%,Ti:2.1%~2.6%,Al:0.03%~0.8%,其余为铁)等材料的弹性模数温度系数小于 $0.2 \times 10^{-4} ℃^{-1}$,因而在环境温度变化时,其弹性模数几乎可认为不变。此外,电子检测技术的发展,使微小位移的检测成为可能,弹性元件只要有 0.1mm 左右的位移便可精确地测量出来。由于变形小,非线性和弹性迟滞引起的变差也可大大减小,这些发展使位移式的开环变送器重又得到了新生。实践证明,只要工艺技术过关,这种新的开环变送器不难超过目前力平衡变送器所达到的基本精度为0.5%的指标。而其结构的简单,运行的可靠,维护的方便,更是目前的力平衡式仪表所无法比拟的。

作为这种新的位移式变送器的例子,图 1-21 示出了一个电容式差压变送器的基本结构。被测压力 P_1、P_2 分别加于左、右两个隔离膜片上,通过硅油将压力传送到测量膜片。该测量膜片由弹性温度稳定性好的平板金属薄片制成,作为差动可变电容的活动电极,在两边压力差的作用下,可左右位移约 0.1mm 的距离。在测量膜片左右,有两个用真空蒸发法在玻璃凹球面制成的金属固定电极。当测量膜片向一边鼓起时,它与两个固定电极间的电容量一个增大,一个减小,通过引出线测量这两个电容的变化,便可知道差压的数值。

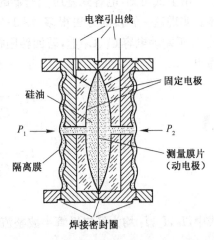

图 1-21　电容式差压变送器的基本结构

这种结构对膜片的过载保护非常有利。在过大的差压出现时,测量膜片平滑地贴紧到一边的凹球面上,不会受到不自然的应力,因而过载后恢复特性非常好。图中隔离膜片的刚度很小,在过载时,由于测量膜片先停止移动,堵死的硅油便能支持隔离膜顶住外加压力,隔离膜的背后有波形相同的靠山,进一步提高了它的安全性。

这种差压变送器的结构和力平衡式变送器相比有一突出的优点,就是它不存在力平衡式变送器必须把杠杆穿出测压室的问题。我们看到,在力平衡式变送器中为使输出杠杆既能密封又能转动,使用了弹性密封膜片,这带来一个棘手的问题——静压误差。由于密封膜片在压力作用下的变形,会使杠杆产生轴向位移,必须用吊带把杠杆拉住,但它很容易产生偏心。此外,杠杆在密封膜片上的安装也很难完全同心,这样,弹性密封膜片受力时,会对杠杆造成附加的偏转力。尽管两个测量室的压力差为零,即 $P_1-P_2=0$ 时,只要 P_1、P_2 的值不为零,杠杆上就会受到偏转力,由这种附加力引起的误差称为静压误差。在力平衡式差压变送器中,这是一个十分麻烦的问题。在图 1-21 的电容式差压变送器中,因为没有输出轴,所以静压误差的问题比较容易解决,差压变送器的精度也容易提高。

下面讨论电容式差压变送器的工作原理。为此,先分析一下差动电容与压力的变化关系,设测量膜片在差压 P 的作用下移动一个距离 Δd,由于位移很小,可近似认为两者作比例变化,即可写成

$$\Delta d = K_1 P$$

式中,K_1 为比例常数。

这样,可动极板(测量膜片)与左右固定极板间的距离将由原来的 d_0 分别变为 $d_0 + \Delta d$ 和 $d_0 - \Delta d$,借用平行板电容的公式,两个电容 C_1、C_2 可分别写成

$$C_1 = \frac{K_2}{d_0 + \Delta d}$$

$$C_2 = \frac{K_2}{d_0 - \Delta d}$$

式中,K_2 是由电容器极板面积和介质介电系数决定的常数。

联立解上列关系式,可得出差压 P 与差动电容 C_1、C_2 的关系如下

$$\frac{C_2 - C_1}{C_2 + C_1} = \frac{\Delta d}{d_0} = \frac{K_1}{d_0} P = K_3 P \tag{1-5}$$

这里 $K_3 = K_1/d_0$ 也是一个常数。

由上式可知,电容式差压变送器的任务是将 $(C_2 - C_1)$ 对 $(C_2 + C_1)$ 的比式转换为电压或电流。实现这一转换的方法很多,图 1-22 表示的是一种测量充、放电电流的方法,正弦波电压 E_1 加于差动电容 C_1、C_2 上,若回路阻抗 R_1、R_2、R_3、R_4 都比 C_1、C_2 的阻抗小得多,则由图中可写出

$$I_1 = \frac{I_0}{C_2 \left(\frac{1}{C_1} + \frac{1}{C_2} \right)} = I_0 \frac{C_1}{C_1 + C_2}$$

$$I_2 = \frac{I_0}{C_1 \left(\frac{1}{C_1} + \frac{1}{C_2} \right)} = I_0 \frac{C_2}{C_1 + C_2}$$

$$I_0 = I_1 + I_2$$

式中,I_0,I_1,I_2 均为经二极管半波整流后的电流平均值。

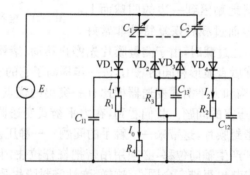

图 1-22 电容式差动变送器的基本原理图

令 V_1、V_2、V_4 表示 R_1,R_2,R_4 上的压降,即令 $V_1 = I_1 R_1$,$V_2 = I_2 R_2$,$V_4 = I_0 R_4$,则可得

$$\frac{V_1-V_2}{V_4}=\frac{C_1R_1-C_2R_2}{(C_1+C_2)R_4}$$

若取 $R_1=R_2=R_4$,则上式可化为

$$\frac{V_1-V_2}{V_4}=\frac{C_1-C_2}{C_1+C_2} \tag{1-6}$$

对照式(1-5)知

$$\frac{V_2-V_1}{V_4}=K_3P$$

在实际变送器中,用负反馈自动改变输入电压 E_1 的幅度,使差动电容 C_1、C_2 变化时,流过它们的电流之和恒定,即保持上式中 V_4 恒定,这样差压 P 正比于(V_2-V_1),测量 R_1、R_2 上电压差即可测知 P。这种变送器的原理线路如图 1-23 所示。

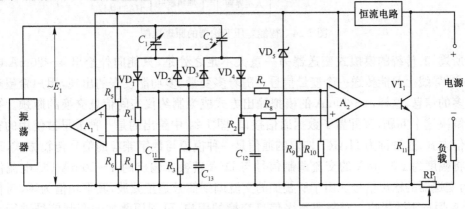

图 1-23　差动电容式压力变送器的原理线路图

图 1-23 中,运算放大器 A_1 作为振荡器的电源供给者,可用来调节振荡器输出电压 E_1 的幅度,通过负反馈,保证 R_4 两端的电压恒定。放大器 A_2 用来将 R_1、R_2 两端的电压相减,并通过电位器 RP_1 引入输出电流的负反馈,调节 RP_1 可改变变送器的量程。显然,这个变送器是一个两线制变送器。图中右上角的恒流电路保持变送器基本消耗电流恒定,构成输出电流的起始值,流过晶体管 VT_1 的电流则随被测压力的大小作线性变化。

随着对测量精度要求的提高和微处理器的广泛应用,变送器逐渐向数字化和智能化方向发展。对各种不同的仪表可按误差产生的原因,利用微处理器强大的运算功能进行针对性的补偿,使测量精度大大提高。

以差压变送器为例,影响其精度的因素主要有:(1)测量元件的非线性;(2)测量元件工作温度变化引起的温度漂移;(3)静压误差。这里的静压误差是指在相同的差压数值下,由于压力不同引起的误差。举例说明,若第一种情况下差压变送器的左侧输入绝对压力 $P_1=0$(即真空状态),右侧输入 $P_2=1kPa$(这里都指绝对压力),两侧的压差为 1kPa;在第二种情况下,若 $P_1=10MPa$,$P_2=10.001MPa$,两侧的压差也是 1kPa;尽管这两种情况下差压相同,但后一种状况下变送器壳体因受到很大的压力而产生机械变形,引起输出漂移,成为差压变送器的重要误差因素。在智能变送器中,按误差分析,增加辅助传感器,测量各种可能的误差来源,并通过自动化的实验手段逐个测定传感器的误差特性,给出误差补偿算式,作为每个传感器的档案数据写入存储芯片。在智能变送器现场使用中,微处理器可根据传感器的档案数据,对误差给予精确补偿,把变送器的精度提高一个数量级,差压/压力变送器的精度约可达到 0.05 级的水平。

智能差压变送器的原理方框图可表示为图1-24,其输入端除差压传感器外,还配置了温度传感器和静压传感器。差压传感器信号进入CPU后,先经量程变换和线性化处理,再按温度和静压信号从ROM中读取修正数据,进行误差补偿后,一方面送人机界面,通过液晶面板或电流表作仪表的就地显示,也可通过按钮进行量程修改及零点迁移;另一方面,经D/A转换器输出4～20mA电流信号,并通过通信接口芯片,与外界进行数字通信。

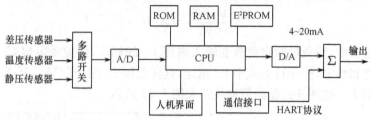

图1-24 智能差压变送器的原理框图

众所周知,传统的模拟式变送器另一重大不足之处是,只能向外给出4～20mA电流信号,在一对导线上只能传送一个变量信号。随着多变量、多功能仪表的出现,用户希望获得仪表内更多的信息,这样,4～20mA的模拟输出方式成为制约仪表间信息交换的瓶颈。智能变送器为解决这个问题,都配置了数据通信接口,图1-24中给出的是一种最早被使用的智能变送器通信方式,这种称为HART协议的通信是一种模拟与数字兼容的信号传输方式,通信接口电路将幅度为±0.5mA的交流调制信号与D/A转换器输出的4～20mA DC电流信号相加,作为变送器的输出信号。由于所叠加的交流调制信号是正弦波,其平均值为零,对传统的4～20mA用户不受影响。对需要更多信息交换的用户,可利用叠加的调制信号进行双向通信,读取变送器内的数据,并远程修改变送器的零点和量程。

近年来,随着现场总线控制技术的发展,智能变送器的通信越来越多采用全数字的现场总线通信协议,在现场总线通信方式,智能仪表的输出摒弃了传统的4～20mA模拟信号,仪表间信息传递完全采用数字通信技术,这样一来,使仪表的功能可以大大扩展,关于这些内容将在第3章中详细介绍。

1.2.4　固态测压仪表

上面讨论的测压仪表都是利用弹性元件产生变形工作的,仪表内总包含一个运动部分,固态测压仪表是利用某些元件固有的物理特性,如利用压电效应(压电体受压力作用时表面出现电荷)、压磁效应(磁性材料受压时各方向的磁导率发生变化)、压阻效应(半导体材料受压时电阻率发生变化)等直接将压力转换为电信号。由于没有活动部件,仪表的结构非常简单,工作可靠,频率响应范围较宽。

图1-25是一种根据压阻效应工作的半导体压力测量元件的示意图,在杯状单晶硅膜片的表面上,沿一定的晶轴方向扩散着一些长条形电阻。当硅膜片上下两侧出现压差时,膜片内部产生应力,使扩散电阻的阻值发生变化。

需要说明,这里扩散电阻的变化,在机理上和金属丝应变电阻不同。普通的金属电阻丝受力变形时,其电阻的变化是由几何尺寸变化引起的,即由电阻丝的长度 l 和截面积 S 的变化引起。而半导体扩散电阻在受应力作用时,材料内部晶格之间的距离发生变化,使禁带宽度及载流子浓度和迁移率改

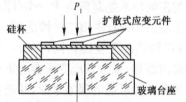

图1-25　扩散式半导体压力测量元件

变,导致半导体材料的电阻率 ρ 发生强烈的变化。实践表明,半导体扩散电阻的电阻变化主要是由电阻率 ρ 的变化造成的,其灵敏度比金属应变电阻高 100 倍左右。

为了减小半导体电阻随温度变化引起的误差,在硅膜片上常扩散 4 个阻值相等的电阻,以便接成桥式输出电路获得温度补偿,如图 1-26 所示。力学分析表明,平面式的弹性膜片受压变形时,中心区与四周的应力方向是不同的。当中心区受拉应力时,周围区域将受压应力,离中心为半径 60% 左右的地方,应力为零。根据这样的分析,在膜片上用扩散方法制造电阻时,将 4 个桥臂电阻中的两个置于受拉区,另两个置于受压区,这样,按图 1-26(a) 接成推挽电路测量压力时,电阻温度漂移可以得到很好的补偿,而输出电压加倍。在使用几伏的电源电压时,桥路输出信号幅度可达几百毫伏。这样,后面只要用一个不太复杂的电路,便可转换为标准电信号输出。

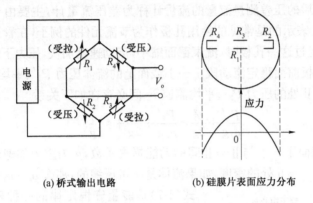

(a) 桥式输出电路　　　　　(b) 硅膜片表面应力分布

图 1-26　扩散在硅膜片上的四个桥臂电阻

在图 1-25 中,硅杯被烧结在膨胀系数和自己相同的玻璃台座上,以保证温度变化时硅膜片不受附加应力。尽管如此,由于半导体材料对温度的敏感性,温度漂移始终是这类传感器的主要问题。为解决这一问题,常在硅膜片上同时扩散专用的温度测量电阻,以便按扰动补偿的原则,在宽范围内进行准确的温度补偿。在工业测量中,为避免被测介质对硅膜片的腐蚀或毒害,硅膜片被置于图 1-21 相似的膜盒内,被测介质在隔离膜片之外,压力只能通过膜盒内中性的硅油传递给硅膜片。目前用这种敏感元件制成的压力仪表精度可达 0.25 级或更高。其主要优点是结构简单,尺寸小,便于用半导体工艺大量生产,降低价格,因而成为低价位压力变送器的主流产品。

1.3　流量检测仪表

在连续生产过程中,有大量的物料通过管道来往输送。因此,对管道内液体或气体的流量进行测量和控制,是生产过程自动化的一项重要任务。

工程上,流量是指单位时间内通过某一管道的物料数量。其常用的计量单位有下面两种:

① 体积流量 Q,即以体积表示单位时间内的物料通过量,用 l/s(升/秒)、m^3/h(立方米/小时)等单位表示;

② 质量流量 Q_m,即以质量表示单位时间内的物料通过量,常用单位为 kg/s(千克/秒)、t/h(吨/小时)等。显然质量流量 Q_m 等于体积流量 Q 与物料密度 ρ 的乘积。

除了上述瞬时流量外,生产上还需要测定一段时间内物料通过的累计量,称为总流量。为此,可在流量计上附加积算装置,进行瞬时流量对时间的积分运算,以获得一段时间内通过的物料总体积或总质量。

流量的测量方法较多,按原理分,有节流式、容积式、涡轮式、电磁式、旋涡式等,它们各有一定的适用场合。

1.3.1 节流式流量计

在管道中放入一定的节流元件,如孔板、喷嘴、靶、转子等,使流体流过这些阻挡体时,流动状态发生变化。根据流体对节流元件的推力或在节流元件前后形成的压差等,可以测定流量的大小。

1. 差压流量计

根据节流元件前后的压差测量流量的流量计称为差压流量计,主要由节流装置及差压计两部分组成。图 1-27 表示的是常见的使用孔板作为节流元件的例子,在管道中插入一片中心开孔的圆盘,当流体经过这一孔板时,流束截面缩小,流动速度加快,压力下降。依据伯努利方程,在水平管道上,孔板前面稳定流动段Ⅰ—Ⅰ截面上的流体压力 $P_1{}'$、平均流速 v_1,与流束收缩到最小截面的Ⅱ—Ⅱ处的压力 $P_2{}'$、平均流速 v_2 间必存在如下关系

$$\frac{P_1{}'}{\rho_1 g}+\frac{v_1^2}{2g}=\frac{P_2{}'}{\rho_2 g}+\frac{v_2^2}{2g}+\xi\frac{v_2^2}{2g} \tag{1-7}$$

式中,ξ 表示流体在截面Ⅰ—Ⅰ与Ⅱ—Ⅱ间的动能损失系数,g 为重力加速度,ρ_1、ρ_2 分别表示流体在截面Ⅰ—Ⅰ和Ⅰ—Ⅱ处的密度,如果流体是不可压缩的,那么 $\rho_1=\rho_2=\rho$。

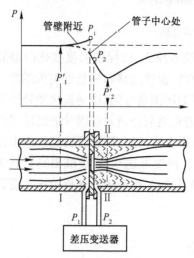

图 1-27 差压流量计的原理图

式(1-7)是能量守恒定律的一种表示形式。它说明当流体流过节流元件时,随着流速的增加,压力必然降低。在流束的截面积收缩到最小处,由于流速达到最大值,压力降至最低点,实践证明,孔板前后的流体压力变化如图 1-27 中曲线 P 所示,其中虚线表示管道中心处的压力,实线表示管壁附近的压力。在靠近孔板的前面管壁处,由于流动被突然阻挡,动能转化为压力位能,使局部压力 P_1 增高超过压力 P_1'。

由流体流动的连续性方程可知,流过管道的流体体积流量为

$$Q=v_1 F_1=v_2 F_2 \tag{1-8}$$

式中,F_1、F_2 分别为Ⅰ—Ⅰ和Ⅱ—Ⅱ处的流束截面积,F_1 等于管道的截面积。

联立求解式(1-7)和式(1-8)可得出

$$v_2=\frac{1}{\sqrt{1-\left(\frac{F_2}{F_1}\right)^2+\xi}}\sqrt{\frac{2}{\rho}(P_1{}'-P_2{}')} \tag{1-9}$$

直接按上式计算流速是困难的,因为 P_2' 和 F_2 都要在流束截面收缩到最小的地方测量,而它的位置是随流速的不同而改变的。为简化问题,引入截面收缩系数 μ 和孔板口对管道的面积比 m

$$\mu=\frac{F_2}{F_0}, \quad m=\frac{F_0}{F_1}$$

这里 F_0 是孔板的开孔面积。

此外，用固定取压点测定的压差代替式中的$(P_1' - P_2')$，工程上常取紧挨孔板前后的管壁压差$(P_1 - P_2)$代替$(P_1' - P_2')$，显然它们的数值是不相等的，为此引用系数ψ加以修正

$$\psi = \frac{P_1' - P_2'}{P_1 - P_2}$$

将这些关系代入式(1-9)，得

$$v_2 = \sqrt{\frac{\psi}{1 - \mu^2 m^2 + \xi}} \sqrt{\frac{2}{\rho}(P_1 - P_2)} \tag{1-10}$$

根据式(1-8)，体积流量

$$Q = \frac{\mu\sqrt{\psi}}{\sqrt{1 - \mu^2 m^2 + \xi}} F_0 \sqrt{\frac{2}{\rho}(P_1 - P_2)} \tag{1-11}$$

令

$$\alpha = \frac{\mu\sqrt{\psi}}{\sqrt{1 - \mu^2 m^2 + \xi}} \tag{1-12}$$

式中，α 称为流量系数。这样，

体积流量

$$Q = \alpha F_0 \sqrt{\frac{2}{\rho}(P_1 - P_2)} \tag{1-13}$$

质量流量

$$Q_m = \rho Q = \alpha F_0 \sqrt{2\rho(P_1 - P_2)} \tag{1-14}$$

上面的分析说明，在管道中设置节流元件可造成局部的流速差异，得到比较显著的压差。在一定的条件下，流体的流量与节流元件前后的压差平方根成正比。因此，可使用差压变送器测量这一差压，经开方运算后得到流量信号。由于这种变送器需要量较大，单元组合仪表中生产了专门的品种，将开方器和差压变送器结合成一体，称为差压流量变送器，可直接和节流装置配合，输入差压信号，输出流量信号。

需要指出，上述的流量关系式在形式上虽然比较简单，但流量系数 α 的确定却十分麻烦。由 α 的定义可知，它与 μ、ψ、m、ξ 等有关。大量的实验表明，只有在流体接近于充分湍流时，α 才是与流动状态无关的常数。流体力学中常用雷诺数(Re)反映湍流的程度，$Re = vD\rho/\eta$（这里 v 为流速，D 为管道内径，ρ 为流体密度，η 为流体动力黏度），这是一个无因次量。流量系数 α 只在雷诺数大于某一界限值（约为 10^5 数量级）时才保持常数。

不难理解，流量系数的大小与节流装置的形式、孔口对管道的面积比 m 及取压方式密切有关。目前常用的标准化节流元件除孔板外，还有压力损失较小的均速管、喷嘴和文丘利管等；取压方式除图 1-30 所表示的，在孔板前后端面处取压的"角接取压法"外，还有在孔板前后各一英寸处的管壁上取压等方法。在这些不同的情况下流量系数都是不同的。此外，管壁的粗糙度、孔板边缘的尖锐度、流体的黏度、温度及可压缩性都影响这一系数的数值。由于差压流量计已有很长的使用历史，对一些标准的节流装置曾进行过大量的实验研究，已经有一套十分完整的数据资料。使用这种流量计时只要查阅有关手册，按照规定的标准，设计、制造和安装节流装置，便可根据计算得到的流量系数直接投入使用，不需再用实验方法单独标定量程。

差压流量计在使用中必须保证节流元件前后有足够长的直管段，一般要求前面有 7~10 倍直径，后面有 3~5 倍直径的直管段。差压流量计在较好的情况下测量精度为 $\pm 0.5\% \sim 1\%$，由

于雷诺数及流体温度、黏度、密度等的变化，以及孔板边缘的腐蚀磨损，精度常低于±2%。

尽管差压流量计精度较差，但它结构简单，制造方便，目前还是使用很普遍的一种流量计。

2. 均速管流量计

均速管流量计也是一种差压式流量计，其工作原理如图 1-28 所示。在被测管道中插入一根检测杆，最简单的检测杆可以是一根圆形金属管，在内部用薄板分隔成前后两个测量室。沿检测杆长度方向，在迎流面和背流面各按一定规律开若干个取压小孔，当管道中有液体或气体流动时，随着流体的流速增加，迎流面小孔的压力将上升，背流面小孔的压力将下降，其压差可反映流体的流速变化。

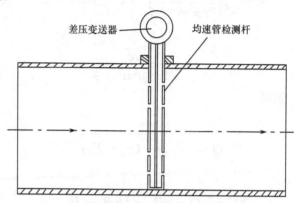

差压变送器　　　均速管检测杆

图 1-28　均速管流量计的工作原理图

考虑到流体在管道内流动时，由于流体在管壁附近与管道中心位置受到的摩擦阻力不同，其流动速度有所不同，所以离管道中心远近不同的取压孔的压力是不同的。为此检测杆需要借助测量室，把同侧多个小孔的压力取样值作平均处理，以平均差压反映管道内的平均流速，这就是这种检测杆称为均速管的原因。

将均速管的前、后两个测量室的平均压力引出，用差压变送器测量两者的压力差 ΔP，根据伯努利方程，可建立管道流体的平均流速 V_{av} 与差压 ΔP 之间的关系式

$$V_{av} = \xi \sqrt{\frac{2}{\rho} \Delta P} \tag{1-15}$$

式中，ρ 为流体密度，ξ 为与均速管结构有关的校正系数。

将平均流速 V_{av} 乘以管道截面积，可得到体积流量

$$Q_v = A \cdot V_{av} = \xi A \sqrt{\frac{2}{\rho} \Delta P} \tag{1-16}$$

均速管流量计的特点是结构简单、安装方便、对流体的阻力较小（一般压力损失仅为孔板流量计的十分之一），在管径超过 300mm 的大口径管道流量测量中处于首选位置，可适用于气体、液体及蒸气等各种介质的流量测量。

早期的均速管流量计误差较大，一般达到 2%～3%，作为物料计量精度不够，因而主要用于回路控制，例如在锅炉燃烧自动控制中，用它测量助燃空气流量，控制燃料与空气的比例，提高燃烧效率。这里只要流量计输出与流量间存在确定的单值函数关系，即重复性较好就可以了。

随着均速管流量计的工业应用日趋广泛，为提高其测量精度，国内外进行了深入研究、不断改进，对检测杆的截面形状、测点位置、取压方式以及安装结构等方面，精益求精进行创新，

推出了种类繁多的特色结构,商品名称有阿牛巴(Annubar)、威力巴(Verabar)、德尔塔巴(Deltabar)等,尽管基体工作原理未变,但通过优选检测杆截面形状,有的取菱形,有的取 T 形、子弹头形等,使差压 ΔP 增大,压力损失减小,式(1-16)中的校正系数 ξ 在更宽的流速变化范围内保持恒值,使测量精度可以达到 0.5%,重复性达到 0.1%。并在一定程度上降低了检测杆前后直管段的长度要求。

均速管流量计因为必须用小孔来测量平均流速,只要流体中有颗粒或凝析物就容易堵塞,对此,新的设计是加大检测孔径(有的达到 8mm)或配备吹扫装置给予解决。

3. 转子流量计

在小流量的测量中,例如流量只有几升/小时～几百升/小时的场合,转子流量计是使用最广的一种流量计。其工作原理也是根据节流现象,但节流元件不是固定地安置在管道中,而是一个可以移动的转子。其基本结构如图 1-29 所示,一个能上下浮动的转子被置于圆锥形的测量管中,当被测流体自下而上通过时,由于转子的节流作用,在转子前后出现压差 ΔP,此压差对转子产生一个向上的推力,使转子向上移动。由于测量管上口较大,因而能取得平衡位置。平衡时,压差 ΔP 产生的向上推力等于转子的重量,故平衡时 ΔP 必为恒值。

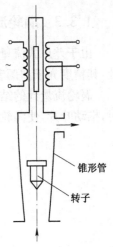

根据式(1-13)有

$$Q = \alpha F_0 \sqrt{\frac{2}{\rho} \Delta P}$$

若 ΔP、ρ、α 均为常数,则流量 Q 与 F_0 成正比。对圆锥形测量管,环形缝隙的流通面积 F_0 与转子的高度近于成正比,故可从转子的平衡位置高低,直接读出流量的数值,或用电感发送器将转子位置转换为电信号,供记录或自动调节用。

图 1-29 转子流量计

1.3.2 容积式流量计

容积式流量计的代表性产品是椭圆齿轮流量计,其基本结构如图 1-30 所示。在金属壳体内有一对啮合的椭圆形齿轮(齿较细,图中未画出),当流体自左向右通过时,在输入压力的作用下,产生力矩,驱动齿轮转动。例如,在图 1-30(a)位置时,A 轮左下侧压力大,右下侧压力小,产生的力矩使 A 轮作顺时针转动,它把 A 轮与壳体间半月形容积内的液体排至出口,并带动 B 轮转动;在图 1-30(b)的位置上,A 和 B 两轮都有转动力矩,继续转动,并逐渐将一定的液体封入 B 轮与壳体间的半月形空间;到达图 1-30(c)位置时,作用于 A 轮上的力矩为零,但 B 轮的左上侧压

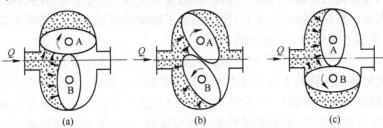

(a)   (b)   (c)

图 1-30 椭圆齿轮流量计的原理图

力大于右上侧,产生的力矩使 B 轮成为主动轮,带动 A 轮继续旋转,把半月形容积内的液体排至出口。这样连续转动,椭圆齿轮每转一周,向出口排出四个半月形容积的液体。测量椭圆齿轮的转速便知道液体的体积流量,累计齿轮转动的圈数,便可知道一段时间内液体流过的总量。

由于椭圆齿轮流量计是直接按照固定的容积来计量流体的,所以只要加工精确,配合紧密,防止腐蚀和磨损,便可得到极高的精度,一般可达 0.2%,较差的亦可保证 0.5%～1% 的精度,故常作为标准表及精密测量之用。

椭圆齿轮流量计的精度与流体的流动状态,即雷诺数(Re)的大小无关,被测液体的黏度愈大,齿轮间隙中泄漏的量愈小,引起的误差愈小,特别适宜于高黏度流体的测量。但被测流体中不能有固体颗粒,否则容易将齿轮卡住或引起严重磨损。此外,椭圆齿轮的工作温度不能超出规定的范围,不然由于热胀冷缩可能发生卡死或增加测量误差。

1.3.3 涡轮流量计

由于差压式流量计精度低,而容积式流量计价格太贵,在 20 世纪 50 年代出现了涡轮流量计,其精度介于前两者之间,为 0.25%～1.0%。

涡轮流量计的结构如图 1-31 所示,涡轮的轴装在管道的中心线上,流体沿轴向流过涡轮时,推动叶片,使涡轮转动,其转速近似正比于流量 Q。

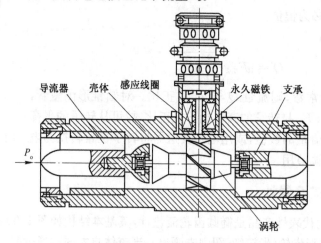

图 1-31　涡轮流量计的结构

涡轮流量计的转速输出,由于轴在管道里面不便直接引出,都采用非接触的电磁感应方式,图 1-31 所表示的是一种根据磁阻变化产生脉冲的输出方式。在不导磁的管壳外,放着一个套有感应线圈的永久磁铁,因为涡轮叶片是导磁材料制成的,涡轮旋转时,每片叶片经过磁铁下面时,都改变磁路的磁阻,使通过线圈的磁通量发生变化,感应输出电脉冲。这种脉冲信号很易远传,而且积算总量特别方便,只需配用电子脉冲计数器即可。若需指示瞬时流量,可使用单元组合仪表中的频率—电流转换单元。

涡轮流量计一般用来测量液体的流量。虽然也可测量气体流量,但由于气体密度低,推动力矩小,且高速旋转的涡轮轴承在气体中得不到润滑而容易损坏,故很少用于气体。

为保证流体沿轴向推动涡轮,涡轮前后都装有导流器,把进出的流体方向导直,以免流体的自旋改变与叶片的作用角,影响测量精度。尽管这样,在安装时仍要注意,在流量计前后必须有一定的直管段。一般规定,入口直段的长度应为管道直径的 10 倍以上,出口直段长度为管道直径的 5 倍以上。

涡轮流量计的优点是刻度线性,反应迅速,可测脉冲流量。但这种流量计的读数也受流体黏度和密度的影响,也只能在一定的雷诺数范围内保证测量精度。由于涡轮流量计内部有转动部件,易被流体中的颗粒及污物堵住,只能用于清洁流体的流量测量。

1.3.4　电磁流量计

以上几种流量测量方法都要在管道中设置一定的检测元件,总要造成一定的压力损失,而且容易堵塞或卡住。电磁流量计采用了完全不同的原理,以电磁感应定律为基础,在管道两侧安放磁铁,以流动的液体当作切割磁力线的导体,由产生的感应电动势测知管道内液体的流速和流量。

电磁流量计的基本原理可表示如图 1-32 所示。在一段不导磁的测量管两侧装上一对电磁铁,被测液体由管内流过,管壁上在与磁场垂直的方向上,有一对与液体接触的电极。根据电磁感应定律,若管道内磁感应强度为 $B(\mathrm{T})$,管内流体的流速为 $v(\mathrm{cm/s})$,切割磁力线的导体的长度就是两个电极间的距离,也就是管道内径 $D(\mathrm{cm})$,则感应电动势

$$e = BDv \times 10^{-8}$$

由于体积流量 $Q(\mathrm{cm^3/s})$ 与流速 v 有如下关系

$$Q = v\frac{\pi D^2}{4}$$

故

$$e = \frac{4B}{\pi D}Q \times 10^{-3}$$

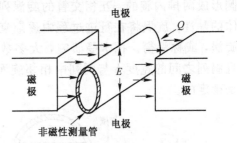

图 1-32　电磁流量计的基本原理

由此可见,流量正比于感应电动势 e。

实际的电磁流量计中,流量电动势只有几毫伏到几十毫伏。为避免电极在直流电流作用下发生极化作用,同时也为了避免接触电动势等直流干扰,管道外的磁铁都使用交流激磁。这样磁场是工频交变磁场,获得的流量电动势也是交变的,可用专门的交流放大器放大。当然使用交流激磁也会带来新的问题,即交流磁场会直接在电极回路中产生感应干扰电动势。由于这种感应干扰电动势的相位与交变磁感应强度 B 的相位相差 $90°$,而流量电动势却是与 B 同相位的,可从相位上予以区别而抑制之。

在使用交流电激磁时,测量管应使用高电阻率的非导磁材料,如玻璃钢或不锈钢等制成,以减少管壁上的涡流。在使用不锈钢作测量管时,除电极需与管壁绝缘外,为避免流体中的电动势被管壁短路,影响测量电极输出电动势的幅度,需要在整根测量管的内壁涂以绝缘层或衬垫绝缘套管。

电磁流量计的优点是管道中不设任何节流元件,因此可以测各种黏度的液体,特别宜于测量含各种纤维及固体污物的液体。此外,对腐蚀性液体也很适用,因为测量管中除一对由不锈钢或金、铂等耐腐蚀材料制成的电极与流体直接接触外,没有其他零件和流体接触,工作非常可靠。电磁流量计的测量精度为 $0.5\% \sim 1\%$,刻度线性,测量范围宽量程比可达 $1:30$,反应速度快,且可测水平或垂直管道中来回两个方向的流量。

从电磁流量计的工作原理看出,它只能测导电液体的流量,被测液体的电导率至少为 $1 \sim 10\mu\Omega/\mathrm{cm}$(自来水的电导率约为 $100\mu\Omega/\mathrm{cm}$),不能测量油类及气体的流量。此外被测液体中不能含大量气泡,由于气泡是不导电的,它的存在将使输出电动势发生强烈波动,影响准确测量。

在安装电磁流量计时,要注意远离电力电源,避免大电流通过测量管内的流体,以减小测量干扰。在使用中也要注意维护,使用日久,若电极处污垢沉积过多,不论这些污物是绝缘的还是导电的,都会影响测量精度,必须适时清理电极及测量管的内表面。

1.3.5 旋涡式流量计

这是 20 世纪 60 年代后期发展起来的一类新型的流量仪表,根据旋涡形式的不同可分为如下两种:一种是在管道内设置螺旋形导流片,强迫流体产生围绕流动轴线旋转的旋进旋涡,根据旋涡旋转的角速度(旋进频率)与流量的关系测定流量,称为旋进型旋涡流量计;另一种是在管道内横向设置阻流元件,使流体因附面层的分离作用产生自然振荡,在下游形成两排交替的旋涡列,根据旋涡产生的频率与流量的关系测定流量,称为卡曼型旋涡流量计或涡街流量计。目前涡街流量计发展较快,应用较多,下面叙述这种流量计的工作原理。

如图 1-33 所示,在管道内垂直于流体流动方向插入一根非流线型物体时,在阻挡物的下游会产生旋涡。在有些情况下,流体会产生有规则的振荡运动,在阻挡物的上下两侧形成两排内旋的、互相交替的旋涡列,它们以比流体稍慢的速度向下游运动。由于流体的黏性,旋涡将在行进过程中逐渐衰减而最后消失。通常人们把这两排旋涡称为卡曼旋涡,或称涡街。据卡曼研究,大多数的旋涡排列是不稳定的。只有在旋涡排成两列,且涡列之间的宽度 h 与同列中相邻旋涡的距离 l 之比:$h/l=0.281$ 的情况下,旋涡列才是稳定的。

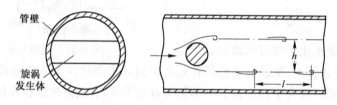

图 1-33 涡街流量计的原理图

研究表明,卡曼旋涡产生的频率 f 与流体流速 v 和旋涡发生体(插入流体以产生涡街的物体)的形状和尺寸比例有确定的关系,可表示为

$$f = Sr\frac{v}{d}$$

式中,d 为旋涡发生体的特征尺寸,对图示圆柱形旋涡发生体来说,d 就是圆柱体的直径。

Sr 是一个无量纲的系数,称为斯特劳哈尔系数。它除与旋涡发生体的形状及发生体与管道尺寸的比例有关外,还与流动的雷诺数有关。在优选的旋涡发生体形状和尺寸比例下,Sr 可在很宽的雷诺数范围内保持恒定。例如,对液体,Sr 可在雷诺数为 $(5\sim500)\times10^3$ 的宽阔范围内保持恒值。这实际上已包含了工业流量测量的雷诺数的全部范围,因而在作为流量计使用时,对确定的旋涡发生体,旋涡频率 f 正比于流体流速 v。

若管道的流通面积为 A,则体积流量

$$Q = Av = A\frac{d}{Sr}f = Kf$$

式中,$K=Ad/Sr$ 为比例常数。

这样,只要检测旋涡频率 f 便可测得体积流量 Q。

涡街流量计的优点是测量精度高,测量范围大,工作可靠,压力损失也比较小;其读数不受流体物理状态如温度、压力、密度、黏度及组成成分的影响,量程比可达 30：1;非线性误差不超过最大流量的±1%,再现性为±0.2%。由于管道中没有可动部件,运行可靠,安装维护方便。其输出为脉冲信号,易于和数字仪表及计算机配合工作,且不仅可测液体,也可测气体的流量,所以很受欢迎。

为测量流量而插入管道内的旋涡发生体,目前尚无确定其最佳形状和尺寸比例的法则,因此研制者都在实验上花力气。对旋涡发生体的要求是产生的旋涡强烈,且在较宽的雷诺数范围内旋涡稳定,斯特劳哈尔系数保持恒定。此外还要求压力损失较小,发生体形状简单,便于加工制造。目前,国内外采用的旋涡发生体形状很多,其基本形状有三种,即圆柱形、方柱形和三角柱形。它们的特点分别为:圆柱形压力损失小,但旋涡偏弱;方柱形状简单,便于加工,旋涡强烈,但压力损失大;三角柱旋涡强烈稳定,压力损失适中。很多涡街流量计中,旋涡发生体采用上述三种基本形的组合形状。

管道内流体旋涡的检测,可利用热、电、声等各种物理方法。例如,可根据旋涡发生体下游交替出现旋涡时,发生体两侧流体的流速和压力会发生周期性变化的特征进行检测,如图 1-34(a)所示。在三角柱旋涡发生体正面两侧埋入两个半导体热敏电阻,工作时以恒定电流进行加热。由于流体产生旋涡的一侧流速较小,使该侧热敏电阻散热条件差,温度较高,阻值较另一侧热敏电阻为低。把这两个热敏电阻接成电桥的两臂,便可由桥路获得与旋涡频率相同的交变信号。图 1-34(b)表示的是另一种用热学方法检测旋涡的方法,圆柱形旋涡发生体的内腔用隔板分成上下两部分,在隔板中心位置上有一根很细的铂电阻丝,被电流加热到规定的温度(一般约比流体温度高 20℃)。工作时,在产生旋涡的一侧流体流速较低,静压比另一侧高,使一部分流体由导压孔进入内腔,向未产生旋涡的一侧流动,经过铂丝,将它的热量带走,铂丝温度降低,电阻减小。这样,每产生一个旋涡,铂丝电阻就变小一次,故测定铂丝电阻变化的频率就测定了旋涡频率,也就测得了流量。除上述在管道内检测旋涡的方法之外,也可用超声波等方法在管壁外进行测量。例如,在图 1-33 中,可在有旋涡的管道上下管壁外安装超声波发射和接收装置,使由一侧发射的超声波束穿透流体,到达另一侧的接收器。工作时,超声波发射器发出幅度恒定的超声波。如果超声波经过的途径上没有旋涡,那么接收器收到的超声波强度也是恒定的;但若有旋涡进入超声波束行进的途径,超声波波束就会被旋涡散射而使接收到的强度减弱,由此接收到的超声波强弱变化,可测知旋涡的频率。

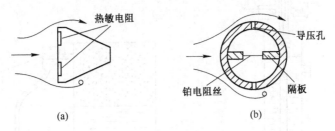

图 1-34　检测旋涡的方法

由于旋涡流量测量方法的实质是测量流速,所以要求管道内流体的流速分布均匀,一般希望在旋涡发生体上游有管道直径 10 倍、下游有 5 倍长度的直管段。

1.4 液位检测仪表

液位的高低在生产中也是一个重要的参数,例如,蒸汽锅炉运行时,必须保证汽包水位有一定的高度。化工反应塔内,常需保持一定的液位以取得较高的生产率。此外,生产中常需测量油罐等容器内的液面高度以计算产品产量和原料消耗,作为经济核算的依据。

1.4.1 浮力式液位计和静压式液位计

浮力式液位计是应用最早的一类液位测量仪表,由于结构简单,价格便宜,至今仍有广泛的应用。这类仪表在工作中可分为两种情况:一种是测量过程中浮力维持不变的,如浮标、浮球等液面计,工作时,浮标漂浮在液面上随液位高低变化,通过杠杆或钢丝绳等将浮标位移传递出来,再经电位器,数码盘等转换为模拟或数字信号;另一种是浮力变化的,根据浮筒在液体内浸没的程度不同、所受的浮力不同来测定液位的高低。图 1-35 表示的是一种常用的变浮力液面计,可用来测量密封压力容器内的液位。

图 1-35 中,浮筒是一个上下截面相同的金属圆筒,其重量比浮力大(因而这种浮筒常称为沉筒)。当容器中没有液体时,浮筒的质量完全由弹簧力平衡;在容器中有液体时,浮筒的一部分被液体浸没,液体的浮力使弹簧的负担减轻,浮筒向上移动。此移动的距离与液面高度成正比,浮筒通过连杆移动铁心,使差动变压器输出相应的电信号,供指示或远传。

利用液体静压测量液位也是一种常见的方法。在敞口容器中,储液底部压力与容器内的液面高度成正比,故可用压力测量仪表在底部测量压力,来间接测定液位高低,使用前面讨论的压力变送器将液位转换为电信号。当压力变送器与容器底面不在同一水平面上时,可使用变送器内的零点迁移装置,减去一段相应的液位。

在带有压力的密封容器内,由于底部压力不仅与液面高度有关,还与液体表面上的气压有关,这时可用测量差压的方法,消除液面上压力的影响。如图 1-36 所示,将差压变送器的正压室与容器底部相连,负压室与液面上的空间连通。从原理上说,这时差压变送器的输出只反映下部取压点以上液体的静压,可准确地反映出液位的高低。但实际使用中,要考虑上部取压管中必然有气体冷凝,出现附加液柱高度的问题,为了稳定此附加液柱高度,常在上部取压管路中加冷凝罐。这时需在差压变送器中,用迁移装置平衡这一固定的压力。

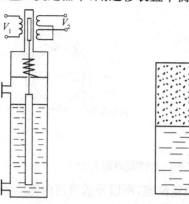

图 1-35　变浮力液面计　　　　图 1-36　用差压变送器测液位

在测量有腐蚀性或黏度大、含有颗粒、易凝固等液体的液位时,为了避免引压管被腐蚀和堵塞，专门生产了"法兰"式差压变送器。它直接靠在容器壁上，通过隔离膜片来感受容器内的压力，然后以硅油作传递介质，经细管与变送器的测量室相通。采用硅油传递的好处是它的体膨胀系数小，凝固点低（−40℃以下），适用于寒冷天气及户外安装条件，不会因天冷冻结；常温下流动性好，无腐蚀性，性能稳定。

由于差压法测液位使用的仪表与压力、流量测量仪表通用，结构简单，安装方便，使用相当普遍。

需要注意，浮力和静压式液位计的读数和被测液体的密度有关，当密度发生变化时，必须对标尺进行修正。

1.4.2　电容式液位计

在电容器的极板间填充不同的介质时，由于介电系数的差别，电容量也会不同。例如，以液体代替空气作为介质时，由于液体的介电系数比空气大得多，电容量将变大。因此，测量电容量的变化可知道液面的高低。

图 1-37 是测量石油等非导电液体液位的电容式传感器结构图。它由金属棒做成的内电极和由金属圆筒做成的外电极两部分组成。外电极上有孔，使被测液体能自由流进内外电极之间的空间。当液位为零时，内外电极间的电容量可根据同心圆筒形电容的计算公式写出：

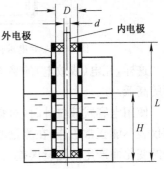

图 1-37　非导电液体的液位测量

$$C_0 = \frac{2\pi\varepsilon_0 L}{\ln\dfrac{D}{d}}$$

式中，ε_0 为空气的介电系数；L 为圆筒电极的高度；D 和 d 分别为外电极内径及内电极外径。

当液面高度上升到 H 时，电容成为上下两段，计算应分开进行。下半截电容中以液体的介电系数 ε 计算，上半截（$L-H$）中因介质是空气，其介电系数仍为 ε_0，故电容量

$$C = \frac{2\pi\varepsilon H}{\ln\dfrac{D}{d}} + \frac{2\pi\varepsilon_0(L-H)}{\ln\dfrac{D}{d}} = \frac{2\pi(\varepsilon-\varepsilon_0)H}{\ln\dfrac{D}{d}} + \frac{2\pi\varepsilon_0 L}{\ln\dfrac{D}{d}}$$

由上式可知，电容量与液面高度 H 成线性关系，测定此电容值便可测知液面高度。这里，测量灵敏度与（$\varepsilon-\varepsilon_0$）成正比，与 $\ln(D/d)$ 成反比。也就是说，被测液体与空气的介电系数相差愈大，测量灵敏度愈高；同时内外电极间的距离愈靠近，即 D/d 愈接近于 1，测量灵敏度也愈高。当然，决定内外电极间的距离时还要考虑其他因素，如黏滞液体对表面的黏附等，不能过分靠近。

如果被测液体是导电的，那么电极的构造就更简单。如图 1-38 所示，可用铜或不锈钢棒料，外面套上塑料管或搪瓷绝缘层，插在容器内，就成为内电极。若容器是金属制成的，那么外壳就可作为外电极。

当容器中没有液体时，内外电极之间的介质是空气和棒上的绝缘层，电容量很小。当导电的液体上升到高度 H 时，其充液部分由于液体的导电作用，相当于将外电极由容器壁移近到内电极的绝缘层上，电容量大大增加。很容易理解，此时电容量的大小与液面高度成线性关系。

上述液位电容可用交流电桥测量,也可用其他方法(如测量充、放电电流等)测定。使用充、放电法时,用振荡器给液位电容 C_x 加上幅度和频率恒定的矩形波,如图1-39所示。若矩形波的周期 T 远大于充放电回路的时间常数,则每个周期都有电荷 $Q = C_x \Delta E$ 对 C_x 充电及放电,用二极管将充电或放电电流检波,可得到平均电流

$$I = \frac{C_x \Delta E}{T} = C_x \Delta E f$$

式中,ΔE 为矩形波电压幅度;f 为矩形波频率;使用中都是保持不变的常数。

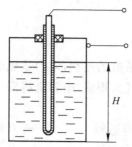
图1-38　导电液体的液位测量

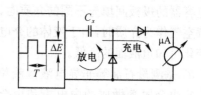
图1-39　充、放电法测电容

这样,充电(或放电)的平均电流与液位电容成正比,故图1-39中微安表的读数可反映液面的高低。

使用电容式液位计时,对黏稠的液体应注意其在电极上的黏附,以免影响仪表精度,甚至使仪表不能正常工作;在测量非导电液体的液位时,应考虑液体的介电系数随温度、杂质及成分的变化而产生的测量误差。

1.4.3　超声波液位计

利用超声波在液体中传播有较好的方向性,且传播过程中能量损失较少,遇到分界面时能反射的特性,可用回声测距的原理,测定超声波从发射到液面反射回来的时间,以确定液面的高度。

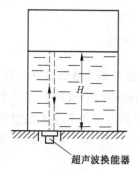
超声波换能器

图1-40　超声波液位计的
工作原理图

图1-40是超声波液位计的工作原理图。由锆钛酸铅或钛酸钡等压电陶瓷材料做成的换能器安装于容器底壁外侧,若通过一定的电路,给换能器加一个时间极短的电压脉冲,换能器便将电脉冲转变为超音频的机械振动,以超声波的形式穿过容器底壁进入液体,向上传播到液体表面被反射后,向下返回换能器。由于换能器的作用是可逆的,在反射波回来时可以起到接收器的作用,将机械振动重新转换为电振荡。用计时电路测定超声波在液体中来回走过的时间 t,则液面高度

$$H = \frac{1}{2}vt$$

式中,v 为超声波在液体中的传播速度。显然只要知道速度 v,便可由时间 t 直接算出液面高度 H。

这种测量方法的优点是检测元件可以不与被测液体接触,因而特别适合于强腐蚀性、高压、有毒、高黏度液体的测量。由于没有机械可动部件,使用寿命很长。但被测液体中不能有

气泡和悬浮物,液面不能有很大的波浪,否则反射的超声波将很混乱,产生误差。此外,换能器怕热,亦不宜用于高温液位的测量。

这种仪表的测量精度主要受声速 v 变化的影响。我们知道,常温下空气中的声速在温度每升高 1℃ 时增加 0.18%;在水中,温度每变化 1℃,声速变化 0.3%。所以要用超声波精确测量液位时,必须采取措施消除声速变化的影响。

除了上述几种液位计外,工业上还使用放射性液位计、激光液位计等。

1.5　成分分析仪表

在很多生产过程中,特别是化学反应过程中,仅仅根据温度、压力、流量等物理参数进行自动控制是不够的。例如在合成氨生产中,仅仅控制合成塔的温度、压力、流量并不能保证最高的合成效率,必须同时分析进气的化学成分,控制其中的氢气与氮气的最佳比例,才能获得较高的生产率。又如在锅炉燃烧控制中,固定不变地控制燃料与助燃空气的比例,也不能得到最好的燃烧效果。由于燃料成分的变化,常常不是助燃空气太少,燃烧不充分而浪费燃料,便是助燃空气过多,白白地带走许多热量。因此必须不断分析烟道气的化学成分,据以改变助燃空气的供给量,使炉子获得最高的热效率。

成分分析仪表不仅对保证生产的高质量、高效率是必要的,也是保证人民健康和生产安全所必需的。例如,在化工厂中,当某些气体成分在空气中的比例高到某一限度时,便会危害工人的身体健康或引起爆炸,必须使用分析仪表对这些成分进行连续的监视。

分析仪表种类之多是任何其他仪表所无法比拟的,这是由被分析物料的千差万别与分析的物理或化学原理的多样性决定的。下面只对几种最基本的,也是目前最常用的分析仪表作一扼要的讨论。

1.5.1　热导式气体分析仪

热导式气体分析仪是一种物理式的气体分析仪。根据不同种类气体具有不同的热传导能力这一特性,通过测定混合气体的导热系数,推算出其中某些组分的含量。由于这种分析仪简单可靠,能分析的气体种类较多,因而是一种基本的分析仪器。

关于热传导能力的差异,我们对固体物质是有体会的。谁都知道,铜的导热能力比铁强,而铁又比木材强。在气体中也有类似情况,不同的气体具有不同的导热能力。在热力学中,这种热传导能力的强弱用"导热系数"来表示。经实验测定,气体中氢和氦的导热能力最强,其导热系数约为空气的 7 倍;有些气体的导热能力比空气差,如二氧化碳气体的导热系数只有空气的 60% 左右。气体的导热系数还与气体的温度有关,下面用表1-2列出在 0℃ 时,以空气的导热系数为基准的一些气体的相对导热系数。

表 1-2　各种气体在 0℃ 时的相对导热系数

气体种类	空气	氮(N_2)	氧(O_2)	一氧化碳(CO)	二氧化碳(CO_2)	氢(H_2)	氦(He)	二氧化硫(SO_2)	氨(NH_3)	甲烷(CH_4)	乙烷(C_6H_6)	硫化氢(H_2S)
相对导热系数 λ_i	1.000	0.996	1.013	0.960	0.605	7.150	7.150	0.350	0.890	1.296	0.776	0.524

实验表明,将几种彼此之间无相互作用的气体混合在一起时,混合气体的导热系数近似等

于各组分导热系数的数学平均值，即

$$\lambda = \sum_{i=1}^{n} \lambda_i c_i$$

式中，λ 为混合气体的导热系数；c_i 为第 i 种组分的百分含量；λ_i 为第 i 种组分的导热系数。

如果混合气体仅由两种导热系数已知的组分所构成，那么

$$\lambda = \lambda_1 c_1 + \lambda_2 c_2 = \lambda_1 c_1 + \lambda_2 (1 - c_1) = \lambda_2 + (\lambda_1 - \lambda_2) c_1 \tag{1-17}$$

即混合气体的导热系数与其两种组分的百分含量有单值关系。测定混合气体的导热系数便可推知其组分的含量。

热导式气体分析仪就是根据上述原理工作的。实际上，混合气体不限于只由两种组分构成。只要除待测组分外，其余各种组分的导热系数十分接近，便可把它们近似当作两种气体对待。为了保证分析的灵敏度，要求待测组分的导热系数必须与其余组分有显著的差别，差别愈大，分析的灵敏度愈高。

当混合气体中含有多种导热系数相差悬殊的组分时，只要采用一定的预处理装置，用化学或物理方法先除去"干扰"组分，仍然可以使用热导式分析仪。例如，在分析锅炉烟道气的 CO_2 含量时，由于烟气中除 CO_2、N_2、O_2、CO 外，还含有导热系数特别大的 H_2 和导热系数特别小的 SO_2，它们的少量存在都会给分析结果带来很大的误差。为此，样气在进入分析器之前，必须先通过硫化物过滤器，用化学方法先除去 SO_2，再经氢燃烧室，把氢烧掉，这样进入热导分析仪的混合气中，除 CO_2 外，其余组分的导热系数都很接近，便可按式（1-17）的关系进行分析。

在实际的热导分析仪中，由于直接测量气体导热系数比较困难，总是把气体导热系数的变化，转换为电阻的变化，然后用平衡电桥或不平衡电桥来测定。图 1-41 表示这种转换器（工业上叫做热导池）的构造，作为热敏元件的铂或钨的细电阻丝被置于金属测量室内，电阻丝上通以恒值电流，使其发热，被测的混合气从中间进气管道通过，有一小部分经过节流孔进入测量室，因电阻丝的温度高于混合气和室壁的温度，电阻丝上的热量就经混合气向室壁传递，若室壁温度是恒定的（一般都有恒温装置），那么电阻丝的热平衡温度就由气体的导热系数决定。例如，混合气的导热系数大时，电阻丝的散热条件好，热平衡温度就低，其电阻值就比较小。这样，电阻丝阻值的大小反映了混合气的导热系数，也就反映了其组成成分的变化。

为了突出气体的热传导在电阻丝散热过程中所起的作用，在热导池的构造及使用上采取如下措施：

① 使电阻丝的温度不超过 150℃，这样，以辐射方式散失的热量可忽略不计。

② 测量室的直径做得很小，一般为 4～7mm，电阻丝与测量室的壁贴得很近，电阻丝上的热量主要以传导的方式通过被测气体向室壁传递。由于气体从测量室的下端进入，上端流出，与热对流的方向一致，可大大减小对流传热的影响。

③ 电阻丝的长度比它的直径大 2000 倍以上，因此，从电阻丝两端由传导带走的热量很小。

④ 控制进入分析器的气体温度在规定的范围以内，并使气体的流量很小，以减少由气体直接带入或带出的热量。由于采取以上措施，电阻丝的散热状况主要决定于气体的导热系数，使电阻丝的平衡温度能较好地反映气体组成成分的变化。

为了消除测量室内壁温度变化对测量结果带来的误差，热导分析仪中都使用称为参比室的装置，如图 1-41 右半部分所示。参比室的构造与测量室完全相同，只是不通被测气体，而封入一定的参考气体。参比室和测量室安装在同一铜块上，利用铜的良导热性，保证测量室与参

比室室壁温度的一致。这样,将测量室与参比室的电阻丝接成桥式输出电路时,室壁温度变化的影响可以得到补偿。

图 1-42 是热导分析仪的测量电桥,R_1、R_3 是测量室内的电阻,R_2、R_4 为参比室内的电阻,桥路由稳定的电源供电。理论分析表明,热导池的灵敏度与加热电流的三次方成正比,在使用中必须精确保持加热电流恒定。桥路输出的不平衡电压 V_0 是待测组分的函数,其读数可用含量已知的标准样气标定。

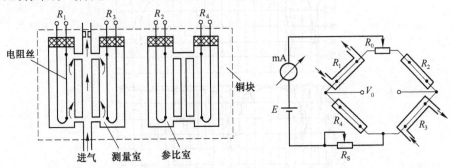

图 1-41　热导池的构造　　　图 1-42　热导分析仪的测量电桥

热导分析仪的应用范围很广,除常用来分析 H_2、NH_3、CO_2、SO_2 等气体的含量外,还用作色谱分析仪中的检测器以分析其他成分。由于热导分析仪能连续分析气体成分,可以组成连续指示、记录及成分自动调节系统。

1.5.2　红外线气体分析仪

红外线气体分析仪也是一种物理式分析仪表,它是根据不同的组分对不同波长的红外线具有选择性吸收的特征工作的。由于其使用范围宽,不仅可以分析气体,也可分析溶液,且灵敏度较高,反应迅速,能连续指示和组成自动调节系统,有广泛的应用。

红外线是指波长为 $0.76 \sim 300 \mu m$ 的不可见光波,在工业红外线分析仪中,使用的红外线波长一般在 $1 \sim 25 \mu m$ 之间。实验证明,除氦、氖、氩等单原子惰性气体及氢、氧、氮、氯等具有对称结构的双原子气体外,大部分多原子气体,如 CO、CO_2、CH_4、C_2H_2、NH_3、C_2H_5OH、C_2H_4、C_3H_6、C_2H_6、C_3H_8 及水气等,对上述波长范围的红外线都有强烈的选择性吸收的特性,例如在图 1-43 中,CO 对波长为 $4.5 \sim 5 \mu m$ 的红外线具有强烈的吸收作用,但对其他波长的红外线却不吸收。这种现象可从量子学说得到解释,因为分子具有不连续的能量状态,即只能处于不同的能级中,低能级的分子只能吸收固定的能量,才可跳到高能级去,中间状态是不存在的。同时量子学说又认为,光的传播是以一份一份集中的能量,即以光子的方式进行的,每个光子的能量为

$$E = h\nu$$

式中,h 为普朗克常数,$h = 6.626 \times 10^{-34} J \cdot s$;$\nu$ 为光的频率。

当红外线所具有的能量正好等于分子的两个能级之差时,气体分子就很容易将此红外光子吸收。由于各种分子具有不同的能级,因此选择吸收的光频率也各不相同。工业上常根据这一原理,从吸收峰的位置分布,检知某一组分是否存在。

关于光的强度,实践证明,当光通过吸收介质时,其强度随介质的浓度和厚度按指数规律衰减,即

$$I = I_0 e^{-\mu cl} \tag{1-18}$$

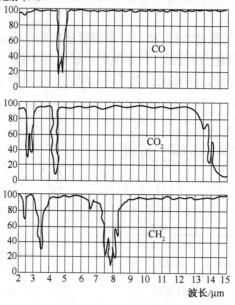

透射率/%

图 1-43　红外吸收谱

式中，I_0 为射入时的光强；I 为透出时的光强；l 为介质的厚度；c 为吸收介质的浓度；μ 为吸收系数。

上述关系称为朗伯-贝尔定律。必须指出，不仅不同物质的吸收系数 μ 各不相同，对同一物质，μ 亦随光的波长而变化，例如对不吸收的光，$\mu=0$，故上述表达式只适用于单色光。

如果吸收层厚度很薄或浓度很低，即 $\mu cl \ll 1$，则式（1-18）可近似写成

$$I = I_0(1 - \mu cl) \tag{1-19}$$

即对厚度一定的吸收层，其吸收衰减率与浓度成线性关系。

这样，当需要分析混合气中某一组分的含量时，可用强度恒定的红外线照射厚度确定的混合气体薄层；由于各种组分吸收的红外线波长是确定的，故可测量透射出来的该波长的红外线强度。从光强被吸收的程度，推知该组分在混合气中的浓度。红外线气体分析仪就是根据这一原理构成的。

图 1-44 是工业上常用的红外线气体分析仪原理图。由红外光源产生的红外线，经反光镜形成两束平行光线。为了使检测放大系统能工作于交流状态，避免直流放大器的零点漂移，用切光片对这两束红外线进行调制。切光片是对称开孔的圆片，由同步电动机带动，将红外线一时阻断，一时导通，调制成几赫兹的矩形波。经调制后的两束红外线分别进入测量气室和参比气室。测量气室有进口和出口，可连续通过被测混合气体。参比气室内密封着根据被测气体选定的 N_2、Ar 或其他气体。当测量气室中无待测组分时，调整两束光的强度，使其达到上下接收室的光强相等，此时接收器无输出。

图 1-44 中的接收器是目前使用最多的薄膜电容式接收器，它有两个接收气室，分别接收由测量气室和参比气室透出的红外线。接收气室内封有浓度较大的待测组分气体，在吸收波长范围内，它能将射入的红外线辐射能全部吸收，变为接收气室内的温度变化。由于气室的容积是固定的，根据气态方程，温度的变化会立即表现为压力的变化。当测量气室内通入待测气体时，由于部分光被吸收掉，从测量气室透出的光强比参比气室透出的弱，于是两个接收气室间出现压力差。它推动分隔两室的金属薄膜（常为厚度 5～10μm 的铝箔），改变与另一固定极

板间的距离，即改变薄膜与固定极板间的电容量。待测组分的浓度愈大，电容量的变化也愈大。前面已说过，这里使用的红外线是受过调制的脉动光线，因此其电容量的变化也是脉动的。确切地说，待测组分浓度愈大，电容量的脉动幅度也愈大。测定此电容量的变化幅度，便可指示出样气中待测组分的浓度。

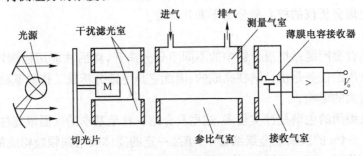

图 1-44　红外线气体分析仪原理图

从原理上说，测定这个电容量的变化是不难的，例如，可在电容上加一定的直流电压，随着电容量的脉动变化，电容将反复地充电和放电，每次充、放电电流的大小决定于电容量的变化幅度，可使该电流流过一个阻值很大的电阻，转换为电压信号输出。需要注意的是，薄膜电容器的电容量很小，一般只有 50pF 左右，调制频率又低，故此信号源内阻很大，必须使用高输入阻抗的放大器。实际的红外线分析仪中，常用场效应管组成的源极跟随器作为前置放大级。为减少电磁干扰，前置放大级常紧靠着接收气室安装。

当混合气中含有与被测组分有重叠吸收峰的其他干扰气体时，由于那些气体的浓度变化也会改变测量气室内红外线的吸收状况，影响接收器的输出，造成分析误差。为此，图 1-44 中设有干扰滤光室，里面填充浓的干扰气体，使干扰气体可能吸收的辐射能在这里全部吸收掉。这样，测量室内干扰组分浓度的变化就不会影响分析结果。如果混合气中不存在干扰气体，就不需要安装干扰滤光室。

和红外线分析仪原理相似的，还有紫外线分析仪、比色分析仪等，在工业上也有广泛的应用。

1.5.3　色谱分析仪

色谱分析法是一种分离分析技术，其特点是分离能力强，分析灵敏度高，分析速度快和样品用量少。例如，用于分析石油产品时，一次可分离分析一百多种组分；在分析超纯气体时，可鉴定出含有 1ppm（ppm 表示百万分之一），甚至 0.1ppb（ppb 表示十亿分之一）的组分。因此，目前被广泛应用于石油、化工、电力、医药、食品等生产及科研中。

这种分析法得名于 1906 年，当时有人把溶有植物色素的石油醚倒入一根装有碳酸钙吸附剂的竖直玻璃管中，然后再倒入纯的石油醚帮助它自由流下，由于碳酸钙对不同的植物色素吸附能力不同，吸附能力弱的色素较快地通过吸附剂，而吸附能力强的色素则受到较长时间的滞留，前进较慢。这样，不同的色素在行进过程中就被分离开，在玻璃管外可以看到被分离开的一层层不同颜色的谱带。这种分离分析方法被称为色层分析法或色谱分析法。

随着检测技术的发展，这种方法被扩展到无色物质的分离，分离后各组分的检测也不再限于用肉眼观察颜色，所以"色谱"这个名字渐渐失去了它原来的含义。但因为将各组分分离的方法仍是利用原来的原理，所以至今仍使用这个名称。

在上面讨论的植物色素分离的例子中，色谱柱中的碳酸钙作为吸附剂是固定不动的，称为固定相,被分析的石油醚自上而下流过吸附剂,称为移动相。在色谱分析法中,凡移动相是液态的称为液相色谱,移动相是气态的称为气相色谱。由于物质在气态中传递速度快,样气中各组分与固定相作用次数多,所以气相色谱分离效能高、速度快;加之气相检测器的灵敏度高,使气相色谱获得了最广泛的应用。下面扼要介绍气相色谱分析仪的工作原理和组成部分。

一台气相色谱分析仪的核心部分为下面几部分。

(1) 色谱柱

色谱分析的首要问题是把混合物中的不同组分分离开,然后才能用检测器分别对它们进行测量。这个分离的任务是由色谱柱完成的,因此它是色谱分析仪工作的基础,其效能对整台仪表的指标有重大的影响。

气相色谱仪使用的色谱柱种类很多,这里只介绍一种最基本的气固填充柱,它是在直径为 3～6mm、长为 1～4m 的玻璃或金属细管中,填装一定的固体吸附剂颗粒构成的。目前常用的固体吸附剂有氧化铝、硅胶、活性炭、分子筛等。当被分析的样气脉冲在称为"载气"的运载气体的携带下,按一定的方向通过吸附剂时,样气中各组分便与吸附剂进行反复的吸附和脱附过程,吸附作用强的组分前进很慢,而吸附作用弱的组分则很快地通过。这样,各组分由于前进速度不同而被分开,时间上先后不同地流出色谱柱,逐个进入检测器接受定量测量。

色谱柱的尺寸及其填充材料的选择决定于分析对象的要求,不同的材料具有不同的吸附特性。即使是同一种吸附剂,当温度、压力、载气种类以及加工处理方法不同时,也会得到不同的分离效果。

(2) 检测器

检测器的作用是将由色谱柱分离开的各组分进行定量的测定。由于样品的各组分是在载气的携带下进入检测器的,从原理上说,各组分与载气的任何物理或化学性质的差别都可作为检测的依据。目前气相色谱仪中使用最多的是热导式检测器和氢火焰电离检测器。由于热导检测器的原理在前面热导式气体分析仪中已作介绍,这里不再重复,其检测极限约为百万分之几的样品浓度,是使用较广的一种检测器。

氢火焰电离检测器的灵敏度可比热导检测器高 1000 倍,是一种常用的高灵敏度检测器。它只能检测有机碳氢化合物等在火焰中可电离的组分。不管是何种碳氢化合物,一定量的碳含量所得到的检测器输出信号是恒定的,检测极限对碳原子几乎可达十亿分之一的数量级。

氢火焰电离室的构造如图 1-45 所示。带样品的载气从色谱柱出来后,与纯氢混合进入火焰电离室(如果用氢作载气就不需要另外加氢),由点火电阻丝将氢点燃,在洁净空气的助燃下形成氢火焰,样品中的有机组分在火焰中被电离成离子和电子,在附近电极的电场作用下,形成离子电流。由于氢火焰的离子化效率很低,这电流是很小的,在没有样品时约为 10^{-12} A 的数量级,在最大信号时也只有 10^{-7} A 左右。此电流大小还与电极上所加的电压高低有关,电压太低,产生的离子不能被电极完全收集。当电压增至一定数值时,离子被完全收集,输出电流在一定的范围内与所加电压大小无关,成为只由样品组分决定的恒流源,检测器正常工作应在这个区域内。如果电极上所加电压太高,会产生气体放电,使电流剧增,也是不允许的。

图 1-46 是氢火焰电离检测器用的离子电流放大器的原理图。在电离室的收集极和极化电极间加有直流电压,当电极间出现离子时,就形成电流,经高阻值电阻 R_1 变为电压,由高输入阻抗放大器放大后输出。为保证高输入阻抗,这种放大器的前置级使用静电电子管或场效应晶体管组成。

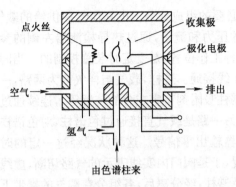

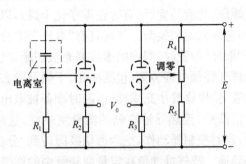

图 1-45　氢火焰电离室示意图　　　　　图 1-46　离子电流放大器原理图

（3）载气及进样装置

从色谱柱的分离原理可知，被分析的样气不应该连续输入，而只能是时间上很集中的定量输入。进一次样气，分析一次。进样时间应比较短暂，以保证各组分从色谱柱流出时，在时间上也比较集中。由于样气的进入是脉冲式的，就必须使用连续通入的"载气"来运送，才能通过色谱柱。载气应是与样气不起化学作用，且不被固定相所吸附的气体，常用的有氢、氮、空气等。载气的选择还和检测器的类型有关，如果用热导式检测器，则常用氢作载气，因其导热系数与绝大多数气体有较大的差异，可获得较高的检测灵敏度。

上述各部分配合工作的情况可表示如图 1-47，图中画出了混合气体在色谱分析仪中进行的一次完整的分离分析过程。可以看出，样气中有 A、B、C 三种不同的成分，经色谱柱分离后，依次进入检测器。检测器输出随时间变化的曲线称为色谱流出曲线或色谱图，这里，色谱图上三个峰的面积（或高度）分别代表相应组分在样品中的浓度大小。

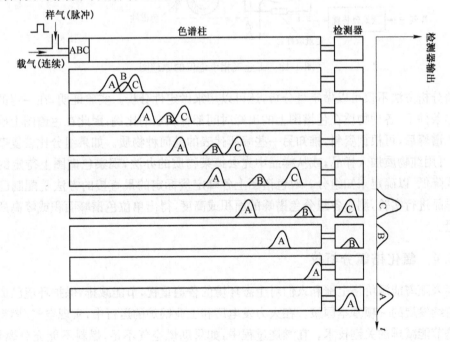

图 1-47　混合气体在色谱分析仪中的分离分析过程

图 1-48 是一个工业气相色谱仪的简化原理图。与实验室用的色谱分析仪不同的是，工业色谱仪有一套程序控制装置，按一定的周期，自动切换气路，定量进样，完成一个又一个分析循环。

图 1-48 画出了组成一台完整的色谱分析仪所必要的组成部分。由高压气瓶供给的载气，经减压、稳流装置后(有时还需净化干燥)，以恒定的压力和流量，通过热导检测器左侧的参比室，进入六通切换阀。该阀订有"取样"和"分析"两种工作位置，是受定时装置控制的。当阀处于"取样"位置时，阀内的虚线联系被切断，气路按实线接通。这样，载气与样气分为两路，一路是样气经预处理装置(包括净化、干燥及除去对色谱柱吸附剂有害成分的装置等)，连续通过取样管，使取样管中充满样气，随时准备被取出分析；另一路是载气直接通过色谱柱，对色谱柱进行清洗后，经热导池右侧的测量室放空，这时检测器输出零信号。这种状况经过一定的时间后，定时控制器动作，把六通切换阀转到"分析"位置，于是阀门内实线表示的气路切断，虚线气路导通。载气推动留在定量取样管中的样气进入色谱柱，经分离后，各组分在载气的携带下先后通过检测器的测量室。检测器根据测量室与参比室中气体导热系数的差别，产生输出信号，可供仪表记录或指示，也可以通过计算色谱峰面积或读取峰高的装置，对某些组分建立采样式的自动调节系统。

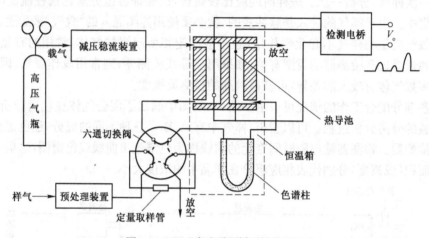

图 1-48 工业气相色谱仪的原理图

色谱分析方法不仅可以做定量分析，还可以用来做定性分析。实验证明，在一定的固定相及其操作条件下，各种物质在色谱图上的出峰时间都有确定的比例，因此在色谱图上确知某一组分的色谱峰后，可根据资料，推知另一些峰所代表的是何种物质。如果组分比较复杂而不易推测时，可用纯物质加入样品，或从样品中先去掉某物质的办法，观察色谱图上待定的峰高是否增加或降低，以确定未知组分。对色谱图上各峰定量标定的最直接的方法是配制已知浓度的标准样品进行实验，测出各组分色谱峰的面积或高度，得出单位色谱峰面积或峰高所对应的组分含量。

1.5.4 氧化锆氧分析仪

近年来随着能源价格上涨和人们对生态环境的普遍重视，节能减排、保护环境已成为我国实现可持续发展的一项基本国策。在火力发电厂和工业锅炉的运行中，实现空气/燃料比的优化控制是节能减排的关键技术。在燃烧过程中，如果助燃空气不足，燃料不能充分燃烧，不仅浪费能源，冒黑烟还污染环境。但如果空气/燃料比太大，过剩的空气不仅降低炉膛温度，影响热效率，在高温下的过氧燃烧还会产生 NO、NO_2 等有害气体，造成酸雨。因此，检测烟气中的剩余含氧率是实现优化燃烧，提高能源利用率，保护生态环境的重要手段。

在各种氧分析仪中,目前应用最为广泛的是氧化锆氧分析仪。这是一种利用氧化锆固体电解质特性制成的氧浓差电池传感器,其基本工作原理如图 1-49 所示。在一片氧化锆固体电解质的两个表面分别烧结一层多孔的铂电极,并将其置于 800℃ 以上的高温中,当上、下两侧气体中氧浓度不同时,在两极间就会出现电动势 E,称为氧浓度差电动势。利用此电动势与两侧气体中的氧浓度差的单值关系,便可制成氧浓度分析仪。

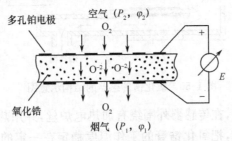

图 1-49　氧浓差电池传感器的基本工作原理

在常温下,纯净的氧化锆(ZrO)是浅灰色不导电的单斜晶体。若在其中掺入少量氧化钙(CaO)或氧化钇(Y_2O_3),并加热到 1150℃～1200℃ 焙烧后,可变成稳定的立方晶体。这时,一部分四价的锆被二价的钙或三价的钇置换,形成氧离子的空穴。当温度在 800℃ 以上时,空穴型的氧化锆就成为良好的氧离子导体,也就是说,掺杂后的氧化锆可以成为固体电解质。

在图 1-49 中,如果在氧化锆的下侧接烟气,其氧分压为 P_1,氧浓度为 φ_1;氧化锆的上侧接空气,其氧分压为 P_2,氧浓度为 φ_2。一般烟气中的氧含量约为 3%～7%,而空气中的氧含量一般为 20.8%,显然 $\varphi_2 > \varphi_1$,$P_2 > P_1$。当温度达到 800℃ 以上时,空穴型氧化锆就成为良好的氧离子导体,氧气能以离子的形式从浓度高的一侧向浓度低的一侧扩散。

在氧分压高的一侧,氧分子从铂电极得到电子,成为氧离子进入氧化锆,在氧分压的推动下,氧离子通过氧化锆到达低氧一侧时,将电子还给铂电极,变成氧分子进入烟气。在上述迁移过程中,高氧侧的铂电极因失去电子而带正电,低氧侧的铂电极因得到电子而带负电。只要两侧有氧分压差异,氧离子的迁移就会持续进行,形成氧浓差电动势。根据 Nernst 方程,氧浓差电动势 E 可表示为

$$E = \frac{RT}{nF} \ln \frac{P_2}{P_1} \tag{1-20}$$

式中,R 为气体常数,F 为法拉第常数,n 为每个氧分子携带的电子数($n=4$),T 为氧化锆的工作温度(热力学温度),P_1、P_2 分别为被测烟气和参比气体的氧分压。

在混合气体中,由于各组分的分压力与总压力之比和它的体积浓度成正比。如果氧化锆两侧的气体总压力 P 相等,则因

$$\frac{P_1}{P} = \varphi_1, \quad \frac{P_2}{P} = \varphi_2$$

氧浓差电动势的表达式可写成

$$E = \frac{RT}{nF} \ln \frac{\varphi_2}{\varphi_1} \tag{1-21}$$

式中,φ_2 为参比气体的氧浓度。对于大气,$\varphi_2 = 20.8\%$,其余参数 R、n、F 为常数,如能保持温度 T 为定值,E 就只随被测气体中的氧含量(浓度)φ_1 变化。因此可通过电动势 E 检测烟气中的氧含量。

氧化锆传感器的原理结构如图 1-50 所示。其核心部件是一根一端封闭的氧化锆管,在内、外壁上烧结多孔铂电极。烟气经过滤罩引至氧化锆管外侧,参比气体引至氧化锆管内侧。

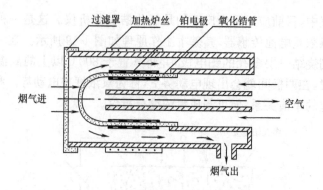

过滤罩　加热炉丝　铂电极　氧化锆管

烟气进

空气

烟气出

图 1-50　氧化锆传感器的结构示意图

为了稳定传感器的工作温度,在传感器外围绕有加热电炉丝,并用热电偶测量温度,通过温度调节器控制炉丝的加热功率,把氧化锆管的工作温度稳定在一定的数值上(如 850℃)。在铂电极上获得的氧浓差电动势的幅度一般为几十毫伏,它与烟气中的氧浓度 φ_1 呈负相关特性,被分析烟气中氧浓度愈小,输出电动势愈大。

为了保证氧化锆氧分析仪的测量准确,使用中需注意以下问题:

(1)被测气体与参比气体的压力必须相等,否则氧分压的电动势表达式(1-20)不能转换成氧浓差表达式(1-21),测量会产生原理性误差。

(2)由于在氧浓差电池工作过程中,高氧侧的氧分子会以离子方式穿过氧化锆进入低氧侧,使氧化锆两侧的氧浓度趋于接近,因此要保证烟气和参比气都有一定的流速。但也要注意,气体的流速不能过大,以免影响氧化锆管的温度,造成附加误差。

氧化锆氧分析仪由于结构简单,灵敏度高,反应迅速,烟气中其他干扰成分影响小等优点,在燃烧控制中获得了广泛的应用。

复习思考题

1-1　试述热电偶的测温原理,工业上常用的测温热电偶有哪几种? 什么叫热电偶的分度号? 在什么情况下要使用补偿导线?

1-2　热电阻测温有什么特点? 为什么热电阻要用三线接法?

1-3　说明热电偶温度变送器的基本结构、工作原理及实现冷端温度补偿的方法。在什么情况下要作零点迁移?

1-4　什么叫共模干扰和差模干扰? 为什么工业现场常会出现很强的共模干扰? 共模干扰为什么会影响自动化仪表的正常工作? 怎样才能抑制其影响?

1-5　力平衡式压力变送器是怎样工作的? 为什么它能不受弹性元件刚度变化的影响? 在测量差压时,为什么它的静压误差比较大?

1-6　试述差动电容式和硅膜片压阻式压力变送器的工作原理,它们与力平衡式压力变送器相比有何优点?

1-7　试述节流式、容积式、涡轮式、电磁式、旋涡式流量测量仪表的工作原理、精度范围及使用特点。

1-8　简述液位的测量方法。

1-9　试述热导分析仪、红外线分析仪、色谱分析仪及氧化锆氧分析仪的工作原理及用途。

第2章 调 节 器

2.1 调节器的调节规律

调节器的作用是把测量值和给定值进行比较,根据偏差大小,按一定的调节规律产生输出信号,推动执行器,对生产过程进行自动调节。要掌握一个调节器的特性,首要的问题是弄清楚它具有什么样的调节规律,即它的输出量与输入量(偏差信号)之间具有什么样的函数关系。

调节器中最简单的一种是两位式调节器,其输出仅根据偏差信号的正负,取 0 或 100% 两种输出状态中的一种,使用这种调节器的优点是执行器特别便宜,例如,用一只开关便可控制电炉的温度。但由于这种调节器的输出只有通、断两种状态,调节过程必然是一种不断上下变化的振荡过程,借助调节对象自身热惯性的滤波作用,使炉温的平均值接近于设定值,只能用于要求不高的场合。

要使调节过程平稳准确,必须使用输出值能连续变化的调节器,并通过采用比例、微分、积分等算法提高调节质量。实际上,工业生产中使用的绝大多数是输出量能连续变化的调节器。在这类调节器中,比例调节器是最简单的一种,其输出 $y(t)$ 随输入信号 $x(t)$ 成比例变化,若以 $G(s)$ 表示这种调节器的传递函数,则可表示为

$$G(s) = \frac{Y(s)}{X(s)} = K_c \tag{2-1}$$

$Y(s)$ 与 $X(s)$ 分别为调节器的输出、输入信号的拉普拉斯变换式,常数 K_c 是这个调节器的比例增益。

在自动调节系统中使用比例调节器时,只要被调量偏离其给定值,调节器便会产生与偏差成正比的输出信号,通过执行器使偏差减小。这种按比例动作的调节器对干扰有及时而有力的抑制作用,在生产上有一定的应用。但它有一个不可避免的缺点——存在静态误差,一旦被调量偏差不存在,调节器的输出也就为零,即调节作用是以偏差的存在作为前提条件的。所以使用这种调节器时,不可能做到无静差调节。

要消除静差,最有效的办法是采用对偏差信号具有积分作用的调节器,这种积分调节器的传递函数为

$$G(s) = \frac{Y(s)}{X(s)} = \frac{1}{T_i s} \tag{2-2}$$

积分调节器的突出优点是,只要被调量存在偏差,其输出的调节作用将随时间不断加强,直到偏差为零。在被调量的偏差消除以后,由于积分规律的特点,输出将停留在新的位置而不回复原位,因而能保持静差为零。

但是,单纯的积分调节也有它的弱点,它的动作过于迟缓,因而在改善静态准确度的同时,往往使调节的动态品质变坏,过渡过程时间延长,甚至造成系统不稳定。因此在实际生产中,总是同时使用上面的两种调节规律,把比例(Proportional)作用的及时性与积分(Integral)作用消除静差的优点结合起来,组成"比例+积分"作用的调节器,简称为 PI 调节器,其传递函数

可表示为

$$G(s) = \frac{Y(s)}{X(s)} = K_c\left(1 + \frac{1}{T_i s}\right) \tag{2-3}$$

目前，除了使用上述调节规律外，还常使用微分调节规律。单纯的微分（Derivative）调节器的传递函数为

$$G(s) = \frac{Y(s)}{X(s)} = T_d s \tag{2-4}$$

从物理概念上看，微分调节器能在偏差信号出现或变化的瞬间，立即根据变化的趋势，产生调节作用，使偏差尽快地消除于萌芽状态之中。但是，单纯的微分调节器也有严重的不足之处，它对静态偏差毫无抑制能力，因此不能单独使用，总要和比例或比例积分调节规律结合起来，组成"比例＋微分"作用的调节器（简称 PD 调节器），或"比例＋积分＋微分"作用的调节器（简称 PID 调节器）。

在 PID 三作用调节器中，微分作用主要用来加快系统的动作速度，减小超调，克服振荡；积分作用主要用以消除静差。将比例、积分、微分三种调节规律结合在一起，既可达到快速敏捷，又可达到平稳准确，只要三项作用的强度配合适当，便可得到满意的调节效果。

这种 PID 调节器的传递函数是

$$G(s) = \frac{Y(s)}{X(s)} = K_c\left(1 + \frac{1}{T_i s} + T_d s\right) \tag{2-5}$$

因为这种调节器是目前自动控制中使用最普遍、也是最基本的调节器，下面对其组成原理及使用特性作深入的分析。

2.2　PID 运算电路

如上所述，调节器是对偏差信号进行比例、积分、微分等运算的装置，因而是一种具有特定传递函数的装置。而我们知道，要精确实现某一传递函数，最方便的方法是使用高增益的运算放大器，借助于深度负反馈，可使其闭环传递函数等于其输入回路与反馈回路传递函数之比，例如，在图 2-1 中，若 $A(s)$ 为运算放大器的传递函数，$G_i(s)$、$G_f(s)$ 为其输入及反馈网络的传递函数，则闭环传递函数

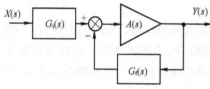

图 2-1　使用反馈放大器组成的调节器

$$G(s) = \frac{Y(s)}{X(s)} = \frac{A(s)G_i(s)}{1 + A(s)G_f(s)} \tag{2-6}$$

当放大器的增益 A 足够大时，若 $A(s)G_f(s) \gg 1$，则式（2-6）可近似为

$$G(s) = \frac{Y(s)}{X(s)} = \frac{G_i(s)}{G_f(s)} \tag{2-7}$$

这个闭环系统的传递函数完全由输入和反馈回路的内容决定，而与放大器本身的参数无关。由于输入和反馈电路是由 R、C 等无源元件组成的，故闭环传递函数可以做得十分稳定和精确。在一定的范围内，即使放大器的增益有些变动，特性有些非线性等，都不会对运算精度有太大的影响。因此，目前使用的调节器，无论是电动的还是气动的，都是采用这种方法构成的。

采用这种方法构成调节器时可使用标准运算放大器，只需改变输入或反馈电路的内容，便能获得不同的调节规律，构成不同类型的调节器，给仪表制造带来很大的方便。下面具体讨论使用这种原理组成调节器的方法。

2.2.1 比例积分运算电路

图 2-2 是一个比例积分运算电路,这里 R_I、C_I 组成输入电路,C_M 为反馈元件,输入电压 V_i 和输出电压 V_o 都是以电压 V_B 为基准起算的,V_B 可以为 0,也可以不等于 0。在使用集成运算放大器时,为了能给放大器以单电源供电,而又不使其输入、输出电压超出允许变化范围,常采取电平移动措施,将输入、输出电压都变为对基准电平 V_B 起算的电压。后面的分析将可看到,当输入、输出电压都以运算放大器的同相输入端电平 V_B 为基准时,V_B 的数值不影响 V_o 与 V_i 之间的运算关系。

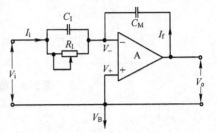

图 2-2　比例积分运算电路

在图 2-2 中,根据放大器的基本分析方法,由于放大器的增益很高,故其同相输入端与反相输入端电压之差 $V_+ - V_- = V_o/A \approx 0$,即 $V_+ \approx V_-$。又考虑到放大器的输出阻抗很小,可以忽略;其输入阻抗很高,偏置电流很小,可当作开路。则可写成

$$I_i + I_f = 0$$

又

$$I_i = \frac{V_i}{R_I} + C_I \frac{dV_i}{dt}$$

$$I_f = C_M \frac{dV_o}{dt}$$

代入上式,得

$$\frac{V_i}{R_I} + C_I \frac{dV_i}{dt} + C_M \frac{dV_o}{dt} = 0$$

$$V_o = -\frac{C_I}{C_M}\left(V_i + \frac{1}{R_I C_I}\int_0^t V_i dt\right) \tag{2-8}$$

输出电压 V_o 与输入电压 V_i 之间具有比例积分运算关系。其实,这一结论不难从图 2-2 上直接看出:输入信号可看作分两路进入,故输出应为两路输入分别作用之和。由于输入电阻 R_I 与反馈电容 C_M 构成积分运算电路,输入电容 C_I 与反馈电容 C_M 构成比例运算电路,当两条输入支路同时作用时,其输出与输入之间必然是比例加积分的运算关系。

从式(2-8)看,若 $t=0$ 时,给调节器输入一个阶跃信号,如图 2-3 所示,其输出在 $t=0^+$ 立即有一个体现比例动作的跃变

$$V_o(t=0^+) = -\frac{C_I}{C_M}V_i$$

此后,V_o 将随时间线性增长,体现对输入信号的积分作用,其增长速率为,每过一个时间间隔 $T_i = R_I C_I$,输出便增加一个 $\frac{C_I}{C_M}V_i$ 的数值,即增加一个比例作用的效果。工程上,把 $T_i = R_I C_I$ 称为调节器的积分时间。T_i 愈小,由积分作用产生一个比例调节效果的时间愈短,即积分作用愈强。反之,T_i 愈大,积分作用愈弱。式(2-8)中,比值 C_I/C_M 的大小反映了比例调节作用的强弱,称为比例增益。工程上习惯使用它的倒数作为整定参数,称为比例度。

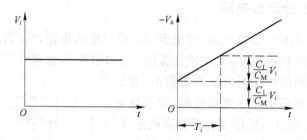

图 2-3　理想 PI 调节器的输入/输出关系

$$P = \frac{C_M}{C_I} \times 100\% \tag{2-9}$$

必须指出,上面的分析是粗略的,是把放大器当作理想放大器处理的。实际上,放大器的增益总是有限的,所以输入端电压 $V_+ - V_- \neq 0$。对放大器的反相输入端,可使用基尔霍夫第一定律,$\sum i = 0$,写出输入、输出量拉普拉斯变换式较精确的关系

$$\frac{V_i(s) - V_-(s)}{R_I} + \frac{V_i(s) - V_-(s)}{\frac{1}{C_I s}} + \frac{V_o(s) - V_-(s)}{\frac{1}{C_M s}} = 0$$

式中,$V_i(s)$ 和 $V_o(s)$ 分别表示 V_i 和 V_o 的拉普拉斯变换式。

对运算放大器,又可写出

$$V_o(s) = -AV_-(s)$$

代入上式,化简得

$$\frac{V_o(s)}{V_i(s)} = -\frac{1 + R_I C_I s}{\frac{1}{A} + \left(\frac{R_I C_I + R_I C_M}{A} + R_I C_M\right)s}$$

因 $\dfrac{R_I C_I + R_I C_M}{A} \ll R_I C_M$,故上式可以写成

$$\frac{V_o(s)}{V_i(s)} = -\frac{1 + R_I C_I s}{\frac{1}{A} + R_I C_M s} = -\frac{C_I}{C_M} \frac{1 + \frac{1}{R_I C_I s}}{1 + \frac{1}{A R_I C_M s}} \tag{2-10}$$

由此式可知,当放大倍数 A 为有限值时,由于分母上有一项 $\dfrac{1}{A R_I C_M s}$,其积分作用不是理想的。

用拉普拉斯反变换可求出输出电压 V_o 的阶跃响应

$$V_o(t) = -\left[\frac{C_I}{C_M} + \left(A - \frac{C_I}{C_M}\right)\left(1 - e^{-\frac{t}{A R_I C_M}}\right)\right]V_i \tag{2-11}$$

在 $t \to \infty$ 时,输出不会无限增长,而是趋于一个确定的极限值,即

$$V_o(t \to \infty) = -AV_i$$

$V_o(t)$ 的变化过程为图 2-4 所示的指数曲线。当 $t \ll A R_I C_M$ 时,指数曲线的起始段可用泰勒级数近似展开为

$$V_o(t) = -\left[\frac{C_I}{C_M} + \left(A - \frac{C_I}{C_M}\right)\frac{t}{AR_I C_M}\right]V_i$$

考虑到 $A \gg \dfrac{C_I}{C_M}$，可进一步近似化简为

$$V_o(t) = -\left(\frac{C_I}{C_M} + \frac{t}{R_I C_M}\right)V_i = -\frac{C_I}{C_M}\left(1 + \frac{t}{R_I C_I}\right)V_i \tag{2-12}$$

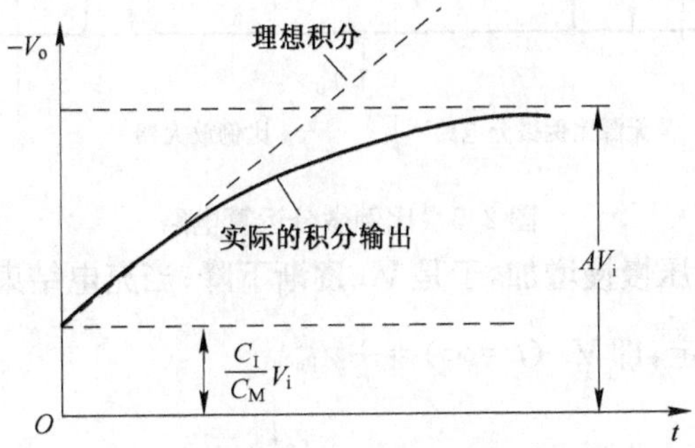

图 2-4 比例积分电路的阶跃响应

严格地讲，在系统中使用由反馈放大器构成的比例积分调节器后，只能大大减小而不能完全消灭静差。为此，使用积分增益 K_i 衡量引入积分调节作用后，静差减小的倍数，K_i 定义为

$$K_i = \frac{V_{o(最大)}}{V_{o(比例)}} = \frac{AV_i}{\frac{C_I}{C_M}V_i} = \frac{C_M}{C_I}A \tag{2-13}$$

显然，积分增益 K_i 愈大，调节静差愈小。在国产 DDZ—Ⅱ型调节器中，规定 K_i 必须大于 180。在 DDZ—Ⅲ型中，由于采用集成运算放大器，积分增益很容易做到 $10^4 \sim 10^5$，故使用这种调节器时，静差可以忽略不计。

使用符号 K_i 和 T_i 后，式(2-10)表示的比例积分调节器的传递函数可写成

$$\frac{V_o(s)}{V_i(s)} = -\frac{C_I}{C_M} \frac{1 + \frac{1}{T_i s}}{1 + \frac{1}{K_i T_i s}} \tag{2-14}$$

2.2.2 比例微分运算电路

从数学上看，只要将图 2-2 中的反馈电容 C_M 换成电阻，便可获得比例微分的运算关系。但从减小冲击和抑制噪声来说，使用图 2-5 所示的比例微分电路更为有利，实际上自动控制系统中使用的比例微分调节器都采用这个方案。

图 2-5 比例微分电路由前后两部分组成，前半部分由 R_D、C_D 及分压器构成无源比例微分电路，后半部分是运算放大器组成的同相比例放大器。由于运算放大器在同相输入工作方式下输入阻抗极高，故前后两部分可认为是独立的，可分别进行研究。在分析得出前半部分电路运算关系后，只要乘以后面的比例放大器的放大倍数 α，便可得到整个比例微分电路的运算关系。

为此，将无源比例微分电路单独研究，如图 2-6 所示，若 V_i 为阶跃输入，则在 $t = 0^+$ 时，由于电容 C_D 两端电压不能突变，V_+ 的变化值全部被传递到输出，故 V_+ 有一等值的突变。此后

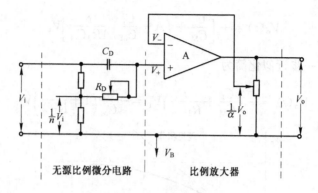

图 2-5 比例微分运算电路

C_D 逐渐充电, 电容两端电压慢慢增加, 于是 V_+ 逐渐下降; 当充电结束时, C_D 相当于断路, 输出电压 V_+ 完全由分压器决定, 即 $V_+(t=\infty)=\dfrac{1}{n}V_i$。

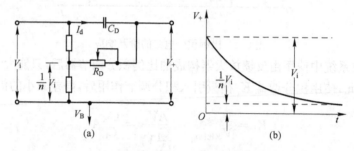

图 2-6　无源比例微分电路及其阶跃响应

其变化过程可通过其传递函数得出。考虑到分压器的输出阻抗比电阻 R_D 小得多, 计算时分压器可以只考虑其分压比, 而不计其输出阻抗。这样

$$V_+(s) = \frac{1}{n}V_i(s) + I_d(s)R_D$$

式中, I_d 是电容 C_D 的充电电流

$$I_d(s) = \frac{\dfrac{n-1}{n}V_i(s)}{R_D + \dfrac{1}{C_D S}} = \frac{n-1}{n}\frac{C_D s}{1+R_D C_D s}V_i(s)$$

代入前式化简得

$$V_+(s) = \frac{1}{n}\frac{1+nR_D C_D s}{1+R_D C_D s}V_i(s)$$

当 V_i 为阶跃输入时, V_+ 的变化过程可由拉普拉斯反变换求出

$$V_+(t) = \frac{1}{n}\left[1+(n-1)e^{-\frac{t}{R_D C_D}}\right]V_i \tag{2-15}$$

V_+ 的阶跃响应示于图 2-6(b)。它可以看作是由两个分量合成的: 一个是与输入信号成比例的项 $\dfrac{1}{n}V_i$, 另一个是反映输入信号微分作用的项 $\dfrac{n-1}{n}V_i e^{-\frac{t}{R_D C_D}}$。

从数学上说, 理想的微分运算器在输入阶跃信号时, 其输出为高度无穷大、宽度无穷小的脉冲。工程上不欢迎那种数学算式上理想的微分校正, 而宁愿使用图 2-6 这样有限制的微分装置。因为使用数学算式上理想的微分器, 在调节系统出现阶跃偏差时, 调节器的输出将会出

现脉冲式的变化，输出一下子冲到极限值，而一瞬间又完全消失。这样，在调节器后面的执行器和调节对象根本来不及反应，得不到应有的效果。相反，它还会起坏的使用，因为调节系统中难免有高频干扰存在（如检测仪表的输出中总包含有电源纹波和电路噪声），这些高频分量经过微分运算，可能使调节器产生很大的脉动输出，甚至使调节器中放大电路完全饱和而不能工作。基于上述理由，必须对微分作用加以一定的限制。图 2-6 的电路就是实用的、有限制的比例微分电路，在阶跃信号输入时，输出的微分幅度是受限制的，但微分作用的时间被延长，这种"温和的"微分作用能较好地满足自动控制的需要。

调节器微分作用的强弱总是通过与比例作用相比较来衡量的。工程上把阶跃输入作用下，比例微分调节器输出的最大跳变值与单纯由比例作用产生的输出变化值之比，称为微分增益 K_d。在图 2-6 中，微分增益 $K_d = n$。一般调节器中，K_d 取 5。

这样，图 2-5 所示的比例微分电路的传递函数为

$$V_o(s) = \alpha V_+(s) = \frac{\alpha}{n} \frac{1 + n R_D C_D s}{1 + R_D C_D s} V_i(s)$$

如前所述，n 为微分增益 K_d，若令 $T_d = n R_D C_D$ 称为微分时间，则上式可写成

$$V_o(s) = \frac{\alpha}{n} \frac{1 + T_d s}{1 + \frac{T_d}{K_d} s} V_i(s)$$

整个电路的阶跃响应可由上式拉普拉斯反变换求出，也可将式(2-15)乘以 α 得到

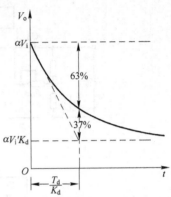

图 2-7　比例微分电路的阶跃响应

$$V_o = \frac{\alpha}{n} \left[1 + (K_d - 1) e^{\frac{K_d}{T_d} t} \right] V_i$$

此阶跃响应如图 2-7 所示。微分增益 K_d 愈大，则微分幅度与比例作用相比倍数愈大。微分部分按时间常数 T_d / K_d 的指数曲线衰减，当 $t = T_d / K_d$ 时，微分部分衰减掉 63%。在调节器校验时，常用这一关系测定微分时间 T_d。

2.2.3　PID 运算电路

将图 2-2 的比例积分电路与图 2-5 的比例微分电路串联起来，便可得到比例积分微分运算电路，如图 2-8 所示。其传递函数可由前后两部分传递函数相乘而得，如图 2-9 所示。串联后的传递函数

$$\frac{V_o(s)}{V_i(s)} = -\frac{\alpha}{n} \frac{1 + T_d s}{1 + \frac{T_d}{K_d} s} \frac{C_I}{C_M} \frac{1 + \frac{1}{T_i s}}{1 + \frac{1}{K_i T_i s}}$$

$$= -\frac{\alpha}{n} \frac{C_I}{C_M} \frac{1 + \frac{T_d}{T_i} + \frac{1}{T_i s} + T_d s}{1 + \frac{T_d}{K_d K_i T_i} + \frac{1}{K_i T_i s} + \frac{T_d}{K_d} s}$$

考虑到上式中 $\frac{T_d}{K_d K_i T_i} \ll 1$，可忽略，若令 $P = \frac{n}{\alpha} \frac{C_M}{C_I}$，则上式可化为

$$\frac{V_o(s)}{V_i(s)} = \frac{-1}{P} \frac{1 + \dfrac{1}{T_i s} + T_d s}{1 + \dfrac{1}{K_i T_i s} + \dfrac{T_d}{K_d} s} \tag{2-16}$$

分母中 $\dfrac{T_d}{K_d}s$ 一项是为了限制微分幅度而引入的，$\dfrac{1}{K_i T_i s}$ 一项是由积分放大器的增益有限而引入的。因 K_d 和 K_i 都比较大，为便于掌握基本概念，可暂不考虑分母中的这两项。这样式(2-16)可近似为

$$G(s) = \frac{V_o(s)}{V_i(s)} = \frac{-1}{P}\left(1 + \frac{1}{T_i s} + T_d s\right) \tag{2-17}$$

这就是典型的 PID 调节器的传递函数。

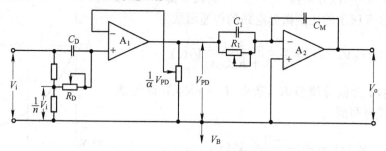

图 2-8　比例积分微分运算电路

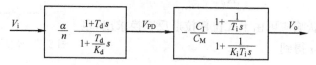

图 2-9　比例积分微分电路的传递函数

2.3　PID 调节器的阶跃响应和频率特性

2.3.1　PID 调节器的阶跃响应

上面讨论的 PID 电路的阶跃响应可利用其传递函数通过拉普拉斯反变换求得，但在已有 PI 和 PD 电路阶跃响应图 2-4 及图 2-7 的条件下，直接近似地给出，其物理概念反而清楚易记。我们知道，微分作用的效果主要出现在阶跃信号输入的瞬间，而积分作用的效果则是随时间而增加的。若积分时间 T_i 比微分时间 T_d 大得多，那么在阶跃信号刚加入的一段时间内，微分将起主要作用，而积分分量很小，可以忽略不计；但随着时间的推移，积分分量越来越大，微分分量越来越小，最后可以完全忽略。这样，微分和积分可以分阶段考虑，PID 调节器的阶跃响应如图 2-10 所示。

图 2-10 中输出曲线的初始一段与图 2-7 相同，输出曲线的后面一段与图 2-4 相同。整个曲线可看成由比例项、积分项及有限制的微分项三部分相加而得的，由于微分增益 K_d 为有限值，限制了输出曲线在初始瞬间跳变的幅度；而积分增益 K_i 的有限性，则限制了积分输出的最终幅度。

这样的阶跃响应表明，当调节器输入端出现偏差信号时，首先由微分和比例作用产生跳变输出，迅速做出反应；此后如果偏差仍未消失，那么随着微分作用的衰减，积分效果与时俱增，

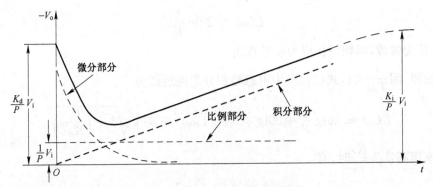

图 2-10 PID 调节器的阶跃响应

直到静差消除为止。当然在实际生产过程中,偏差总是不断变化的,因此比例、积分、微分作用在任何时候都是协调配合地工作的。

2.3.2 PID 调节器的频率特性

虽然 PID 调节器具体电路和结构有各种各样,但其传递函数总可表示为式(2-16)的形式。其频率特性不难由此传递函数导出。

将 $s = j\omega$ 代入式(2-16),两边取对数且乘以 20,其对数幅频特性为

$$L(\omega) = 20\lg |G(j\omega)| = 20\lg \frac{1}{P} + 20\lg \sqrt{1 + \left(T_d\omega - \frac{1}{T_i\omega}\right)^2}$$
$$- 20\lg \sqrt{1 + \left(\frac{T_d}{K_d}\omega - \frac{1}{K_i T_i\omega}\right)^2} \tag{2-18}$$

考虑到实际参数值 $K_i \gg 1, K_d > 1, T_i > T_d$,对数幅频特性可分段近似作出。

在低频段,因 $T_d\omega \ll 1$,微分项可忽略,式(2-18)可近似为

$$L(\omega) \approx 20\lg \frac{1}{P} + 20\lg \sqrt{1 + \left(\frac{1}{T_i\omega}\right)^2} - 20\lg \sqrt{1 + \left(\frac{1}{K_i T_i\omega}\right)^2} \tag{2-19}$$

当频率很低,即 $\omega \ll \frac{1}{K_i T_i}$ 时,式(2-19)可近似为

$$L(\omega) \approx 20\lg \frac{1}{P} + 20\lg \frac{1}{T_i\omega} - 20\lg \left(\frac{1}{K_i T_i\omega}\right)$$
$$= 20\lg \frac{1}{P} + 20\lg K_i$$

即在频率很低时,$L(\omega)$ 为一个常数,对数幅频特性为一条水平直线。

当 $\frac{1}{T_i} \gg \omega \gg \frac{1}{K_i T_i}$ 时,式(2-19)可近似为

$$L(\omega) \approx 20\lg \frac{1}{P} + 20\lg \frac{1}{T_i\omega} = 20\lg \frac{1}{P} - 20\lg(T_i\omega)$$

随着 ω 的增加,幅频特性 $L(\omega)$ 是以每十倍频程 20 分贝的斜率下降。在 $\omega = \frac{1}{T_i}$,$L(\omega)$ 的近似值为 $20\lg \frac{1}{P}$。

当 $\omega > \frac{1}{T_i}$ 时,若微分项仍可忽略,则

$$L(\omega) \approx 20\lg\frac{1}{P}$$

即 $L(\omega)$ 又成为常数,幅频特性成为水平直线。

在高频段,因 $\frac{1}{T_i\omega} \ll 1$,式(2-18)中可忽略积分项而近似为

$$L(\omega) \approx 20\lg\frac{1}{P} + 20\lg\sqrt{1+(T_d\omega)^2} - 20\lg\sqrt{1+\left(\frac{T_d}{K_d}\omega\right)^2} \tag{2-20}$$

当频率很高,$\omega \gg \frac{K_d}{T_d}$ 时,有

$$L(\omega) \approx 20\lg\frac{1}{P} + 20\lg(T_d\omega) - 20\lg\left(\frac{T_d}{K_d}\omega\right) = 20\lg\frac{1}{P} + 20\lg K_d$$

即在频率很高的一段,对数幅频特性为水平直线。

当 $\frac{K_d}{T_d} \gg \omega \gg \frac{1}{T_d}$ 时,有

$$L(\omega) \approx 20\lg\frac{1}{P} + 20\lg(T_d\omega)$$

这是一条随 ω 增高,以每十倍频程 20 分贝斜率上升的斜线。

在 $\omega \ll \frac{1}{T_d}$ 时,若积分作用的项仍可忽略,则

$$L(\omega) = 20\lg\frac{1}{P}$$

即 $L(\omega)$ 又成为与频率无关的水平线。它在 $\omega=1/T_d$ 和 $\omega=1/T_i$ 处分别与幅频特性的上升段和下降段相接。

通过这样的分析,可以绘出实际的 PID 调节器的对数幅频特性(伯德图),如图 2-11 实线

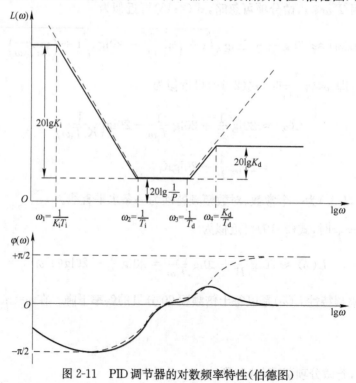

图 2-11 PID 调节器的对数频率特性(伯德图)

所示,它由两段斜线和三段水平线组成,四个转折频率分别为 $\omega_1 = 1/K_iT_i$, $\omega_2 = 1/T_i$, $\omega_3 = 1/T_d$, $\omega_4 = K_d/T_d$。其相应的相频特性可由最小相位系统的幅特性与相特性的关系推出,如图 2-11 中曲线 $\varphi(\omega)$ 所示。

由图 2-11 可知,作为通用型串联校正装置的 PID 调节器加入控制系统后,依靠积分作用,可使系统开环传递函数在低频段的增益大大提高,从而把调节静差减小到接近零。在高频段,依靠微分作用,可在系统穿越频率附近增加正相移,改善系统的稳定性,并展宽频带,提高调节动作的快速性。在使用中,根据不同的控制对象,可选择合适的 PID 参数,满足绝大多数控制系统的要求。由于使用方便,概念清晰,获得极为广泛的应用。

2.4　PID 调节器的完整结构

上面讨论的 PID 运算电路是调节器的核心部分。作为一个完整的调节器,除运算电路外,还要有产生给定信号的电路、将测量与给定信号进行比较以获得偏差信号的电路、输出电路、指示电路,以及为应付事故状态或开车、停车用的自动-手动切换电路等。运算电路只有在它们的配合下,才能与其他仪表连接,组成控制系统,便于操作人员观测和操纵。为了对调节器有一个完整的了解,图 2-12 给出了一个 DDZ—Ⅲ型调节器的组成方框图。

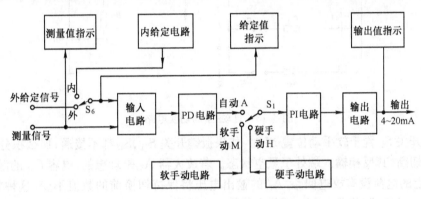

图 2-12　DDZ—Ⅲ型调节器的结构方框图

从图 2-12 可见,一台完整的调节器由输入电路、给定电路、PID 运算电路、自动与手动(包括硬手动和软手动两种)切换电路、输出电路及指示电路等组成。调节器接受变送器来的测量信号(4～20mA 或 1～5V),在输入电路中与给定信号进行比较,得出偏差信号。在 PID 运算电路中运算后,由输出电路转换为 4～20mA 的直流输出。

调节器的给定值可由"内给定"或"外给定"两种方式取得,用切换开关 S_6 进行选择。当调节器工作于"内给定"方式时,给定电压由调节器内部的高精度稳压电源取得。当调节器需要由计算机或另外的调节器供给给定信号时,开关 S_6 切换到"外给定"位置上,由外来的 4～20mA 电流流过 250Ω 精密电阻,产生 1～5V 的给定电压。

为了适应工艺过程启动、停车或发生事故等情况,调节器除需要"自动调节"的工作状态外,还需要能由操作人员切除 PID 运算电路,直接根据仪表指示作出判断,操纵调节器输出的"手动"工作状态。在 DDZ—Ⅲ型仪表中,手动工作状态有硬手动和软手动两种情况。在硬手动状态时,调节器的输出电流完全由操作人员拨动电位器决定。而软手动状态则是"自动"与"硬手动"之间的过渡状态,当选择开关 S_1 置于软手动位置时,操作人员可使用软手动来扳键，使调节器的输出"保持"在切换前的数值，或以一定的速率增减。这种"保持"状态特别适宜于处理紧急事故。

下面以 DDZ-Ⅲ型 PID 调节器为例，对手动操作电路及自动-手动切换方法进行讨论。如图 2-13 所示，其自动-手动切换是在调节器的比例积分动算器上通过切换开关 S_1 实现的。S_1 可以选择自动调节"A"，或软手动操作"M"、硬手动操作"H"，这三种工作方式中的任一种。其中自动"A"的工作方式就是前面讨论过的 PID 自动控制方式，下面仅对软手动和硬手动两种方式作介绍。

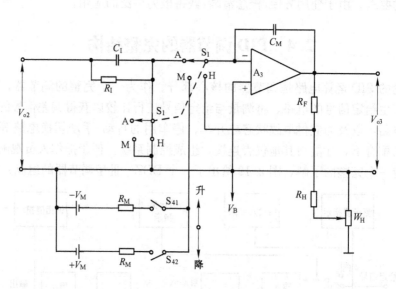

图 2-13   自动-手动切换电路

当切换开关 S_1 置于软手动位置 M 时，如果扳键开关 S_{41}、S_{42} 都不接通，那么积分器 A_3 的输入信号被切断，其反相输入端处于悬空状态。若放大器 A_3 是理想的，电容 C_M 的漏电很小，则充在 C_M 上的电荷没有放电回路，A_3 的输出电压将保持切换前的数值不变，这种状态称为"保持"状态。显然，调节器由"自动"状态切换为这种"软手动"状态是无冲击的，只是使调节器输出暂停变化而已。为使调节器由软手动状态向自动状态切换时，对调节系统也不发生扰动，在软手动状态下，用开关 S_1 的另一组接点，把输入电容 C_I 的右端接到基准电压 V_B。由于放大器 A_3 的反相输入端电位 $V_- \approx V_+ = V_B$，故电容 C_I 的右端虽然与放大器 A_3 的反相输入端子没有直接接通，但电位是十分接近的。因而，任何时候由软手动状态切回自动状态时，电容 C_I 的右端是在同电位之间转换，不会有冲击性的充放电电流，放大器 A_3 的输出电压也不会发生跳动。

在软手动状态下，如果需要改变调节器的输出，可推动扳键开关 $S_{41} \sim S_{42}$。这组开关在自由状态下都是断开的，只有当操作人员推动时，根据推动的方向和推力的大小，其中一个或两个接通。例如，当操作者向某一方向轻推时，开关 S_{41} 或 S_{42} 中的一个接通，放大器 A_3 作为积分器，接受 $-V_M$ 或 $+V_M$ 的输入作用，输出随时间作升降变化。操作人员可根据输出电流表，看到输出变到希望的数值时松手，扳键在弹簧的作用下，自动弹回断开位置，即 S_{41}、S_{42} 都不通。这样，放大器 A_3 又转入"保持"状态，保持刚才变化到的新的输出值。

下面讨论硬手动操作的情况。当切换开关 S_1 置于硬手动操作位置 H 时，放大器 A_3 接成图 2-14 的形式。这时，电阻 R_F 被接入反馈电路中，与电容 C_M 并联，硬手动操作电位器 RP_H

上的电压 V_H 经电阻 R_H 输入放大器。这样，放大器成为时间常数 $T = R_F C_M$ 的惯性环节，即

$$\frac{V_{o3}(s)}{V_H(s)} = -\frac{R_F}{R_H} \cdot \frac{1}{1+R_F C_M s}$$

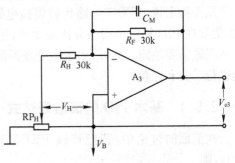

由于这里时间常数 $R_F C_M$ 较小，故 V_H 改变时，V_{o3} 能很快地达到稳态值。实际电路中 $R_H = R_F$，这样，硬手动电路可看作传递函数为 1 的比例电路，调节器的输出完全由硬手动操作电位器 RP_H 的位置确定。只要不移动 RP_H 的位置，输出便永远地保持确定的数值。

图 2-14　硬手动操作的情况

最后再讨论一下由软手动 M 向硬手动 H 的切换过程。根据上面的分析，当调节器由"M"切向"H"时，其输出将由原来的数值很快变到硬手动电位器 RP_H 所确定的数值。因此，要使这一切换是无扰的，必须在切换前先调整手动电位器 RP_H，使其与当时调节器的输出值一致，经过这一平衡手续后，方可保证切换时不发生扰动。

当调节器由硬手动状态 H 切向软手动状态 M 时，由于切换后放大器成为保持状态，保持切换前的硬手动输出值，所以切换总是无扰动的。

总结以上所述，DDZ—Ⅲ型调节器的切换特性可简单表示如下：

$$自动(A) \xrightarrow[\text{无扰}]{\text{无扰}} 软手动(M) \xrightleftharpoons[\text{无扰}]{\text{需平衡才能无扰}} 硬手动(H)$$

最后介绍一下调节器"正"、"反"作用的含义，在调节器接入系统组成闭环控制系统时，由于各组成环节的传递函数有正有负，例如在冷、热水混合温度控制系统中，若调节器输出控制热水阀，则调节器输出增加，混合水温度增加；若调节器控制冷水阀，则调节器输出增加，混合水温度下降，也就是说，这两种情况调节对象的传递函数符号是相反的。为方便改变调节器的作用方向，调节器要设置方向切换开关。按规范，当调节器输入的测量信号增加时，若调节器的输出也增加，称这样的动作方向为正作用，反之，称为反作用。

2.5　数字控制算法

随着大规模集成电路和计算机技术的发展，工业测控仪表也迅速从模拟电路向数字电路转变。以微处理器为基础的数字仪表的突出优点是：

① 数字仪表功能丰富，更改灵活。在模拟仪表中，由于一切功能都是靠电路硬件实现的，因而功能比较简单，也不易更改。不像微处理器电路中功能是靠软件实现的，在相同的硬件配置下，编写不同的程序便可实现不同的功能。

② 数字仪表具有自诊断功能。在大型测控系统中使用的仪表很多，如何在运行过程中及时发现仪表自身的故障，避免误测、误控，一直是困扰模拟系统运行安全的重要问题，数字仪表的自诊断功能提供了在众多测控仪表中及时发现故障，防止事故扩大的重要手段，可提高系统运行的安全性。

③ 数字仪表具有数据通信功能，可以组成测控网络，使上下传输的信息量大大增加，传输距离扩大，并很容易组成集中监管系统。

④ 随着大规模集成电路的迅猛发展，使数字仪表在尺寸、功耗、价格等方面对模拟仪表取

得愈来愈明显的优势。因此,数字仪表受到广泛欢迎,取得愈来愈多的应用。

从原则上说,用数字电路代替模拟电路实现测控功能,只要把行之有效的测控算法离散化,例如在 PID 算法中用差分代替微分,用分步累加代替积分即可。但在具体实现时,还是有一些问题需要注意。此外,由于微处理器易于实现复杂算法,所以在数字仪表中往往对测控功能进行扩充和完善。

2.5.1 基本 PID 的离散表达式

在前面的讨论中,若把连续 PID 调节器的输出值 MV(Manipulated Variable)表示为 $y(t)$,则

$$y(t) = \frac{1}{P}\left(x(t) + \frac{1}{T_i}\int x(t)\,\mathrm{d}t + T_d\frac{\mathrm{d}x(t)}{\mathrm{d}t}\right) \qquad (2\text{-}21)$$

其中 $x(t)$ 为偏差信号,等于设定值 SV(Setpoint Variable)与测量值 PV(Process Variable)之差;P,T_i,T_d 分别为比例度及积分、微分时间常数。

数字调节器的特点是断续动作。它以采样周期 ΔT 为间隔,对偏差信号 $x(t)$ 采样和作模/数转换后,按一定的调节规律算出输出值,再经数/模转换向外送出。所以对数字仪表来说,输入信号只有在采样时刻有意义,如图 2-15 所示,其输出量也以 ΔT 为周期断续变化。因此,可将连续 PID 表达式(2-32)离散化,用差分方程表示,得出第 n 次的输出量 y_n 为

$$y_n = \frac{1}{P}\left(x_n + \frac{1}{T_i}\sum_{i=0}^{n}x_i\,\Delta T + T_d\frac{x_n - x_{n-1}}{\Delta T}\right) \qquad (2\text{-}22)$$

式中,x_i 是偏差信号 $x(t)$ 的第 i 次采样值。

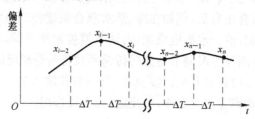

图 2-15　偏差信号 $x(t)$ 的采样序列

式(2-32)称为位置式 PID 算式。如果着眼于本次输出量与上次输出量之间的变化值,则可写出增量式 PID 算式

$$\Delta y_n = y_n - y_{n-1}$$
$$= \frac{1}{P}\left\{\frac{\Delta T}{T_i}x_n + (x_n - x_{n-1}) + \frac{T_d}{\Delta T}(x_n - 2x_{n-1} + x_{n-2})\right\} \qquad (2\text{-}23)$$

在数字控制系统中,当需要限制输出量的变化速率,以及需要实现自动/手动无扰切换等场合,使用增量算式有便利之处,所以有些控制系统中不直接计算 y_n,而先算出 Δy_n。

关于调节器的微分作用,在讨论模拟调节器时已经指出,数学式理想的微分动作对高频干扰过于敏感,不能使用。这个问题对数字调节器来说,不仅同样存在,而且由于采样值对尖峰干扰的敏感性,其影响更为严重。

为抑制干扰的影响,数字调节器仿效模拟仪表的做法,将理想微分改为不完全微分,也称为有限制的微分。

在 2.2.2 节中,已得到有限制微分环节的连续拉普拉斯变换式为

$$Y(s) = \frac{T_d s}{1 + \dfrac{T_d s}{K_d}} X(s) \qquad (2\text{-}24)$$

式中，$Y(s)$、$X(s)$ 分别为输出量 $y(t)$、偏差输入 $x(t)$ 的拉普拉斯变换式；T_d、K_d 分别为微分时间和微分增益。

将式(2-34)展开，得

$$Y(s)\left(1 + \frac{T_d s}{K_d}\right) = T_d s X(s)$$

改写成差分表达式，整理后，即得有限制的微分运算输出

$$y_n = \frac{T_d}{\Delta T + \dfrac{T_d}{K_d}}(x_n - x_{n-1}) + \frac{\dfrac{T_d}{K_d}}{\Delta T + \dfrac{T_d}{K_d}} y_{n-1} \qquad (2\text{-}25)$$

将式(2-35)代替式(2-32)中右边第三项理想微分部分，即得实用的 PID 运算式。

2.5.2　采样周期的选择

为了满足各种控制回路的不同要求，数字控制系统可以根据对象特点，选择不同的采样周期。因此，有必要了解采样周期对控制质量的影响，并得出选择采样周期的大致原则。

通常，采样周期是根据对象动特性和扰动情况决定的。尽管按照香农采样定理，信号能不失真地被恢复的极限采样频率为信号变化频率的两倍，但这是对从无限脉冲序列中恢复信号来说的。在数字控制系统中，因为每个采样时刻都要输出信号，只能以有限个采样数据取代原始信号，所以不能照搬采样定理的结论。

如果作用在系统上的主要扰动的周期为 T，则采样周期应该小于 $T/5$，工程上，一般取采样周期

$$\Delta T \leqslant [主要扰动周期]/10 \qquad (2\text{-}26)$$

在与对象动特性的关系方面，因为数字调节器的输出是阶梯状的，为使对象测量信号上不出现阶梯跳动，采样周期 ΔT 应比对象的惯性时间常数小得多，一般取

$$\Delta T \leqslant [对象时间常数]/10 \qquad (2\text{-}27)$$

但是，如果要狭义地严格按式(2-26)和式(2-27)来规定所有控制回路的采样周期是一个相当苛刻的条件。例如对流量控制回路来说，从调节阀动作到流量改变之间的对象延迟时间仅仅由管道内流体的惯性引起的，其时间常数非常小，常为毫秒级。此外，在用活塞式压缩机驱动的流量系统中，流量的脉动相当大，有几十赫的高次谐波噪声。因此，在这些场合，需要对采样周期的选择原则作广义的理解。

首先，式(2-37)中的对象时间常数可以按"广义对象"的时间常数考虑，例如在流量控制系统中，尽管其狭义对象(管道)的时间常数只有毫秒级，但加上调节阀和测量仪表的动作时间后，其广义对象时间常数就达到秒级，这样，数字仪表的采样周期选择就不难满足式(2-37)的要求。

但是，在控制系统中要完全消除流量脉动是很难的。例如在图 2-16 中，当测控周期 ΔT 取 0.2s 时，毛刺很小。当 ΔT 取 1~2s 时，毛刺明显加大。不过，对生产过程进行分析，可以发现，流量通常只是一个中间变量，只是一种调节温度、压力、成分等的手段，工艺上并不在乎流量曲线的毛刺，更关心的是流量变化后对后续装置内工艺参数的影响。实际上，如图 2-19

中采样周期取 $\Delta T = 4s$ 时,尽管流量曲线有较大脉动,考虑到后续对象的惯性很大,控制工程师也能接受。

目前常用的数字测控仪表采样周期为 $0.1 \sim 0.2s$,由于它比调节对象的时间常数小得多,因此其控制效果非常接近于模拟调节器,使用中可以和模拟仪表一样对待。

但在一些特殊场合,例如在成分调节系统中,因为工业气相色谱分析仪的输出信号在时间上是断续的,对这类系统就不能使用连续 PID 控制,此外,有些对象的纯滞后时间 τ 与惯性时间常数 T 之比很大,使用常规的 PID 控制效果不好。为此,在模拟仪表中早已研制带采样动作的特种调节器,其中最常用的是采样 PI 调节器,其动作方式如图 2-17 所示。调节器每隔一定的时间改变一次输出的大小。显然,用数字仪表很容易实现这样的动作,实际上,只要把数字式 PI 运算中采样周期取得足够长就行。在大滞后对象的控制中,采样周期大致取对象纯滞后时间 τ 与惯性时间常数 T 之和。这样可以使调节器每次输出的效果充分显示以后,再进行下一次调节,从而得到较好的效果。

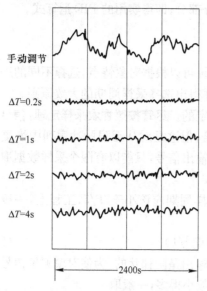

图 2-16 流量控制中不同采样周期的比较

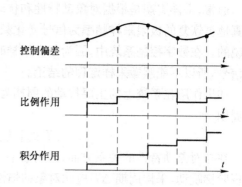

图 2-17 采样 PI 调节器的动作

应该说明,这种调节方法属于稳态控制。对大滞后对象,采取这种"调一调、等一等"的办法可以避免严重超调和不稳定。但这种方法只能说是一种粗糙的控制,如果在采样时刻之间发生较大的扰动,必须到下一次采样后才能作出反应,所以对扰动的响应速度是不好的。

2.5.3 变形的 PID 控制算法

数字仪表的控制算法是用程序实现的,所以,在模拟仪表中难以实现的功能可以很容易地实现。数字控制系统为进一步改善操作性能和控制品质,常对基本 PID 算法进行修改,以适应不同的工况,下面介绍几种有代表性的 PID 变形。

1. 微分先行的 PID 算法(也称为 PI-D 算法)

在基本 PID 算法中,因为 PID 运算是对设定值与测量值之差进行的,当设定值改变时,微分作用会使调节器输出产生急剧的跳动,即所谓微分冲击,影响工况的平稳。因此,操作工人在改变设定值时,必须小心翼翼地注意着输出的变化。

为了改善这种操作特性,有人提出让微分对设定值不起作用,而只对测量值 PV 进行微分运算的算法,称为微分先行 PID 算法。这种方法在使用模拟仪表时就已采用。

微分先行 PID 算法的连续函数表达式为

$$\mathrm{MV}(s) = \frac{1}{P}\Big[\Big(\frac{1}{T_i s}+1\Big)E(s) - T_d s\mathrm{PV}(s)\Big] \tag{2-28}$$

式中,$\mathrm{PV}(s)$ 是测量值的拉普拉斯变换式。

这种算法与基本 PID 算法的对比如图 2-18 所示。为便于看清两者的差别,将方块图 2-18(b)变换成图 2-18(c)。由图可见,尽管该图中(a)与(c)对测量值 $\mathrm{PV}(s)$ 的算法是一样的,但对设定值来说,图 2-18(c)中,设定值通道中增加了如下的传递函数

$$\frac{1+T_i s}{1+T_i s+T_i T_d s^2} \tag{2-29}$$

当 $T_i \gg T_d$ 时,式(2-29)近似等于 $1/(1+T_d s)$。这样,图 2-17(c)可近似表示为图 2-17(d)。由此图可清楚地看出,微分先行 PID 算法,相当于在基本 PID 调节器的设定值通道中,增加了一个时间常数为 T_d 的一阶惯性滤波器,从而使设定值快速变化时,对输出的冲击大大缓和。

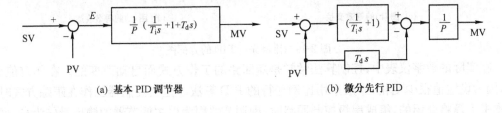

(a) 基本 PID 调节器　　　　　　　　　(b) 微分先行 PID

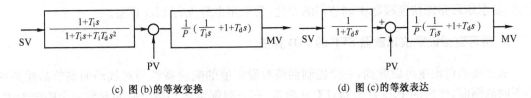

(c) 图 (b)的等效变换　　　　　　　　　(d) 图 (c)的等效表达

图 2-18　微分先行 PID 的方框图

2. 比例先行的 PID 算法(也称为 I-PD 算法)

微分先行 PID 算法的采用,解决了操作工人在改变设定值时对微分冲击的担心。这使人想到,如果对比例动作也做同样的修改,那么比例冲击也能消除,设定值的变更可以更大胆地进行了。特别是在数字仪表内,因为设定值一般用键盘修改,变化是阶跃式的,所以特别希望将比例冲击和微分冲击一起消除。

比例先行 PID 控制的方块图如图 2-18 所示,其连续函数的表达式为

$$\mathrm{MV}(s) = \frac{1}{P}\Big\{\frac{1}{T_i s}E(s) - (1+T_d s)\mathrm{PV}(s)\Big\}$$

与上面的方法一样,将方框图 2-19(b)等效变换成图 2-19(c),这样就可看出,比例先行 PID 对测量值来说,与基本 PID 算法有相同的控制效果,但对设定值通道来说,被插入了一个二阶滤波环节。该二阶环节的传递函数为

$$\frac{1}{1+T_i s+T_i T_d s^2} \tag{2-30}$$

仍考虑 $T_i \gg T_d$，则式(2-30)可近似当作两个惯性环节 $1/(1+T_i s)$ 和 $1/(1+T_d s)$ 的串联，图 2-19(c)可表示成图 2-19(d)。将此图与微分先行 PID 方块图比较，便可明白，对设定值的变化而言，比例先行 PID 算法是在微分先行 PID 做过一次滤波的基础上，又增加了一级 $1/(1+T_i s)$ 的滤波。所以设定值的变化无论怎样急剧，调节器的输出总能保持平缓变化。

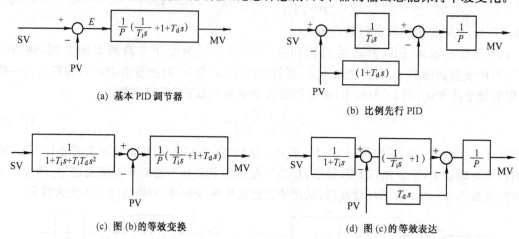

(a) 基本 PID 调节器

(b) 比例先行 PID

(c) 图(b)的等效变换

(d) 图(c)的等效表达

图 2-19　比例先行 PID 的方框图

在实际的数字仪表中，控制算法常常是随回路的工作方式而自动改变的。在作定值调节时，因为设定值很少变化，一般采用比例先行的 PID 算法。但当控制器工作在跟踪方式时，例如本书下篇将介绍的，组成串级控制回路时，副调节器因为以主调节器的输出量作为自己的给定值，要求副回路能快速跟随主调节器的变化，常采用微分先行 PID 算法。

3. 带可变型设定值滤波器 SVF 的 PID 算法

从上面的讨论中可以看到，一个控制回路对设定值的响应特性与对扰动的调节品质是两个不同的侧面，传统的 PID 调节器只有比例度、积分时间常数和微分时间常数三个整定参数。如果针对其中之一进行最佳整定，对另一方面未必能得到满意的响应，两者很难兼顾。

由于数字仪表很容易实现各种复杂的算法，可以对两个通道分别设置独立的控制函数。考虑到现场使用时，整定参数的种类太多不便掌握，作为折中办法，目前数字仪表中常采用以比例先行和微分先行 PID 为参考的、带可变型设定值滤波器 SVF 的 PID 算法，其功能如图 2-20 所示。与基本型 PID 相比，在设定值通道中增加了一个二阶滤波器，其传递函数为

$$\frac{(1+\alpha T_i s)}{(1+T_i s)} \frac{(1+\beta T_d s)}{(1+T_d s)} \tag{2-31}$$

式中，α、β 是调节器新增加的设定值通道整定参数，$\alpha = 0 \sim 1$，$\beta = 0 \sim 1$。

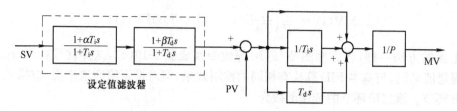

图 2-20　带 SVF 的 PID 算法

当 α 取为 0,β 也取为 0 时,仪表执行比例先行 PID 算法。当 α 取为 1,β 取为 0 时,变为微分先行的 PID。当 α、β 在 $0\sim1$ 间任意取值时,可以得到由 PI-D 到 I-PD 连续变化的响应模态。如图 2-21 所示,因而有可能实现对设定值通道和扰动通道二维的最佳整定。

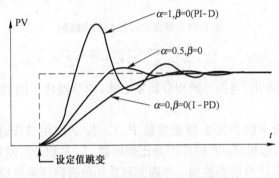

图 2-21 设定值跳变时的响应

2.5.4 混合过程 PID 算法

在化工及炼油生产过程中,有时将几种中间产品按一定比例混合后,作为最终产品出厂,这种混合过程是直接在输出管道中进行的,如图 2-22 所示。在这种场合,控制目标是各种组分在输出总量中的准确比例,而不单纯着眼于各管道内瞬时流量的恒定。因此,若使用普通的 PID 控制算法,在扰动作用下,将如图 2-23(a)所示,流量一旦偏离设定值,调节器便尽快使其瞬时流量向设定值靠近,但其结果,将使混合产品中,该组分少掉阴影面积所对应的数量。

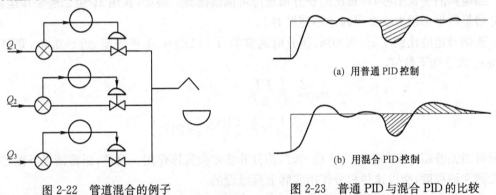

图 2-22 管道混合的例子   图 2-23 普通 PID 与混合 PID 的比较

从上面的讨论中不难理解,混合过程中要求的是瞬时流量的正负偏差积分为零,如图 2-23(b)的过渡过程曲线,当扰动使某种组分的流量下降时,调节器应使流量作补偿性上升,以弥补前一时刻减少的量。

这种混合 PID 控制的方框图如图 2-24 所示,它是在对偏差信号进行积分运算后,再作 PID 运算,其连续函数表达式为

$$\begin{aligned} \text{MV}(s) &= \frac{1}{P}\frac{1}{s}\left(\frac{1}{T_i s}+1+T_d s\right)E(s) \\ &= \frac{T_d}{P}\left(\frac{1}{T_i T_d s^2}+\frac{1}{T_d s}+1\right)E(s) \end{aligned} \tag{2-32}$$

混合 PID 算法的离散表达式为

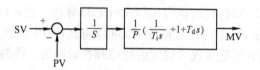

图 2-24　混合 PID 控制的方框图

$$MV_n = \frac{T_d}{P}\left\{\frac{\Delta T^e}{T_i T_d}\sum_{i=1}^{n}\sum_{i=1}^{n}e_i + \frac{\Delta T}{T_d}\sum_{i=1}^{n}e_i + e_n\right\} \tag{2-33}$$

由以上表达式不难看出,当偏差的积分到零之前,调节器将不断动作,从而保证各组分比例的准确性。

需要说明的是,混合 PID 算法中整定参数 P、T_i、T_d 的作用与普通 PID 中是不同的。由式(2-33)传递函数可知,这里 T_d/P 的作用是比例增益,T_d 是积分时间常数,$T_d T_i$ 为双重积分时间常数,在使用中必须注意这些差别。考虑到双重积分有破坏系统稳定性的危险,整定这种调节器的参数时,应选择 $T_i \gg T_d$。

2.5.5　字长的考虑

在用微处理器组成的数字仪表中,为提高运算速度,内部程序一般是用汇编语言编写的。这里常有一个被忽略的事实,即由于字长不够,会严重地影响控制效果。

由式(2-23)的数字 PID 增量算式可知,每次由积分作用提供的输出量变化值为 $e_n \Delta T/PT_i$,由于 $\Delta T \ll T_i$,这个变化量是很小的,积分作用主要是靠持续不断的积累产生效果的。

当运算的字长不够时,每次的积分增量都可能被抛弃。例如,在用 16 位二进制作运算时,积分增量数据必须大于 2^{-16} 时才不被抛弃。

若调节器的比例度 $P=500\%$,积分时间常数 $T_i=1800$s,采样周期 $\Delta T=0.2$s,则只有当偏差 e_n 大于如下数值

$$|e_n| \geqslant \frac{1}{2^{16}}\frac{PT_i}{\Delta T}$$

$$\geqslant \frac{1}{2^{16}}\times\frac{5\times1800}{0.2}\geqslant 69\%$$

即只有当偏差超过满刻度的 2/3 以上时,积分分量才会发挥作用。显然,正常情况下偏差不可能大到这种程度,所以这种积分作用实际上是虚设的。

为避免出现这种问题,数字调节器至少要采用 32 位进行运算,以便每次将微小的积分增量积累起来,在累计达到 D/A 转换器最低位时向外输出。

2.6　可编程序调节器

可编程序调节器是以微处理器为基础的多功能控制仪表,可接受多路模拟量及开关量输入,实现复杂的运算、控制、通信及故障诊断功能。出于危险分散的考虑,它虽有若干路模拟量及开关量输出,但大多数只有 1 路 4～20mA 直流电流信号输出,即只控制一个执行器。

可编程序调节器的联络信号和模拟仪表一样,在控制室与现场之间采用 4～20mA 直流电流信号,在控制室内采用 1～5V 直流电压信号。其外形结构和操作方式也与模拟仪表相似,在正面面板上常配置显示设定值、测量值及输出阀位的仪表,因此可与常规仪表混合使用,在仪表屏上直接替代。

我国从 20 世纪 80 年代开始生产多种数字式调节仪表,如西安仪表厂引进日本横河 (Yokogawa)公司的 YS—80 系列数字调节器,四川仪表总厂引进日本山武(Yamatake)公司的 DIGITRONIK 系列数字调节器等。此后,国内自主开发的数字调节仪表如雨后春笋,遍地开花。随着数字技术的快速发展,数字调节仪表功能丰富,变化灵活,工作可靠,价格便宜,取得了压倒性的优势。

2.6.1 可编程序调节器的电路

数字调节器按其控制回路的多少,可分为多回路调节器和单回路调节器;按控制程序的变更方法,可分为固定程序(选择)型和可编程序型。但其电路结构基本相同,都以微处理器为核心,配以 A/D、D/A 转换器及 DI/DO 接口,通过切换电路,接受各种输入信号,实现连续控制算法及逻辑判断功能,对控制对象进行自动调节。下面以国内外数字调节仪表中最有特色的横河 YS—80 系列单回路可编程序调节器 SLPC(Single Loop Programmable Controller)为例,介绍这类仪表的电路结构和功能。

图 2-25 是数字调节器 SLPC 的电路方框图,由图中可以看到,该调节器主要由 CPU、ROM、RAM、D/A 转换器,以及与现场仪表交换信息的过程输入/输出接口、与上位机交换信息的双向数据通信接口、与人对话的人机接口(供系统生成及操作运行用)几部分组成的。

为保证控制的实时性,SLPC 内的 CPU 采用 8 位微处理器 8085A,其时钟频率为 10MHz,这样可使仪表在 0.2s 的控制周期内最多运行 240 步用户程序,并根据需要,能将控制周期加快到 0.1s。

根据过程控制仪表要求抗干扰的特点,仪表需将系统软件及用户软件全部用 EPROM 固化。为此,SLPC 内使用 1 片 27256 作为系统 ROM,提供 32K 字节(每字节为 8bit)的存储空间,存放系统管理程序及各种运算控制子程序块。作为用户 ROM,使用 1 片 2716,为用户提供 2K 字节的存储空间存放用户程序。作为 RAM,使用 2 片 μPD4464 低功耗 CMOS 存储器,共有 8K 字节供存放现场设定数据及中间计算结果之用。这里 RAM 选择低功耗芯片的目的,是为了延长停电情况下的数据保存时间,以便在恢复供电时能按以前的设定数据继续运转。

SLPC 的模拟量输入端口有 5 个,可同时接受 5 路 1~5V 直流输入信号 X_1~X_5。其模拟量输出有 3 路,其中只有 Y_1 输出为 4~20mA 直流电流信号,可驱动现场执行器,另外 2 路 Y_2 和 Y_3 输出的是 1~5V 直流电压信号,一般作为与控制室其他仪表的联络之用。以上这些输入/输出电路相互间都是不隔离的,考虑到现场变送器和执行器的电路总是浮空的,所以使用中一般不会发生问题。

从图 2-25 可以看到,仪表的开关量输入/输出端口是用高频变压器隔离的。控制中常见的开关量有两类:一类是接通/开断型的,如继电器及按钮的动作,另一类是高/低电平型的,如计算机的信号输出及电路的状态变化。调节器 SLPC 的开关量输入/输出端口对上述两类信号是通用的,不仅如此,为了使用上的灵活,参照计算机内三态门的思路,还将这些端口设计成可编程的,即图中 6 个 DI/DO 端口都可以通过编程,指定其作为输入电路或输出电路。

这种可编程 DI/DO 接口的原理电路如图 2-26 所示。当电路被指定作为输出接口使用时,内部电子开关 S_1 断开,若这时输出数据为“1”,则电子开关 S_2 在内部驱动脉冲的作用下,作占空比为 50% 的通/断切换。这样,当 S_2 接通时,有电流流过变压器线圈 N_1,在磁芯中储存能量,随后,当 S_2 断开时,磁能通过线圈 N_2 供给晶体管 VT_1 的基极,使作为输出开

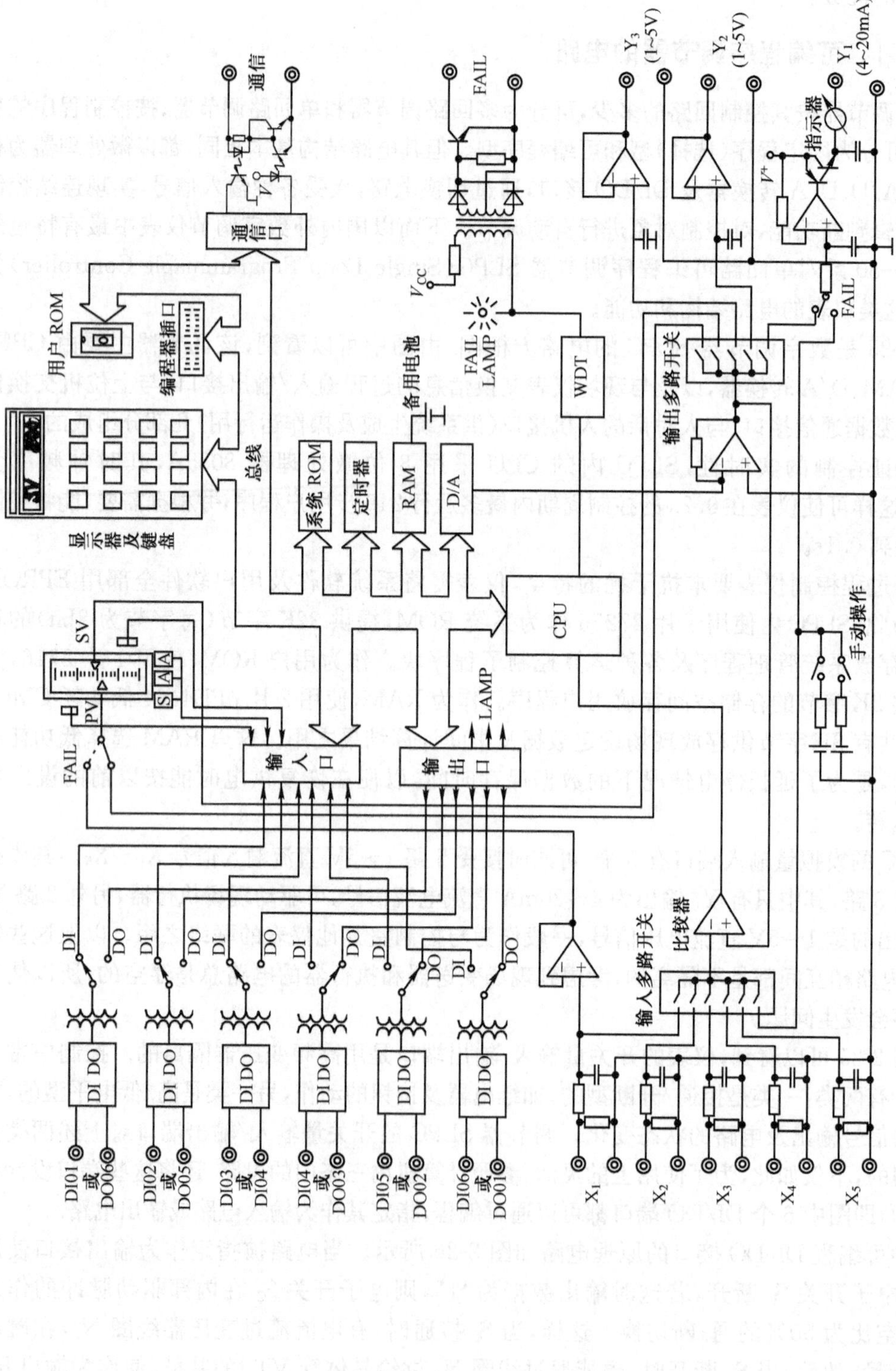

图 2-25　SLPC 型数字调节器的电路方框图

关的 VT$_1$ 导通,接通外界的继电器、指示灯或报警器等。由于晶体管 VT$_1$ 耐压和功耗的限制,这种输出电路的额定值为 200mA、30V(直流),而且在开断电感性的继电器等负载时,应附加保护二极管。

当需要把图 2-27 的电路作输入端口使用时,内部电子开关 S$_1$ 接通,S$_2$ 以较小的占空比作通/断切换。这样,触发器 D 输入端的电压高低取决于加在 DI 输入端上的电压高低或电阻大小,例如,若输入的 DI 信号为"1",即外部接点处于导通状态(接通电阻必须小于 200Ω),或外加电压处于低电平[电压在 -0.5~+1V(直流)之间],那么 SW$_2$ 接通时,由于线圈 N$_3$ 两端可视为短路,使作为原边线圈的 N$_1$ 两端电位差近于零,于是触发器 D 输入端上的电压接近于电

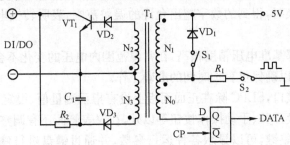

图 2-26　可编程 DI/DO 接口的原理电路

源电压 +5V,这样,在 CP 脉冲的作用下,触发器将置"1",向 DATA 线上送出高电平。　　相反,若这时输入信号为"0",即输入端子间处于开路状态,($R>100\text{k}\Omega$),或输入为高电平(电压在 +4.5~30V DC 之间),则内部开关 S$_2$ 导通时,线圈 N$_3$ 两端可视为开路,使线圈 N$_1$ 两端呈高阻抗,于是 D 输入端电压接近 0V,在 CP 脉冲的作用下,触发器向 DATA 线上送出低电平。顺便说明,当 S$_2$ 断开时,储存在线圈 N$_1$ 中的能量因为可以通过续流二极管 VD$_1$ 慢慢放出,晶体管 VT$_1$ 是不会导通的。

以上介绍的变压器隔离式输入/输出电路由于使用的工作频率相当高,所以变压器尺寸不大,原副边绕组之间的分布电容很小,隔离相当彻底;即使外接开关电路上存在大幅度的尖峰干扰,内部数字电路不受影响。

单回路调节器的模/数、数/模转换电路由于对转换速度要求不高,为降低成本,SLPC 只用 1 片 D/A 转换电路,借助于 CPU 的功能,兼作 A/D 与 D/A 转换之用。

在 SLPC 中,数/模转换器选用 μPC648D 型 12 位高速 D/A 芯片,其分辨率为 1/4096,电压建立时间约 0.4μs。非线性误差不大于 ±0.05%。由图 2-25 可以看出,它一方面作为数/模转换器,将 CPU 的运算结果转换为模拟量电压,供给输出电路;另一方面,它在 CPU 的控制下,通过一定的程序,实现逐位比较编码,将输入多路切换开关送来的模拟量电压转换为数字量。为观察方便,将实现 A/D 转换时的电路连接表示如图 2-27 所示。开始作 A/D 转换时,CPU 在程序的作用下,先试探性地将数据的最高位置"1"(其余位均为"0"),该数据经 D/A 转换后与输入模拟量电压 V_i 进行幅度比较,若 V_i 大于 D/A 转换器输出电压,则比较器 CMP 输出低电平,CPU 检测到这一状态时,即判明该位的试探性置 1 是成功的。相反,若这时 V_i 小于 D/A 转换器的输出电压,则比较器 CMP 输出高电平,当 CPU 检测到这种状态时,即断定该位数据的置 1 是不合

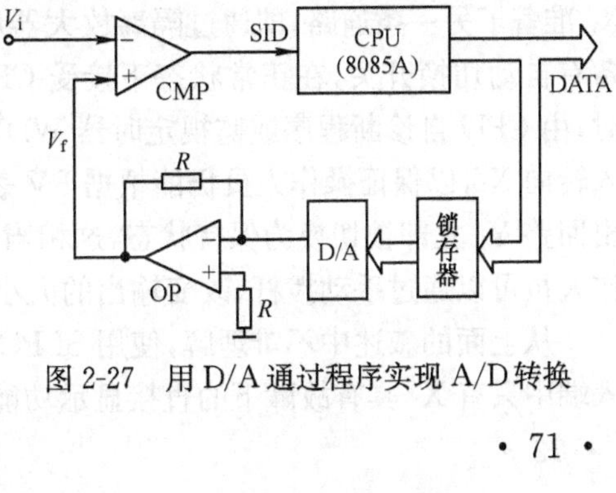

图 2-27　用 D/A 通过程序实现 A/D 转换

理的,于是将它复位为 0,然后按同样的方法进行下 1 位试探。以此类推,从最高位到最低位逐位进行,最后得到与输入模拟电压 V_i 对应的数字量。

为了保证模/数转换器在长期连续工作下的转换精度,SLPC 对其零点漂移和增益变化采取了在线自动校准措施。在图 2-27 中,输入多路开关用的是八中选一的 CMOS 电子开关,其中 5 路用作模拟电压输入之外,内部还有 2 路用作 A/D 转换的零点和增益误差修正,由仪表内藏的高精度基准电压源供给 1V 和 5V 电压,在每个采样周期对输入电压 $X_1 \sim X_5$ 做 A/D 转换之前,先对这两路基准电压进行转换。如果转换得到的数字在规定的允许范围之内,则根据本次得到的数字,计算转换特性的斜率和截距,并用以求得输入电压 $X_1 \sim X_5$ 的准确值。如果在对两路基准电压转换时,得到的数字超出允许的误差范围,表明转换电路已经出现故障,发出事故报警信号。

由于 SLPC 的内部基准电压精度很高,在常温范围内电压的变化不会超过万分之五,因此通过这种实时标定,可以确保仪表长时间的准确工作。

作为仪表的人机接口,SLPC 除在正面面板上设有指示测量值、设定值、操作值的仪表,以及自动/手动/串级切换开关、手动操作按钮等以外,在仪表侧面还有调整面板,装着 8 位 16 段笔画显示器和 16 个调整键,可以显示各种运行参数,并通过键盘进行修改。SLPC 的用户程序是用专门的编程器 SPRG 编写的,编程器自身不带 CPU,使用时通过扁平电缆接到 SLPC 侧面的编程插口上。程序编好后,可以先存在编程器的 RAM 中进行试运转,在控制效果证明所编程序正确无误后,再在编程器上写入 EPROM,然后插入仪表侧面的用户 ROM 插座,实现需要的控制。

为了组成集散控制系统,实现集中操作、监视及信息管理,SLPC 备有通信接口,利用 8251 型可编程通信接口芯片,可与上位设备作双向的串行通信,通信速率为 15.625Kb/s,通信内容包括 16 个 2 字节的变数(包括 PV、SV、MV 以及 P、I、D 参数和运行状态等),以及 1 个启动字节和 1 个垂直奇偶校验字节,每 480ms 进行 1 次通信。为防止从通信线路引入干扰,仪表经光电耦合器与外部通信线路相连。

SLPC 的机内电源采用尺寸小、重量轻、效率高的开关式稳压电源。由于有高频变压器的隔离,仪表内部电路是浮置的。这不仅提供了与外电路连接的灵活性,也提高了仪表的抗干扰能力。SLPC 内开关稳压电源的另一重要特点是对供电电源的适应性好,允许大范围的电压波动和交直流混用,不仅提高了仪表工作的安全性,也为选择备用电源提供了方便。

在 SLPC 电路中,还有一点值得注意的是它的后退备用方式,即万一 CPU 发生故障时的处理办法。在图 2-24 中可看到,模拟输入信号 X_1 进入仪表后,在 RC 滤波器后面分成 2 路,1 路经输入多路开关送到电压比较器,接受 A/D 转换,以便进入 CPU 运算和控制,这是正常情况下的处理途径。但当 CPU 发生故障时,这样的处理必然中断。为保证安全,调节器中专为 X_1 准备了另一条通路,即通过隔离放大器后,直接送到测量值指示电表。该电表的输入端上备有自动切换开关,在正常状态下接受 CPU 经 D/A 转换器送来的信号,当仪表工作不正常时,由 CPU 自诊断程序或监视定时器 WDT 发出故障信号 FAIL,自动将测量值 PV 电表的输入转向 X_1,以保证操作人员仍能根据 PV 表针的指示,继续进行手动控制。与此同时,模拟输出回路 Y_1 立即被切换为保持状态,这相当于 DDZ—Ⅲ型仪表中的软手动状态。根据需要,操作人员可以通过手动拨杆,改变输出的大小,维持系统的降级运行。

从上面的叙述中不难理解,使用 SLPC 时,输入/输出端子的选择是有区别的,因为 5 组输入端中只有 X_1 具有故障下的直接显示功能,因此应该将过程测量信号 PV 作为第 1 路输入,否则 CPU 发生故障时，会使操作陷入盲目状态。对输出端子，由于执行器要求电流信号，一般总选择 Y_1 作为控制输出，不大会作别的选择。但仍要记住，只有该回路在故障时能进行手动操作。

以上介绍的是 YS—80 系列数字调节器电路。近年来，横河公司对该产品的功能不断强化，在 20 世纪 90 年代推出其改进型 YS—100 系列后，于 2007 年又推出功能更强的 YS—1000 系列数字调节器。这些新仪表与前期产品在设计思路上一脉相承，其内部功能模块的名称和调用方法，以及通信协议等都与前期产品兼容。下面扼要介绍 YS—1000 系列可编程序调节器的主要变更点。

图 2-28 给出了 YS—1000 系列可编程序调节器的面板图。与 YS—80 采用指针电表不同的是，YS—1000 采用大屏幕液晶面板。因此显示功能大大增强，除可模仿传统指针电表显示调节器的设定值、测量值及输出值之外，还可显示控制回路的调整画面、趋势记录画面、报警画面，以及各种参数设定画面。配合画面右侧的按钮 C（外给定、自动）、A（内给定、自动）、M（手动），以及增减和翻页键等，可以实施各种操作。面板下侧的增加键 ＞ 、减少键 ＜ 和加速键 《 》 是供手动操作时改变调节器输出的。

YS—1000 调节器由于功能的增加，采用了双 CPU 结构，以 32 位微处理器 H8S/2329 为主 CPU，其主频为 25MHz，使调节器的控制回路数增加为两个，控制周期可加快到 50ms。除主 CPU 外，该调节器内还为液晶显示屏配置了辅助 CPU，采用 16 位单片机 H8S/2318。两个 CPU 间通过数据共享，协调工作。

YS—1000 系列调节器的输入/输出通道数量大大增加，其基本控制规模定位于双回路调节器。输入模拟量信号可多达 8 路，模拟量输出通道有 4 路，开关量输入/输出点最多可达 14 个。此外，YS—1000 系列调节器可自带各种信号调理电路，直接接受各种热电偶、热电阻、可变电阻，以及脉冲频率等传感器信号。此外，YS—1000 系列仪表的控制和运算功能块的种类比 YS—80 大大增加。

YS—1000 系列仪表的测控程序编写不再需要专用的编程器。只需将调节器通过以太网、USB 或 RS-485 与任何计算机通信，使用横河公司的编程软件 YSS—1000，以传统的文

图 2-28　YS—1000 系列调
节器的面板

本编程方式或直观的功能块图形连接方式，可轻松地实现测控功能的生成和仿真调试。

鉴于 YS—1000 系列仪表的功能对初学者来说过于丰富，为便于掌握基本概念，下面仍以 YS—80 仪表的 SLPC 调节器为例进行介绍。

2.6.2　数字调节器的工作时序

SLPC 调节器是按 100ms 或 200ms 的定周期节拍工作的。下面以较常用的 200ms 定周期节拍为例，说明其动作过程。

仪表的工作时间如图 2-29 所示。依靠内部的定时器，每隔 10ms 向 CPU 发出一次中断申请，启动定周期程序的运行。CPU 累计定时器申请中断的次数，每 20 次，即 200ms 完成一个控制循环。

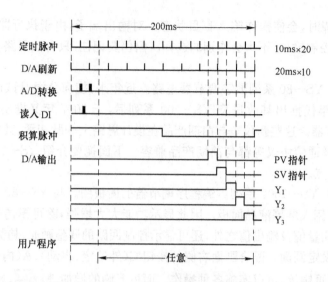

图 2-29　SLPC 的定周期工作时间图

在每个控制周期的开始,首先判断是否有编程器连着,若是,则转入编程处理程序;若不是编程状态,则进入仪表自检状态,即检查 RAM、ROM、D/A、A/D 工作是否正常。如果这些检查结果都正常、则读入工作状态寄存器的输入,判明仪表处于自动、手动还是串级工作状态。此外,还进行输出回路是否开路,以及 RAM 备用电池的电压检查。

在定周期节拍最初 10ms 内完成上述自检工作的基础上,在第二、三两个 10ms 定时中断的作用下,对各路模拟量输入电压都进行两次 A/D 转换。这里进行两次转换的目的是为了提高抗干扰能力,因为输入信号中大部分高频干扰已被接在输入端的 RC 滤波器滤掉,余下的主要是 50Hz 工频干扰,对其作两次时间上相差 10ms 的 A/D 转换,然后取两次的平均值作为结果,能有效地消除 50Hz 干扰引起的误差。

在 A/D 转换结束后,CPU 就从用户 ROM 中取出用户程序,从第一步开始逐步执行,直到程序最后一句 END 为止。

在控制周期的最后阶段,进行输出操作,如图 2-29 所示,依次用 10ms 的时间对 PV、SV、Y_1、Y_2、Y_3 进行 D/A 转换,以便向外输出模拟信号。

除上述动作外,在图 2-29 中还可看到一项动作,称为 D/A 刷新。因为 SLPC 中模拟量输出是用电容保持的,在图 2-25 电路中可看到,输出多路开关将 D/A 产生的电压加在电容上。为减慢放电速度,除选用优质电容外,电容上的电压还通过接成同相跟随器的运算放大器后向外输出,以尽量减小电容的放电电流。以上采取的硬件措施若要求太高,必将增加成本。为此,SLPC 还从软件上采取措施,如图 2-29 所示,每隔 20ms,CPU 通过 D/A 转换器对每个电容作 0.1ms 的短暂充电,以补充放电损失的电荷量。这种措施的软件开销不大,而输出保持的质量大大提高,保持电容和输出运算放大器也可选用廉价的普通产品。

如果用户程序中要求流量积算,则可能还有宽度为 100ms 的积算脉冲输出,供给计数器。

如果用户程序提前完成,为了等待 200ms 的固定控制周期结束,CPU 转入自检和等待状态,直到第 20 次定时中断申请进入时,再开始一个新的控制周期,即又回到图 2-33 中定周期节拍的起始点。

由于上述定周期节拍是整个仪表各种功能实现的基础,在 SLPC 内设有专门的监视定时器 WDT(见图 2-25),监视这一时间进程,如果 CPU 经过 200ms 不能完成工作循环,WDT 就发出报警,并采取应急措施。其具体做法是,用一个带清零端子的计数器,累计一个专用时基电路发出的脉冲,该计数器从零开始计满的时间为 0.5s。当 SLPC 工作正常时,在每个控制周期完成全部动作之后,CPU 向计数器发出清零脉冲,使计数器回零后重新开始计数。这种情况下因为是每隔 0.2s 就清零一次,计数器始终达不到 0.5s 的定时时间,不会发出信号,如果仪表内 CPU 发生故障,或晶体振荡器停振,或程序因受到外来干扰而陷入死循环,则 200ms 内就完不成规定的动作,CPU 就发不出清零脉冲,于是计数器在 0.5s 时便向外发出故障报警信息,并立即切换为手动备用状态,以避免事故的发生。

2.6.3 用户程序结构及数据格式

前已提到,为便于控制工程师的理解和使用,数字仪表编程采用面向问题的 POL 语言。为此,预先按控制中需要的运算控制功能,编制好各种功能程序模块,每个模块相当于单元组合式仪表中的一块仪表,所以也称为内部仪表。当然,它仅仅是完成特定功能的一段程序,并不存在物理上的实体。

有了各种运算模块和控制模块之后,就可以像在各种仪表间通过接线组成系统那样,使用 POL 语言,将内部仪表用程序连接起来,实现所需的功能。这种利用标准功能模块组成系统的工作,在数字控制仪表中称为"组态"。

在 SLPC 型数字调节器中,为实现一定的运算控制功能,要使用三种基本指令,即信号输入指令(LOAD)、功能指令(FUNCTION,包括各种运算指令、逻辑判断指令及控制指令等)、信号输出指令(STORE)。下面以两个变量相加后输出的运算为例,说明用户程序的构成方法。

① LD X_1 　属于输入指令,读入 X_1 数据;

② LD X_2 　属于输入指令,读入 X_2 数据;

③ ＋ 　　　属于功能指令,对 X_1、X_2 求和;

④ ST Y_1 　属于输出指令,将结果送往 Y_1;

⑤ END 　　结束指令。

初次阅读上面的程序会感到有些问题不清楚,因为这些指令只说明了要进行何种操作,但没有直接说明操作数据来自何处,送往何方。例如,在程序的第③步相加运算中,加数和被加数从哪里取,相加后的和数存到哪里去,似乎没有交代清楚。

要弄明白这些问题必须全面了解指令内容。其实,在 SLPC 指令中对此都有严格的规定,其所有指令都是以五个运算寄存器 $S_1 \sim S_5$ 为中心工作的。这五个运算寄存器实际上是在 RAM 中指定的一个先进后出的堆栈,当执行前述程序时,数据在寄存器中的移动情况如图 2-30 所示。

第一步,LD X_1:若程序开始前各运算寄存器中分别存有随机数 A、B、C、D、E,则程序执行后,输入寄存器 X_1 内的数据(第 1 路模拟量输入信号 X_1 经 A/D 变换后的数据)进入运算寄存器 S_1,根据堆栈原理,其余各运算寄存器中的数据顺序下移,原在 S_5 中的信息被丢失。

第二步,LD X_2:与第一步相似,将输入寄存器 X_2 内的数据读入 S_1,其余各寄存器内容再次下移,原在 S_5 中的数据 D 被丢失。

第三步,相加:将运算寄存器 S_1 和 S_2 中的数据相加后,和数($X_1＋X_2$)存入 S_1。其余各寄存器内容向上弹起一格,但 S_5 中的数据不变。

第四步,ST Y_1:将运算寄存器 S_1 中的数据送到输出通道 Y_1 的数据寄存器,但所有运算寄存器中内容都不变。

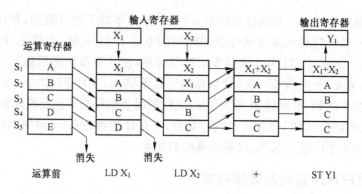

图 2-30 运算寄存器的工作原理

从以上的例子中可看出,SLPC 中的输入/输出指令都是对运算寄存器 S_1 执行的,其他功能指令也都是围绕运算寄存器 $S_1 \sim S_5$ 运转的。显然,要用好这些指令,必须熟悉指令执行时各种数据在运算寄存器中的位置。

下面在具体介绍各种指令之前,再说明一下 SLPC 中的数据格式。如图 2-31 所示,数据在仪表内是用 16 位二进制数字表示的,其中第 1 位表示正负号,第 2～4 位表示整数,从第 5 位起都表示小数。因此,数据的表示范围是 $-7.999 \sim +7.999$。与模拟量输入/输出信号 $1 \sim 5V$ 或 $4 \sim 20mA$ 对应的内部数据为 $0.000 \sim 1.000$。在后面的功能模块参数设定时,必须十分注意内部数据与工程量之间的转换关系。

图 2-31　内部数据格式(图中数据为 3.250)

2.6.4　运算模块

SLPC 调节器的指令共有 46 种,如表 2-1 所示。其中除输入、输出及结束指令 LD、ST、END 外,其余 43 种均为功能指令,可见功能是相当丰富的。

关于 LD、ST 指令,前面已做过叙述。从表 2-1 中可看到,它们可与 16 种寄存器交换数据,也就是说,仪表内连同运算寄存器在内,共有 17 种寄存器,了解这些寄存器的功能是十分重要的。下面进行简要的说明:

(1) Xn　模拟量输入数据寄存器;

(2) Yn　模拟量输出数据寄存器;

(3) Pn　可变常数寄存器;

(4) Kn　固定常数寄存器;

(5) Tn　存放中间数据用的暂时寄存器;

(6) An　控制模块功能扩展用寄存器(模拟量);

(7) Bn　控制模块的整定参数寄存器;

(8) FLn　状态标志寄存器(开关量);

(9) Din　开关量输入寄存器;

(10) Don 开关量输出寄存器；

(11) En 通信接收用模拟量寄存器；

(12) Dn 通信发送用模拟量寄存器；

(13) CIn 通信接收用数字量寄存器；

(14) COn 通信发送用数字量寄存器；

(15) KYn 可编程功能键状态输入寄存器；

(16) LPn 可编程指示灯输入寄存器。

表 2-1 中,SLPC 的 43 种功能指令大体上可以分为两大类,即运算指令和控制指令,因为这两类指令差别较大,本节将先介绍运算指令。运算指令可以分为两类:一类称为基本运算,其特点是运算时不需要指定专用的存储区,只要程序总长度允许,使用次数没有限制。另一类运算指令,运算时必须具有专用的存储区存放数据,例如,每个 10 段折线函数模块必须有 22 个存储单元存放转折点坐标;又如纯滞后模块,需要有存储区存放滞后时间 τ 内的采样数据。因此,这些模块的使用数量是有限制的,于是给它们加上编号,称为带编号的函数运算。每个带编号的功能模块只能使用一次。

表 2-1 SLPC 的指令表

分　类	指令符号	指　令	运　算　寄　存　器					
			指令执行前			指令执行后		
			S_1	S_2	S_3	S_1	S_2	S_3
输入 (Load)	LD　Xn	读入 Xn	A	B	C	Xn	A	B
	LD　Yn	读入 Yn	A	B	C	Yn	A	B
	LD　Pn	读入 Pn	A	B	C	Pn	A	B
	LD　Kn	读入 Kn	A	B	C	Kn	A	B
	LD　Tn	读入 Tn	A	B	C	Tn	A	B
	LD　An	读入 An	A	B	C	An	A	B
	LD　Bn	读入 Bn	A	B	C	Bn	A	B
	LD　FLn	读入 FLn	A	B	C	FLn	A	B
	LD　Din	读入 Din	A	B	C	Din	A	B
	LD　Don	读入 Don	A	B	C	Don	A	B
	LD　En	读入 En	A	B	C	En	A	B
	LD　Dn	读入 Dn	A	B	C	Dn	A	B
	LD　CIn	读入 CIn	A	B	C	CIn	A	B
	LD　COn	读入 COn	A	B	C	COn	A	B
	LD　KYn	读入 KYn	A	B	C	KYn	A	B
	LD　LPn	读入 LPn	A	B	C	LPn	A	B
输出 (Store)	ST Xn	向 Xn 输出	A	B	C	A	B	C
	ST Yn	向 Yn 输出	A	B	C	A	B	C
	ST Pn	向 Pn 输出	A	B	C	A	B	C
	ST Tn	向 Tn 输出	A	B	C	A	B	C
	ST An	向 An 输出	A	B	C	A	B	C
	ST Bn	向 Bn 输出	A	B	C	A	B	C
	ST FLn	向 FLn 输出	A	B	C	A	B	C
	ST Don	向 Don 输出	A	B	C	A	B	C
	ST Dn	向 Dn 输出	A	B	C	A	B	C
	ST COn	向 COn 输出	A	B	C	A	B	C
	ST LPn	向 LPn 输出	A	B	C	A	B	C

分　类	指令符号	指　令	运　算　寄　存　器					
			指令执行前			指令执行后		
			S_1	S_2	S_3	S_1	S_2	S_3
终结(End)	END	运算终结	A	B	C	A	B	C
功能	+	加法	A	B	C	B+A	C	D
	−	减法	A	B	C	B−A	C	D
	×	乘法	A	B	C	B×A	C	D
	÷	除法	A	B	C	B÷A	C	D
	√	开方运算	A	B	C	$\sqrt{A}$	B	C
	√E	小信号切除点可变型开方运算	小信号切除点设定值	A	B	带小信号切除的$\sqrt{A}$	B	C
	ABS	取绝对值	A	B	C	|A|	B	C
	HSL	高值选择	A	B	C	A或B中的大值	C	D
	LSL	低值选择	A	B	C	A,B的小值	C	D
	HLM	高限幅	上限设定值	输入值	A	限幅后的值	A	B
	LLM	低限幅	下限设定值	输入值	A	限幅后的值	A	B
	FX1,2	10折线函数	输入值	A	B	折线函数值	A	B
	FX3,4	任意折线函数	输入值	A	B	折线函数值	A	B
	LAG1~8	一阶惯性	时间常数	输入值	A	经惯性运算后的值	A	B
	LED1,2	微分	时间常数	输入值	A	经微分运算后的值	A	B
	DED1~3	纯滞后	纯滞后时间	输入值	A	经纯滞后运算后的值	A	B
	VEL1~3	变化率运算	运算时间设定	输入值	A	变化率	A	B
	VLM1~6	变化率限幅	下降率限幅值	上升率限幅值	输入	限幅后的变化率	A	B
	MAV1~3	移动平均运算	运算时间设定	输入值	A	平均值	A	B
	CCD1~8	状态变化检出	0/1	A	B	0/1	A	B
	TIM1~4	计时运算	开/关	A	B	经过时间	A	B
	PGM1	程序设定	工作/复位	启动/保持	初始值	程序输出值	0/1	A
	PIC1~4	脉冲输入计数	计数/复位	输入值	A	计数器输出	A	B
	CPO1,2	积算脉冲输出	积算率	输入值	A	输入值	A	B
	HAL1~4	上限报警	回环宽度	报警设定值	输入	0/1	输入	A
	LAL1~4	下限报警	回环宽度	报警设定值	输入	0/1	输入	A
	AND	逻辑乘	A	B	C	A∩B	C	D
	OR	逻辑和	A	B	C	A∪B	C	D
功能	NOT	否定	A	B	C	A	B	C
	EOR	异或	A	B	C	A∀B	C	D
	CO nn	向nn步跳变	A	B	C	A	B	C
	GIF nn	条件转移	0/1	A	B	A	B	C
	GO SUB nn	向子程序nn跳变	A	B	C	A	B	C
	GIF SUB nn	向子程序nn条件转移	0/1	A	B	A	B	C
	SUB nn	子程序	A	B	C	A	B	C
	RTN	返回	A	B	C	A	B	C
	CMP	比较	A	B	C	0/1	B	C
	SW	信号切换	0/1	A	B	A或B	C	D
	CHG	S寄存器交换	A	B	C	B	A	C
	ROT	S寄存器旋转	A	B	C	B	C	D
	BSC	基本控制	PV	A	B	控制输出	A	B
	CSC	串级控制	PV2	PV1	A	控制输出	A	B
	SSC	选择控制	PV2	PV1	A	控制输出	A	B

除上述数值运算模块外,还有逻辑运算模块等,下面分别按表 2-1 的顺序介绍。

1. 基本运算模块

(1) 四则运算模块 ＋、－、×、÷

对运算寄存器 S_1、S_2 中的数据进行四则运算,结果存入 S_1 中。值得注意的是,在做减法和除法时,S_2 中的数作为被减数和被除数,S_1 中的数作减数和除数,二者不能颠倒。

(2) 开方运算模块 $\sqrt{}$、$\sqrt{E}$

主要用于从差压信号中计算流量值。当差压较小时,因为不能准确反映流量大小,将小于一定数值的差压信号当作零对待,这种做法称为小信号切除。

这里,运算模块 $\sqrt{}$ 的小信号切除点是固定的,当输入的被开方数小于满刻度的 1% 时,令开方结果为 0。

运算模块 $\sqrt{E}$ 的小信号切除点是可变的,运算前,被开方数存入 S_2 寄存器,小信号切除阈值存入 S_1 寄存器,做开方运算后,结果存入 S_1 寄存器。当输入低于切除点时,处理方法也与上面不同,不是令输出为 0,而是令输出等于输入,其输入/输出特性如图 2-32 所示。

(3) 取绝对值运算模块 ABS

对寄存器 S_1 中的数据取绝对值,结果仍在 S_1 中。

(4) 高选、低选模块 HSL、LSL

从 S_1、S_2 两个寄存器的数据中分别选取高值或低值,结果存入 S_1 中。

(5) 高、低限幅模块 HLM、LLM

将 S_2 中的变量幅值限制在 S_1 寄存器数据规定的上、下限范围之内。

2. 带编号的运算模块

因为某些模块在运行中要占用一定的内存,必须限量使用。为此给予编号,限制使用。

(1) 折线函数模块 FX_1、FX_2 及 FX_3、FX_4

这 4 个都是用 10 段折线逼近的非线性函数模块。所不同的是,FX_1 和 FX_2 的折线在自变量轴上是等分的,如图 2-33 所示。而 FX_3 和 FX_4 是自由分段的,因而能根据函数在各区间的不同曲率合理分段,更好地逼近所需的曲线。当然,为了记存自变量的分段点,内存需要多用一些单元。

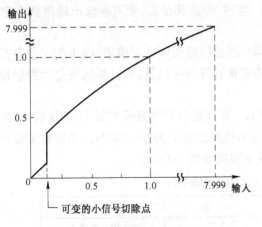

图 2-32　切除点可变型开方模块的特性

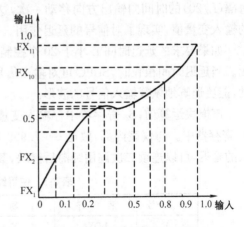

图 2-33　10 段等分折线函数

（2）一阶惯性运算模块 LAGn

其传递函数为

$$Y = \frac{1}{1+Ts}X$$

运算前，S_2 寄存器中存入输入变量 X，S_1 寄存器中存入惯性时间常数 T，运算后的结果存放在 S_1 寄存器中，其编程的例子如表 2-2 所示。当仪表内可变常数 P_1 设定为 1 时，对应于惯性时间常数 100s。

表 2-2　一阶惯性运算的程序

步　号	程　序	S_1	S_2	说　明
1	LD X_1	X_1		读入输入变量 X_1
2	LD P_1	P_1	X_1	读入惯性时间常数 T
3	LAG$_1$	$X_1(1-e^{-\frac{t}{P_1}})$		进行一阶惯性运算
4	STY$_1$	$X_1(1-e^{-\frac{t}{P_1}})$		输出结果至 Y_1
5	后续运算			

（3）微分运算模块 LEDn

这是微分增益 K_d 为 1 的不完全微分运算，其传递函数为

$$Y = \frac{Ts}{1+Ts}X$$

运算前，S_2 寄存器中存入输入变量 X，S_1 寄存器中存入微分时间常数 T，运算后，结果存在 S_1 寄存器中。

（4）纯滞后运算模块 DEDn

为了改善带纯滞后对象的控制效果，常须对输入信号作纯滞后运算，以便实现 Smith 补偿等克服纯滞后的影响。纯滞后模块 DEDn 的传递函数为

$$Y = e^{-Ls}X$$

式中，L 为纯滞后时间。在模拟仪表中，要实现这样的运算是十分困难的，但用数字方法很容易实现。在 SLPC 调节器中，使用 20 个存储单元组成一个先进先出的堆栈，进入堆栈的数据每隔 $(L/20)$ 的时间向输出方向移动一次，这样，经过 20 次移位后，便可在输出端得到 L 秒前的输入变量值，实现了对信号的延迟作用。

如果要求的延迟时间 L 小于 20 个控制周期，则堆栈的长度可以缩短，即少用一些寄存单元。当延迟时间很长时，SLPC 可对输出信号的变化进行线性插值，即以折线变化代替阶梯跳动，能更逼真地恢复输入信号的波形。

该模块运算前，S_2 寄存器中存输入变量 X，S_1 寄存器中存纯滞后时间 L，运算后，结果在 S_1 寄存器中。与仪表内部，数据 0～7.999 对应的纯滞后时间为 0～7999s。如果要求实现更长的延迟，可以连续二次调用纯滞后模块，其编程实例如表 2-3 所示。

表 2-3　使用纯滞后模块的编程实例

步　号	程　序	S_1	S_2	说　明
1	LDX_1	X_1		读入输入变量 X_1
2	LD P_1	P_1	X_1	读入纯滞后时间 P_1

步　号	程　序	S_1	S_2	说　明
3	DED_1	$X_1(t-P_1)$		进行纯滞后运算
4	LD P_2	P_2	$X_1(t-P_1)$	读入纯滞后时间 P_2
5	DED_2	$X_1(t-P_1-P_2)$		进行第二次纯滞后运算
6	STY_1	$X_1(t-P_1-P_2)$		结果送往 Y_1
7	后续运算			

（5）变化率运算模块 VELn

对过程变量的变化率进行监视是发现异常和故障的重要方法。在 SLPC 中,求变化率是通过纯滞后运算后,从变量的当前值减去 Δt 之前的值实现的。其输入量 X 与输出量 Y 的关系可表示为

$$Y(t)=X(t)-X(t-\Delta t)$$

运算前,S_2 中存输入变量,S_1 中存运算时间间隔 Δt,运算后,结果存放在 S_1 中。

（6）变化率限幅模块 VLMn

主要用来限制输出的变化速率,以减少对过程的冲击。运算前,将输入变量存入 S_3,将上升速率限制值存入 S_2,下降速率限制值存入 S_1,运算结束后,受变化率限幅后的变量存放在 S_1 中。

如果输入变量作阶跃式的上下变化,则作 VLMn 运算后,输出按限定的升降速率,随时间慢慢变化。变化率限幅值的设定,与内部数据 $0\sim1$ 对应的变化率为每分钟 $0\sim100\%$。

（7）移动平均运算模块 MAVn

主要用于信号中有周期性扰动的场合,作为滤波手段,将变量的当前值与规定时间内若干个采样值相加后,取平均值。

该模块最多可取 20 个数据作平均运算,即除当前值外,最多可保留以前的 19 个采样值。运算前,S_2 中存入输入变量 X,S_1 中存入作平均运算的时间长度,运算后,得到的平均值在 S_1 中。

若仪表的采样周期为 0.2s,取平均运算的时间长度为 1s,则进行的是最近 6 次采样值的平均运算。当平均时间取较长时,虽然滤波效果会好,但必然影响输出的实时性,二者必须折中。

（8）状态变化检测模块 CCDn

这是一种检测输入状态是否发生了"正"跳变的模块。当 S_1 寄存器中的输入信号发生正跳变,即由上一个运算周期的数据 0 变为本次的 1 时,在 S_1 寄存器中得到输出数据"1",其延续时间为 1 个运算周期,如图 2-34 所示。

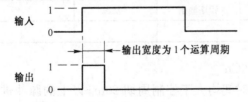

图 2-34　状态变化检测模块的动作

若输入数据作负跳变,或与上一周期无变化,则输出数据为 0。当使用者希望检测负跳变时,可以先对输入数据作逻辑"非"运算,然后再使用 CCDn 模块。

（9）计时模块 TIMn

计时模块可用来累计动作或指令执行的时间,常用于顺序控制及批量生产过程的控制。模块工作时,每个周期先查看 S_1 寄存器的状态,若 S_1 中的数据为 1,则开始或继续进行计时,累计时间存入 S_1 中。若模块工作时,发现 S_1 中的数据为 0,则对计时器清零,并停止工作。

（10）程序设定模块 PGM_1

这是一种时间函数发生器,主要用于热处理等要求设定值按一定规律变化的程序控制,如图 2-35 所示。程序在时间轴上是自由分段的,共 10 段,使用可变常数 $P_{20} \sim P_{29}$ 可在 0～7999s 内任意设定,其对应的各转折点输出坐标用可变常数 $P_{30} \sim P_{39}$ 设定。值得注意的是,模块启动时的起始点输出值是由寄存器 S_3 的内容设定的。

程序模块的功能框图如图 2-36 所示。运算前:①寄存器 S_3 存放起始输出值;②寄存器 S_2 存放模块的工作/保持信息,若 S_2 内容为 1,模块输出随时间变化的程序信号,若 S_2 内容为 0,则输出保持不变;③寄存器 S_1 内容作为复位信号,若 $(S_1)=1$,程序模块返回起始点。

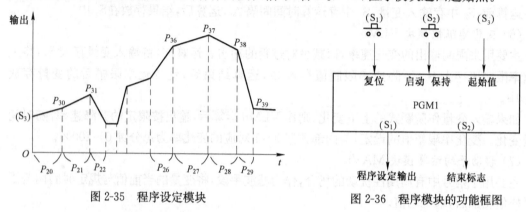

图 2-35　程序设定模块　　　　　图 2-36　程序模块的功能框图

运算进行后,S_1 中存放输出数据,S_2 存放程序是否结束的标志,若时间已超过 P_{29} 指定的区段,则 S_2 给出结束标志"1",在程序没有结束前,(S_2) 为 0。表 2-4 给出了 PGM 模块的编程实例。

表 2-4　使用 PGM 模块的编程实例

步　号	程　序	S_1	S_2	S_3	说　明
1	LD P39	P_{39}			读入起始输出值
2	LD Di1	0/1	P_{39}		读入工作/保持信息
3	LD Di2	0/1	0/1	P_{39}	读入复位信号
4	PGM1	程序输出	0/1		进行程序输出运算
5	ST A1	程序输出	0/1		结果送往扩展寄存器 A_1
6	后续运算				

（11）脉冲计数模块 PICn

可用来对接通和开断时间均大于控制周期 20ms 以上的脉冲进行计数。当 S_2 内的数据由 0 变为 1 时,作为 1 个脉冲,计入 PICn 模块。

运算前,S_2 存输入信号,S_1 存清零/计数信号。若 (S_1) 为 1,计数器清零,若 (S_1) 为 0,则开始或继续计数。运算后,计数结果在 S_1 中,最大可累计的脉冲数为 7999 个。

（12）积算脉冲输出模块 CPOn

CPOn 主要用于对流量等变量的累计，向外部计数器提供积算脉冲。

运算前，被积变量存入 S_2，积算率存入 S_1。运算后，被积变量退回 S_1，同时通过 Don 向外发出宽度为 100ms 的积算脉冲。输出脉冲的频率＝积算率(S_1)×被积变量(S_2)×1000，单位为脉冲/小时。

例如，若指定积算率为 0.250，被积变量为 0.800，则输出脉冲频率 $f＝0.25×0.8×1000＝200$[脉冲/小时]。

这里要注意的是，指令 CPOn 中已包含有经 Don 输出脉冲的动作，而且输出端也已确定，执行 CPO_1 时由 D_{01} 输出，执行 CPO_2 时由 D_{02} 输出。一旦程序中使用 CPOn 指令，开关量输出端子 Don 就不能作其他用途。

3. 条件判断运算模块

条件判断运算模块包括 14 种指令，下面分别介绍。

（1）上限、下限报警模块 HALn、LALn

上限、下限报警模块 HALn、HALn 的工作特性如图 2-37 所示。运算前，输入变量存入 S_3，报警设定值存入 S_2，回环宽度存入 S_1。运算后，若输入超出报警范围，则 S_1 寄存器置 1，向外发出报警，若变量在正常范围内，则 S_1 置 0。

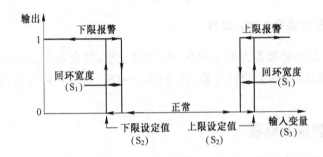

图 2-37　上限、下限报警模块 HALn、LALn 的特性

（2）逻辑运算模块 AND、OR、NOT、EOR

这些都是两个量的逻辑运算，运算前，将被运算量存入 S_1、S_2 中，运算后，作为结果的 0/1 数据在 S_1 中。

（3）转移指令 GOnn，GIFnn

其中 GOnn 为无条件转移；GIFnn 为条件转移，若$(S_1)＝1$，则转向 nn 步，若$(S_1)＝0$，则继续顺序向下执行。

（4）转子指令 GO SUB nn，GIF SUB nn

其中，GO SUB nn 为无条件转向子程序 nn，GIF SUB nn 则视 S_1 内容而定，若$(S_1)＝1$，转子；若$(S_1)＝0$，不转。

（5）子程序块 SUB nn 及返回指令 RTN

SLPC 型控制器内可编 0～99 步主程序，以及 0～99 步子程序。子程序的引入对执行反复的运算和顺序动作比较有利。在 99 步子程序区域内，最多可分割成 30 个子程序块，每块子程序以 SUB nn 开始，以返回指令 RTN 结束，如图 2-38 所示。子程序块可反复调用。

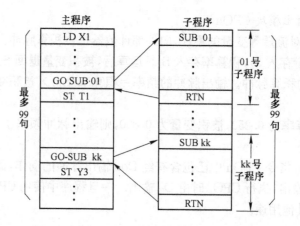

图 2-38 主程序向子程序的分支和返回

（6）比较指令 CMP

对 S_1、S_2 的内容进行比较,若 $(S_2)<(S_1)$,则 S_1 置 0;反之,则置 1。

（7）信号切换模块 SW

相当于 1 个单刀双掷开关,用程序进行切换。运算前,将两个输入信号分别存入 S_2 和 S_3,控制切换的信号存入 S_1。运算时,若控制信号 (S_1) 为 1,则取 S_2 的内容存入 S_1,向外输出;若控制信号 $(S_1)=0$,则取 S_3 的内容存入 S_1,向外输出。

4. 运算寄存器位移指令 CHG、ROT

交换指令 CHG 是将运算寄存器中的 S_1、S_2 内容互换,其余不变。旋转指令 ROT 是将五个运算寄存器首尾相接后,向上旋转 1 步,即令 $(S_2) \to (S_1)$，$(S_3) \to (S_2)$，$(S_4) \to (S_3)$，$(S_5) \to (S_4)$，$(S_1) \to (S_5)$。

2.6.5 控制模块及编程

SLPC 内的控制模块有三种功能结构,可用来组成不同类型的控制回路,如图 2-39 所示。其中:

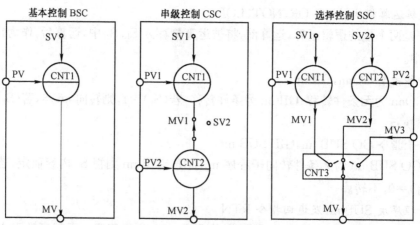

图 2-39 SLPC 中的三种控制模块

① 基本控制模块 BSC,内含一个调节单元 CNT1,相当于模拟仪表中的 1 台 PID 调节器,可用来组成各种单回路调节系统。

② 串级控制模块 CSC，内含两个互相串联的调节单元 CNT1、CNT2，可组成串级调节系统。

③ 选择控制模块 SSC，内含两个并联的调节单元 CNT1、CNT2 和一个单刀三掷切换开关 CNT3，可组成选择控制系统。

以上三种控制模块在使用时，每台 SLPC 只能选用其中的一种，而且只能使用一次。

如上所述，控制模块的选择决定了控制回路的组成形式。由于数字运算的灵活性，在相同的回路结构下，调节单元内部还可以采用不同的算法和控制周期。例如，在单回路调节系统中，选定基本控制模块 BSC 后，可根据不同的要求，选用常规连续 PID 算法或采样 PI 算法，在常规连续 PID 算法中，又可分为微分先行、比例先行，以及带设定值滤波器 SVF 的 PID 算法。此外，控制周期也可根据对象特性及扰动情况，选用不同的时间。针对这些问题，在 SLPC 中设有五个控制字 CNT1～CNT5，用以指定不同的规格，如表 2-5 所示。

表 2-5　SLPC 中的控制字

控 制 字	功　　能	设 定 规 格	可否指定		
			BSC	CSC	SSC
CNT1	指定第 1 个调节单元 CNT1 的算法类型	=1 为连续 PID =2 为采样 PI =3 为批量 PID	○ ○ ○	○ ○ ×	○ ○ ×
CNT2	指定第 2 个调节单元 CNT2 的算法类型	=1 为连续 PID =2 为采样 PI	× ×	○ ○	○ ○
CNT3	指定选择开关 CNT3 的动作方式	=0 为选低值 =1 为选高值	× ×	× ×	○ ○
CNT4	指定控制周期	=0 为 0.2s =1 为 0.1s	○ ○	○ ○	○ ○
CNT5	指定对设定值变化的控制算法	=0 为 I—PD =1 为 PI—D =2 为 SVF 型	○ ○ ○	○ ○ ○	○ ○ ○

表 2-5 中指定的算法类型大多已在前面作过介绍，这里只对采样 PI 算法和批量 PID 作一说明。

SLPC 中实际使用的采样 PI 算法，如图 2-42 所示，它与图 2-19 的不同点，仅在于图2-40 中控制时间 S_W 也可任意设定。顺便说明，在采样周期取得很长时，由于微分控制规律已失去超前预报作用，所以采样控制中都只用 PI 算法。

所谓批量 PID 控制算法，是一种针对批量生产过程经常处于起动过程而设计的准最优控制算法，旨在启动时能以最快的速度向设定值靠近，而又不产生超调。其动作过程如图 2-41

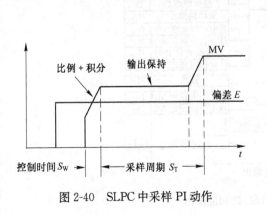

图 2-40　SLPC 中采样 PI 动作　　　　图 2-41　批量 PID 的控制过程

所示,在批量生产开始时,调节单元 CNT 输出上限值 M_H,使测量值 PV 迅速接近设定值 SV,这一进程持续到设定值与测量值之差小于规定的偏差幅度 B_D 为止,一旦进入这一范围,可认为已接近要求的工况,便切换为常规的 PID 控制。

为避免切换后发生超调,调节单元的输出值 MV 在切换时从上限值 M_H 下降 B_B,以便抑制测量值继续增长的势头,平稳地接近要求的设定值。为避免干扰可能在切换点附近引起波动而导致频繁切换,算法中规定了锁定宽度 B_L,使系统切换为 PID 控制后,即使测量值受干扰作用回落,只要不超过 B_L 的锁定宽度,就不返回最大输出状态。

这种将开关控制与连续调节相结合的控制算法,主要用于反复动作的定型批量生产,其设定参数 B_D、B_B、B_L 要靠经验确定。

理解了上述控制字的含义后,便可用来指定控制模块的算法。例如,在选用串级控制模块 CSC 时,若指定 CNT1=2,CNT2=1,CNT4=0,CNT5=2,则表示串级回路主调节器 CNT1 使用采样 PI 算法,副调节器 CNT2 使用连续 PID 算法,控制周期为 0.2s,并引入了可变型设定值滤波器 SVF。这些控制字在系统生成时,要和编制的程序一起,通过编程器写入用户 ROM 中。仪表在运行时,操作人员是不能更改的。

下面具体介绍各控制模块的功能及使用方法。

1. 基本控制模块 BSC

BSC 模块的功能框图如图 2-42 所示。运算前,将测量值 PV 存入 S_1 寄存器,运算结束后,操作输出值 MV 在 S_1 中。BSC 内部具有输入报警、偏差报警、输出限幅及自动/手动/串级切换功能。其报警设定值以及 P、I、D 整定参数等,都可以通过寄存器自由设定。围绕控制

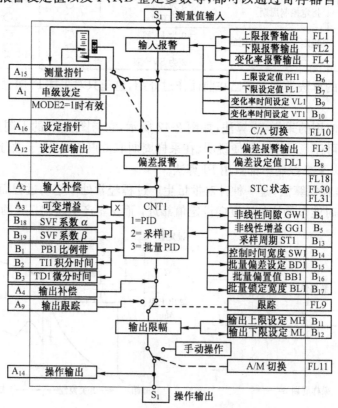

图 2-42 基本控制模块 BSC 的功能框图

模块的功能扩展寄存器,有如下三类:

① A 寄存器,这是模拟量数据输入/输出寄存器,例如,可用 A_1 寄存器引入外给定信号,用 A_2 寄存器引入输入偏置信号,用 A_3 寄存器改变调节器的增益,用 A_4 寄存器引入前馈信号,以便组成前馈、反馈复合控制系统等。

② B 寄存器,这是专供设定调节器各种整定参数的模拟量寄存器,例如,可用 B_1 寄存器改变调节器的比例度,用 B_2 寄存器改变积分时间常数,用 B_3 寄存器改变微分时间常数,用 B_4、B_5 寄存器设定调节器在小信号区有一段不灵敏区,其中 B_4 决定在偏差坐标上的不灵敏区宽度,B_5 决定不灵敏区的增益。此外,$B_6 \sim B_{12}$ 寄存器可用来设定各报警点及限幅值,$B_{13} \sim B_{14}$ 设定采样 PI 控制的整定参数,$B_{15} \sim B_{17}$ 设定批量 PID 的动作点。

③ FL 寄存器,这是存放开关量信号的标志寄存器,例如在图 2-44 中,FL1~FL4 可给出超限报警信息,FL10 和 FL11 可引入自动/手动/串级切换命令,此外,FL18 可决定调节器的参数自整定功能是否动作,FL30 和 FL31 决定参数自整定的工作方式。

如果不使用以上的功能扩展寄存器,也可不理睬。尽管其中有些寄存器必须赋值,由于仪表通电时,启动程序已给这些寄存器赋予安全的初始值,使用中不会发生麻烦。

下面举两个使用扩展寄存器编程的例子。

【例 2-1】 根据反应温度,自动改变调节器增益的控制。

如图 2-43(a)所示,当反应罐内温度高时,化学反应活泼,对象增益较高;当罐内温度低时,化学反应速度降低,增益变化很大。对于这类对象,若控制器参数固定不变,则不是造成低温下控制迟钝,就是高温下发生振荡。为此,可采用变增益控制,利用 SLPC 内的扩展寄存器 A_3,使控制器增益随反应温度升高而下降,补偿对象增益的变化。

$$控制器的总增益 = \frac{1}{比例度\,P} \cdot (可变增益\,A_3)$$

例如,当比例度为 50%,$A_3 = 2$ 时,总增益 $= 4$(相当于通常的比例度 25%)。

图 2-43(b)给出了变增益控制的实施方法,用 10 段折线函数模块 FX1,做成对象增益变化曲线的反函数,自动改变控制器的增益,其程序如表 2-6 所示。

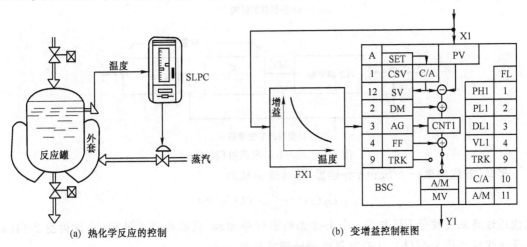

(a) 热化学反应的控制　　　　　(b) 变增益控制框图

图 2-43　变增益控制

除了可以用这种通过扩展寄存器 A_3 改变控制器增益的方法以外,还可用整定参数寄存器 B_1、B_2、B_3,自动改变单回路控制器的比例度、积分时间及微分时间,使系统在各种反应温度下都能得到最佳的整定参数,实现所谓适应性控制。其编程方法因为与改变 A_3 寄存器方法相同,不再赘述。这里值得重视的是,由于 B 寄存器的设置,各种控制参数可用程序设定,使仪表的功能上升到一个新水平。

表 2-6　变增益控制的程序

步　号	程　序	S_1	S_2	说　明
1	LD　X1	X1		读入温度值 PV
2	FX1	f(X1)		通过折线函数求得增益
3	LD　K1	K1	f(X1)	读入系数 K_1
4	×	K1f(X1)		乘上系数
5	ST　A₃	K1f(X1)		存入可变增益寄存器 A₃
6	LD　X1	X1	K1f(X1)	读入温度 PV
7	BSC	MV	K1f(X1)	进行 PID 运算
8	ST　Y1	MV	K1f(X1)	输出结果
9	END			

【例 2-2】 应用 Smith 补偿法改善大滞后对象的控制效果。

在过程控制中,常遇到纯滞后时间很长的对象,特别是纯滞后时间 L 与其惯性时间常数 T 之比较大的对象,使用常规 PID 调节效果不佳。为此,前面已介绍过用采样 PI 控制的方法,但其响应速度较慢,这里再介绍一种 Smith 补偿算法,在对象数学模型确知的情况下,可以取得较好的效果。

Smith 补偿的原理如图 2-44(a)所示,若对象的传递函数可表示为

$$G_P(s) = \frac{K_P}{1+Ts} e^{-Ls}$$

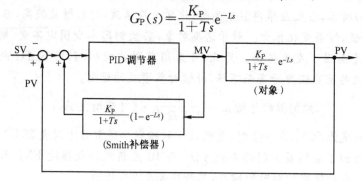

(a) Smith 补偿器的结构

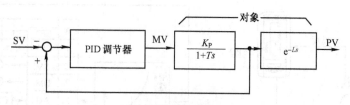

(b) 补偿后的等效变换

图 2-44　Smith 纯滞后补偿的原理

那么,若能构造一个 Smith 补偿器,其传递函数为

$$G_S(s) = \frac{K_P}{1+Ts}(1-e^{-Ls})$$

就能通过将测量信号 PV 与 Smith 补偿器输出信号相加,摆脱纯滞后的影响,结构图 2-44(a)可等效变换为图 2-44(b),从而取得较好的调节器质。

上述 Smith 补偿算法用模拟仪表是很难实现的,但在数字仪表中因为有纯滞后运算模块,可以很容易做到。用 SLPC 实现上述算法的程序如表 2-7 所示,测量值 PV 由 X_1 通道送入,Smith 补偿信号由程序生成后,送入输入补偿寄存器 A_2,与测量信号相加,控制运算完成后,

由 Y_1 输出操作量。

需要说明的是,尽管上述 Smith 补偿算法在理论上是成立的,但由于过程控制对象的复杂性,其数学模型很难确定,而且随工艺操作条件的改变而变化,使精确的 Smith 补偿很难实现。为此,人们研究各种改进算法。

表 2-7　实现 Smith 补偿的程序

步　号	程　序	S_1	S_2	S_3	说　明
1	LD Y1	Y_1			读入输出量 MV
2	LD Y1	Y_1	Y_1		同上
3	LD P2	P_2	Y_1	Y_1	读入纯滞后时间 $L=P_2$
4	DED1	$Y_1 e^{-LS}$	Y_1		作滞后运算
5	—	$Y_1(1-e^{-LS})$			作减法
6	LD P3	P_3	$Y_1(1-e^{-Ls})$		读入惯性时间 $T=P_3$
7	LAG1	$\dfrac{Y_1(1-e^{-Ls})}{1+Ts}$			作惯性运算
8	LD P1	P_1	$\dfrac{Y_1(1-e^{-Ls})}{1+Ts}$		读入对象增益 $K_P=P_1$
9	×	$\dfrac{K_P(1-e^{-LS})}{1+Ts}Y_1$			获得 Smith 补偿器输出
10	ST A2	$\dfrac{K_P(1-e^{-Ls})}{1+Ts}Y_1$			送往输入补偿寄存器 A_2
11	LD X1	X_1	$\dfrac{K_P(1-e^{-Ls})}{1+Ts}Y_1$		读入测量值 PV
12	BSC	MV	$\dfrac{K_P(1-e^{-Ls})}{1+Ts}Y_1$		作基本控制 BSC 运算
13	ST Y1	MV	$\dfrac{K_P(1-e^{-Ls})}{1+Ts}Y_1$		由 Y_1 输出调节动作
14	END				程序结束

2. 串级控制模块 CSC

CSC 的功能如图 2-45 所示,内含两个调节单元 CNT1 和 CNT2。根据串级开关的状态,CNT2 可以接受 CNT1 的输出作为设定信号,组成串级控制系统,也可直接接受另一设定信号 SV2,实现双回路的单独控制。

串级指令 CSC 运算前,主调节单元 CNT1 的输入信号送入 S_2 寄存器,副调节单元 CNT2 的输入信号送入 S_1 寄存器,控制运算结束后,操作输出值存在 S_1 寄存器内。

仪表工作在串级状态时,面板正面的测量值和给定值指针一般只指示主回路,即 CNT1 的状态,而操作输出值指针指示副调节单元,即 CNT2 的输出。这是考虑到通常主回路反映的控制目标需要连续监视,而副回路作为中间变量,不必经常监视的缘故。若有必要,可以通过编程,利用仪表面板上的可编程功能键 PF,变换两者的显示关系。无论在何种情况下,仪表侧面的调整面板,都可用来显示和修改主、副回路的全部参数。

仪表的运行方式除可用面板上的 C、A、M 按钮切换外,还可通过侧面键盘,指定运行方式字 MODE3,或用程序改变寄存器 FL12 的状态进行切换。在用按钮切换时,压按钮 C 或 A 都是串级控制,所不同的是,压 C 时 CNT1 的给定信号由外部加入,压 A 时由内部产生;按压 M 时为手动操作输出。在手动状态下,CNT1 的输出自动跟踪 CNT2 的给定值,以便实现向串级工况的无扰切换。

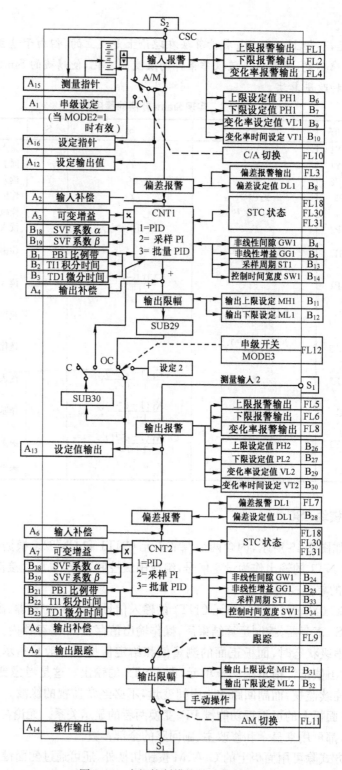

图 2-45　串级控制模块的功能框图

当用方式字 MODE3 控制串级开关的动作时,MODE3＝0 时为串级控制状态,MODE3＝
1 时,为副回路 CNT2 单独控制状态。寄存器 FL12 的作用与方式字 MODE3 相同,但切换的
优先级比 MODE3 更高;当 FL12＝0 时为串级控制,FL12＝1 时,为副回路单独控制。在

CNT2 单独控制时,面板上 C、A、M 按钮内的指示灯发出闪光,用以与串级控制状态相区别。

下面以图 2-46 的中和控制系统为例,说明串级控制模块 CSC 的使用方法。图中,控制的最终目标是希望经过中和处理后,水的 pH 值达到规定的数值。为此,用串级模块 CSC 中的 CNT1 作为主调节器,CNT2 作为副调节器。主回路是酸度控制回路,副回路是流量控制回路。有关串级控制系统的理论将在本书下篇介绍。副回路的引入,主要是为了快速克服中和液压力变化引起的流量波动。

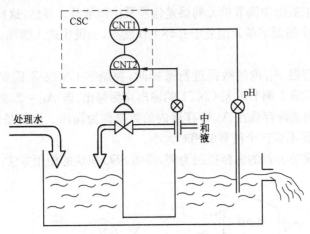

图 2-46 在中和控制中应用串级模块 CSC

系统接线时,若将 pH 变送器来的测量信号接入 SLPC 的 X_1 通道,将差压变送器来的信号接入 X_2 通道,同时将 Y_1 输出的 4~20mA 信号送往中和液调节阀,则该串级控制系统的程序可编制如表 2-8 所示。

表 2-8 串级控制的程序

步 号	程 序	S_1	S_2	说 明
1	LD X1	X_1		读入酸度测量信号
2	LD X2	X_2	X_1	读入差压信号
3	$\sqrt{}$	$\sqrt{X_2}$	X_1	由差压开方求得流量
4	CSC	MV		进行串级运算
5	ST Y1	MV		将结果送往 Y_1 输出
6	END			

3. 选择控制模块 SSC

选择控制模块 SSC 的功能简要框图已在图 2-38 中给出,其内部主要由两个并行工作的 PID 调节单节 CNT1 和 CNT2,以及一个自动选择开关 CNT3 组成。其中,选择开关的动作既可由内部通过设定 CNT3 的控制字,自动按"高选"或"低选"执行,也可由外部(经扩展寄存器 A11 提供的)数字信号进行控制,在两个调节单元输出的 MV1、MV2,以及外部(经寄存器 A10)送来的 MV3 间进行选择,作为 SSC 模块的输出信号。

SSC 模块动作前,第一调节单元 CNT1 的测量输入信号存入 S_2 寄存器,第二调节单元 CNT2 的测量输入信号存入 S_1 寄存器,如果还有第三信号参与选择,则该信号存入 A10 寄存器。进行运算和选择后,输出信号存在 S1 寄存器内。

选择开关 CNT3 的动作规律为:

①若不用 A11 寄存器内的外来切换命令，仅用选择开关 CNT3 的控制字指定时，令 A11＝0；在这种自动选择的情况下，若指定控制字 CNT3＝0，即为"低选"，输出从三个被选信号 MV1、MV2、MV3 中选择最小的一个；若指定 CNT3＝1，则为高选，从三个被选信号中选择最大者作为输出。

在自动运行状态，凡未被选中的调节单元，控制算法自动改变为比例控制，并按下式跟踪输出：

$$MV_n = MV + K_{pn}e_n \qquad (n=1,2)$$

式中，e_n、K_{pn} 分别为未被选中调节单元的误差信号及比例增益。显然，这样的跟踪安排是十分必要的，否则未被选中的调节单元因处于开环工作状态，会很快进入饱和，无法根据生产要求，无扰实现选择控制。

② 当希望用寄存器 A_{11} 内的数据进行选择时，控制字 CNT3 不需要设定。在这种状况下，若 $A_{11}＝1$，则选择第 1 调节单元 CNT1 的输出作为输出，若 $A_{11}＝2$，则选择 CNT2 的输出为输出，若 $A_{11}＝3$，则选择存放在 A_{10} 寄存器内的数据作为输出。也就是说，这种情况下只按控制命令进行切换，而不管三个信号的相对大小。

下面以图 2-47 缓冲容器的选择控制为例，说明 SSC 模块的使用方法。

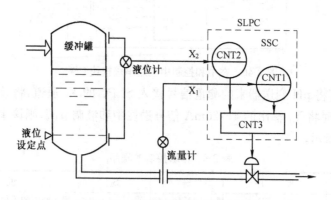

图 2-47　缓冲容器的选择控制系统

通常，设置缓冲容器的目的是为了维持输出的流量稳定，当前面装置排出流量过大时。暂时保存在缓冲容器内，当前面装置排出流量不足时，由容器予以补充，使后续装置的生产均衡进行。因此，一般情况下按流量调节系统工作。但当缓冲容器内的液位太低时，液面上的气体可能会进入后续装置，引起事故，对这种有"液封"要求的容器，必须保证容器内的液位不得低于规定的液位设定值，当液位低于设定值时，必须按液位调节系统工作。为此，在图 2-47 中，流量差压信号接入 SLPC 控制器的 X_1 通道，液位差压信号接入 X_2 通道，经选择控制模块作低选后，控制调节阀的开度。其程序如表 2-9 所列。仪表的两个调节单元的控制字 CNT1＝1，CNT2＝1，即均为常规连续 PID 控制，选择开关 CNT3 的控制字 CNT3＝0，即进行低值选择。

表 2-9　缓冲罐的选择控制程序

步　　号	程　　序	S_1	S_2	说　　明
1	LD　X1	X_1		读入流量差压信号
2	$\sqrt{\ }$	$\sqrt{X_1}$		开方求得流量信号
3	LD　X2	X_2	$\sqrt{X_1}$	读入液位信号
4	SSC	MV		进行选择控制
5	ST　Y1	MV		结果向 Y_1 输出
6	END			

以上介绍了 SLPC 的三种控制功能模块。模块的种类决定了仪表内部的回路结构形式。由于在相同的回路结构下,还可选择不同的控制算法和控制周期,为此引入了控制字 CNT1～CNT5。此外,考虑到在仪表运行时,还有一系列与运行方式有关的项目需要指定,特别是仪表组成集散控制系统时,需要指定在何种情况下允许由上位设定,当上位机出现故障时,转入何种备用方式,以及仪表万一发生停电事故后,怎样继续运转等,都需要有明确的指定。为此,在 SLPC 内又设置了运行方式字 MODE1～MODE5,可供操作工人在仪表侧面的调整面板上设定和修改,下面分别介绍这五个方式字的功能。

① MODE1 是仪表停电后恢复工作的方式字。若指定 MODE1＝0,则停电 2s 以上恢复供电时,仪表从冷态起动,输出从零开始;若指定 MODE1＝1,则停电 2s 以上恢复供电时,仪表进入热启动状态,即从停电前一瞬间的数据开始,继续运转。但对 2s 以内的瞬时停电,不论 MODE1 如何设置,都按热启动恢复,同样,对长达数月的长期停电,都按冷启动恢复。

② MODE2 是 C 方式字(Cascade 及 Computer),可用来指定仪表面板上"C"按钮压下后的设定方式。若指定 MODE2＝0,则按压面板上的 C 按钮无效,仪表只有内设定方式。若 MODE2＝1,则按 C 按钮时,控制模块以 A1 寄存器内的数据为设定值。若 MODE2＝2,则按 C 按钮后,仪表接受上位机从通信线路送来的数据作为设定值。

③ MODE3 是第二调节单元 CNT2 的设定方式字。因为第二调节单元只在串级和选择控制两个模块中起作用,所以只有程序中使用 CSC 或 SSC 指令时,MODE3 才有意义。在串级控制时,MODE3 指定串级开关的通/断,若 MODE3＝0,图 2-47 中串级开关闭合,CNT2 以 CNT1 的输出作为设定值;若 MODE3＝1,则串级开关断开,CNT2 的设定值要用侧面板上的键盘输入。

在选择控制 SSC 方式下,MODE3 作为 CNT2 设定值选择开关,当 MODE3＝0 时,CNT2 以 A5 寄存器内容为设定值,当 MODE3＝1 时,CNT2 的设定值用侧面板上的键盘给定。

④ MODE4 是上位设备发生故障时的备用方式字,用于仪表组成集散控制系统的情况。若指定 MODE4＝0,则上位设备异常时,内部自动切换至手动方式(M)工作,若指定 MODE4＝1,则上位设备异常时,切换为自动方式(A)工作。

⑤ MODE5 是上位设定允许方式时,若指定 MODE5＝0,就是允许由上位设备进行设定和操作;若 MODE5＝1,则拒绝由上位设备进行设定和操作。

以上五个运行方式字在仪表开始工作时,全部预置为 0,如果这种状态符合使用要求,就不必再作设定。

最后,介绍一下参数自整定功能,即控制模块中的 STC 状态,目前不少数字控制仪表具有这种功能。所谓参数自整定,就是 P、I、D 的整定参数可以不需操作人员干预,而由仪表自动设定。这对非线性和时变对象的控制非常有利,因为当工艺条件变化时,仪表可以自动修改整定参数,始终保证有最佳的控制品质。

在控制仪表中的参数自整定方法具有自己的特点。首先,这是一种控制模式 PID 已经确定下的参数自整定,其次,对控制对象不允许经常施加辨识信号,以免影响生产过程的稳定运行,但在多数系统中,由于对象惯性大,又没有频繁的扰动,很难从随机干扰中获得对象动态特性的信息,加之控制仪表内存容量小,不可能进行复杂的计算,所有这些,都要求采用工程实用的方法解决问题。

目前,大多数智能控制仪表中采用的自整定方法可称为基于波形分析的专家法,事先,仪表给测量值规定一个变化范围,例如,满量程的 2%,若测量值的波动在该阈值以内,可认为系统调节品质很好,不必对现有 PID 参数再作修改。如果测量值在扰动作用下,超出了规定的范围,便自动记下波动的周期及衰减率,并以二阶模型为依据,由当前的闭环响应品质指标,推导出要达到理想指标,对 P、I、D 参数需要进行何种修改,然后逐渐逼近,最后达到期望的品质指标为止。这种根据实测的闭环过渡过程曲线,向期望品质指标的探索方法,虽有理论依据,但由于实际对象千差万别,可以加入各种专家思想,模仿操作工人在整定参数时的思考,采取各种不同的方法。当然,不同的方法向期望指标收敛的速度也是不同的。

在 SLPC 调节器中,自整定功能由标志寄存器 FL18,FL30,FL31 指定。其中,FL18 决定自整定动作的有无,若 FL18＝0,自整定功能停止;若 FL18＝1,自整定功能工作。寄存器 FL30 和 FL31 决定自整定功能的动作方式。

以上所述的这些自整定方法,在典型干扰下效果较好,但当实际系统中有不规则、而且作用频繁的干扰时,自整定会出现困难。

2.6.6　程序的写入和调试

可编程序调节器 SLPC 的用户程序必须用横河公司的专用编程器"SPRG"写入。编程器内部不带 CPU,使用时必须与调节器连接才能工作,编程器作为调节器 CPU 的一个外部设备。编程时,使用 SPRG 面板上的专用键盘,按前面介绍的文本语言格式,逐句输入用户程序。由于编写的程序不一定正确,所以编好后程序先暂存在 SPRG 内,经过编程器提供的试运行工况,确认程序正确无误后,拔下调节器 SLPC 中的用户程序 ROM,插入编程器,由编程器把程序写入存储芯片,最后将其插回调节器,SLPC 便可按设计的程序工作。

编程器 SPRG 的操作面板如图 2-48 所示。编程时,先将工作状态开关"TEST RUN/PROGRAM"置于编程位置。然后用初始化键"INZ"对用户程序区清零,接着再用参数初始化键"INIP"对参数设定区域进行清零。

完成初始化操作后,便可按照设计的程序清单,在编程器上使用相应的功能键,如 LD、ST、BSC 等,从主程序(MPR)开始,顺序逐句输入。主程序输入完后,如果还有跳转的子程序,则接着输入子程序(SBP)。

下一步是对开关量输入/输出端口 DI/DO 的功能进行设定,指定哪个端口作为开关量输入 DI,哪个作为开关量输出 DO。接着,对控制字 CNT、固定常数 K,以及折线函数的转折点等给予赋值。这些数据输入时,最后必须按"ENT"键,数据才能真正进入。

到这里为止,用户程序的输入和必要项目的指定都已完成。但这些内容是否正确,能否实现预期的控制要求尚不清楚。为此,可使用编程器的试运行(TEST RUN)工况,从控制效果检验程序的正确与否。

在试运行状态,作为被控对象可用两种方法提供。一种方法是在编程器内编写对象的数学模型,与调节器的用户程序组成闭环系统,进行仿真运行;另一种方法是与真实的被控对象连接,这是真正的试运行。但这种试验有一定风险,实施也比较麻烦。为此,先在实验室作仿真调试,通过后再作真实对象的联调。

图 2-49 是在编程器中写入对象数学模型,进行仿真调试的例子。图中,主程序是将输入测量信号 X_1 开方后,用 BSC 功能块进行恒值调节(相当于用孔板测得流量的差压信号后,先开方求得流量值,再进行流量的 PID 控制)。对象的数学模型是一阶惯性环节 $K_p/(1+Ts)$,在仿真程序中,常数 P_1 表示对象增益 K_p,常数 P_2 表示对象惯性时间常数 T。在仿真调试前,需在调节器输出端 Y_2 与输入端 X_1 间临时接线。试运转开始时,将编程器的状态开关打到

"TEST RUN"位置,并按启动键"RUN"。在试运行状态下,可对 PID 控制参数及可变常数进行调整。在确认程序正确无误后,即可用写入键"WR"将程序写入用户 ROM 中。

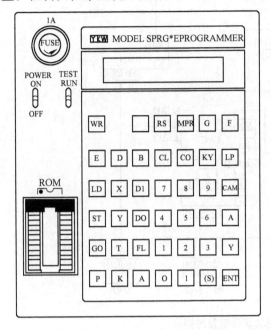

图 2-48　编程器 SPRG 的操作面板

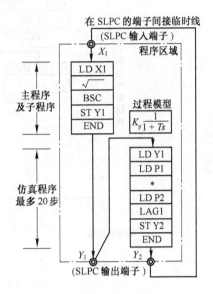

图 2-49　用对象的仿真模型进行调试

横河公司在后来推出的 YS—100 及 YS—1000 系列的可编程序调节器中,取消了专用的编程器,改为使用个人计算机或笔记本电脑,通过横河公司的编程软件 YSS—1000 进行编程。YSS—1000 提供两种编程方法:一种是前面介绍的文本语言编程;另一种是更为直观的功能块图形组态方法。后者采用计算机辅助设计中常见的方法,在屏幕上先从功能块图库中拖出需要的功能块,然后按信号流动方向,在各功能块的输入端子与输出端子间连线,便可实现调节器所需的运算和控制功能。

下面以本章的[例 2-2]作为例子,介绍使用编程软件 YSS—1000 进行功能块组态的方法。在这个以 Smith 补偿法改善大滞后对象控制效果的例子中,前面已列出了表 2-7 以文本语言编写的程序。作为对照,图 2-55 给出了等价的功能块组态图形。

从表 2-7 所列的 Smith 补偿程序清单可知,该程序除使用输入、输出指令 LD 和 ST 外,共使用了五条功能指令,即纯滞后运算指令"DED1"、减法指令"算术中的减法符号—"、一阶惯性运算指令"LAG"、乘法指令"×"、控制运算指令"BSC"。这五条功能指令在功能块组态方法中就是调用 5 个功能块,而上述输入、输出指令在图形组态中就是在功能块之间的连线。

在图 2-50 中,上面一层是输入寄存器,下面一层是输出寄存器,中间是运算与控制模块。组态开始时,先用鼠标从寄存器库中拖出需要的寄存器 X01、Y01 及 DM1(其中,DM1 就是 YS—80 仪表中的输入补偿寄存器 A2,在 YS—1000 仪表中改了名字)。随后用同样的方法,从运算与控制模块库中拖出 DED1、—、LAG1、×、BSC1 共 5 个模块,这些模块上、下各有输入/输出端子,用鼠标分别按运算关系给予连线,便可实现所需的功能。

在完成功能组态后,还需要按功能块的提示,设置相应的参数,如图 2-50 所示,1#模块需要设定纯滞后时间 P02,3#模块需设定一阶惯性环节时间常数 P03,4#模块需设定控制对象的等效增益 P01。

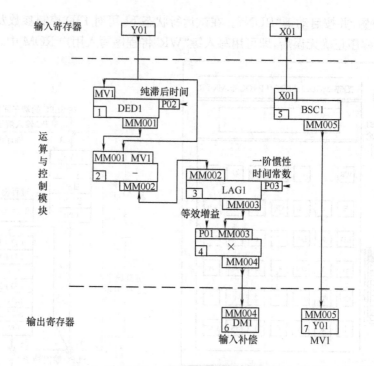

图 2-50　用功能块编程的例子

　　为了便于验证所编程序是否正确,编程软件 YSS—1000 还提供了仿真调试功能,可以在编写调节器的测控程序外,还编写被控对象的数学模型,通过外部接线或内部程序链接,组成闭环控制系统,进行仿真试验运行。试验时,编程软件 YSS—1000 可提供各种变量的监视及记录画面,以便评估在不同参数设置下的动态性能。

2.6.7　数字调节器的通信

　　数字仪表与模拟仪表的差异,除数字仪表的功能由软件实现,算法丰富灵活,并具有故障自诊断功能外,另一个特点是很容易实现数字通信,可与监控计算机、触摸屏等组成计算机网络,实现多台仪表间的协调运作,组成集中监视和操作的大型自动控制系统。

　　以数字调节器 YS—1000 为例,它可以配置三种通信接口。其中,供编程用的 RS-232 通信接口是必备的,位于调节器的正面,可与编程计算机的 RS-232 通信口直接相连,也可经过 RS-232/USB 转换器后,与计算机的 USB 接口连接,以便使用编程软件对调节器进行编程和参数设置。

　　在 YS—1000 调节器的背后还有两种通信接口,可供用户根据需要选用。其中一种是 RS-485 通信接口,它与办公室用的 RS-232 电气接口标准不同,以双向差动电平传递信号,因而抗干扰能力强,适合工业现场使用。传输速率可达 38.4kbps,使用带屏蔽层的双绞线可实现半双工异步通信,传输距离最长可达 1.2km。其网络结构如图 2-51 所示,采用总线连接方式,一个网段上最多可连接 32 台设备。通信协议可在通用的 MODBUS、PC-Link,以及横河的专用协议 DCS-LCS 间选用。按协议操作,监控计算机可读写调节器内的各种测控变量及参数。YS—1000 系列调节器另一种可供选用的通信接口是以太网接口,计算机可经过 HUB 连接多台调节器,组成网络化的控制系统。

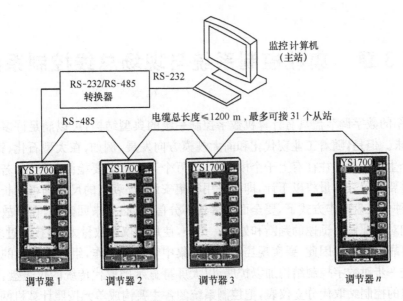

图 2-51　数字调节器的通信网络

复习思考题

2-1　什么是调节器的调节规律? PID 调节器的数学表达式是怎样的? 比例、积分、微分三种调节规律各有什么特性? 为什么工程上不用数学上理想的微分算式?

2-2　试给出 DDZ—Ⅲ型调节器的基本组成结构及其主要运算电路。

2-3　PID 调节器中, 比例度 P、积分时间常数 T_i、微分时间常数 T_d、积分增益 K_i、微分增益 K_d 分别有什么含义? 在调节器动作过程中分别产生什么影响? 若令 T_i 取 ∞, T_d 取 0, 分别代表调节器处于什么状态?

2-4　什么是 PID 调节器的干扰系数?

2-5　调节器为什么必须有自动/手动切换电路? 怎样才能做到自动/手动双向无扰切换?

2-6　在 DDZ—Ⅲ型调节器中, 为了在软手动状态下具有良好的保持特性, 在设计 PID 电路时采取了哪些措施?

2-7　什么是调节器的正/反作用? 调节器的输入电路为什么要采取差动输入方式? 输出电路是怎样将输出电压转换成 4～20mA 电流的?

2-8　以微处理器为基础的数字控制仪表与模拟仪表相比有哪些优点?

2-9　给出实用的 PID 数字表达式, 数字仪表中常有哪些改进型 PID 算法?

2-10　给出可编程序调节器 SLPC 的基本组成及工作原理, 其控制周期为多少? 为什么其 PID 参数整定可以采用与模拟调节器相同的方法?

2-11　SLPC 的文本语言编程是怎样围绕运算寄存器 S_1～S_5 进行的? 试扼要叙述其输入、输出、运算及控制指令, 并通过实例说明其编程方法。

2-12　通过实例说明 SLPC 三种控制模块 BSC、CSC 及 SSC 的功能及用法。

2-13　横河数字调节器的功能块编程方法是怎样的? 结合实例说明。

2-14　联系后续章节, 了解和掌握数字调节器的通信功能。

第3章 集散控制系统与现场总线控制系统

上面介绍的数字调节器具有计算机数字控制系统的典型结构,可以满足许多工业自动控制系统的需求。但是,随着工业现代化和向大规模方向发展,例如,在大型石化、钢铁、电力等企业中,一个生产装置上往往有上千个模拟量、上万个开关量需要检测与控制,若使用一块块分立仪表,需要的仪表数量将以千计,即使采用密集安装,仪表盘的尺寸仍可能长达百米。操作人员在这种仪表盘操作方式下,要全面了解各部分信息,必须来回奔跑,在事故等紧急情况下,势必影响对情况做出迅速的判断和处理。另外,使用的仪表数量太大,接线过多,会使系统维护困难,可靠性下降。因此,要实现控制系统的集中管理和操作,组成更高级的综合自动化系统,必须进一步对数字控制结构加以扩展,以大屏幕显示屏取代传统的仪表盘,以具有多输入/输出通道的控制站取代分立仪表,把控制系统的各主要构成单元按照计算机网络的构架来设计和集成起来,将会形成更大规模的网络化控制系统。

3.1 集散控制系统的发展及其组成

3.1.1 集散控制系统的发展

早在 20 世纪 50 年代数字计算机出现之初,有远见的控制工程师便从其运算的快速性和几乎无所不包的功能,意识到这是控制系统发展的方向,并进行了积极的探索。1959 年,美国德士古(Texaco)公司在炼油厂试用计算机进行过程监视及调节器设定值的计算。随后,英国帝国化工(ICI)于 1962 年引入了计算机直接数字控制(DDC)的概念,用计算机代替模拟调节器,成功地实现了闭环数字控制,极大地促进了数字控制技术的发展。

但是,计算机在控制领域的发展并非一帆风顺。人们开始只看到计算机运算速度快,可以分时对许多回路进行实时控制,实现控制的高度集中。但一经试用,就发现随着控制功能的集中,事故的危险性也集中了。当一台控制几百个回路的计算机发生故障时,整个生产装置将全面瘫痪。对这类事故,操作人员本事再大也是无法应付的。加上早期的计算机可靠性低,对这种"集中型"计算机控制方式虽进行过大量研究,但真正投入运行的不多,在很长一段时间里,一直处于徘徊不前的境地。

这种情况一直延续到 20 世纪 70 年代微处理器的出现。微处理器以大规模集成电路为基础,功能丰富,价格便宜,可靠性很高,一出现便受到控制界的巨大关注。由于各方面全力以赴的研究,到 1975 年,全球一些著名的仪表公司在几个月内纷纷宣布研制成功了新一代的计算机控制系统,例如,美国 Honeywell 公司的 TDC—2000 系统,日本横河公司的 CENTUM 系统等,这些系统虽然结构和功能各有不同,但有一个共同的特点,即控制功能分散、操作监视与管理集中,因此称为分布式控制系统(DCS,Distributed Control System),也称为集中分散型控制系统,简称集散控制系统。这是在多年的集中型计算机控制系统失败的实践中产生的一种新的体系结构,即通过将控制功能分散到多台计算机上,达到运行安全的目的。

下面以国内使用较多的日本横河公司大型集散控制系统 CENTUM 系列为例,介绍 DCS

的系统组成及工作原理。

日本横河电机自 1975 年推出第一代 DCS 控制系统 —— CENTUM 后,就不断推陈出新,目前市场上主推的是 CENTUM CS3000 R3 系统,该系统适用于一般过程控制的需要,是结构真正开放的、具有大、中、小型系统统一架构的综合生产控制系统,其系统组成如图 3-1 所示。典型的 DCS 系统主要由操作站、现场控制站以及通信网络三大部分组成。其中,操作站作为人机接口,进行系统的集中监视、操作、维护与工程组态;现场控制站则分散执行控制功能;它们之间通过内部的高速通信总线相连,组成计算机局域网络。

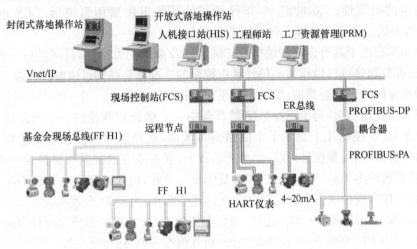

图 3-1　集散控制系统 CENTUM CS3000 R3 的系统结构

DCS 中的现场控制站,是一种控制功能与操作监视功能分离的多回路控制器。它接受现场送来的测量信号,按照指定的控制算法,对信号进行输入处理、控制运算、输出处理后,向执行器发出控制命令。在现场控制站内,一般不设显示器及操作面板等人机界面,这些显示和操作功能全部交给上层的操作站去完成。根据危险分散的设计原则,现场控制站内,一个微处理器可以控制几个到数十个以上的控制回路。它具有自己的程序寄存器和数据库,能脱离操作站,独立对生产过程进行控制。当生产装置规模较大时,可用多个现场控制站一起工作(例如,在 CENTUM CS3000 中,整个控制系统可包含 16 个控制区域,简称"域",每个域的现场控制站和操作站的总数可达 64 个)。这样,当某个站发生故障时,只影响它所控制的一部分回路,不至于全部瘫痪。

在 DCS 的体系结构中,操作站位于控制站的上层,它通过数据通信,与各个现场控制站交换信息。操作工利用操作站上的大型高分辨率的 CRT 或 LCD 显示器,对生产过程从全局到细节进行集中监视、操作和管理。为方便操作工的使用,DCS 的人机界面提供了多种工厂人员习惯的显示画面,让操作人员能以最短的时间,迅速准确地掌握生产过程的状态,并根据需要,修改控制回路的设定值、整定参数、运行方式,乃至系统结构。

在有些 DCS 中,操作站还被赋予系统生成和维护功能。生成功能包括现场控制站及操作站功能的建立。显然,这种工作与系统运转时的操作是两类不同范畴的工作,为避免发生混乱,一般将生成功能用钥匙锁住。在大型集散控制系统中,因为用户软件的修改和维护工作量较大,常为生成功能专门设置工程站(Engineering Station),以便与日常的操作功能彻底分开。还有的设置有专用的历史趋势站,用于记录和存储生产过程的历史数据。还有的系统配备有动态数据服务器,充当 DCS 和上层管理信息系统(MIS)的接口,同时也是 DCS 和 Web 服务器的隔离设备。

DCS 中的通信总线也是系统重要组成部分之一，通信的可靠性对系统安全至关重要。早期用于控制的通信网络基本上都是采用主从式轮询结构。自 20 世纪 80 年代开始，为保证通信的可靠性以及响应时间具有确定性，DCS 系统常采用多主站的令牌总线传输方式（如 CENTUM 的 HF 总线、μXL 的 RL 总线、CS 3000 的 Vnet 等），在系统内，各操作站和控制站的地位都是相同的，没有固定的主站与从站之分。这种做法可避免只有一个固定的通信主站时，万一主站发生故障引起系统全线崩溃的危险。此外，在集散系统中还采用双总线冗余结构，以进一步保证通信的可靠性。20 世纪 90 年代操作站开始采用通用系统后，DCS 也开始采用 TCP/IP 通信协议以及具有足够可靠性的工业以太网。

集散控制系统由于具有良好的结构可扩展性以及高度的可靠性，自问世后一直受到广泛的欢迎；在过程控制领域已经作为一种计算机控制的标准体系结构迅速推广开来。目前，在国内外大中型企业的过程控制领域，集散控制系统占有统治地位。

也许有人会提出问题，与单回路数字调节器中一个微处理器控制一个回路相比，DCS 的控制站中一个 CPU 控制几个到几十个回路是否太多，选择这样的分散度是怎样考虑的呢？对此问题的回答是，据大量统计，在一个生产装置上，联系紧密的控制回路数目一般最多不超过数十个，状态量约为 100～500 个，这些变量间交叉关联，耦合紧密。如果把它们分别置于不同的控制站中，信号间的联系通过站与站之间的通信实现，由于 DCS 规模较大，站与站之间的通信速度比较慢，一般需要 1～2s。这样，在状态变化急剧时，难以保证实时性要求；而把这些变量置于同一个 CPU 控制下，不仅实时性好，而且组态方便，运行更可靠。

那么，这种多回路的处理方式会不会发生本章开始提出的问题，即万一现场控制站发生故障，造成较大的影响？对此，DCS 首先从危险分散的角度，适当限制了控制站的回路数目；其次，对要求可靠性高的场合，在控制站的所有关键部分都采取双重化措施，从运算控制单元（CPU）、输入/输出接口卡、电源，到站内数据总线，都采取双重化冗余备用。需要指出的是，在连续生产过程中因为测控工作分秒不能停顿，双重化中的备用装置必须始终处于运转状态，一面进行自诊断，另一面监视对方工作是否正常，并不断更新自己的数据库。这种称为双工热备用的待机方式，可保证任何时刻发生故障，能立即进行无瞬间中断的平滑切换。

下面以 CENTUM CS3000 系统的双重化现场控制站 FCS 为例，说明这种热备用的工作原理。如图 3-2 所示，FCS 机柜的上部为运算控制单元（简称 FCU），下面可以安装多个 I/O 插件箱，每箱内除电源和总线通信卡外，还可插入 8 块各种模拟量、数字量输入/输出接口卡或各种通用数字通信卡（在 CS3000 中，各种 I/O 插卡习惯上称作 I/O 模件）。因此，如图 3-2 所示，首先对 FCU 部分的 CPU 卡及其电源做双工热备用；其次，对 Vnet 总线、总线通信耦合器、站内总线，以及 I/O 插件箱内的关键部分，即插件箱电源、站内通信卡，以及最重要的 I/O 接口卡均进行双重化。

现场控制站 FCS 内的核心部件是处理器卡，横河自 CENTUM CS 系统开始，采用了其独创的 4CPU、成对热备、冗余容错技术（又称为互备互校系统，Pair & Spare 技术）来实现 CPU 故障状态下的无扰切换，极大提高了系统的可靠性。这样，FCS 内处理器卡真正实现了双重化冗余，提出了常规双重化冗余系统没能解决的若干问题的解决办法。

① 如果由于电气干扰或自然辐射而发生短暂运算，校正器可通过校对卡上两 CPU 的计算结果检测到这种错误，并随时地进行备用切换。

② 后备处理器卡不停地进行控制运算，并保持与控制侧处理器卡同步，这样做到了控制

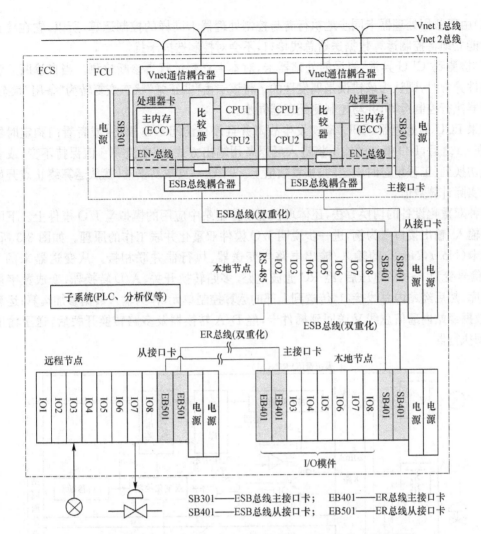

图 3-2　CENTUM CS3000 R3 现场控制站（FIO 型）的双重化措施

卡中数据向备用卡的无扰动切换。

CENTUM CS 3000 基本型 FCS（FIO 总线型）双重化处理器卡的典型结构如图 3-2 中 FCU 单元所示。两个处理器卡分别装在左右两侧，任一侧都可作为控制卡，另一个作为备用卡。图上 Vnet 通信耦合器和内部总线间共享部件均是双重化冗余结构，EN 总线是在两处理器模块之间进行程序复制以及进行数值等值化处理所开发的高速串行通信总线。下面说明处理器双重化冗余技术是如何检测和校正运算错误，以及是如何传递控制权的。

（1）首先每个处理器卡上的两个 CPU 执行同样的控制运算，比较器在每个运算周期校核两个 CPU 的运算结果，当两 CPU 的结果一致时，便认为运算正确，数据将送给主存储单元或总线接口卡。主存储单元配有错误校正码，即 ECC（Error-Correcting Code）码，它能校正偶发性的位反相差错，以阻止储存器产生严重差错。

（2）如果来自于 CPU1 和 CPU2 的计算结果不一致，比较器将会认为控制运算出错，并判断"CPU 异常"，并将控制权移交给备用处理器卡。

（3）同时采用一个"看门狗"定时器（WDT）时刻监测控制处理器卡是否处于异常，一旦异常发生便会导致控制权由控制处理器卡向备用处理器卡的切换。

（4）由于备用处理器卡同步地执行着与控制处理器卡同样的控制运算，所以，它在接到控制权后能立即将控制运算数据送给总线接口，不会对控制造成干扰。

（5）检测到"CPU 异常"错误的处理器卡，对本卡立刻进行自诊断检测。当自诊断后没有发现硬件异常时，则认为该错误是偶发性的。将该卡由"非正常"状态恢复转为"备用"状态，备用处理器执行控制运算，并与控制侧处理器同步。

如果 FCU 的处理器（CPU）确实发生故障并且停止访问 I/O 模件，或者看门狗定时器溢出时，在 4s 之后，I/O 模件的输出将进入后退备用输出方式，即电流笑 值保持不变，或者将笑 值切换到（工程组态时设定的）预置数值上。CPU 一旦恢复正常，就从运算终止点开始重新输出实际计算数值。

这种双重化设备的切换方法，还体现在现场控制站中应用的模拟量 I/O 模件上。下面以模拟量输入/输出接口卡为例，进一步说明 I/O 模件双重化并联工作的原理。如图 3-3 所示，两个插卡（No.1，No.2）的输入/输出电路与变送器、执行器并联相接。从变送器来的 4～20mA 信号变为 1～5V 电压后，经 RC 滤波电路、多路转换开关、A/D 转换器，变成数字量存入数据库，然后经站内总线接口，传送到上部的运算控制单元，作为输入数据参加运算；运算结束后，数据经站内通信总线又送回到插件卡，经 D/A 转换器及多路转换开关后，送至输出电路，驱动执行器。

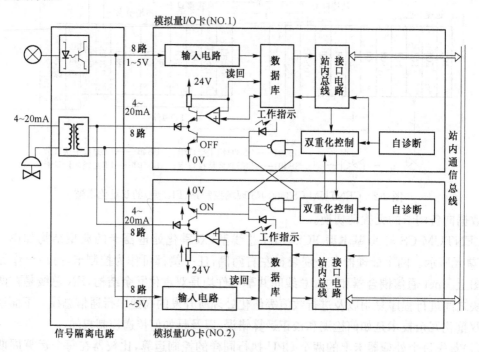

图 3-3　集散控制系统中模拟量输入/笑 卡的双重化备用

模拟量 I/O 卡的输出电路主要由运算放大器和晶体管组成的 V/I 转换电路组成，由 D/A 转换器输出的模拟量电压加在运算放大器的同相输入端，借助于强烈的电流负反馈，将此电压转变为 4～20mA 的电流笑 。为了核实该电流是否存在，利用输入多路开关及 A/D 转换器，将反映输出电流大小的运算放大器反向输入端电压反读回来。如果发现该电流的数值不准确，或因回路断线而根本没有电流，立即通过双重化控制电路，自动切换到备用的接口卡上工作。

由图中的输出电路不难理解，平时，两个并联的插件内，各对应的回路中都有相同的 4～20mA 电流存在；但是否向外输出，取决于接在输出晶体管发射极电路中的开关管状态，而后者又决定于双重化控制电路驱动的 RS 触发器。若 RS 触发器的状态使上面插件内的开关管处于开断状态，下面插件内的开关管处于导通状态，则外电路电流由上面的插件供给，下面插件内的 4～20mA 电流直接接地。当 RS 触发器翻转时，上述的状态也随之改变。因为在插件内，还具有多方面的自检功能。所以，不论发现何种异常，能立即自动地向对方做无扰切换。利用上述全面的双重化备用，可保证多回路控制器的可靠性不低于单回路控制器。

这里需要说明的是，评价一个多回路控制器的规模，不应该只看它能控制多少回路，因为还不能反映其顺序控制功能的强弱。例如，在有的 8 回路控制器中，可进行输入/笑 总数达 1000 点以上的顺序控制。所以，表示规模的合理方法，应该用输入/笑 点的总数和一个控制周期内最多可执行的运算模块数量（不是运算模块的种类），也可以用装入最大数量运算模块时的最小控制周期来表示。

目前，横河公司自系统 CENTUM CS 开始，已将现场总线技术融合进 CENTUM 系统中。以图 3-1 为例，一个完整的现代 DCS 系统不仅包含传统的 DCS 部分，还包含 HART、基金会现场总线（FF H1）以及 PROFIBUS-DP/PA 等现场总线网络，以及遵从上述总线标准的现场总线仪表。因此，现在的集散控制系统实际上是一个多总线集成的综合网络化控制系统。

3.1.2　CENTUM CS3000 基本组成

CENTUM CS3000 综合控制系统的基本组成包括：人机接口站（HIS）、工程师站（ENG）、现场控制站（FCS）、总线转换器（BCV）、通信网关（CGW，Communication GateWay）、实时控制网（Vnet）、管理网（Ethernet）、现场总线（FF-H1），等等。根据控制对象装置的规模，从小规模到大规模可以灵活地构筑系统。系统最小配置为一台人机界面站（HIS）、一台现场控制站（FCS），最大配置可达 256 个站。在 CS3000 系统中，一个由总线转换器（BCV，Bus Converter）分割的系统成为一个"域"（domain），域就是 Vnet 总线的一个逻辑网段。在一个域中，站点（HIS、FCS 或 BCV 等）的总数不超过 64 个，其中，HIS 最多 16 个。当一个域中站点数超过 64 个时，可启动一个新的域，并采用 BCV 相链接。CENTUM CS3000 各基本组成单元的主要功能分别介绍如下：

人机界面站（HIS，Human Interface Station）—— 主要用于操作和监视，采用工业用高性能（通用）计算机，并以 Windows 2000 或 Windows XP 作为操作系统。目前提供三种类型的 HIS，即封闭式落地操作站（具有双 CRT、触摸屏、8 回路操作键，辅助接点输入/输出功能）、开放式落地操作站（具有 LCD 的新型 HIS），以及台式 HIS（具有 HIS 功能的通用 PC，可配备防水、防尘）。CS3000 系统可监视工位数为 100 000 个，使用百万工位监视软件包可监视工位数达 1 000 000 个。

工程师站（ENG，Engineering PC）——是具有工程组态功能的 PC，可进行系统组态或在线维护，通常它同时具备 HIS 功能，使其即可进行工程组态又可对过程进行操作和监视。它可以采用与 HIS 同样型号的通用 PC，甚至可以与 HIS 采用同一台 PC。此时，借助于同一 PC 上的 HIS 操作与监视功能，可以使用控制站仿真、调试功能，构建一个易于使用、高效的工程环境，即脱离现场控制站（FCS）条件下的虚拟测试环境，为集散控制系统的正式运行和现场调试提供有价值的信息。

在选用通用计算机作 HIS(或 ENG)时,必须配置控制总线网卡"VF701",VF701 是安装在通用 PC PCI 总线插槽上的控制总线接口卡,用于将 PC 接入 Vnet 控制网络,使其在硬件上成为一台人机界面站 HIS。在 VF701 卡上需要设置域地址(Domain Number)和站地址(Station Number)。通过卡上的 DIP 开关设置域地址,其范围是 1~16;拥有同一条控制总线的系统必须具有同一域号。通过卡上的 DIP 开关设置的站地址范围是 01~64。在同一个域中,每个站不管是控制站还是人机界面站,其站地址必须唯一(注:双重化时取同一地址),也就是 VF701 卡上的站地址拨号不能重复。

实时控制总线(Vnet)—— CENTUM CS3000 R3 中,用于连接系统内各个主站(如 FCS、HIS 或 BCV)的实时控制总线是 Vnet,通过 Vnet 组成现场控制网络。Vnet 是基于令牌传送协议的一种可双重化、高可靠性、高速的实时控制总线。它不会产生导致通信延误的通信冲突,可保证在网络通信负荷很重(如大量报警涌现)时,各个设备之间的实时通信。其中,总线转换器(BCV)是用来将一个系统的 Vnet 总线与其他 CENTUM CS3000 控制域相连接的设备,也可以把早期的 DCS 系统,如 CENTUM 或 μXL 等无缝地连接到 CENTUM CS3000 系统上。这样,使用多套不同类型横河控制系统的用户,可以 CS3000 为中心,连接成一个多层次的综合控制系统,实现资源的共享。

现场控制站(FCS,Field Control Station)—— 主要用于信号输入/输出处理、完成模拟量调节、顺序控制、逻辑运算、批量控制等实时控制运算功能,同时实现与上位操作站,以及 PLC 等 I/O 子系统、现场总线网络等的实时数据通信,其典型结构如图 3-2 所示。FCS 硬件设备由一个现场控制单元(FCU)、多个节点(Node)组成,由现场网络输入/笑 (FIO)总线或远程输入/笑 (RIO)总线连接起来。FCU 为一个微处理器组件,由处理器卡、节点通信卡和电源卡三种模件,Vnet 通信耦合器和 FIO(或 RIO)总线耦合器组成,完成 FCS 的控制和计算。其中,双 CPU 卡上均冗余 CPU(2×2,采用 NEC 的 CPU VR5432,MIPS 133MHz),其主内存(RAM)容量为 16MB/32MB,采用 4CPU 冗余容错技术,可实现在任何故障及随机错误产生的情况下进行纠错与连续不间断地控制。

在 FCU 的处理器卡(CP703/CP345)上,除有指示模件运行状态的指示灯外,还有两个设置控制站地址的 DIP 开关。一个用于设置域号,一个用于设置站号,其设定方法同 VF701。

类似地,在总线转换器的处理器卡 ABC11D 上、HF 总线/RL 总线接口卡 FC311、VL net 接口卡 VF311 以及通信网关 ACG10S 上也需要进行类似的站地址与域地址的设置。

CENTUM CS3000 系统对应不同需求,可有不同类型的 FCS 供选择,其中包括:FIO (Fieldnetwork I/O)总线型 FCS 和 RIO(Remote I/O)总线型 FCS 两大类型,每种总线型 FCS 又可进一步分成三类,即基本型 FCS、增强型 FCS 以及紧凑型 FCS。

1. FIO 总线型现场控制站(KFCS/KFCS2)

一个 FIO 总线型现场控制站(基本型 KFCS、增强型 KFCS2)主要是由一个现场控制单元(FCU)、数个本地节点或远程节点(Node)以及双重化串行通信 ESB 总线和远程串行通信 ER 总线组成,如图 3-2 所示。FCU 通过 ESB 总线与本地节点连接,或者通过 ER 总线与远程 Node 相连。

ESB 总线(Extended Serial Backboard bus)通信速率达 128Mb/s,最大传输距离 20m。ESB 总线的主接口卡 SB301 安装在 FCU 上;从接口卡 SB401 安装在本地节点上,其上设置有节点地址(DIP)开关。远程 ER 总线(Enhanced Remote bus)通信速率 10Mb/s,传输距离可达 185m,最大传输距离可延长至 500m。一个 FCS 最多可接入 4 条 ER 总线,一条 ER 总线上最多可连接 8 个远程节点。ER 总线的主接口卡 EB401 安装在本地节点上;从接口卡 EB501 安装在从 Node 上。在 ER 总线从接口卡 EB501 上,有节点地址设置(DIP)开关。

根据 FCS 主存大小的不同,CS3000 系统的 FIO 总线型 FCS 分为两种,即基本型 KFCS 和增强型 KFCS2。一个基本型现场控制站(KFCS)的 FCU 最多可连接 10 个(本地或远程)节点;其中,远程节点数不能超过 9 个。如果还要增加节点数,可采用增强型现场控制站(KFCS2),其 FCU 最多可连接 15 个节点;其中,远程节点数不能超过 14 个。远程节点要通过本地节点(中的 ER 总线通信卡)与 FCU 进行数据交换,因此,没有本地节点就不能使用远程节点。

本地或远程节点的主要作用是将现场输入/输出设备(Field IO)的数据传送给 FCU,同时将 FCU 处理好的数据传送到 FIO 设备。节点单元具有如图 3-2 所示的插件箱结构,每个节点单元有 12 个插槽,左边 8 个为通用 I/O 卡插槽,分别定义为 IO1~IO8。其中,I/O 模块安装有双重化冗余要求时,只能是在 8 个插槽中奇数与偶数相邻的插槽(即 IO1-IO2,IO3-IO4,IO5-IO6,IO7-IO8)中进行相互后备。右边为 4 个公共插槽,其中左边两个插槽定义为 B1、B2,用来插入 ESB 总线的从接口卡 SB401(本地节点)或 ER 总线的从接口卡 EB501(远程节点),单卡安装时仅需使用 B1。ER 总线的主接口卡 EB401 可安装在 I/O 插槽 IO1~IO8 中。右边的两个电源卡插槽 P1、P2 用来配置电源卡(PW481/PW482/PW484)。

I/O 模块是负责将现场来的各类信号转换成使 CPU 能读取的数字信号的插卡单元,FIO 总线型现场控制站的 I/O 模块大致可分为三大类,即模拟量 I/O 模块、数字量 I/O 模块以及通信模块。其中,模拟量 I/O 模块包括:电流(4~20mA、HART 协议等)、电压(毫伏、1~5V 等)、热电阻、热电偶、隔离、非隔离等不同输入/笑 类型,通信模块则包括:RS-422/RS-485(ALR121)、现场总线 FF H1 (ALF111)、Profibus DPV1(ALP111)、以太网(ALE111)等许多类型的通信模块。

另外,现场控制站与 YS80 仪表的通信(与 DCS 相连接的 YS 电流环通信模式)使用通信模块 ALR121,同时还需要借助串行通信接口单元 SCIU 进行桥接,SCIU 与 YS80 直接连接,来实现两种通信模式的转换。具有 RS-485 通信接口的 YS1000 系列调节器则可通过通信卡 ALR121 直接实现与 DCS 系统的互连,充当 DCS 的后备。

2. RIO 总线型现场控制站(LFCS/LFCS2)

RIO 总线型现场控制站是由一个现场控制单元(FCU)、数个节点以及连接总线 RIO 构成,FCU 通过远程串行 RIO 总线与节点相连。RIO 总线通信速率为 2Mb/s;传输距离可达 750m(双绞线),最长达 20km(光纤)。RIO 总线的主接口卡(RB301)安装在 FCU 上;从接口卡(RB401)安装在节点接口单元(NIU)上;在从接口卡 RB401 上,有节点地址设置 DIP 开关。

根据 CPU 内存大小的不同,FCU 分为基本型(LFCS)和增强型(LFCS2)两种。现场控制站 LFCS/LFCS2 的一个 FCU 最多可连接 8 个节点。一个节点由节点接口单元(NIU)及 I/O 单元(IOU)构成,每个节点 NIU 可以连接至多 5 个 IOU。一个 NIU 由 RIO 总线通信卡和电源卡构成,负责与 FCU 通信,二者都可以双重化冗余配置。一个 IOU 由 I/O 插件箱以及内插的 I/O 模块构成,不同种类的 I/O 模块负责过程信息的采集与控制数据笑 ,并可与现场智能化仪表进行数据通信；同时，I/O 模件信号通过 NIU 发送至 FCU。

RIO 总线型控制站模件可分为 7 大类，即模拟量 I/O、多路模拟量控制 I/O、继电器 I/O、多路模拟量 I/O、数字量 I/O、通信模件（Communication Modules）、通信卡（Communication Cards）。不同的 I/O 模件必须安装在不同的插件箱中，每个插件箱中安装模件个数也有要求。并且，模件箱以及模件配置信息必须在 FCS 组态画面中具体指定。

3. 紧凑型现场控制站（FFCS，SFCS/PFCS）

紧凑型现场控制站同样分为 FIO 总线型与 RIO 总线型两种。其中，FIO 总线类紧凑型现场控制站（FFCS）是一种将双重化的电源模块、处理器模块以及 8 个公共 FIO 总线 I/O 模件插槽等集成在一起的小型 FIO 总线型控制站，如图 3-4 所示。也可以认为是将一个 FCU 与一个节点集成在一起的控制站。同样地，通过 ESB 总线接口卡（图中 7、8 号插槽所示）（或 ER 总线）可实现与本地节点（或远程节点）的连接。一个 FIO 紧凑型 FCS（FFCS）可以连接至多三个节点单元（NU），每个节点单元可以插入至多 8 个 I/O 模件，总共 FCS 最多可插入 30 个 I/O 模件。

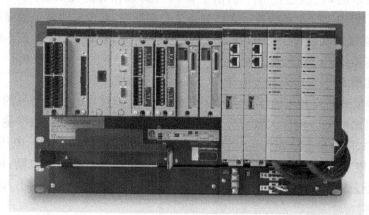

图 3-4　FIO 总线紧凑型现场控制站 FFCS-L（AFV10D）

RIO 总线类紧凑型现场控制单元（SFCS/PFCS）也是一种将电源模块、处理器模块、I/O 模件插槽等集成在一起的控制站。SFCS 用于 CS3000 系统，PFCS 用于 CS1000 系统。标准配置有两个模件箱，加扩展板可有 5 个模件箱。具有 RIO 总线的紧凑型 FCS 安装在通用的 19 英寸机架上，一个 FCS 可以连接至多 5 个 I/O 单元。

3.1.3　CENTUM CS3000 的现场总线网络

现场总线（Fieldbus）是连接现场智能测量与控制设备的全数字式、双向传输、具有多节点分支结构的通信链路，与传统的 4～20mA 模拟传输技术相比具有明显的优势。目前，现场总线技术正在过程控制领域普及推广。不过，我们不能够期待所有的过程控制功能都由现场总线系统来承担，更大的可能是，现场总线控制系统应用于（底层简单回路）部分对象的控制或分步骤推广使用，并与传统的 DCS 一起实现完整系统的控制，这就需要将现场总线仪表的工程数据与 DCS 进行交互，并能够将 DCS 的控制功能与现场总线设备的功能块组合到一起组成控制回路。关于现场总线技术的详细介绍放在 3.4 节中，下面先介绍现场总线控制网络在集散控制系统中的集成。

集散控制系统 CENTUM CS3000 已经兼备现场总线控制功能,通过在现场控制站上插入一块基金会现场总线通信接口模件 ALF111(FIO 模件)或者 ACF11(RIO 模件),就可在该模件上挂接一条通信协议为 FF H1 的现场总线通信链路,并在该总线上可连接至多 32 台基金会现场总线设备,如图 3-5 所示,这样的系统通常称作现场总线控制系统,简称 FCS(Fieldbus Control System)。同样地,加插一块支持 HART 通信协议的 I/O 模件,即可连接 HART 总线仪表。

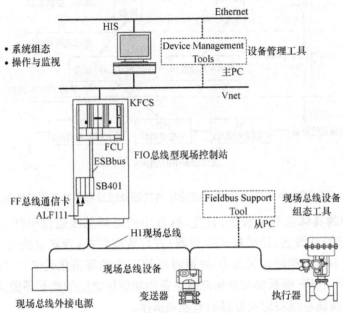

图 3-5　CENTUM CS3000 中连接现场总线 FF H1 的系统配置

通信模件 ALF111 可以安装在 ESB 总线(或 ER 总线)节点单元中,单独或双重化安装都可。每个 FCU 最多支持 32 个 ALF111 插件(还与系统数据库类型有关)。每个 ALF111 可以连接 4 个网段,每个段最多可以连接 32 个现场总线设备(包括 ALF111 卡本身在内),可连接 48 个现场总线输入/笑　点,最多 6 个点可以指定为高速连接。此外,每个 ALF111 卡可以组态基金会现场总线面板块(仅限功能块,不包括转换块和资源块)的数量为 100 个。通信模件 ALF111 在现场总线 FF H1 中的节点地址固定为 0x14;如果 ALF111 双重化配置,则对应偶数插槽的节点固定设置为 0x15。

从图 3-5 所示的 CENTUM CS3000 现场总线网络可以看出,系统存在典型的三级网络结构,即现场设备级的现场总线网络(FF H1)、主站级的控制网络(Vnet)以及信息管理级的信息网络(Ethernet)。现场过程实时数据、监视运行信息和经营管理信息分别运行在不同网络上。

通过在现场控制站的本地节点及远程节点中安装现场总线通信模件,来实现现场设备与控制站 FCS 之间的通信。现场总线可实现与现场设备的双向全数字通信,取代 4~20mA 模拟通信方式,且一根双绞线可连接多台设备,从而减少导线投资。同时,数字通信实现了包括现场设备自诊断信息的大量实时数据的采集,增加了对现场设备的监控能力,使整个系统的控制更加分散。

对现场总线设备中的功能块进行操作与监视的信号流程如图 3-6 所示。通过现场控制站

FCS中的基金会现场总线面板块（FF-AI、FF-AO、FF-PID等），可以方便地在人机界面 HIS 站上对现场总线设备中的功能块 AI、PID、AO 以及功能块中的参数进行监视与操作。同时，还使得 FCS 常规控制块或顺序控制块可以按照通用模拟或数字 I/O 信号那样来实现与现场总线功能块 I/O 端子的互连，实现数据的参照与设定。

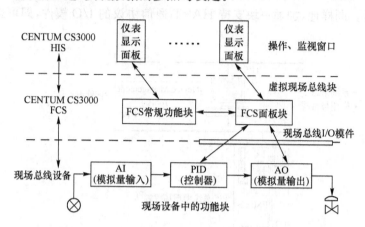

图 3-6 CENTUM CS 3000 中常规功能块与现场总线设备中功能块的数据连接

现场总线通信的具体信号流程是，首先，FCS 中的现场总线通信模件 ALF111 采用 FF H1 通信协议与现场总线设备（传感器或执行器）进行数据交换，现场总线设备的实时数据首先存储在通信模件 I/O 数据映像区当中，并适时与 FCS 中的等值化通信 I/O 数据区进行数据交互，最后实现 FCS 中 FF 面板块与现场总线设备内功能块之间的数据等值化复制，并通过仪表显示面板实现对现场总线功能块数据的监视与操作。

CENTUM CS3000 中的控制网络采用冗余令牌总线型实时控制网络 Vnet，实现操作站 HIS、工程师站 ENS 与现场控制站 FCS、总线转换器 BCV、通信网关 CGW 等的连接，对过程进行实时监控及操作。用双绞电缆传输距离 500m，用总线转发器或光缆传输距离 20km，传输介质可混用，通信速率为 10Mb/s，网络连接站达 64 个。另外，操作站之间还采用以太网（Ethernet）互联，实现工程师站对操作站的流程图画面下装、等值化操作等工作。

CENTUM CS3000 中的管理信息网络可采用通用的以太网络，其遵循 IEEE 802.3、TCP/IP 和 FIP 标准，通信速率为 10Mb/s 以上。Ethernet 可用在 HIS 之间、HIS 和 ENG 之间，以及与其他管理系统之间的通信。它不同于 Vnet，主要用于存取信息、发送趋势数据等，是站间不可缺少的局域网。

目前，分布式控制系统（集散控制系统或现场总线控制系统）中主站一级网络更多地开始采用工业以太网，CENTUM CS3000 的最新版本也开始采用更加开放的工业以太网 Vnet/IP，它可完全取代令牌总线网 Vnet。

Vnet/IP 是用于进行操作监视及信息交换的、遵从 IEEE 802.3 和 UDP/IP 标准的双重化冗余配置的以太网控制总线，是具有更高可靠性和更快速响应特性的主站一级工业控制网络，甚至在通信负荷很重的情况下，仍可取得稳定且很小延迟的通信响应特性。每一条双重化的总线都配置具有桥接功能的开关式集线器或交换机（Layer 2 Switch），最大通信速率 1Gb/s，采用 1000BASE—T 电缆，在一个域中的设备可采用星型或树型结构连接。Vnet/IP Bus 1（双重化冗余总线 1）专用于控制通信；而 Vnet/IP Bus 2（双重化冗余总线 2）不仅用于控制通信，而且还可用于各种基于以太网的标准协议的开放式通信，例如，支持通过 Exaopc OPC 接口进行的数据访问和基于 TCP/IP 协议的通信。商业上可买到的通用网络设备,例如中继器、电缆、第二层交换机(Layer 2 Switch)、第三层交换机(Layer 3 Switch)等都可用于 Vnet/IP。在 Vnet/IP 中,IPv4, Class C 私有地址用作通信 IP 地址(一些 Class B 私有地址也可采用)。由于增加了控制网络的开放性,更多的非 CENTUM 网络设备可以直接挂接在控制网络上。通过 Vnet 路由器,Vnet/IP 可以连接到 Vnet 系统。

Vnet/IP 采用的通信网卡为 VI701,类似地在该卡上需要设置同样范围的域地址与站地址。与之相对应的现场控制站支持 Vnet/IP 的处理器卡 CP451,以及用于 Vnet/IP 网络与其他网路(Vnet/IP 网络的其他域、Vnet 网络、VLnet 网络等)之间连接的 Vnet 路由器 AVR10D 上也需要进行类似的地址设置。

横河公司的 Vnet/IP 控制总线满足了用户对实时性和大规模数据通信的要求。在保证可靠性的同时,又可以与开放的网络设备直接相连,使系统结构更加简单。而且,横河公司已经将该标准提交 IEC 组织,希望将该标准作为下一代控制系统的总线标准。

3.1.4 CENTUM CS3000 子系统的一体化功能

一个企业特别是大中型企业有许多工艺过程,每一个工艺过程都有相对独立性,在不同时期建设或不同时间进行技术改造,有可能采用不同型号的 DCS 系统,其中设备连锁和控制等还有可能采用几种不同型号的可编程序逻辑控制器(PLC)系统。近些年来,PLC 在设备和大型电动机的自动化和监测方面也有大量的应用,其他诸如带有微处理器的智能分析设备、称重仪器和其他测量仪表等目前也具有良好的数据通信能力。因此,为了在企业内建立综合管理信息系统,上述异种系统的互连就成为很重要的问题。

CENTUM CS3000 通过与这些子系统的通信,现场控制站 FCS 可将自己的控制功能和子系统集成,得到一体化的控制。FCS 采用两种方式实现与子系统的互连,即使用 RS-232、RS-485 等通用通信接口模件,或者采用 OPC 服务器。

1. 采用 FCS 实现与子系统的连接

采用通信 I/O 模件(可冗余)和子系统通信软件包可实现 FCS 与子系统的通信。FCS 提供有三类通用通信模件,即 RS-232、RS-422/485 以及 Ethernet 通信模件。目前具有通信软件包支持的子系统主要包括:横河生产的 PLC(FA—M3 和 FA500)、横河生产的数据采集器(DARWIN/DAQSTATION)、横河生产的气相色谱仪(GC8 系列)、三菱电机生产的 PLC(MELSEC—A)、Rockwell 生产的 PLC(PLC—5/SLC 500)、西门子生产的 PLC(SIMATIC S5)、立石(欧姆龙)公司生产的 PLC(SYSMAC 系列),以及支持 MODBUS 总线通信的 PLC 等。另外,还有 YS 通信软件包支持 FCS 与 YS 系列数字调节器(YS1000、YS100 或 YS80)的通信。

为了实现与子系统的通信,需要将子系统通信软件包首先下载到通信 I/O 模件当中。具体信号流程是这样的,通信模件在子系统通信软件的支持下实现与子系统之间的数据交互,子系统的数据首先存储在通信模件 I/O 映像区当中,并适时发送给 FCS。上传的子系统数据在 FCS 中的通信 I/O 数据区中对等存放,并可以按照通用模拟或数字 I/O 信号那样来实现与功能块 I/O 端子的互连,实现数据的参照与设定。

总之,借助子系统通信软件包,用户无需任何编程即可实现各主要设备生产厂商提供的子系统与 FCS 间的数据通信。在 HIS 站上,可以像对待常规控制以及顺序控制功能块数据一样,对子系统数据进行操作监视。

2. 采用 OPC 服务器与子系统的连接

采用工业标准的 OPC 接口的通用子系统通信门路单元(GSGW,Generic Subsystem GateWay)使得 DCS 系统与子系统之间的通信更加便捷,同时 GSGW 可以非常容易地实现子系统数据的双向应用。

GSGW 是用于连接诸如 PLC 这样的子系统的操作/监视站。借助于通用的 PC 平台,GS-GW 可以借助通用的 OPC DA 接口技术,通过 OPC 服务器实现与子系统之间的通信。GS-GW 同时连接到以太网和 Vnet 上。GSGW 可以通过以太网与 OPC 服务器相连;当然,GS-GW 与 OPC 服务器也可配置在同一台 PC 上。OPC 服务器(一般由 PLC 供应商提供)负责从 PLC 获取实时数据,GSGW 则充当 OPC 的客户,获取子系统的实时数据,并分配给 GSGW 所拥有的多种操作监视功能模块。GSGW 同时接入 Vnet 网络,可以如同 FCS 那样,实现与操作站 HIS/ENG 之间的数据通信。因此,从人机界面站 HIS 上可以像对待 FCS 那样,对 GS-GW 上的功能块进行操作与监视,从而使得诸如监视、操作、设定、设备启/停和报警事件等都可以用 DCS 标准的操作/监视画面来实现。

3.2　DCS 现场控制站的功能

现场控制站(FCS)在 CENTUM CS3000 中实现过程控制功能,在连续以及批量过程中执行诸如连续控制、顺序控制、过程输入/笑 、控制计算等功能,组合这些功能就能实现各种高级控制功能。

现场控制站功能的总体结构如图 3-7 所示。其主要功能包括:基本控制功能、软件 I/O 功能以及 I/O 接口功能等。I/O 接口功能包括:过程 I/O 功能(模拟量输入/笑 、触点输入/输出)、通信 I/O 及现场总线 I/O 功能。通信 I/O 实现 FCS 与其他子系统(如 PLC 等)之间的数据交换。现场总线 I/O 功能可实现 FCS 与现场总线(FF H1、Profibus PA 等)仪表之间的数据通信。

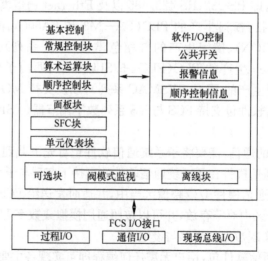

图 3-7　CENTUM CS3000 中现场控制站功能的总体结构

软件 I/O 功能是 FCS 内部软件提供的虚拟输入/笑　。软件输入/输出有两种,即用于在功能块或其他应用功能之间交换逻辑值的"内部软开关";以及用于通告事件发生的"消息输出"。内部开关包括:公共开关(％SW)和全局开关(％GS)。消息输出(Message outputs)包括:信息通告(％AN)和顺序信息输出,其中顺序信息输出包括:打印信息(％PR)、操作指导信息(％OG)、多媒体启动信息(％VM)、顺序信息请求(％RQ)、监督管理计算机事件信息(％CP、％M3)、信号事件信息(％EV)、SFC/SEBOL 返回事件信息(％RE)等。

现场控制站的核心功能还在于其基本控制功能,其他功能总体上都是为控制功能服务的。基本控制功能包括:反馈控制功能、顺序控制功能、批量控制功能等。其中,顺序控制除能按常规的开关条件切换外,还包括各种定时器、计数器、算术运算式、比较关系式等,能自动监视连续量的变化,当某些变量的幅度、方向、变化率、时间、次数及相对大小达到一定条件时,向外发出控制动作。由于在现场控制站内,顺序控制与反馈控制都是由同一 CPU 实现的,特别容易结合在一起,组成包括开车、停车过程及事故处理程序在内的全程自动控制系统,并适应近年来生产向小批量、多品种发展的市场趋势;成组地改变设定值、整定参数及控制模式,可把控制能力提高到一个新的水平。

下面分别介绍现场控制站的反馈与顺序控制功能。

3.2.1　反馈控制功能

和单回路数字控制仪表一样,为便于用户程序的建立,继承长期以来用单块仪表构成系统的概念,将一些常用的功能子程序组成标准功能模块,称为内部仪表。内部仪表又称作功能块,是现场控制站 FCS 进行控制与计算的基本单元。连续控制、顺序控制(顺序表和逻辑图)及计算都是通过功能块来完成。连续控制块、计算块以及顺序控制块都可以按照常规仪表流图相类似的方式进行连接。

常规控制块包含支持连续过程反馈控制的一组功能块,其中包括:输入指示块、控制器块、手操器块、信号设定器/限幅器/选择器/分配器块、脉冲计数输入块、YS 仪表块以及 FF 面板块等,具体功能块的名称及其功能可参考表 3-1 和表 3-2。常规功能块使用模拟过程测量值进行处理运算,实现连续过程的监督和控制。其中,YS 仪表块、FF 面板块分别是 YS80/100/1000 等系列单回路数字调节器、FF 现场总线设备内功能块在现场控制站 FCS 内的数据映像,借此易于实现 FCS 对上述仪表的远程监视与操作。此外,系统还提供有大量运算块,运算块是对连续控制或顺序控制中的连续模拟信号或开关量数字信号进行数学运算的功能模块,其中包括基本算术运算、动态运算、逻辑运算、批量数据设定等模块,以及通用计算块等,具体可参考表 3-3。顺序控制块是为执行一般目的的、回路设备级水平的顺序控制的功能块,如进行联锁顺序控制、过程监督顺序控制等,主要在 3.2.2 节介绍。CENTUM CS3000 的功能块还包括:SFC 块、面板块、单元仪表块(完成高级顺序控制)等。

表 3-1　CENTUM CS3000 的常规控制块(1/2)

块 类 型	块 名 称	简 要 说 明
输入指示块	PVI	可指示连续量及脉冲量
	PVI-DV	带偏差报警的输入指示块
控制器块	PID	基本型 PID 控制块,包括输入指示、输入处理、输出处理等
	PI-HLD	采样 PI 控制器块

块类型	块名称	简要说明
控制器块	PID-BSW	带批量开关的 PID 控制器块
	ONOFF	两位式 ON/OFF 控制器块，笑 两种开关状态：0,100%
	ONOFF-G	三位式 ON/OFF 控制器块，笑 三种开关状态：0,50%,100%
	PID-TP	时间比例型控制器块，输出大小以脉冲占空比表示，开关动作
	PD-MR	带手动重置的 PD 控制器块
	PI-BLEND	混合过程用 PI 控制器块，对偏差积分进行 PI 控制
	PID-STC	自整定 PID 控制块器
手动操作器	MLD	手动操作器
	MLD-PVI	带输入指示的手动操作块，带输入指示、处理、报警、补偿、积算功能
	MLD-SW	带笑 切换的手动操作块，带输入指示及自动/手动切换
	MC-2	两位置式电动机控制块
	MC-3	三位置式电动机控制块
信号设定器	RATIO	比例设定块
	PG-L13	13 段折线程序设定块，可产生 13 段时间折线函数作为程序控制
	BSETU-2	流量积算批量设定块
	BSETU-3	称重积算批量设定块
信号限幅器	VELLIM	速率限幅器块
信号选择器	SS-H/M/L	信号选择器块
	AS-H/M/L	自动选择器块
	SS-DUAL	双重化信号选择器块
信号分配器	FOUT	串级信号分配块
	FFSUM	前馈信号合计块
	XCPL	非冲突控制输出块
	SPLT	控制信号分割块
脉冲计数输入	PTC	脉冲计数输入块

表 3-2　CENTUM CS3000 的常规控制块(2/2)

块类型	块名称	简要说明
YS仪表块	SLCD	YS 控制器块
	SLPC	YS 可编程控制器块
	SLMC	具有脉宽输出的 YS 可编程控制器块
	SMST-111	具有设定值 SV 输出的 YS 手动操作站块
	SMST-121	带输出操作拨杆的 YS 手动操作站块
	SMRT	YS 比率设定站块
	SBSD	YS 批量设定站块
	SLCC	YS 混合控制器块
	SLBC	YS 批量控制器块
	STLD	YS 积算器块

块 类 型	块 名 称	简 要 说 明
FF 面板块	FF-AI	基金会现场总线模拟输入块
	FF-DI	基金会现场总线离散输入块
	FF-CS	基金会现场总线控制选择器块
	FF-PID	基金会现场总线 PID 控制器块
	FF-RA	基金会现场总线比率块
	FF-AO	基金会现场总线模拟输出块
	FF-DO	基金会现场总线离散输出块
	FF-OS	基金会现场总线输出分程块
	FF-SC	基金会现场总线信号标定块
	FF-IT	基金会现场总线积分器（积算器）块
	FF-IS	基金会现场总线输入选择器块
	FF-MDI	基金会现场总线多点离散输入块
	FF-MDO	基金会现场总线多点离散输出块
	FF-MAI	基金会现场总线多点模拟输入块
	FF-MAO	基金会现场总线多点模拟输出块
	FF-SUNV	基金会现场总线简化通用块

注释：基金会现场总线面板块，也称 FF 面板块，仅限用于 CS3000 中的 KFCS2/KFCS/FFCS/RFCS5/RFCS2。

表 3-3　CENTUM CS3000 中的计算块（仅包含其中一部分）

块 类 型	块 名 称	简 要 说 明
算术计算	ADD	加法块
	MUL	乘法块
	DIV	除法块
	AVE	平均块
模拟计算块	SQRT	平方根块
	EXP	指数块
	LAG	一阶惯性块
	INTEG	积分块
	LD	微分块
	RAMP	斜坡块
	LDLAG	超前/滞后块
	DLAY	纯滞后块
	DLAY-C	纯滞后时间补偿块
逻辑运算块	AND	与
	OR	或
	NOT	非
	GT	大于
	GE	大于等于

块 类 型	块 名 称	简 要 说 明
通用计算块	CALCU	通用计算块
	CALCU-C	具有字符串的通用计算块
辅助块	DSW-16	16 数据选择器开关块
	DSET	数据设定块
批量数据块	BDSET-1L	1 批数据设定块
	BDSET-1C	1 批字符串数据设定块
	BDSET-2L	2 批数据设定块
	BDSET-2C	2 批字符串数据设定块

因为表 3-3 中的大部分运算控制功能与 SLPC 中相同,这里不再详细解释。需要说明的是,YS80/100/1000 系列中带通信功能的仪表,可以通过通信模件与现场控制站交换数据,也可以视为现场控制站的内部仪表。这些仪表共有 10 种,其名称及型号参考表 3-2。

现场控制站 FCS 中功能块的构成,主要包括:① 用于与其他功能块或过程 I/O 交换数据的输入、笑　端子;② 包括输入处理、控制运算、报警处理、输出处理在内的 4 个处理功能;③ 用于执行处理功能的常数或变量,尤其是在功能块运算时可用于其他功能块数据参照(即索引)或设定的内部数据项(Data item)。因此,FCS 中的一个典型(控制)功能块就相当于单回路调节器中 5～10 个运算控制模块。正因为这样,在现场控制站中组态比较简单。

常规控制块用于控制连续过程变量,其具有代表性的数据调节单元——PID 控制块的内部结构如图 3-8 所示。图中,在功能块外面具有标号的矩形框代表控制模块的 I/O 端子。其中,连接端子包括:IN(从现场变送器来的输入信号或从其他功能块来的数据输入),SET(从其他功能块来的设定值),OUT(输出到一个控制设备或其他功能块的 SET 端子),SUB(输出到其他功能块的 BIN 端子,用于前馈控制),RL1/2(积分限幅值输入端子),BIN(补偿输入端子),TIN(跟踪输入端子),TSI(跟踪开关输入),INT(联锁开关输入)。功能块内部圆中的符号以及圆括弧中的变量(如 RAW、PV、SV、MV 等)代表功能块内部的可访问数据项。可进行数据索引或设定的数据项包括:RSV(从上位计算机来的远程设定值),TSW(跟踪开关),RAW(原始数据输入),CSV(从其他仪表来的远程设定值),RMV(远程操作变量),PV

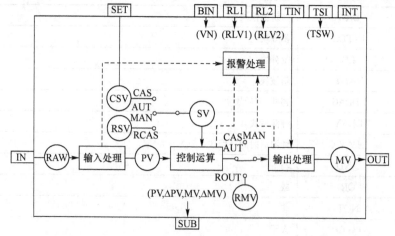

图 3-8　CENTUM CS3000 中常规控制块(PID)的内部结构与信号流向

（测量值），SV（设定值），MV（操作输出值），VN（补偿用，用于前馈），RLV1/2（设定限位器用于抗积分饱和）。

输入信号处理负责对原始输入信号（RAW）进行输入信号转换，之后做数字滤波（一阶惯性滤波），最后输出信号成为过程变量（PV）。有些块还进一步做累积运算，输出到求和变量（SUM）。输入信号转换是根据信号类型，将读自输入模件或其他功能块的输入信号转换为过程变量（PV），其中包括 4 种处理，供组态选择，分别为：输入信号无变换、模拟信号输入开方、脉冲串输入转换、通信输入转换。其中，通信输入转换是对读自通信输入模件的输入数据进行"数据转换"和"高低限检测"处理。此外，为了维护和测试，有些输入处理还包括"标定（CALibration）"功能，可使用操作和监视功能，对过程变量进行手动设置。

报警处理包括：输入开路、输入高低限（高高限、低低限）、输入偏差、输入变化率等的报警检测，输出开路、输出故障、输出高低限、连接故障等的报警检测，以及报警状态下的联锁处理等。

输出处理功能，是指在输出之前，对来自"控制运算"单元的数据进行一定的处理。首先，进行输出限幅（针对 MH、HL）、笑　跟踪（TIN）、笑　变化率限幅、预置 MV 输出等处理，形成操作输出变量（数据项 MV）。然后，再对其进行"输出信号转换"，将 MV 转换成与输出模件或笑　连接的其他功能块相兼容的数据形式。最后，形成 OUT 笑　端子信号。辅助输出从 SUB 端子笑　。

常规控制模块中最复杂的就是控制运算处理，其中常见处理包括：控制器（PID）位置/增量算法、控制动作方向（正反作用）、积分限幅（抗积分饱和，RL1、RL2 输入）、输入/笑　补偿（BIN 输入）、非线性增益、控制动作死区（Deadband）、过程变量跟踪、无扰切换、初始化手动、控制输出保持、手动/自动恢复，等等。

PID 控制块控制运算处理的核心是 PID 控制算法，有 5 种 PID 控制算法供选择，分别为：基本型 PID 控制（PID）、微分先行 PID 控制（PI-D）、比例先行 PID 控制（I-PD）、自动确定型（Automatic determination type）、自动确定型 2。自动确定型是在远程串级（RCAS）或串级（CAS）运行模式下采用 PI-D 算法；在自动（AUTO）模式下采用 I-PD 算法的自动选择算法型控制。自动确定型 2 是在串级（CAS）运行模式下采用 PI-D 算法；在远程串级（RCAS）或自动（AUTO）模式下采用 I-PD 算法的自动选择算法型控制。

关于内部仪表的组态，由于现场控制站自身没有人机接口，需要在操作站或专门的工程站上进行。在 CENTUM CS3000 中，FCS 控制站的组态是在工程师站（ENG）上实现的，组态不再使用横河公司传统的填表式语言，而是采用图形化的功能块图接点连线方式，在专用的"控制图"（Control Drawing）画面中画图实现，与传统的控制方框图连线方式近似，更加方便了用户控制系统的生成。

所谓"控制图"，是指两个或多个功能块组成的控制功能的一个组合。将过程设备的一部分控制功能划归成一个控制图，可简化工程和维护作业。控制图允许用户决定以车间范围和作业种类进行监控（划分报警），也可以设备为基础建立控制系统。控制图的特点归结如下：

① 在控制图中常规控制功能块和顺序控制用功能块两者可结合在一起。

② 控制图可自由地与其他控制图通信。一个控制图的功能块中的信号可以自由地与其他控制图的功能块进行 I/O 连接，就像在当前控制中进行 I/O 连接一样。

③ 一个控制图中回路组合的功能块组可登记为一个"模式"或"部件"，用户采用复制和部分修改的办法可重复使用它们，这样可提高工程作业的效率。

控制图中的连线是基于所涉及的数据类型和仪表类型。这里有几种不同的连线类型适用于仪表与过程连接，这些不同的连线类型为：

(1)过程连接

连线到过程 I/O 连接块(PIO Link Block)，用于将功能块的输入端子或笑 端子与具体某个 I/O 模块的输入通道或输出通道相连接，这样就实现了 FCS 内部软件模块与过程输入/输出信号的关联。

(2)端子连接

两个功能块可连接的端子之间的连接。如，从一个 PID 仪表的"OUT"端子到副调节器的"SET"端子之间的串级连接，可以在 FCS 的构成手册中查到是否可以进行端子连接。

(3)数据参照

一个功能块中可访问数据项的数据可以从一个仪表功能块中拿出，在另一个功能块中使用。

(4)数据设定

CS3000 软件仪表可以用于改变某些数据项或其他功能块内的数据。例如，可以借助数据设定功能适时改变 P, I, D, HH, HI, LO, LL, MH, ML 等参数。

下面通过一个实例，说明系统组态的基本步骤。若仍以图 2-52 缓冲容器的选择控制系统为例，则在 CENTUM CS3000 中需要使用三个内部功能块仪表，如图 3-9 所示。其中两个是基本 PID 调节单元"PID"，一个是带自动/手动切换的低值自动选择单元"AS-L"。在组态前，要给各仪表指定编号，这在工厂中常称为工位号。若以仪表功能的缩略字作为工位号的开始，则可令液位指示调节器的工位号为 LIC101，流量指示调节器的工号为 FIC102，低值选择单元为 LSL103。

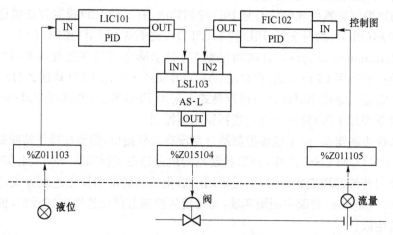

图 3-9　CENTUM CS3000 中连续控制块 I/O 数据举例(缓冲罐的选择控制)

在组态时，首先要在工程师站的 Windows 组态画面上创建新的现场控制站 FCS，在对话框中指定具体站的类型、域地址和站地址、高速/中速扫描周期、网络 IP 地址等相应信息项。例如，域号为 01、站号为 01 的现场控制站记作"FCS0101"。

然后，可以建立本地节点，设定节点地址；在本地节点的插槽中若指定远程节点通信卡，则可进一步建立远程节点，并设定远程节点地址。

在 FCS 的节点创建完成后，可以进入 I/O 模块分配窗口，决定 I/O 模块的配置情况，说明使用了几个 I/O 插件箱，每箱中各个插槽内配置了何种接口卡。

下一步,要确定 I/O 接口卡上各端子与现场仪表的连接关系。例如,若将液位变送器来的信号,接到节点 01 的第 1 个插槽中的模件上,并使用该插件的第 03 个通道,则其地址可缩写为"%Z011103"。同理,若流量变送器来的信号也接到该插件,但使用第 05 个通道,则地址为"%Z011105"。最后,若将经低选后的调节器输出信号从节点 01 的第 5 个插槽中插件的第 04 个输出通道引出,则其地址为"%Z015104"。

完成以上各个步骤,就可对图 2-52 的缓冲罐选择控制系统,做出用 CENTUM 实现的控制框图,并据此在控制图组态画面上针对功能块进行图形化的回路连接组态。只要将各工位号选定的功能块添加到"控制图"上,并指定功能块的详细规格,具体项目包括:需要何种输入变换、量程的上限值及下限值、工程单位、是否需要积算、控制周期、低增益区的增益值、是否做测量值跟踪及笑 跟踪、有无输入或笑 补偿、正作用还是反作用、笑 变化率限制值、输入上下限报警、偏差报警及使用的报警器编号等。进一步,如果使用输入非线性变换,则在 CRT 上展开新的画面,填写非线性函数的转折点坐标;若需要引用其他内部仪表的数据,进行计算后作为本仪表的设定值或控制参数,则在 CRT 上展开计算式画面,用高级语言填写计算程序,以此全面确定内部仪表的详细规格。

CENTUM CS3000 采用"控制图"进行软件设计及组态,使方案设计及软件组态同步进行,最大限度地简化了软件开发流程。利用 CS3000 FCS 控制功能中的常规功能块、顺控功能块、计算功能块、子系统通信功能块、批处理功能块以及每功能块中的子块即可完成 FCS 的详细组态。借助于提供的动态仿真测试软件,还可有效地减少现场软件调试时间。这样,工程人员可以在更短的时间内熟悉系统。

下面,对过程 I/O(即 PIO)连接 I/O 接线端子编号方法再补充说明一下。在控制图中,连接到 I/O 模件是通过"Link Block"来实现的,在这个连接块中,可以输入"%Znnusmm",也可以输入"用户(为该模件通道)定义的标签(工位号)"。其中,"%Znnusmm"对于 RIO 型以及 FIO 型现场控制站的含义不同,具体定义如下:

(1)PFCS、LFCS2、LFCS、SFCS 型现场控制站

%Z:过程 I/O 标识符(固定);

nn:对于 LFCS2/LFCS,表示节点号(Node Number),01~08;对于 PFCS、SFCS 固定为 01;

u:I/O 单元号(Unit Number),01~05;

s:槽号(Slot Number),1~4;

mm:端子号(Terminal Number),01~32。

(2)KFCS2、KFCS、FFCS 型现场控制站

%Z:过程 I/O 标识符(固定)

nn:对于 KFCS2/KFCS,表示节点号(Node Number),01~10;如果在 KFCS2 中,数据库是远程节点扩展型,则节点号的范围是,01~15;对于 FFCS,节点号的范围是 01~04,其中,FFCS 的 FCU 固定在节点地址 01,扩展节点(本地或远程节点)地址采用 02 及后续地址号;

u:槽号(Slot Number)1~8;

s:段号(Segment Number),当采用现场总线通信模块时,段号可设置 1~4;当使用 HART 通信模块时,对模拟信号段号设置为 1,对 HART 变量,段号设置为 2;其他情况下,固定为 1;

mm:端子号(Terminal Number),01~64,对应 I/O 模块的通道号;对于现场总线来说,每

个端子号对应于网段内的一台现场总线仪表。

站内/站间 FCS 过程数据可以通过"AREAIN"和"AREAOUT"连接块,来实现不同功能块的数据调用。"AREAIN"用于同一 FCS 不同控制图间功能块的数据调用到"IN"端子(或者串级回路的"SET"端子)。"AREAOUT"用于不同 FCS 控制图间功能块的数据调用到"IN"端子(或者串级回路的"SET"端子)。

这里,再来谈一下现场总线控制系统在 CS3000 中的组态方法。我们注意到,在现场控制站 FCS 的常规功能块中,有一类与现场总线相关的 FF 面板块。在基金会现场总线定义的功能块名字前面冠以"FF-"即为 CS3000 中的 FF 面板块。那么,什么是 FF 面板块呢? 通俗地说,FF 面板块是人机界面站(HIS)或现场控制站(FCS)中的功能块访问 FF 现场总线设备的"窗口";同时,它使得我们可以在同一环境下,进行 HIS(或 FCS)工程和现场总线工程操作。控制站 FCS 中的 FF 面板块可以看作是 FF 总线设备内标准功能块的"等值化(equalization)"数据复制。在控制图中,FF 面板块与现场总线设备内功能块之间的连接,通过在现场控制站 FCS 中的 FF 面板块内指定相关现场总线"设备工位名称(Device tag name)"和"功能块 ID(Block ID)号"来进行,此操作称为"分配 FF 面板块给现场总线块"。

例如,以某 CO_2 气体压力控制回路为例,控制回路功能块连接方式如图 3-10 所示。在 FF-AI 面板块属性栏的现场总线对话框中指定"Device tag name"为"PI-120"(气体 CO_2 压力变送器中的 AI 块),"Block ID"为"AI_01"则可实现面板块(PI-120)与现场总线 AI 功能块(PI-120)的连接。类似地,在 FF-AO 面板块中分别指定"Device tag name"为"PV-120"(气体 CO_2 压力调节阀中的 AO 块),"Block ID"为"AO_01"则将面板块(PO-120)分配给现场总线 AO 功能块(PO-120)。FF-PID 面板块可进行类似的分配设定,用来实现其与现场设备内 PID 功能块的连接。

FF 面板块是现场总线功能块在现场控制站中的数据映像,因此,图 3-10 中表面上在控制图组态中形成闭合回路,实际上三个 FF 面板块仅通过现场总线"观测对象(View Objects)"或来自主站请求的一次性写入(one-shot writing)来实现其内部数据的更新,供操作站(HIS)对总线设备进行监视或操作;而实际的控制回路构成是由现场设备内的 AI、PID、AO 三个现场总线功能块进行连接来实现闭环与实时控制的。如果采用现场控制站内常规功能块与 FF 面板块相连接,则情形会有很大的不同。以图 3-11 为例,图中没有采用 FF-PID 面板块,而是使用了 FCS(注意,这里 FCS 是指现场控制站)中的常规 PID 控制块,因此,两个 FF 面板块除通过"观测对象(View Objects)"进行数据更新外,同时还自动开通了现场总线输入/笑 连接通道(记作:%Z),使用此连接,两个 FF 面板块可以与现场总线块之间高速交换过程数据用于控制,控制计算则通过 FCS 中的常规控制块实现,这里即是 PID 控制器块(PIC-120)。此时,控制回路确实在现场控制站 FCS 中形成,FCS 中的 PID 控制器块通过 FF-AI 面板块(PI-120)获取过程输入(FF-AI 的 OUT 端子与实际现场总线 AI 块的内部数据相同,可用于控制),控制器计算结果通过第二个 FF 面板块 FF-AO(PV-120)笑 给现场总线功能块 AO。此时,FCS 中的 PID 控制器与现场总线中的 AO 模块实现了级联连接。注意,此闭环反馈控制回路没有使用现场总线 PID 块。总之,虽然图 3-10 与图 3-11 组态连接时,区别仅仅表现在所使用的控制块不同,但实际隐含在后面的通信机理与控制回路的实现是完全不同的,注意细细体会。

现场控制站 FCS 中的 PID 控制块与现场总线功能块可配合起来共同实现串级控制系统,其控制图连接方法如图 3-12 所示,其串级控制的内回路与外回路结构说明如图 3-13 所示。这样,串级控制系统的内回路由现场总线设备内的两个 AI 功能块和一个 PID 功能块、一个

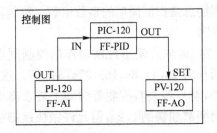

图 3-10　控制回路仅在现场总线中闭合

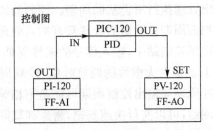

图 3-11　控制回路在现场控制站中做级联控制

AO 功能块来实现；而主控制器则是由现场控制站 FCS 中的 PID 控制块来实现；两种类型的功能块紧密配合，共同实现串级控制功能。

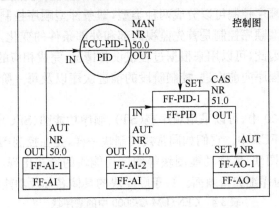

图 3-12　FCS 中常规控制块与现场总线功能块的串级回路控制图连接

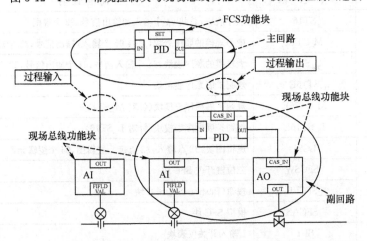

图 3-13　CS3000 中 FCS 常规控制块与现场总线功能块的串级回路连接

最后，说明一下常规控制块的处理时间。常规控制块都是按照事先确定的周期重复地做处理。控制图和其中每个功能块的定时起动依赖于扫描周期（和控制周期）。一般地，周期性执行的功能块在每个扫描周期执行一次。功能块的扫描周期（Scan Period）分为三种，即标准扫描周期：1s；中速扫描周期：200ms，250ms，或者 500ms；高速扫描周期：$N \times 50$ms，其中 $N = 1,2,3,\cdots,10$。一般每个功能块可以单独选择其中之一作为其扫描周期。不过，某些功能块不能选择中速和高速扫描周期。在常规控制块中，控制器块还具有依赖于处理时间的控制周期（Control Period）。控制周期是控制器块在做自动（包括 AUTO、CAS、RCAS）运行时，控制运算和输出处理执行所遵从的周期。控制器块的控制周期总是扫面周期的整数倍数。控制器块在每个扫面周期总要做的处理只有输入处理和报警处理。

在现场控制站中,输入信号的采样周期一般都选为 1s,向外输出控制动作的控制周期一般也为 1s。但对大惯性的调节对象,控制周期可以延长为 2s,4s,8s,16s,32s,64s 等。这时,输入采样周期与输出控制周期可能是不相等的。另外,对一些装料控制等时间上要求高精度测量的回路,可以实行快速扫描,将采样周期和控制周期都加快到 0.2s,但允许做快速扫描的功能块总数是有限制的,在每个控制站内最多为 16 个。

3.2.2 顺序控制功能

顺序控制是依照预先设定好的顺序或条件,逐次进行各阶段的作业或处理给予的命令,以达到控制对象的目的。顺序控制可以分成两种类型,即条件型顺序控制(监控型)和分阶段程序控制(推进型)。条件型顺序控制是首先监视内部和外部条件的变化,然后按照具体条件去执行相应的控制动作。因此,可以用来根据过程或设备情况,完成相应的控制。程序控制型顺序控制是按预先规定的程序向前推进,控制阶段的推进次序以及每一阶段的操作或状态是不变的。

在 CENTUM CS3000 中,可以采用顺序表(ST)、顺序功能图(SFC)和逻辑图(LC)等来生成顺序控制程序运行在 FCS 中。它们如同常规控制块一样,是在控制图中以功能块的形式出现,即以顺序表块、逻辑图块、顺序功能图块等顺序功能块的形式出现,通过选择子菜单编辑(Edit Detail)进入各自的详细编辑画面。关于顺序块的具体名称及功能可参考表 3-4。

表 3-4　CENTUM CS3000 中的顺序块

块 类 型	块 名 称	简 要 说 明
顺序表(ST)	ST16	顺序表块,总共 64 个输入和输出信号,32 个规则
	M_ST16	中等规模的顺序表块,总共 96 个输入/输出信号,32 个规则
	L_ST16	大规模的顺序表块,64 个输入信号,64 个输出信号,32 个规则
	ST16E	规则扩展顺序表模块
	M_ST16E	规则扩展顺序表模块(针对 M_ST16)
	L_ST16E	规则扩展顺序表模块(针对 L_ST16)
逻辑图(LC)	LC64	逻辑图块,32 点输入,32 点笑　逻辑图,64 个逻辑元素
顺序功能图(SFC)	_SFCSW	三位置开关 SFC 块
	_SFCPB	按钮(Pushbutton)SFC 块
	_SFCAS	模拟 SFC 块
开关仪表	SI-1	1 输入开关仪表块
	SI-2	2 输入开关仪表块
	SO-1	1 输出开关仪表块
	SO-2	2 输出开关仪表块
	SIO-11	1 输入 1 输出开关仪表块
	SIO-12	1 输入 2 输出开关仪表块
	SIO-21	2 输入 1 输出开关仪表块

块 类 型	块 名 称	简 要 说 明
	SIO-22	2输入2输出开关仪表块
	SIO-12P	1输入一触式2输出开关仪表块
	SIO-22P	2输入一触式2输出开关仪表块
顺序单元	TM	定时器模块
	CTS	软件计数模块
	CTP	脉冲串输入计数模块
	CI	编码输入模块
	CO	编码输出模块
	RL	关系表示模块
	RS	资源调度模块
阀监视模块	VLVM	阀监视模块

凡是执行顺序控制功能的功能块都被称作顺序功能块。表中其他种类的顺序功能块主要包括：

开关仪表块：包括增强型开关仪表块，各含有10种。如单输入（开关仪表块）SI-1、双输入SI-2；单输出SO-1、双笑　SO-2；单输入单输出SIO-11、单输入双笑　SIO-12，等等。它们主要用于监视电动机或阀门执行器的启/停，ON/OFF阀的开/闭等。一般，它们与顺序表块或逻辑图块一起使用。

顺序元件块：辅助顺序控制，由顺序表激活运行。包括7个功能块，即定时器块（TM）、软件计数块（CTS）、脉冲串输入计数块（CTP）、编码输入块（CI）、编码输出块（CO）、关系表达式块（RL）以及资源调度块（RS），它们主要用于顺序I/O信号的处理。

阀门监视块：用于监视阀门的ON/OFF状态，比较操作输出信号与阀门的回响信号（实际阀位）是否一致，当检测到异常情况时启动报警。

在复杂的生产过程中，往往在连续控制中要求有顺序处理，在顺序控制中包含连续调节，因此常常需要将反馈控制功能与顺序控制功能结合起来，这可通过顺序表、顺序功能图和逻辑图等功能模块方便地实现。下面就基本顺序控制功能块举例加以说明。

1. 顺序表块

顺序表将条件和操作以表格的形式编排，根据组合的条件决定执行一系列相应的操作或动作，按步骤完成顺序控制功能。顺序表块通过操作其他功能块和（或）过程I/O和（或）软件I/O等来实现顺序控制，它包括两种类型，即基本顺序表块（ST16）和规则扩展顺序表块（ST16E）。

顺序表是决策表形式的功能块，采用"Y"或"N"模式来表达输入信号（逻辑条件）和输出信号（逻辑动作）之间的关系，可以与其他功能块相连，是进行顺序控制与进程监视的理想描述工具。具体如图3-14所示。

本顺序表中，用双线将整个顺序表分成多个部分，表的上半部分用于写入条件，下半部分写入结果动作。工位符号代表顺序元件（如接点和定时器）写入表的左侧。"规则"（条件和动作）用Y（Yes），N（NO）或空白表示，填在表的右侧。图3-14中顺序表主要栏目如下：

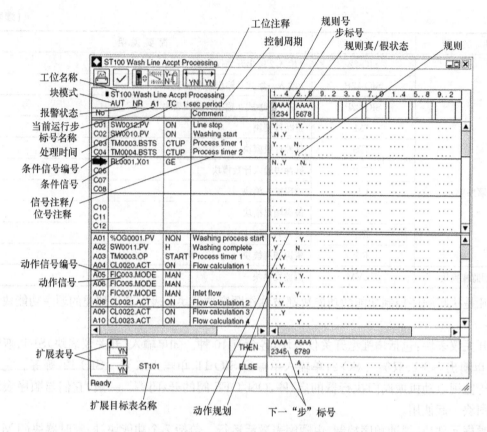

图 3-14　CENTUM CS3000 中的顺序表举例

条件（Condition）：这是顺序表的输入，顺序表监视何种信号发生，总共 64 个条件行，即对应 C01～C64，因此，每组最多可规定 64 个信号。条件信号由输入连接信息和条件规格数据组成。输入连接信息包括元件符号（工位号）和数据项（取"工位号.数据项"形式）。

动作（Action）：这是顺序表的输出，它可运行泵，打开阀门，或者改变控制器等的运行方式等；同样有 64 个动作行，即对应 A01～A64。动作信号由笑　连接信息和动作规格数据组成。每组最多可规定 64 个信号。笑　连接信息包括一个元件符号（位号）和数据项（取"工位号.数据项"形式）。

规则（Rules）：每个表有 32 栏可以作为"规则（Rules）"参照使用。其中，"条件规则"以 Y 或 N 的形式填入，如果条件信号测试结果与填入字母（Y：真，N：假）一致，便认为条件成立。空列（未填 Y/N 符号的列）无条件的认为为真。"动作规则"同样以 Y 或 N 的形式填入，按进入同一列的字符产生的状态操作，即同列条件测试均为真时，产生如填入的 Y 或 N 的动作。如果一个顺序表仅有规则列，那么在每一个扫描期所有的条件（Conditions）都要测试，当任何规则项中所有的条件满足时，那么就会执行这些条件下的对应动作项。

步程编号（Steps）：如果工艺必须要有顺序定义步功能才能正确执行时，就要使用步号功能。使用步号时，每扫描周期仅测试顺序表中当前步的条件。当所有的条件正确时，那么顺序表底部的"Then"行将告诉表的下一扫描周期将测试哪一步。一个步可以有几个规则项，因此不同组内的规则可以测试，当任意的一个规则为真时，将执行其动作栏的动作。满足列内条件的动作信号按自上而下的次序执行。恰当填写步程序号可执行顺序控制，步程编号可由 2 个或几个字符数字组成（A-Z，0-9），每个顺序表最多可有 100 个步程。

条件转移步号:当一个顺序表带步号时,则该表必须要通过"Then"栏目中的步号告知当前步的条件满足时,它下一步应该转移到哪里。如果没有指定"Then"步,那么该顺序表就不会下转到任何步。当前步的条件不满足时,"Else"栏将允许该表(下一次扫描)转移到其他的步中。

在 CENTUM 中,凡是可以作为顺序控制输入条件和输出动作的各种功能块模式、状态以及 I/O 数据等都称为顺控元件。在一个顺序表中,可以作为顺控条件和顺控动作的顺控元件及其填表方法如表 3-5 和表 3-6 所示。

表 3-5 顺控条件元件表

顺控条件	工位号.数据项	数据	顺序表填写
接点输入	Tag 或 %Znnusmm.PV	ON/OFF	Y or N
接点笑	Tag 或 %Znnusmm.PV	ON/OFF	Y or N
内部开关	Tag 或 %SWnnnn.PV	ON/OFF	Y or N
全域开关	Tag 或 %GSnnnss.PV	ON/OFF	Y or N
计时器	Tag.BSTS	PAUS,PALM,CTUP,NR,RUN,STOP	Y or N
	Tag.MODE	AUT(O/S)	Y or N
计数器	Tag.BSTS	PALM,CTUP,NR,RUN,STOP	Y or N
	Tag.MODE	AUT(O/S)	Y or N
常规控制功能块 (依据功能块的类型)	Tag.MODE	AUT,MAN,CAS,PRD	Y or N
	Tag.ALRM	NR,HH,HI,LO,LL,IOP,OOP	Y or N
开关仪表	Tag.MODE	AUT,MAN	Y or N
	Tag.ALRM	NR,ANS+,ANS−	Y or N
关系表达式 (16 个/关系块)	Tag.X01-16	EQ,GT,GE,LT,LE,AND	Y or N

表 3-6 顺控动作元件表

顺控动作	工位名.数据项	数据	顺序表填写
接点笑	Tag 或 %Znnusmm.PV	H(L,F,P)	Y or N
内部开关	Tag 或 %SWnnnn.PV	H(L)	Y or N
内部报警器	Tag 或 %ANnnnn.PV	H(L)	Y or N
计时器	Tag 或 %TMnnn.OP	START(WAIT)	Y or N
计数器	Tag 或 %CTSnnn.ACT	ON(OFF)	Y or N
	Tag 或 %CTPnnn.OP	START(WAIT)	Y or N
常规控制功能块 (依据功能块的类型)	Tag.MODE	AUT,MAN,CAS,PRD	Y
开关仪表	Tag.MODE	AUT,MAN	Y
	Tag.CSV	0(1,2)	Y
操作指导信息	%OGnnnn.PV	NON	Y
顺控请求信息	%RQnnnn.PV	NON	Y

以表 3-6 中常规控制块为例，工位号为 FIC003 的 PID 控制块的块模式"FIC003. MODE"，表示内部反馈仪表的运行模式，其取值可以是 AUTO（自动）、MAN（手动）、CAS（串级）、PRD（主控制器直接控制）等；该控制块的状态表示为"FIC003. ALRM"，其取值包括：NR（正常），HH（上上限报警），HI（上限报警），LO（下限报警），LL（下下限报警），IOP（输入开路），OOP（输出开路）等。它们都可以作为顺控条件，块模式还可作为顺控动作。具体应用可参看图 3-14 中的顺序表动作 A05。这里，块模式 PRD（PRimary Direct）是指，在串级控制方案中，当前（副）控制器模块停止处理计算，而是将来自上游主控制模块的设定值输入 CSV 直接输出，去控制调节阀的一种运行模式。

又如在顺序表中，我们还经常会用到表 3-5 中的关系表达式。表 3-4 中的每个关系表达式模块 RL 有 Q01～Q32 共 32 个数据输入端子，可以通过数据参照或端子连接，将来自过程 I/O、软件 I/O 或者是功能块输出的 32 个比较数据输入到 RV01～RV32，形成 16 个比较关系式 X01～X16，供顺序表按照表 3-5 中描述的方法使用。以图 3-14 中的顺控条件 C05 为例，工位号为 RL0001 的关系式"RL0001. X01"表示取关系块 RL0001 的第一组比较式 X01，数据项 GE 表示 RV01＞＝RV02（其他，EQ 表示 RV01＝RV02；GT 表示 RV01＞RV02；LT 表示 RV01＜RV02 等）。作为顺控条件，在满足上述关系表达式的条件下，可执行相应的动作。

顺序表的执行时间可以调整，图中"TC"的含义是："T"指示按照扫描周期（定周期）执行；"C"表示条件改变型输出，即条件初始改变时笑 ，条件必须从"False"，再次变成"True"时，输出动作才再次进行。相对地，"TE"中的"E"则表示每秒笑 。周期性执行的顺序表的执行周期，同样有三种不同的选择，即：基本扫描周期（S），中速扫描周期（M）和高速扫描周期（H）。

CS3000 中顺序表每周期的处理流程是这样的，首先进行"输入处理"（条件测试），以"输入处理"结果再做"条件规则处理"（规则条件"真"与"假"状态的确认）和"动作规则处理"（动作信号笑 确认），最后做"输出处理"（即对动作目标实施状态输出操作）。目前，有两种类型的顺序表，步序顺序表（Step ST）和非步序顺序表（Non-Step ST）。它们的规则处理有所不同。简单地说，非步表的所有 32 个规则号同时面临条件测试，只有满足条件的规则执行动作；而步序表则是将分阶段、分步骤的一个过程处理顺序，按照监视条件和操作动作分割为最小的阶段单元（"步"，Steps），然后按照步号，一步一步地按顺序执行。在一个步序顺序表中，只有步号为"00"的步和对应于当前步号的规则进行条件测试和操作。

下面通过两个具体实例，说明两种顺序表的使用方法。

【例 3.1】 缓冲罐液位控制系统。

图 3-15 所示顺序控制系统，正常情况下用于监督操作，防止管道系统中缓冲罐的溢出。系统采用差压变送器 LT100 检测液位，指示块 LI100 读取液位信号进行报警状态监视，两个极限开关用于流入阀-A、流出阀-B 的开关动作。

系统具体操作要求是这样的。首先，如果流入阀处于打开状态，并且液位发生高—高限报警，则打开流出阀，关闭进料阀，并发出报警信息（％AN0001）；如果液位发生高限报警，则仅仅发出报警信息（％AN0002）；如果液位发生低限报警，则仅仅发出报警信息（％AN0003）；最后，如果流入阀处于关闭状态，并且液位发生低-低限报警，则关闭流出阀，打开进料阀，并发出报警信息（％AN0004）。上述逻辑操作可用非步序顺序表实现，如图 3-16 所示。顺序表用于同时监视规则号 01～04 中的条件。在 4 个规则中的任一条件成为"真"，在同一规则中的操作将被再次执行。在执行后，继续进行监视。

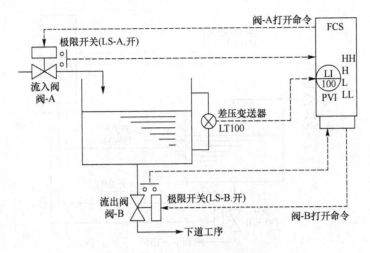

图 3-15　缓冲罐液位控制系统

Processing Timing	TC	....	Scan Period	Basic Scan ▼						

					Rule Number			
No	Tag Name-Data Item	Data	Comment		01	02	03	04
C01	LS-A.PV	ON	Inflow valve limit switch		Y			
C02	LS-B.PV	ON	Outflow valve limit switch					Y
C03	LI100.ALRM	HH			Y			
C04	LI100.ALRM	HI				Y		
C05	LI100.ALRM	LO					Y	
C06	LI100.ALRM	LL						Y
A01	VALVE-A.PV	H	Inflow valve open command		N			Y
A02	VALVE-B.PV	H	Outflow valve open command		Y			N
A03	%AN0001	L	Upper level,high-limit alarm		Y			
A04	%AN0002	L	Level,high-limit alarm			Y		
A05	%AN0003	L	Level,low-limit alarm				Y	
A06	%AN0004	L	Lower level,low-limit alarm					Y

图 3-16　缓冲罐液位控制系统的非步序顺序表

【例 3.2】　注水、排水处理系统。

图 3-17 所示为一注水排水分阶段处理的顺序控制系统。进水和排水分别由两位式开关阀(阀 A 和阀 B)控制;水位高(满)、低(空)检测则由检测开关(开关 A 和开关 B)完成。顺序控制的要求是:按启动按钮,阀 A 打开,向水槽注水。待水槽满后,水位检测开关 A 动作(成为"ON"),提示水满,需要关闭进水阀。当水槽满后,如再次按动启动阀,则出水阀 B 打开。当排水过程结束,开关 B 成为"ON",则关闭排水阀门 B。注水、排水处理系统的具体工作流程以及步序分配如图 3-18 所示,相应的步序顺序表实现如图 3-19 所示。

在上面的顺序表中,规则号 01 和 02 组成步序 A1,规则号 03 及以上组成步序 A2。规则号 05 及以上对于条件规则、操作规则、转移目标步号等都没有描述,因此对于它们来说,条件测试或操作都不会进行。

在步骤 A1,同时监视规则号 01 和 02 的条件。对于规则号 01 和 02,无论哪一个条件满足都将被执行。执行规则 01 的操作不会前进一步,因为在转移目标步号中没有指定目标步号。在执行完操作步骤 A2 后,A1 再次重新监视规则号 01 和 02。另外,如果规则号 02 的条件成

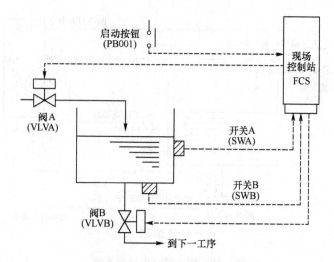

图 3-17　注水、排水处理系统

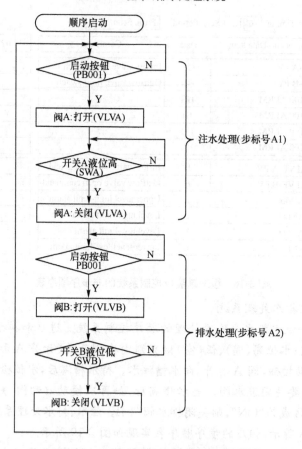

图 3-18　注水、排水处理系统工作流程

为"真",则规则 02 的操作将被执行,并且当前步号将推进到 A2,因为这里指定了转移目标步号。

　　通过上面的介绍可以看出,采用顺序表,借助丰富的条件和动作信号元素,完全可以实现复杂的顺序控制或混合控制功能。

Process Timing TC .... Scan Period Basic Scan ▼

No	Tag Name.Data Item	Data	Comment		01	02	03	04	05	06
				STEP	A		A			
					1		2			
C01	PB001.PV	ON	Start Button		Y		Y			
C02	SWA.PV	ON	Switch A(Level HI)		N	Y	Y			
C03	SWB.PV	ON	Switch B(Level LO)					N		
C04										
C05										
C06										
A01	VLVA.PV	H	Valve A		Y	N				
A02	VLVB.PV	H	Valve B				Y	N		
A03										
A04										
A05										
A06										
			Destination Step Label	THEN		A		A		
						2		1		
				ELSE						

(Rule Number: 01–06)

图 3-19 注水、排水处理系统的步序顺序表

2. 逻辑图块

逻辑图一般是一个内部联锁图，它采用逻辑运算符，根据逻辑要求，将输入信号(条件信号)组合起来进行逻辑运算，对输出信号(动作信号)进行操作；输入条件信号在变成输出动作前，通过逻辑元素(AND、OR、NOT、GT、GE 等)进行处理。逻辑图主要用于描述联锁(interlock)顺序控制。逻辑图块主要有 LC64，它是一个具有 32 输入、32 输出和 64 个逻辑元素的功能块，它可将其他功能块、过程 I/O 或软件 I/O 的信号组合或安排在一个应用中，进行联锁顺序控制。

图 3-20 给出了一个反应罐联锁控制的逻辑图显示窗口，其联锁控制的逻辑要求是，图中三个储液槽(Tank A、Tank B 和 Tank C)中只要有一个液位超过危险高度(达到上上限报警值)而发生报警，则三个储液槽的输出阀门将同时打开。图中的逻辑运算符表示逻辑“或(OR)”操作。

3. 顺序功能图块

顺序功能图块 SFC 是用图形化的编程语言——SFC(Sequence Function Chart)描述语言，定义控制顺序，实现顺序控制功能的模块，它符合 IEC61131—3 标准。SFC 功能块将整个控制流程分割为一系列的控制步，并描述出程序的执行顺序和控制条件。SFC 功能块执行用 SFC 描述的应用程序，用于大规模顺序控制和设备控制，用其进行顺序进程管理(状态显示)非常方便。

顺序功能图采用“步(Step，定义一步的动作)”、“转移(Transition，定义转移到下一步的条件)”、“连接(Link，定义从步到转移和从转移到步的连接)”三个元素的组合来编程定义工序行进的顺序步骤。步的动作可以采用顺序表、逻辑图或 SEBOL 语言来进行描述。当 SFC 程序生成后，每个程序步都代表一组动作。

顺序功能图块有三种，即三位置开关 SFC 块(_SFCSW)、按钮(Pushbutton)SFC 块(_SFCPB)以及模拟 SFC 块(_SFCAS)。

图 3-21 给出了一个 SFC 显示窗口的一个例子，该窗口显示 SFC 块状态。从该窗口，还可进一步调出显示每步所处阶段状态的更详细的画面。

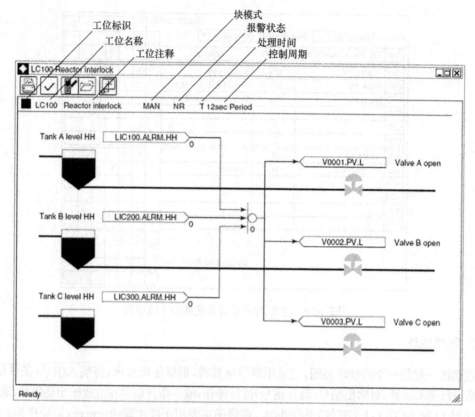

图 3-20　CENTUM CS3000 中反应罐联锁控制的逻辑图显示窗口

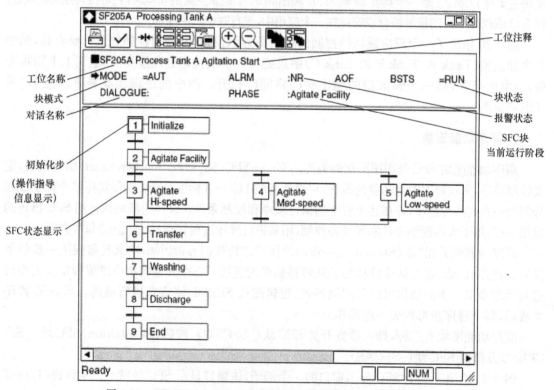

图 3-21　CENTUM CS3000 中的顺序功能图块(SFC)状态显示窗口

所谓 SEBOL(SEquence and Batch Oriented Language)是一个面向顺序和批量控制的类似于 BASIC 的结构化文本语言,非常适合于单元顺控。SEBOL 具有开放的语言环境,用于采用文本语言书写应用程序。除来自于过程 I/O 和软件 I/O 的数据外,来自其他功能块(如连续控制块、顺序控制块、计算块等)的 I/O 都可以作为 SEBOL 块的输入,并且计算输出还可以返回到上述块当中去。SEBOL 语言可以轻松地处理非常复杂的顺序功能。

综合以上三种基本顺序控制块的讲解,并参考表 3-5 及表 3-6 可以看出:不论是顺序表块,还是逻辑图块,它们都可以引入各种功能块的块模式、状态,以及过程 I/O(接点输入/输出)、软件 I/O、通信 I/O 等顺控元件作为输入/笑 ,实现复杂的顺序控制功能,上述各个顺序控制块与各顺控元件的关系如图 3-22 所示。

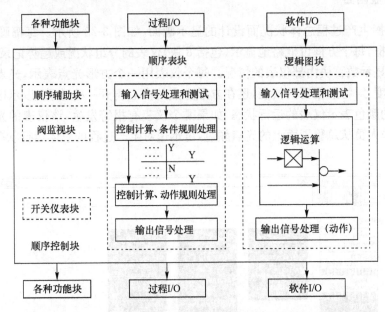

图 3-22　CENTUM CS3000 中顺序控制块与各顺控元件之间的关系

顺序控制模块可以组态各种回路的顺序控制,如安全联锁顺序控制和过程监视顺序控制等。顺序表(Sequence Table)和逻辑流程图(Logic Chart)连接组合,可以组态形成非常复杂的逻辑功能,以实现复杂逻辑判断和控制。组合三大逻辑组态工具(顺序表 ST,逻辑图 LC 和顺序功能图 SFC)可以组态庞大复杂的逻辑控制功能和庞大的批量(Batch)控制功能。

3.3　DCS 操作站的功能

集散控制系统的操作站主要有三大功能,即以系统生成、维护为主的工程功能,以监视、运行、记录为主的操作功能,以及与现场控制站和上位计算机交换信息的通信功能。其中,工程功能与通信功能前面已经提到过。在 CENIUM 系统中,现场控制站的反馈控制和顺序控制的组态,都是在操作站的 CRT 或液晶显示屏幕上,通过图形化连接、填表或对话框操作生成后,经数据通信,由操作站装入控制站的。此外,工程功能还包括操作站自身的系统生成,例如用三四台 CRT 组成操作控制群,分工实现报警、操作及总貌监视,并互为备用;在各操作站内,还需生成各种与显示有关的项目,对各工位号的仪表进行分组编排,形成各种标准的监视操作画面及千变万化的流程图画面。

工程功能除系统生成组态外，还包括系统测试功能、系统维护功能及系统管理功能，以便对生成的系统动作状态进行观测和调试，协助工作人员进行硬件的维护作业，实现对系统内部文件的自动管理。限于篇幅，下面只介绍操作功能。

在各种集散控制系统中，为满足运行操作的要求，一般在操作站上都备有过程总貌画面、控制分组画面、回路调整画面、趋势分组画面、报警画面五种标准画面，此外，还能根据用户的不同特点，生成各种流程图画面及工艺数据汇总画面等。下面举例说明这些画面在监视和操作中的作用。

1. 过程总貌画面

这是为掌握生产过程总体状况而设计的显示画面，如图 3-23 所示。每幅画面上分为 32 个信息显示方框，每个方框可概略地显示（包括 8 块）仪表的分组状况或趋势记录，因此每幅画面最多可同时显示数百块内部仪表的情况。每个仪表用一个方形光点表示，光点的大小表示仪表的重要程度，对特别重要的仪表，还在方形方点的中心再开一个小孔，以示区别。系统在运行时，光点的颜色表示仪表的运行状态，如果哪个仪表有报警发生，该仪表的光点就由绿色变为红色，操作人员从总貌画面上的光点颜色，可迅速对生产过程的总体运行状况有一个全盘的了解。

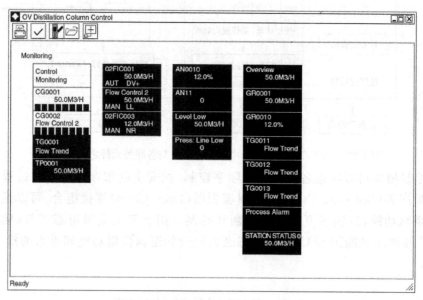

图 3-23　CENTUM CS3000 的总貌画面

2. 控制分组画面

由于生产过程的关联性，在对某个回路进行操作时，例如改变设定值或操作输出值时，必须同时注意观察其他回路的变化，这种情况下使用控制分组画面特别方便。

分组画面对每个仪表都采取数字和模拟两种方式显示。数字方式给出了 PV、SV、MV 的精确数值及单位，模拟方式的棒图显示直观明了，有利于操作员做出快速反应。每个画面可同时显示 8 个大的（或 16 个小的）仪表面板，大小仪表面板可混合在一个窗口中，如图 3-24 所示。当使用8个仪表面板分组时可配合使用操作员键盘直接进行操作。

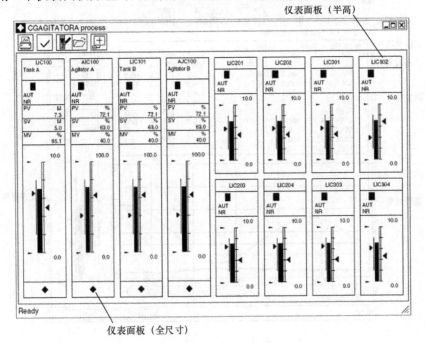

图 3-24　CENTUM CS3000 的分组画面

这种分组画面,在操作站上可生成许多页,根据不同的操作需要,可对仪表进行多种组合编排。例如,在炼油厂多台裂解炉并联工作的情况下,为观察各个炉子的运行情况,需要以每个炉子为单位,将有关仪表编排在一个画面上,进行输入流量及出口温度等监视。由于各炉是并行运转的,还需要同时了解各炉的出口温度,还要把各炉的温度控制仪表编排在一个画面上,进行集中监视和调度。显然,这些要求在模拟仪表盘上是无法实现的。

3. 回路调整画面

随着对过程的了解由全局向局部深入,需要对单个回路或仪表进行细致的观察和调整,这种以仪表为单位的回路显示画面如图 3-25 所示。画面上详尽地列出了该仪表的全部数据,具体包括该回路的仪表面板、调整趋势及仪表参数等,并可用光标指定需要更改的参数后,用操作键盘进行数据设定。每个操作站(HIS)可显示 100 000 个画面。

由于调整 P、I、D 等整定参数时,需要观察过渡过程曲线后才能决定下一步的操作,这种画面下一般都配有趋势曲线。

4. 趋势分组画面

对过程量变化曲线的显示,即所谓趋势显示,在缺乏硬件记忆功能的模拟仪表中,是用记录仪实现的,但常年消耗大量记录纸的模拟记录究竟需要到什么程度,很值得研究。实际上,长时间的记录一般只要打印出报表就可以,有些只要暂存在系统中,需要时调出显示一下就够了;对于事故报警等紧急事件,希望有高速的细致记录,最好具有追忆功能,这就要求平时对关键的变量连续进行高速记录。如果运转平稳,就把这些记录不断刷新;一旦出现急剧变化,就保留一段事件发生前的记录,给出事件前后的完整变化曲线。

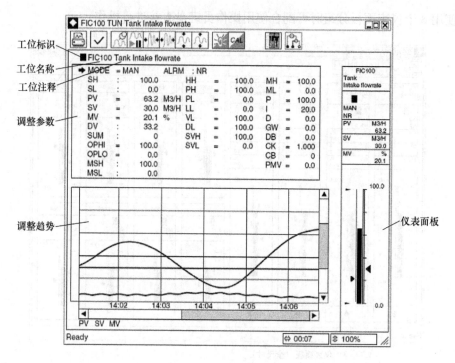

工位标识
工位名称
工位注释
调整参数
调整趋势
仪表面板

图 3-25　回路调整画面

在操作站中,每个趋势画面有 8 支记录笔,可记录 PV、SV、MV 等参数,可显示 8 个变量的变化过程,具体如图 3-26 所示。每个人机界面(HIS)站共有 800 个趋势画面。采样周期包括:1s,10s,1min,2min,5min,10min 等。记录时间长度相应为 48min,8h,48h,96h,240h,480h 等。一般趋势记录还可分为实时趋势记录和历史趋势记录两类,前者的采样周期为 10 秒以下;后者的采样周期可在 1～10min 之间选择,记录长度也相应地在 48～240h 之间变化。当选用长时间趋势软件包时,记录时间可根据硬盘容量由用户自定义。

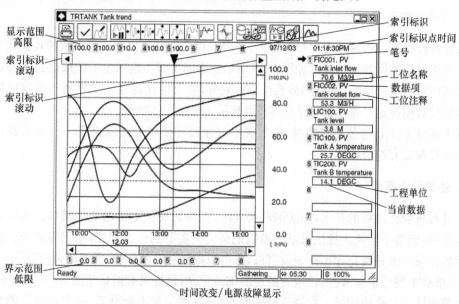

显示范围高限
索引标识滚动
索引标识滚动
界示范围低限

索引标识
索引标识点时间
笔号
工位名称
数据项
工位注释
工程单位
当前数据
时间改变/电源故障显示

图 3-26　CENTUM CS3000 趋势画面

5. 报警画面

虽然总貌观察画面和专设的报警器可以指明报警的场所,但一般不能说明发生了何种性质的报警,特别是不能提供报警发生的次序和时间,而后者对判断异常状态发生的因果关系是非常有用的。

图 3-27 是操作站上显示的,按发生时间先后排列的顺序报警画面。其中最新发生的报警在最上面的一行,按发生的顺序向下排列,当超过画面上允许的行数时,送入后面的页面。这样,从几页画面中可以读出发生过的全部报警内容和顺序。每个报警画面可显示 18 个报警信息,每个 HIS 则储存有 200 个报警信息。具体报警信息包括:序号、标记、日期、时间、仪表说明、报警状态、测量值、是否恢复正常等。报警具有 5 个优先级别,分别是:高、中、低、记录、参考。

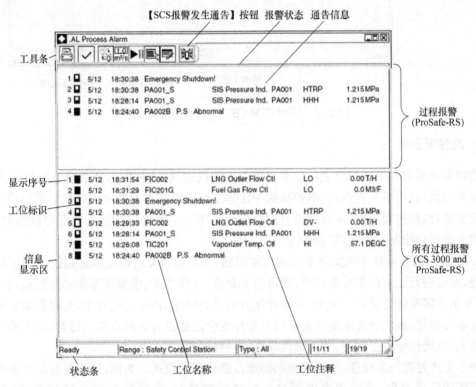

图 3-27 CENTUM CS3000 的报警画面

在报警画面上,凡是新发生的报警在操作员用按钮对其确认之前,其报警文字前头的光点一直是闪烁的,只有确认后才变为静止显示。此外,在报警获得确认之前,一般还用蜂鸣器、电子铃等发出报警声,以减轻操作员一直紧盯显示器的疲劳,并避免遗漏。

6. 操作指导画面

操作指导画面可以在各种异常事件或报警发生时,提示操作工如何进行紧急处理,即在目前状况下,应采取的应对措施是什么。这样,可避免操作人员在紧急情况下,由于事发突然而导致误操作。具体图例如图 3-28 所示。

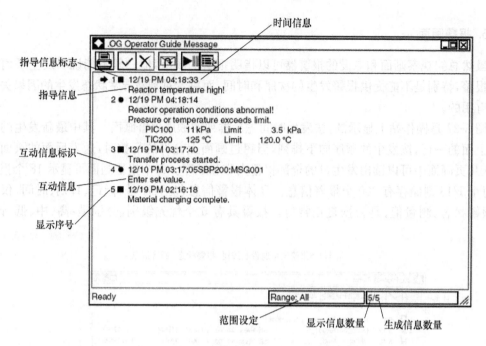

图 3-28　CENTUM CS3000 的操作指导画面

7. 流程图画面

流程图画面起源于模拟仪表中绘有过程图形的仪表盘,这种图形仪表盘在熟练工人不足的情况下,对新操作员是有用的,但熟练到一定程度后就没有多大意义了。配上图形的仪表盘尺寸大大增加,使监视不便,所以并没有取得广泛应用。一般是将过程流程图与仪表分开,例如在仪表盘顶部绘制流程图,以备参考。

LCD 显示的紧凑性不仅解决了空间尺寸问题,其显示的灵活性也远远超过了图形仪表盘的功能,除可进行固定的图形显示外,还可将测量值、工作方式、报警状态等动态数据以选定的颜色,显示在需要的位置上。近来,随着控制方案的高级化,在运行过程中,有时回路结构和控制模式也要变化,因此动态的图形显示可对操作安全性提供有力的支持。目前,动态的流程图画面是 LCD 操作中最受欢迎、使用频度最高的一种画面。

由于生产过程的多样性,使流程图画面难以做成标准模式。为此,操作站总是为用户提供这类图形的生成手段,可让用户根据自己的情况和爱好,生成各具特色的画面,如图 3-29所示。

目前,每个 HIS 可具有 2500 个流程图显示画面,每个画面可包含 400 个数据和 200 个修改画素。

除以上介绍的几种最常用的监视操作画面外,还有消息监视信息画面等,消息监视窗口按照消息发生的顺序显示出来。可以指定接收消息的类型,如顺序消息、操作记录消息及现场总线消息等,根据需要进行显示,并实时进行消息的监测。限于篇幅,不再一一介绍。

利用上述的各种显示画面,可使操作者犹如置身于活动的仪表盘前,方便地利用操作台上仪表化的键盘,修改各种控制参数及运行方式,对系统进行必要的干预。

在 LCD 画面操作中有两个值得注意的问题,这就是快速性和抗误操作性。快速性是指画面的转换和过程操作要快。为此,一方面要提高 LCD 的画面更新速度,例如把画面更新的时

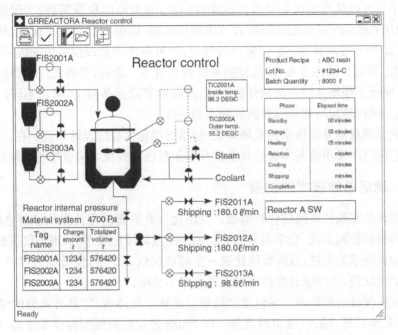

图 3-29　CENTUM CS3000 的流程图画面

间缩短到 1s 以内；另一方面要优化关联画面的编排，使操作者在某个画面上发现问题后，能快速找到最有关系的画面，并努力简化操作步骤，力求实现"一键"操作。由于集散系统具有顺序控制功能，所以不难以"一键"动作代替一连串的键盘操作。但是在操作简化的同时，又提出了另一个问题，即如何防止因误操作引起严重后果。为此，首先将键盘功能按适用人员的职责范围划分等级，以密码或钥匙限制越权操作，保证像回路构成等软件不会被无关人员的误操作所破坏。此外，对一些关系重大的操作，必须要求操作员反复确认后才能执行，对明显不合理的指令，系统应拒绝执行。

目前，CENTUM CS 3000 采用 Windows 通用操作系统，既可以直接使用 PC 通用的 Microsoft-Excel、Visual Basic 编制报表及程序开发，也可以同在 UNIX 上运行的大型 Oracle 数据库进行数据交换。此外，横河还提供有系统接口和网络接口，用于与不同厂家的系统、产品管理系统、设备管理系统和安全管理系统进行通信。

3.4　现场总线通信技术

集散控制系统以其高可靠性在过程控制领域获得了广泛的应用，但是，近年来随着企业内部信息化要求的提高，由于生产厂专有技术而造成的 DCS 硬件和软件的封闭性已成为系统间互联的重大障碍，因此要求 DCS 开放化的呼声越来越高。此外，DCS 与现场仪表间的联系仍采用 4~20mA 模拟信号，远远满足不了对现场设备状态监测和管理的深层次要求。为解决控制系统的开放化和数字化问题，20 世纪 90 年代出现了现场总线的思想。

那么什么是现场总线呢？根据现场总线基金会的定义，"现场总线（Fieldbus）是连接智能测量与控制设备的全数字式、双向传输、具有多节点分支结构的通信链路"，它是用于工业自动化领域的许多局域网之一。

现场总线技术与传统的 4~20mA 模拟传输技术相比，其优势是明显的，首先，双向数字通信使我们不仅可以从现场设备读取大量实时信息,而且可以根据需要,实现远程组态与维护。其次,现场总线的网络化结构可大大节省连接电缆,降低安装费用。此外,传统控制器中的标准功能,如 PID 控制算法、输入/输出处理等,均可在现场总线设备中完成,使控制功能比 DCS 更加分散,可减少硬件设备,降低控制系统的总成本。最后,现场总线设备的一致性与可相互操作性,保证了现场总线系统的开放性,以及在数字通信条件下,来自不同厂商设备的互换性。这里,一致性是指与现场总线国际标准的一致。

下面首先介绍现场总线技术的发展背景,包括智能化仪表的设计原理。在此基础上,介绍工业现场测控网络所采用的基本通信技术以及基于现场总线技术构造控制系统的方法。

3.4.1 现场总线技术的发展

仪表智能化是实现仪表网络化的基础。自动化仪表的智能化首先从控制室仪表开始,例如前面介绍的集散控制系统、数字调节器等。由于工业环境比较恶劣,现场仪表的智能化发展相对滞后。随着技术的发展,仪表智能化进一步向底层仪表扩展,使传统的模拟变送器、执行器等成为智能化仪表,为现场总线技术的发展奠定了基础。

智能化现场仪表内部具有一块包含微处理器的数字电路板,它具有典型的微机控制系统结构,即微机最小系统、输入/输出通道等。以 Smar 公司的智能型温度变送器 TT302 为例,其结构如图 3-30 所示。该变送器主要包含三个部分,即输入电路板、主电路板及液晶显示板。主电路板包含一般智能化仪表所需的所有软、硬件,包括中央处理单元(CPU)、RAM、PROM、EEPROM 等。CPU 负责测量、补偿运算、线性化处理、自诊断及通信处理等。程序存储在 PROM 中;临时性的数据存储在 RAM 中。对于在断电后依然要保存的数据,存放在非易失性 EEPROM 中。设备固件(Firmware,即板上的可执行程序)保存在 Flash 中,便于软件升级。该主电路板与不同的传感器输入电路板组合,可构成不同的智能传感器。

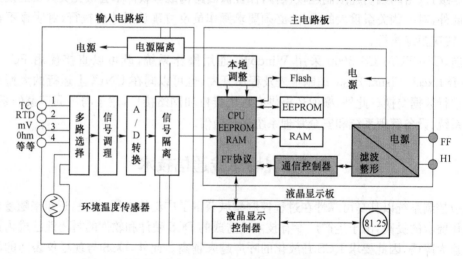

图 3-30 支持 FF H1 协议的智能型温度变送器的硬件结构

为提高抗干扰能力,输入电路板与主电路板之间实现完全的电气隔离。输入板上设计有信号多路选择器,可针对热电偶、热电阻等不同热敏元件,选择不同的接线方式。其中的信号调理单元,用于选择合适的增益对信号进行放大,以适应 A/D 转换器的输入量程。当仪表配备有液晶显示电路板时,可实现测量参数的就地显示与内部参数的就地调整。

早期的现场智能仪表与 DCS 现场控制站的连接,采用 4～20mA 模拟信号传输,这就是说,测量数据先转化为 4～20mA 模拟信号,经远距离传输到 DCS 后,再要在输入通道内作 A/D 转换。上述过程不可避免地会引入误差,降低检测与控制的精度。另外,现场仪表内部的大量信息有待与上位计算机进行交互,而仅仅依靠 4～20mA 的单变量传输是远远不能满足要求的。

在 20 世纪 80 年代中期,人们尝试在 4～20mA 模拟信号之上叠加调制的数字信号,使现场与控制室之间的连接由模拟信号过渡到数字、模拟混合信号的传输方式,该技术一般称作 Smart 传输技术。当然,数字通信要建立统一的协议标准,当时最有代表性的就是 HART 协议,3.4.3 节将专门对 HART 协议进行介绍。Smart 传输技术有效解决了现场智能仪表的多变量传输问题,但另外,从通信技术的角度来看,Smart 通信运行在 4～20mA 线上,采用不平衡传输线,只能工作在相对较低的数据传输速率上,例如 1200bit/s。

事实上,人们已经看到将网络通信技术引入工业现场是发展的必然趋势,因此投入大量的资金和人力进行研究。但问题的关键是能否制定出一个统一的通信协议标准,使来自不同厂家的设备具有可相互操作性。经过漫长的历程,基金会现场总线 FF H1 最终作为各方接受的国际标准诞生了。图 3-30 所示就是支持 FF H1 协议的典型现场总线仪表。正如当初 4～20mA 标准极大促进了仪表工业的发展,现场总线技术也将带来仪表工业的一场革命。

总之,仪表智能化促进了现场仪表通信技术的变革,数字通信已越来越成为自动化仪表不可缺少的组成部分。为此,下面重点就仪表网络通信技术作一介绍。在谈到网络通信时,不能不涉及国际标准化组织的开放系统互连参考分层模型,即 OSI/OSI(Open System Interconnection)参考模型,因为它是包括现场总线在内大多数计算机通信系统开发所共同参照的一个基本模型,因此,下面首先从开放系统互连模型讲起。

3.4.2　开放系统互连参考模型

ISO/OSI 参考模型是国际标准化组织 ISO 为实现把开放系统(即为了与其他系统通信而相互开放的系统)连接起来,而于 1978 年建立起来的分层模型,1983 年成为正式国际标准(ISO7498)。ISO/OSI 参考模型提供了概念性和功能性结构,该模型将开放系统的通信功能划分为 7 个层次,即物理层、数据链路层、网络层、传输层、会话层、表示层与应用层,如图 3-31 所示(其中各层的定义可参考有关文献)。其中,1～3 层用于网络链接,4～7 层提供从源到目标"端到端"的、与网络无关的传输服务。由于 2～7 层大都由软件来实现,因此通常称作"通信栈"。

ISO/OSI 通信参考模型每层的功能是独立的,它利用其下一层提供的服务并为其上一层提供服务。这里,所谓"服务"就是下一层为上一层提供的通信功能和层之间的会话规定,一般用通信服务原语实现。两个开放系统中的同等层之间的通信规则和约定称为"协议"。在每层中依照协议实现服务功能的软件或硬件通常称作通信"实体(entity)"。

考虑到 ISO/OSI 参考模型过于复杂,而工业控制网络对实时性、可靠性等又有特殊的要求,因此工业控制大都采用简化的 ISO/OSI 参考模型,即仅仅采纳其中的物理层、数据链路层及应用层,而将省略各层中的必要功能通过其他机制并入第二层及第七层,即形成包括:物理层(PHY)、数据链路层(DLL)、应用层(APL)在内的典型三层结构。对于主站一级网络,由于通信距离远、涉及地域广,因此除了上述三层外,一般还包括网络层和传输层。

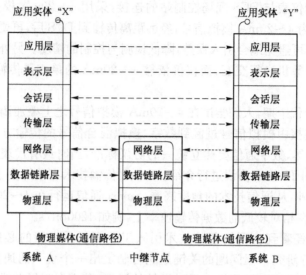

图 3-31　OSI 参考模型

ISO/OSI 参考模型为异种计算机互连提供一个共同的基础和标准框架,并为保持相关标准的一致性和兼容性提供了一个共同的参考。下面介绍在自动化领域影响非常广泛的两种数字通信技术,即 HART 与基金会现场总线通信技术。

3.4.3　HART 通信技术

可寻址远程变送器数据高速公路通信协议,简称"HART(Highway Addressable Remote Transducer)"协议,最初是由美国 Rosemount 公司开发,目的是在维持原有 4～20mA 模拟通信不变的前提下,实现与现场仪表间的数字通信。该协议目前已向所有用户开放,世界上各大公司都支持和使用这一协议。采用 HART 协议的 Smart 现场装置允许 4～20mA 模拟信号和双向数字通信信号在同一对导线上传送,且不相互干扰。HART 还可在一根双绞线上以全数字的方式通信,支持 15 个现场设备的多站点网络,此时每个设备都必须有唯一的地址,并在主站发出的请求信息中应包含该地址信息。在多站点方式时,变送器模拟量输出被设置为 4mA,主要是为变送器供电,各个现场装置并联连接。

HART 协议以 ISO/OSI 模型为参照,使用其中的 1、2、7 三层,各层功能分别介绍如下。物理层规定 HART 通信采用标准的 BELL 202 频移键控(FSK)信号,以低电平加载于 4～20mA 模拟信号上,使用两种不同的频率,即 1200Hz 和 2200Hz 分别代表逻辑"1"和"0",如图 3-32所示。由于正弦信号的平均值为零,所以它对模拟信号没有影响,这是 HART 通信标准重要的优点之一。发送 HART 信号是通过电流,接收则是通过电压;如果在回路中没有足够的阻抗,那么电压将会小到难以检测,并导致通信失败。因此,HART 信号要被智能设备检出,必须具有 0.25V(峰-峰值)以上的电平,因此两线制智能设备与电源之间至少要有 250Ω 以上的电阻(包括电缆电阻在内,电流回路总的负载一般限定在 230～1100Ω 之间,上限由电源输出功率限制)。

HART 采用异步串行通信,数据链路层规定了通信数据的结构,每个字符由 11 位组成,其中包括:1bit 起始位,8bit 数据位,1bit 奇偶校验位,以及 1bit 停止位。不仅每个字节有奇偶校验,每个完整的 HART 数据帧还用一个字节进行纵向校验。HART 数据帧格式如图 3-33

所示,其中 HART 数据项长短并不恒定,最多可包括 25 个字节,数据形式可为无符号整型数、浮点数或 ASCII 字符串。

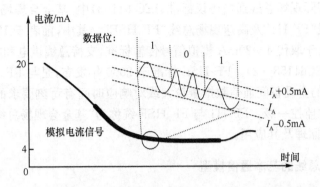

图 3-32　HART 信号中数字信号(Bell 202)与模拟信号的叠加

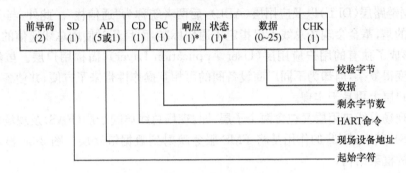

图 3-33　HART 数据帧格式

HART 应用层规定了 HART 命令,智能设备从这些命令中辨识对方信息的含义。这些命令分为三类:通用(Universal)命令、惯用(Common-Practice)命令及专用(Device-Specific)命令。

第一类命令是通用的,对所有遵从 HART 协议的智能设备都适用。例如,读制造厂名及产品型号、读过程变量及单位等。

第二类命令是惯用的,对大多数智能设备都适用,但不要求完全一样。适用于惯用的操作,如写时间常数、量程标定等。

第三类命令是专用的,是针对各种具体设备的特殊性而设立的,因而,它不要求统一。

HART 通信协议允许两种通信模式:第一种是"问答式",即主设备向从设备发出命令,从设备给予回答,每秒钟可以交换两次数据;第二种是"成组模式",即无须主设备发出请求而从设备自动地连续发出数据,传输速率提高到每秒 3.7 次,但这只适用于"点对点"的连接方式,而不适用于多站连接方式。

HART 协议本身并不算是现场总线,只能说是现场总线的雏形,是一种过渡性的协议。由于目前使用 4~20mA 标准的现场仪表还大量存在,所以作为 DCS 的补充,HART 还不会立即消失。

3.4.4　基金会现场总线通信技术

基金会现场总线(简称"FF 总线")是目前最具发展前景的现场总线之一,它的前身是以 Fisher-Rosemount 公司为首,联合 80 家公司制定的 ISP 协议和以 Honeywell 公司为首,联合

150 家公司制定的 WorldFIP 协议,两大集团于 1994 年合并,成立"现场总线基金会(Fieldbus Foundation)",并致力于开发统一的现场总线标准。

目前,在 8 种国际现场总线通信协议标准(IEC 61158)中,基金会现场总线就占有两个标准,即低速现场总线"FF H1"及高速现场总线"FF HSE"。其中,前者于 1996 年发表,是专为过程控制开发的,用于取代 4～20mA 模拟信号传输标准,支持总线供电和本质安全,符合 IEC 物理层国际标准(IEC61158—2)。FF-HSE 标准于 2000 年发布,是与 FF H1 配套的,主要用于工业实时网络中的主设备间通信数据量较大或对响应时间有苛刻要求的场合,如断续生产的制造业,以及上位监控一级。FF H1 与 FF HSE 统称为"基金会现场总线"。下面重点介绍 FF H1 的基本通信原理及其应用。

1. 基金会现场总线的基本通信模型

基金会现场总线同样采用了简化的 ISO/OSI 参考模型,具有典型的三层结构,即物理层(PHL)、数据链路层(DLL)以及应用层(APL),后两者统称为"通信栈"。此外,与 ISO/OSI 参考模型不同的是,基金会现场总线不仅指定了通信标准,而且还对使用总线通信的用户应用进行了规范,形成了独有的用户应用层(User Application Layer),简称用户层。虽然这会使协议规范内容变得复杂,但却为不同厂商设备间的可相互操作性带来了方便,并使各厂产品的独有功能在用户层上更易于实现。

基金会现场总线应用层又包含两个子层,即:现场总线访问子层(FAS)及现场总线报文规范子层(FMS),其中,FAS 的作用是将 FMS 服务映射到数据链路层。图 3-34 显示出了基金会现场总线的框架结构。

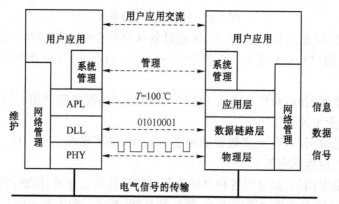

图 3-34 基金会现场总线的框架结构

图 3-35 显示出了用户数据是如何在基金会现场总线上进行传输的。在同层对等实体间交换的数据单元,被称为"协议数据单元(PDU)"。一个 PDU 内包含一个可选数据项,称为"服务数据单元(SDU)",该 SDU 即是紧邻上一层的 PDU。

一个用户数据在总线上传输时,其首先从发送方应用实体向下穿过称为"虚拟通信关系(VCR)"的通信通道,至数据链路层组帧后进入传输导线,其间每过一层都要附加称为"协议控制信息(PCI)"的层控制信息。当该报文到达接收站点后,向上穿过 VCR 最终到达接收方用户应用。其间每过一层,都要依据 PCI 完成一定的操作,并将本层 PCI 从数据报文中除去。

一个现场总线设备拥有许多虚拟通信关系 VCR,这样它可以同时与多个设备或应用进行通信,不同 VCR 根据在应用层中指定的"索引号(Index)"来识别。其他设备则依据在数据链

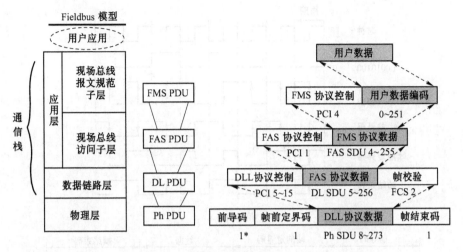

图 3-35　现场总线各层协议数据的生成

路层中指定的数据链路地址（DL_地址）来区分 VCR。一个 VCR 采用一个队列（先进先出内存区）或缓冲区来存放报文信息。网络组态通过网络管理将正确的索引号（Index）及 DL_地址信息设置给 VCR。

以上勾勒出了现场总线数据通信的大致轮廓，下面的讲解将围绕基金会现场总线的协议展开，首先介绍物理层协议规范，这部分内容对于现场总线系统的搭建具有直接的指导意义。随后将讲解通信栈的具体内容，即基金会现场总线的基本通信原理，这些知识有助于加深了解基金会现场总线通信是如何支撑功能块应用的。最后介绍用户应用层，该层直接涉及现场总线技术的工程应用。

2. 基金会现场总线物理层

物理层规范涉及传输线、信号、波形、电压以及所有与电信号或光信号传输相关的属性，其功能是接收来自通信栈的由"0"和"1"组成的数据信息，将其转换为电的或光的物理信号（信号编码），并传送到现场总线的传输媒体上（线路驱动）；反之，把来自总线传输媒体的物理电或光信号转换为数据信息（信号解码），送往数据链路层。转换工作包括添加或去除前导码、帧前定界码及帧结束码。

现场总线信号采用熟知的曼彻斯特双相-L（MANCEESTER-BIPHASE-L）技术进行编码，如图 3-36 所示，其在 1bit 时间段的中间时刻将数据编码为电压的变化，换言之，每个时钟周期被分成两半，用前半周期为低电平、后半周期为高电平形成的脉冲正跳变来表示 0；用前半周期为高电平、后半周期为低电平形成的脉冲负跳变来表示 1。这样处理，其优点是编码信号中将同时包含数据与时钟信息，使接收端可从所接收到的信号中提取时钟信号；另外，信号无直流分量，因而可用变压器进行电气隔离。由于此种数据编码产生的串行数据流中隐含了同步时钟信号，因而属于"同步串行通信"，传输效率高。

前导码为置于通信信号最前端而特别规定的 8 位单字节数字信号：10101010，用于接收方内部时钟与接收到的现场总线信号的同步。当采用中继器时，前导码可以多于一个字节。帧前定界码和帧结束码用作帧边界标志，这两个字段内使用的是模拟编码而非 0 和 1，其中使用了特殊的 N^+ 和 N^- 码，它们在每个时钟周期的中间不会发生跳变，因而它们不会偶然出现在数据当中，仅供接收器用来识别物理层服务数据单元（PHL SDU）即数据链路层协议数据单元

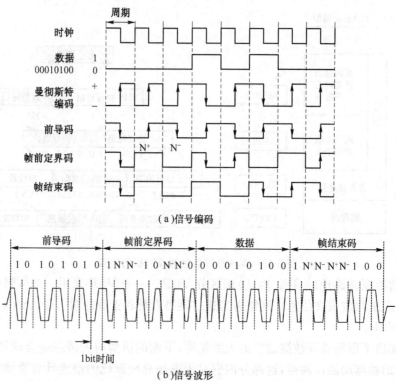

（a）信号编码

（b）信号波形

图 3-36　现场总线数据信号的编码及波形

（DL PDU）的开始和结束标志，以使物理层可以发送 DL PDU 中任意"0"和"1"的组合。

现场总线设备网络的典型接线图如图 3-37 所示。基金会现场总线为现场设备提供了两种供电方式，即总线供电与单独供电方式。其中，总线供电方式，应在安全区域的电源和危险区域的本质安全设备之间加上防爆栅。按照规范，现场设备从总线上得到的供电电压要在 9～32V 之间，以保证设备的正常工作。因此，在进行现场总线网络配置时，要根据设备的功耗情况、设备在网络中的位置、每段电缆的阻抗等进行直流回路分析，以确保每个设备得到的电压不低于 9V。

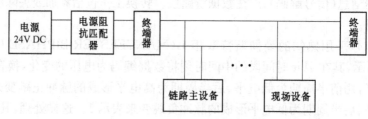

图 3-37　现场总线设备网络的典型接线图

在现场总线网络中的发送设备以 31.25Kbit/s 速率将 ±10mA 电流信号传送给一个 50Ω 的等效负载（终端阻抗匹配器），产生一个调制在直流电源电压上的 1V 峰-峰值的电压信号，如图 3-38 所示。普通直流电源不能直接给总线设备供电，因为直接相连会使数字信号通过直流电源短路。为此，应在电源与总线之间接入一电感线圈。考虑到电感与终端器中的电容可能形成振荡电路，为此要串联一电阻，用电阻与电感串联形成电源阻抗匹配器。该阻抗匹配器可无源实现（由 50Ω 电阻与 5mH 的电感串联组成）或通过阻抗控制电路有源实现，最终要保证电源的输出阻抗在信号频带内大于 400Ω。实际上，一般都采用有源方式，且有源阻抗匹配器在网段短路时,可起到限流作用。

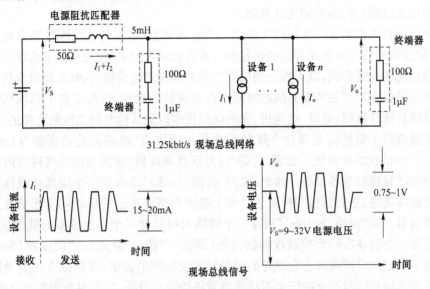

图 3-38 现场总线网络结构及信号波形

现场总线网络的每端都要接一个终端器。终端器有两个功能,首先是传统的终端器功能,即防止信号在电缆中传输到终端时,因产生反射而引起通信出错。由于现场总线导线同时还兼作电源线,终端器就不能简单的采用电阻来完成,它会消耗电源供给现场设备的能量。因此,现场总线中的每个终端器由 100Ω 电阻和一个电容串联组成,阻断直流。该终端器使仪表总线电缆成为平衡的传输线路,根据反射波原理,可以减小高频信号传输的衰减与畸变。终端器的另外一个功能是把由发射信号设备所产生的电流变化转换为跨越整个网络总线间的电压变化,使挂在网络上的所有设备都能获取这个信号。终端器只有两个端子,不分极性。终端器应安装在主干电缆的两端尽头,这样配置使得其等效阻抗为 50Ω。例如,当现场设备增加10mA 的流入电流时,因为电源阻抗变换器通过电感阻止电流的改变,因此该电流主要来自于终端器的电容器。此时,两导线间的电压要降低 0.5V(10mA×50Ω)。当平均电流值保持常量时,设备在下一时刻将其提取电流变化量增加为 20mA,以产生峰峰值为 1V 的调制电压信号。这样,现场变送设备以 31.25Kbit/s 的速率发送 ±7.5∼10mA 的信号变化,就可在等效阻抗为 50Ω 的现场总线网络上形成 0.75∼1V 的电压信号。由此可见,发送是通过电流完成的,接收是通过电压来完成的。

总之,H1 物理层实现了现场仪表与上位系统间的低速、本安、总线供电的接口标准。

3. 基金会现场总线数据链路层

概括地说,工业网络上交换的数据可以分为两类:一类是时间响应特性要求很高的实时数据,另一类是时间响应特性要求不是很高的非实时性数据。数据交换对非实时性数据的通信延时并没有很严格的限制。相反,对于实时数据有着非常严格的时限要求。实时数据根据其发生的周期性又可被分为周期数据和非周期(异步)数据。例如,程序下载、参数整定等的数据就属于非实时性数据;而回路过程变量和控制变量等就属于周期数据;过程报警与事件通告等消息变量则属于非周期性实时数据。这些数据类型对通信有不同的时限要求,比如非实时数据需要确保在传输中不出错以及得到准确复制,而实时数据更加关心到达目的节点的时间。

尽管如此,这些不同的数据类型在很多工业网络中还是共享一个网络。所以,我们需要对网络进行合理的组态以使它们能够满足这些要求。

基金会现场总线数据链路层根据工业现场仪表在测量、控制与系统维护等方面的应用要求,将集中调度式通信与令牌循环的通信控制方式有机结合起来,使得网络节点设备间的通信能够最有效地使用总线带宽,既可保证周期性变量的准确定时传输,同时又通过令牌循环机制赋予每一节点设备在定周期传输的间隙时间内自主通信的权利,保证了整个现场网络的实时性。数据链路层涉及数据、地址、优先级、介质访问控制以及其他与报文传输有关的信息。

周期变量的集中调度以及通信令牌的发放等均由称为"链路活动调度器"(Link Active Scheduler,LAS)的现场设备统一管理,所谓"链路活动调度器"是指现场总线网段内对链路活动进行集中调度管理的现场设备。这里,强调"链路(Link)"是由于一个现场总线网络可能包含许多个网段即链路,它们通过网桥互连。每个链路都拥有自己的活动调度器负责独立管理相关的网络通信。而"活动(Active)"指在一个链路内可能有一个以上设备有能力成为 LAS,但此刻只能有一个设备实际承担调度器的角色(即处于"活动"状态)。"调度器(Scheduler)"则严格依据事先定义好的调度表在规定的时刻触发受调度的通信;并根据下次受调度通信启动之前是否有足够长的时间来决定是否将令牌发送给另一设备,以实现非调度的自由通信;或者进行一些其他的链路管理活动,如探测新的节点设备等。

依据现场设备在基金会现场总线内可能承担的角色不同,可将现场设备分为三类,即基本设备、链路主设备(Link Master,LM)及网桥。凡有能力成为 LAS 的设备均称为链路主设备,均有机会充当 LAS。网桥属于网络链接设备,除具有 LM 的功能外,主要用于网段链接。凡没有能力成为 LAS 的设备称作基本设备。

在数据链路层中,实体间的通信靠数据链路地址(DL_address)来标识。数据链路地址由三个部分组成:即链路域(Link,双字节),节点域(Node,单字节),以及选择器域(Selector,单字节)。当报文传送要跨越网桥到达其他链路时,链路需要用链路域来标识。当在本链路内部通信时,此链路域可以省略。显然,链路域就相当于互联网 IP 地址中的网络地址部分;节点地址则相当于其中的主机地址。选择器域相当于互联网上传输层的端口地址,用于区分或选择上层不同的应用程序。图 3-39(a)给出了互联网地址与 FF 总线数据链路地址的对照图。用 FF 的语言来说,选择器域就是设备内部用来标识上层虚拟通信关系(VCR)的单字节地址;当两通信实体间的 VCR 相连时,用显示在该域内的数据链路连接端点(简称作"DLCEP")来标识。当一个 VCR 未与任何其他 VCR 相连,但可自由发送或接收报文时,用该域内的数据链路服务访问点(简称作"DLSAP")来标识。DLCEP 与 DLSAP 有不同的地址区间。有好多地址保留用作特殊用途。例如,设备共享通用 DLSAP 地址用于接收报警信息。

节点域给出了 8 位的节点地址,其地址空间分配如图 3-39(b)所示。默认地址是保留给正等待节点地址分配的现场设备使用的非访问节点地址,借此可避免与现场运行设备地址的冲突;同时,等待链路活动调度器将它送入网络,即从 LAS 获得分配的节点地址。临时设备使用的地址又称作访问地址,临时设备通过此地址接入总线网络,并一直保留在这一地址上,对已运行在网络上的现场设备进行组态。

在测控回路中,有许多变量需要进行周期性处理。而在现场总线控制系统中,构成一个控制回路的基本要素,如输入处理、控制运算及输出处理等往往分布在不同的设备中,因而在同一网段内,可能存在着许多变量需要周期性地占用总线进行数据传输。为提高这些变量传输的实时性,基金会现场总线采用类似"主/从式结构"的集中调度式总线访问控制方法,即在 FF

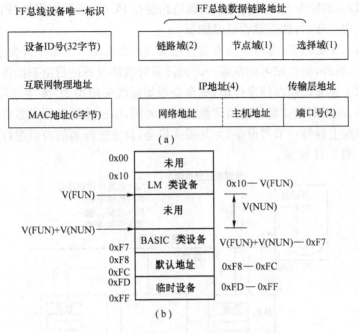

（a）

（b）

图 3-39   FF H1 的节点地址空间分配

H1 中针对周期性变量的通信，由链路活动调度器 LAS 来控制节点对总线的访问。链路活动调度器根据其内部的一张本网段内周期性变量的数据发送时间表（与所有设备内需要周期性发送的数据缓冲区相对应）进行集中调度管理，如图 3-40 所示。

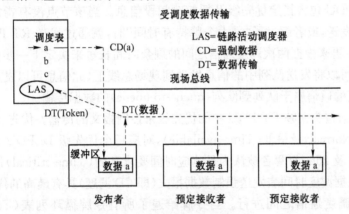

图 3-40   受调度的通信过程

鉴于控制回路是通过功能块间的连接构成的，因此受调度的周期通信事实上用于连接不同现场设备内的功能块。一个功能块的输出参数就是数据的"发布者"，而其他设备内接收此数据的功能块则被称作"预定接收者"。该类型通信内部对应于"缓冲区到缓冲区"的数据传输。LAS 利用网络调度，控制从发布者到预定接收者之间的周期性数据传输。

根据 LAS 内的周期性变量调度表，一旦到了某个设备发布者开始发送的时间，LAS 就发送一个强制数据（CD）PDU 给该设备内的发布者数据链路连接端点（DLCEP）。后者收到 CD，就将存储在 DLCEP 缓冲器内的数据广播或"发布"给现场总线上的所有设备。当预定接收者监测到发送给发布者的 CD，就认为下一个数据传输将来自于发布者并准备接收，接收到的数据则存储在预定接收者的缓冲区内。一个 CD PDU 可看作是发送给发布者的令牌，而 LAS 则将发布的 DT PDU 解释为返回的令牌。数据链路层在 PCI 内给数据附加"刷新"项,以使预定接收者知道自上次发布后,数据是否已经刷新。

　　现场总线每一设备内部,都可能会有过程报警或设备故障等异常事件发生,需要及时占用总线通知操作工;另外,操作站可能在某一时刻需要对现场设备进行组态操作,如程序下载、参数设定等。针对上述非周期性信息传输,基金会现场总线采用类似"多主结构"中普遍采用的"令牌循环"机制,在周期性变量传输的间隙或剩余时间,由链路活动调度器负责暂时将总线使用权依次交给链路上的每一节点设备,为其提供机会,自主选择通信内容进行传输。非调度型自主通信过程如图 3-41 所示。

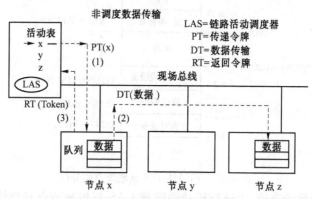

图 3-41　非调度的通信过程

　　LAS 通过发送传递令牌 PT 给某一节点设备,来授权该设备可以使用现场总线发送非调度数据。该 PT PDU 包含指定优先级及授权时间段信息。当该节点没有指定优先级或更高优先级的报文要发送,或者超过了"最大令牌持有时间"时,就通过发送 RT PDU 将令牌返还给 LAS。由 LAS 再来根据两次调度通信之间的剩余时间长短来决定下一步的活动。而设备一旦收到 PT,就可以将发送队列中的信息发送到现场总线上(此信息可以发送给单一设备或多设备)。非调度的通信属于队列到队列(queue-to-queue)的数据传输。

　　LAS 通过更新包含在帧 PT PDU 中的优先级来控制报文的传输。优先级分为三级:最高(Urgent)、一般(Normal)及最低(Time-available),对应每个优先级 DLPDU 允许发送的字节数依次为 64、128 及 256,前两者被认为是响应时间要求高的(Time-critical)优先级。在 LAS 所做的活动中,根据调度时间表发送强制数据报文(即 CD 调度)具有最高的优先级,余下其他操作被安排在受调度通信之间进行。当令牌给遍了所有令牌循环列表(Token Circulation List,TCL)中的设备,完成一次循环后,LAS 就测量实际令牌循环时间 ATRT(Actual Token Rotation Time),将其与目标令牌循环时间 TTRT(Target Token Rotation Time)这一网络参数(由 LAS 维护)指定的时间进行比较;当新的令牌开始循环时,LAS 就通过提高(对应 ATRT>TTRT)或者降低(对应 ATRT<TTRT)PT 帧指定的优先级来使令牌在期望的时间间隔内给遍所有的设备。

　　值得指出,令牌是发送给整个节点的,而不是其中特定的 DLCEP 或 DLSAP,因此,节点有责任使设备内的所有 DLCEP 和 DLSAP 有机会发送报文。

　　现场总线上可以对 LAS 发送的传递令牌(PT)做出响应的所有设备列表称为"活动表"(Live List),该表记录了总线上所有通信设备的节点地址、物理设备位号以及设备 ID。新的设备可以随时接入现场总线,LAS 周期性地对那些不在活动表内的节点地址发出节点探测信息 PN，如果这个地址有设备存在，它就会立刻返回一个探测响应信息 PR。LAS 收到 PR，就将这个设备添加入活动表中，并且发给这个设备一个节点启动信息（Node Activation message），以确认将其增加到了活动表中。LAS 对活动表中的所有设备发送 PT 的工作每循环完成一次，至少要探测一个地址。现场总线设备只要能对来自 LAS 的 PT 做出响应，它就会一直保留在活动表内；反之，如果连续三次对 PT 失去响应，LAS 就将其从活动表中去除。每当设备添加到活动表，或从活动表中去除，LAS 就会对活动表中的所有设备广播这一变化，以使每个设备都能够保持一个正确的活动表的复制。

LAS 按照预定的时间间隔，采用时间发布信息帧 TD 周期性地在现场总线上广播其数据链路时间（LS-时间），以便网络上的所有设备都可参照同一时间基准，分别在预定时刻启动其用户层中功能块的执行或进行通信调度。数据链路时间也通常被称作"网络时间"。

4. 基金会现场总线应用层

现场总线应用层（FAL）为用户程序访问现场总线通信环境提供必要的手段。基金会现场总线应用层包含现场总线访问子层（FAS）及现场总线报文规范子层（FMS），前者管理数据的传输，后者负责对用户层命令进行编码与解码。

（1）基金会现场总线虚拟通信关系

现场总线在数据链路层与应用层之间没有 ISO/OSI 的 4～6 层，所以，FAS 使用虚拟通信关系 VCR 将上层的服务请求映射到数据链路层的受调度和非周期的通信服务。一个典型设备会使用以下三个类型中的一些 VCR。

① 发布/预定接收型（Publisher/Subscriber）VCR

发布/预定接收型虚拟通信关系主要用于循环地发布功能块的输出，这些笑　被其他功能块输入所接收，从而实现功能块之间的通信链路连接。发布/预定接收型通信是被缓冲的，即当一个功能块产生新的输出值的时候，旧的值将被覆盖。发布/预定接收型通信是受调度的（具有最高优先级）和一对多的，一个数据输出可以被同时广播给很多接收方。发布方与预定接收方之间通信不需要一个中央主站，它能够在现场设备之间直接对等通信（peer to peer）。

② 报告分发型（Report Distribution）VCR

主要用于现场设备非周期地向主站（host）传送趋势、报警和事件通知。报告分发是排队的，也就是说，当功能块产生一个警示（alert）时，它将以一定顺序被发送，不会覆盖以前警示，这个顺序将取决于警示发生的时间和优先级。报告分发是非调度的、无连接单向型、一对多的通信，即一个值可以被同时广播给多个接收方。

③ 客户/服务器型（Client/Server）VCR

主要用于主站（host）发起的非周期通信，例如，非周期地读/写设备参数、下载组态以及其他活动。客户/服务器型通信是排队的，即请求是基于一个由请求的时间和优先级决定的顺序被发送的，不会覆盖先前的请求。客户/服务器型通信是非调度的和一对一的，一个值只能够被发送到一个目的地。

（2）基金会现场总线对象字典（OD）

基金会现场总线协议是面向对象的。设备中的信息是以对象的形式被访问的。基金会现场总线的 FMS 中，用于在节点上组态设备和策略的对象都被列在一个对象字典（OD）中，每个对象由一个"索引号"（Index）来标识，该标识在 VFD 中是唯一的。例如，每个功能块和每个参数都有一个索引，每个参数的元素都有一个索引。OD 与设备内存中"真实"的数据以及参数的数据类型相映射。但是,用户看不见设备地址、VFD 或者索引,因为用户和设备打交道只需要根据模块的位号(Tag)和参数的名称。

(3)基金会现场总线虚拟现场设备(VFD)

虚拟现场设备(Virtual Field Device,VFD)是一个现场总线设备内部数据和行为的抽象化模型,是一个设备中可以被访问的信息的逻辑划分。一个典型设备至少有两个 VFD。第一个 VFD 包含系统管理(SM)与网络管理(NM)信息,提供了访问网络管理信息库(NMIB)与系统管理信息库(SMIB)的手段。其中,NMIB 数据包括虚拟通信关系(VCR)、动态变量、统计量及链路活动调度器调度(如果该设备是链路主设备 LM)。SMIB 数据包括设备位号、地址信息及对功能块执行的调度等。因此,管理 VFD 被用来组态包括 VCR 在内的网络参数以及管理现场总线上的设备。第二个以及其他的 VFD 被用于访问功能块应用进程(Function Block Application Process,FBAP),即属于功能块 VFD,包含设备中的功能块、资源块及转换块。

(4)基金会现场总线通信服务

基金会现场总线 FMS 提供了一些用于读、写和其他访问对象的服务,它们被分为七组,分别对应不同的对象类型:

①变量和数据访问(读,写);②事件管理;③域的上载/下载;④程序调用服务;⑤VFD 支持服务;⑥链路关系(VCR)管理;⑦对象字典服务。

上述 FMS 服务大都使用客户/服务器型 VCR,部分使用报告分发型 VCR 及发布/预定接收型 VCR。

以上简要介绍了基金会现场总线的物理层与通信栈部分,它们为下面将要介绍的分布式过程控制用户层提供了必要的通信技术支持。

3.5 基金会现场总线的用户应用

国际标准化组织 ISO/OSI 参考模型的最高层是"应用层(Application Layer)",在应用层之上一般称作"应用(Application)"。应用层的功能是为使用开放系统的不同类型"应用"提供特定的通信服务。因此,在 ISO/OSI 七层参考模型结构中,应用层内容有意定义的较为模糊,而所有下面六层的功能则按照一般数字通信环境给出了确切的定义。基金会现场总线是为工业自动化领域现场仪表实现网络互连而建立起来的一个国际标准,其典型应用领域是工业过程控制,借鉴以往集散控制系统的设计经验,现场总线基金会将来自过程控制领域的用户需求模型化为用户层,即定义功能块模型结构,从而为分布式过程控制应用提供了一个更高层次的接口。而 3.4 节讲述的应用层则为用户层提供一般的通信服务,并为满足特定需求提供扩展功能服务。

3.5.1 用户应用模块

用户层的核心是功能模块,功能模块实现控制策略,它是数据采集、控制及输出等应用当中通用功能的一般化模型,是传统现场仪表与控制系统中,诸如模拟输入(AI)处理、模拟输出(AO)处理以及 PID 控制运算等基本功能的进一步推广。通过功能块模型及其参数,可以组态、维护以及定制用户应用,实现基本的分布式控制功能。

1. 模块的基本组成

基金会现场总线有三种类型的模块,即资源块(Resource Block)、转换(器)块(Transducer Block)和(调度和使用完全由用户定制的)功能块(Function Block)。设备组态过程主要就包括选择被使用的现场级和主站级设备的过程、对其中资源块和转换器块的配置和参数设定过程,以及采用功能块进行控制策略的建立过程。在 H1 和 HSE 设备中,资源块、转换块以及功能块以同样的方式运行。每个设备都必须设置一个资源块,所有输入/输出设备都必须设置至少一个转换块。实际上,每个测量或执行都对应一个转换块,它是物理 I/O 硬件和功能块间的接口。资源块和转换块没有输入或笑　参数,不能进行链接。

(1)资源块

资源块包含整体设备所共有的一些信息,该模块所有参数都是内含的,即它们无法被链接。同时,资源块负责对整体设备的诊断。

资源块的功能体现在资源块所包含的大量参数中,其中包括:制造商标识参数(MANU-FA_ID)、设备类型参数(DEV_TYPE)、设备修订版本参数(DEV_TYPE)、设备描述修订版本参数(DD_REV)、硬件类型参数(HARD_TYPES)、资源状态参数(RS_STATE)、报警确认时间参数(CONFIRM_TIME)、最大事件通告数参数(MAX_NOTIFY)、资源重新启动参数(RESTART)、功能块执行的协作方式参数(周期选择参数 CYCLE_SE 及周期类型参数 CYCLE_TYPE)、最小宏周期时间参数(MIN_CYCLE_T)、设备特征选择参数(FEATURES_SEL)、写入加锁参数(WRITE_LOCK)、剩余存储空间参数(FREE_SPACE)、执行时间参数(FREE_TIME)、设定故障状态参数(SET_FSTATE)、远程串级时间溢出参数(SHED_RCAS)、远程输出时间溢出参数(SHED_ROUT)、读写测试参数(TEST_RW),等等。

作为最小组态,资源块的块目标模式参数(MODE_BLK. Target)必须设置。

(2)转换块

转换块用来将功能块连接到设备的 I/O 硬件,如传感器、执行机构以及显示器。转换块包含了用于处理变送器特征的参数,使其区别于其他类变送器。转换块不仅处理测量,还用于处理执行和显示。因此,共有三种转换块,即输入转换块(变送器和分析仪)、笑　转换块(最终控制单元)、显示转换块。

转换块通过 I/O 硬件通道与功能块接口,这有别于功能块链接。通过输入/笑　类功能块 I/O 硬件通道参数(CHANNEL),这些功能块被安排与相应的转换块对应。功能块只能够对应于同一设备中的转换块。对多数设备,用户只需在转换块中设置很少的参数,因为大多数参数仅用来指示限幅和诊断。多数情况下,只需要设置模式,有时可能加上 1~2 个其他参数。其中,模块错误参数(BLOCK_ERR)显示由设备诊断所发现的任何故障类型;转换块错误参数(XD_ERROR)显示更详细的诊断信息。

输入类转换块出现在变送器和分析仪中,即带有传感器的设备中。基本数值参数(PRIMARY_VALUE)取自传感器,通过硬件通道(CHANNEL)送往 AI 功能块。它以基本数值量程范围参数(PRIMARY_VALUE_RANGE)所设置的工程单位来显示测量值。转换块中的基本数值量程范围(设定)参数一般通过 AI 模块的转换器刻度参数(XD_SCALE)来设置,并镜像它们的数值,以防止任何不一致,以及由其引起的错误。需要注意的是,不要将校准(有时也称作传感器标定、微调)和量程范围设定混淆。传感器校准通过在高低校准点参数(CAL_POINT_HIGH 和 CAL_POINT_LOW)中写入给定的基准输入数值来完成。

多数测量要求有辅助传感器，测出第二个参数用以补偿（如环境温度）对基本数值的影响。第二个传感器测量出现在辅助数值参数（SECONDARY_VALUE）中。对于多数传感器类型，辅助测量值为温度。

输出转换块出现在诸如阀门定位器、电流和气动输出转换器之类连接最终控制单元的设备中。其中，最终数值参数（FINAL_VALUE）通过硬件通道（CHANNEL）取自 AO 模块，并包括针对最终控制单元的操纵变量，以最终数值量程范围参数（FINAL_VALUE_RANGE）中设置的工程单位来显示需要的输出数值。最终数值量程范围参数同时表明基本转换器所要求的输出工作范围，通过 AO 功能块转换器刻度参数（XD_SCALE）设置，以防止任何不一致以及由其引起的错误。例如，对信号转换器，该参数设置为 $0.2\sim1\mathrm{kg/cm^2}$ 或 $4\sim20\mathrm{mA}$，而对阀门定位器，该参数通常设置为 $0\%\sim100\%$。

值得说明的是，由阀门定位器的反馈传感器感应实际阀门位置并显示在最终位置数值参数（FINAL_POSITION_VALUE）中。该数值还通过硬件通道（CHANNEL）反馈到 AO 功能块，并显示在读回参数（READBACK）中。因此，用户可以选择用实际阀门位置来初始化 PID（借助回算机制），这可以在一个开环再次进入闭环时提供真正的无扰切换。

（3）功能块

基金会现场总线建立的几种标准功能块可以执行控制系统所需的不同功能，既有模拟量，又有离散量。使用恰当的功能块，用户基本上可以建立任何控制方案。设备制造商也可以建立自己的功能块来提供特殊功能。功能块可以在几个设备中的任何一个中运行控制策略的组态，也可以与设备脱离进行，当然最后每个模块都必须分配到某个设备中。控制回路一般要横跨多个设备，甚至可能超出一个网段。

功能块不依靠 I/O 硬件，独立运行基本的监测和控制功能。为实现控制系统所需的不同功能，用户需要根据自己的实际应用需求来选择功能块，通过功能块连接形成相应的控制策略。用户层将一个"功能块"定义为与过程相关的数据结构，包含如下基本要素：① 一个或多个"输入"；② 数据库；③ 算法（公式或规则）；④ 一个或多个"输出"。

功能块采用"时间"触发或外部"事件"驱动机制，根据最新输入数据，使用其内部算法，计算并更新输出数据；而算法可从其数据库中获取组态信息及静态数据，同时也将外部可访问的内部动态数据存储在自己的数据库当中。数据库中允许通过总线通信访问的部分称为"属性（Attributes）"或"参数（Parameter）"。每个功能块都有一个用户（组态添加功能块时）定义的名字，称为功能块"位号（Tag）"，该位号必须是唯一的。功能块参数在现场总线上通过"Tag. Parameter"来识别。

基金会现场总线共有四类具备不同特性的功能块，即输入类、控制类、计算类及输出类。输入类模块利用硬件通道通过一个输入转换块连接到传感器。控制类模块执行闭环控制算法和回算（Back-calculation）功能以实现无扰模式切换和防止积分饱和等。输出类模块利用硬件通道通过输出转换块连接到执行机构硬件并支持回算机制。计算类模块执行控制或监测所需要的辅助功能，但它们不支持回算机制。

显然，若将功能块算法及属性在总线标准中事先统一指定，组态时只需进行参数具体数值的初始化设定或更新，这样就容易实现不同厂商设备间的可相互操作性，此类功能块即对应于现场总线基金会指定的"标准功能块"（Standard Block）。

另外，在标准功能块参数及算法的基础上，还可附加参数与算法，形成"先进功能块"，或者参数或算法完全由个别制造商特别设计，形成"制造商特定块"（Vendor-specific）或"开放块"

（Open Block）。此时，为实现上述扩展功能块的可相互操作性，需要采用后面将要介绍的"设备描述"技术。

现场总线基金会首先规定了模拟量输入 AI、模拟量输出 AO、离散输入 DI、离散笑 DO、偏置/增益 B、控制选择 CS、比率 RA、PD 控制、PID 控制、手动装载 ML 共 10 个标准的功能块，而后又规定了算术运算 ARTH、超前滞后补偿 LLAG、先进 PID 控制、增强 PID 控制等 19 个附加功能块。

总之，制造自动化与过程控制领域内的现场设备的基本功能，如模拟输入、模拟输出及 PID 控制等由功能块实现，而与硬件密切相关的功能则由转换块实现，以解除功能块与传感器、变送器特定硬件之间的耦合，使功能块成为独立于硬件的标准运算模块。而资源块则描述现场设备所拥有的资源状况。

2. 功能块的参数结构及重要参数

一个功能块中总共有三类参数，即输入参数、笑 参数及内含参数。资源块、转换块及功能块都包含内含参数，用于模块设置和操作以及诊断。内含参数既不是输入参数，也不是输出参数，只能够根据要求，采用读（Read）或写（Write）申请来对其访问。访问可根据 FMS 索引号来进行，功能块参数具有连续的索引号，其数据类型可以是基金会现场总线定义的任意数据类型。资源块与转换块只具有内含参数。功能块还包括输入参数，经模块算法运算后产生输出参数。

输入参数（如输入 IN）、笑 参数（如输出 OUT）及一部分内含参数（如过程变量 PV、设定点 SP）是由参数数值（VALUE）及参数状态（STATUS）两部分组成的一个记录。其中，状态单元具有质量和限值两个部分。限值部分显示该数值是否受限或达到限幅值，限制条件包括：无限制（NONE）、达到高限（Limited High）、达到低限（Limited Low）、维持不变（Constant）。该状态提示主要用在串级结构中下游模块的反馈路径里，在这里它告诉上游模块自己的设定点达到限值，上游模块不应该在现有方向上继续移动其输出。状态单元的质量部分则显示出该数值是否是可用的，如可用，则状态为"好（GOOD）"，否则为"坏（BAD）"。但该块不能够 100％确认该值是否可用时，参数状态则为"不确定（UNCERTAIN）"。块有一选项，可将"不确定"解释为"好"或"坏"。

状态单元的质量部分包含两种形式的"GOOD"。输入和计算类模块输出使用"Good Noncascade（好的非串级）"，而控制和输出类模块使用"Good Cascade（好的串级）"。通过查看输入状况中"Good"的类型，模块可以判断上游模块是否是控制模块。这会使 PID 模块明白串级设定点输入究竟是来自一个可以无扰切换的串级控制模块，还是来自一个不可以无扰切换的计算类模块。

一个已经链接的输出参数，其数值和状态是要一起被传递到接收模块的输入参数。该状态除了如上所述告知该数值是否适合于控制外，还用于几个内置的联锁功能。例如，如果传感器失效，AI 模块会通知 PID 模块停止控制。如果调节阀处于手动操作，AO 模块反馈链路状态会通知 PID 模块初始化它的输出，来防止积分饱和以及以后可以无扰地切换到自动。

下面将许多功能块所共同具有的，而且非常重要的一些其他公用参数作一些介绍。

（1）块模式

所有的块都有块模式（Block Mode）参数，用来记录功能块的运行状态，记作"MODE_BLK"，它是由如下 4 个部分组成的一个记录：

① 目标模式(Target)：记录操作者希望本模块进入的工作模式，设置的目标模式可能由于某种故障状况而暂时无法得到。

② 实际模式(Actual)：指示该块实际所处的工作模式，该元素只读。当满足一定的条件时，实际模式与目标模式相同。

③ 允许模式(Permitted)：其显示该功能块所允许的目标模式。过程工程师可以在初始组态阶段设置允许模式元素，来使能或禁止那些可以在正常运行阶段被操作员选择为目标模式的模式。在运行时，只有允许模式可以被选为目标模式。

④ 正常模式(Normal)：模块运行时，正常模式元素不起作用。它由过程工程师设置，在主站中用来提醒操作员在正常运行时回路应该返回哪种模式。通常由过程工程师选择一个模式作为正常模式。

具体可选的运行模式元素包括：终止服务(O/S)、初始化手动(IMAN)、本地超驰(LO)、手动(MAN)、自动(AUTO)、串级(CAS)、远程串级(RCAS)及远程输出(ROUT)。

在 O/S(Out of Service)模式下，块不做任何事情，仅仅设置参数状态为 BAD。在 MAN (Manual)模式下，功能块的执行不影响其输出。在 AUTO(Automatic)模式下，该块的执行独立于其上游的功能块。在 CAS(Cascade)模式下，功能块接收来自于上游功能块的设定值。其中，IMAN 和 LO 模式不能够被选择为目标模式，只能够被模块特定条件或状态激活。不同的块，其允许模式是不同的，例如，资源块只有 O/S 和 AUTO 两种模式。转换块可有 O/S、MAN 及 AUTO 三种模式。

上述 4 种模式中，只有实际模式元素和某种情况下的目标模式元素才可以由功能块本身改变，而允许及正常模式则不可以。

实际上，多数模块中的模式参数不会经常被用到。多数模块被设置并保持一种操作模式。PID 模块中的块模式参数是唯一例外的，用户使用该模式参数来设置回路模式为手动、自动或串级，因此它会被频繁操作。通常，让输入、计算及控制类模块处于自动模式，笑　类模块处于串级模式。远程模式(包括远程串级和远程输出)很少用到。可是，它们可以让不采用基金会现场总线(FF)编程语言的应用"链接"到传递远程设定点或输出的功能块。

(2)刻度转换参数

多数模块中，模拟参数与以"_SCALE"结尾的刻度参数相关。控制、计算及笑　类模块一般有针对输入的过程变量刻度参数(PV_SCALE)。输入、控制和计算类模块一般有针对输出的输出刻度参数(OUT_SCALE)。输出和输入类参数有针对 I/O 硬件通道数值的转换器模块刻度参数(XD_SCALE)。刻度参数是由 4 个元素组成的一个记录，即

① 上限量程值：EU@100%，即 100%对应的工程单位数值；

② 下限量程值：EU@ 0%，即 0%对应的工程单位数值；

③ 单位(Unit Code)，即工程单位码，工程单位包括：GPM, psi, inchs 等；

④ 小数点位置(Point Position)，即可显示的小数点后位数。

(3)观测对象

基金会现场总线采用 FMS 定义变量表服务，将功能块参数集进行预先分组定义，形成"观测对象"，使一组块参数的属性值可被一次性地访问，它主要用于获取运行、诊断、组态的信息。在观测对象中定义的块参数分作四类，即动态操作参数(VIEW_1)、静态(组态)操作参数(VIEW_2)、完全动态参数(VIEW_3)、其他静态参数(VIEW_4)(指对于组态与维护目的可能有用的静态参数列表，此表比(VIEW_2)对象大，可能包括、也可能不包括所有的静态参数)。

3. 功能块的链接与调度

现场设备中的功能块互连构成测量与控制应用。一个典型的 PID 控制回路由 AI、AO 及 PID 三个功能块组成,如图 3-42 所示。同一设备内各功能块输入/输出之间采用"链接对象"内部直接连接;而分布在不同设备内功能块间的连接,除采用"链接对象"将功能块与发布者或预定接收者的 VCR 相连接外,还要依据发布者/预定接收者模型,借助现场总线通信实现各功能模块间的数据传输。另外,AI、AO 模块通过设置通道号参数"CHANNEL"(与相关转换模块的传感器/变送器端子号相一致)分别与变送器和执行器(硬件)相连接。

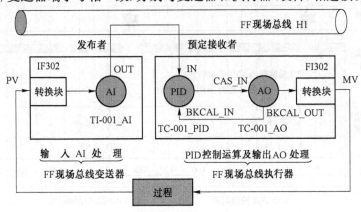

图 3-42　FCS 控制系统的回路组态与控制策略

功能块可以根据需要设置在不同的现场总线设备内。例如简单的温度变送器可能包含一个 AI 块,而调节阀则可能包含一个 PID 块和 AO 块。这样,一个完整的控制回路就可只由一个变送器和一个调节阀组成,如图 3-42 所示。

功能块算法在执行之前必须获得输入参数,在算法执行之后必须送出(或发布)笑　参数,而功能块又可能分布在不同的现场设备中,因此,算法执行与发布/预定接收模型通信必须配合好。各现场设备内的系统管理及数据链路层通过参照由链路活动调度器(LAS)定周期发布的链路调度时间(LS_Time)来协调或同步现场总线上各个功能块的执行及各功能块间的相互通信,以保证各功能模块在规定的时刻或时间段内完成特定的算法。

现场设备内的系统管理根据"功能块调度表"定时启动功能块的运行,而 LAS 根据其内部的"周期变量调度表"定时发送强制数据发送帧"(CD)PDU"给数据发布设备,强制功能块发布笑数据。以上两个调度表包含各个功能块启动运行或发布输出数据的时刻表,时间定义取距离"宏周期"开始时刻的偏移量。可以采用调度组建工具来生成功能块和链路活动调度器(LAS)调度表。假设已经采用调度组建工具为图 3-42 所述系统建立好了调度表,如表 3-7 所示。

表 3-7　控制回路调度表

受调度的功能块	与绝对链路调度开始时间的偏离值
受调度的 AI 功能块的执行	0
受调度的 AI 通信	20
受调度的 PID 功能块的执行	30
受调度的 AO 功能块的执行	50

在偏离值为 0 的时刻,变送器中的系统管理将引发 AI 功能块的执行。在偏离值为 20 的时刻,链路调度器将向变送器内的 AI 功能块的缓冲器发出一个强制数据 CD,缓冲器中的数据将发布到总线上,如图 3-43 所示。

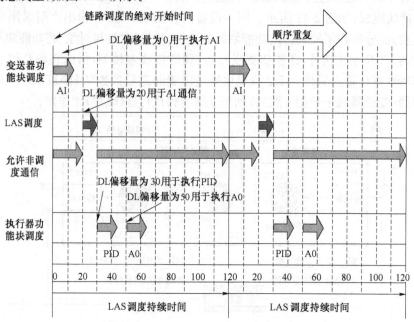

图 3-43　功能块调度与宏周期

在偏离值为 30 的时刻,调节阀中的系统管理将引发 PID 功能块的执行,随之在偏离值为 50 的时刻,执行 AO 功能块,控制回路将准确地重复这种模式。

需要指出,在功能块执行的间隙,链路调度器 LAS 还要向所有现场设备发送传输令牌,以便它们可以自由选择发送非调度消息,如事件报警、控制器参数调整等。在这个例子中,只有偏离值从 20～30,即当 AI 功能块数据正在总线上发布的时间段不能传送非调度消息。

4. 常用功能块

在所有现场总线基金会指定的块当中,大多数情况下只有 5 个块(AI、DI、PID、AO、DO)最重要,而许多情况下只用到其中的三个块,即 AI 块、PID 块及 AO 块。下面给出这三个块及资源块和转换块的有关信息。

(1)AI 功能块

模拟输入块(AI)是一般过程通道输入信号处理功能在现场总线中的标准化模型。AI 功能块通过指定硬件通道参数(CHANNEL)从转换块取得基本数据(PRIMARY_VALUE),如压力、温度或流量,并做诸如单位或量程变换、平方根计算(用于孔板流量计)、低通滤波等输入处理,最后通过输出参数(OUT)将过程数据(PV)送出。其内部算法具体结构如图 3-44 所示。

首先,每个输入模块的通道参数(CHANNEL)选择获取主要变量的转换块通道。很多变送器只有一个集成传感器,因此通道参数实际上只有一个选项“1”。然而,一个多变量设备,可能会有多路信号输入,因而需要多个对应的 AI 模块。每个 AI 模块中的通道参数用来指定具体接收的输入信号通道号。

AI 功能块的输入信号处理算法在线性化类型参数“L_TYPE”中设置,由此决定了内含参数 PV(过程变量)的数值。当 L_TYPE＝“DIRECT”时,CHANNEL 值即是 OUT 值。当

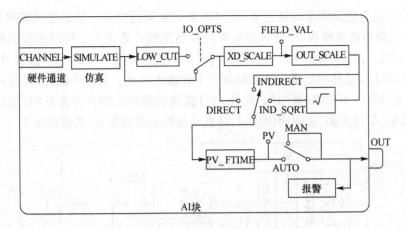

图 3-44　AI 功能模块的内部结构

L_TYPE="INDIRECT"时,CHANNEL 值通过 XD_SCALE 及 OUT_SCALE 进行线性尺度变换。其中,XD_SCALE 设定 CHANNEL 值 0% 与 100% 对应的工程单位值;而 OUT_SCALE 设定为笑　值对应的 0% 与 100% 工程单位值。

例如,当一个压力变送器用来根据静压原理测量液体液位时,使用"非直接(INDIRECT)"线性选项,XD_SCALE 可设置为 1.49~5.89kPa,OUT_SCALE 设置为 0~0.56m。对液位应用,操作员往往更愿意读取百分比读数,而不是工程单位,因此,还可以将 OUT_SCALE 组态为 0%~100%。

当 L_TYPE="IND_SQRT"时,笑　值是经单位尺度变换后数值的平方根。由于孔板的特性可能导致该值很不稳定,因此,当该值小于 LOW_CUT 值时,可通过 I/O 选项(IO_OPTS)参数中的尾数舍弃选项(通常结合开平方使用),采用小信号切除函数将 PV 值强制到零。

PV 值还可进行一阶低通滤波,该滤波器取单位稳态增益,时间常数由参数 PV_FTIME 给出,单位为秒。

当 PV 值小于 LO_LIM(低限)或 LO_LO_LIM(低_低_限)时,将会分别生成 LO(低限)或 LO_LO(低_低限)报警。当 PV 值大于 HI_LIM(高限)或 HI_HI_LIM(高_高_限)时,将会分别生成 HI(高限)或 HI_HI(高_高限)报警。报警上下限要满足如下关系式:

$$LO\_LO\_LIM \leqslant LO\_LIM \leqslant HI\_LIM \leqslant HI\_HI\_LIM$$

AI 模块允许的工作模式为:O/S,MAN 及 AUTO。在 MAN 模式下,可以手动改变 AI 块的输出值(OUT.value)。而在 AUTO 模式下,PV.value 及 PV.status 值分别复制到 OUT.value 及 OUT.status 中。

最后,在现场过程数据还没有接入之前,还可以利用仿真功能进行初步调试。打开设备中的仿真使能开关(该开关的位置可参考设备说明书),然后将使能参数"Enable"写入 AI 功能块中的参数"Simulate.DisEnable"中,则这些功能块就能够使用提前写到仿真域中的数值及状态。至此,可以检查显示及控制回路是否显示出预期的正确数值。仿真结束之后,不要忘记将硬件仿真使能开关拨回到"禁止(Disable)"状态。

(2)AO 功能块

模拟输出块(AO)是诸如阀门定位器之类输出设备的标准化模型。一方面,AO 模块的串级输入端子(CAS_IN)接收来自上一级(PID 控制)模块的输出值(OUT),以便于接收所需的阀门位置、传动装置速度或泵的转速等；同时将当前实际阀位笑 值通过回算输出端子(BK-CAL_OUT)反馈给前级模块，以使该模块可以参照此值计算出下一周期的输出值，或者跟踪当前实际阀位笑 值，从而实现抗积分饱和与无扰动切换。另一方面，AO模块通过输出通道参数(CHANNEL)，选择输出进入的转换块。多数输出设备只有一个输出，在这种情况下，通道参数实际上只有一个选项，即"1"。此外，AO模块还提供给用户许多对阀门定位器所期望的功能，如限幅、信号变换、实际阀位读回、仿真及故障安全功能等，具体如图3-45所示。

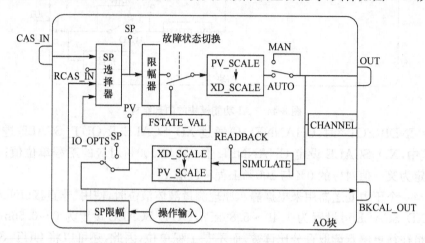

图3-45　AO功能模块的内部结构

AO块的运行模式主要包括：O/S，MAN，LO(Local Override)，AUTO，CAS，RCAS(Remote cascade)以及ROUT(Remote output)。AO模块通常一劳永逸地设置并保持在CAS模式，以便于接收设定点信号，该信号是模块中最重要的参数。注意，为将AO块引导到CAS模式，一定要将MODE_BLK. Target设定为CAS。

AO块根据块模式的不同，有好几个通道来计算SP。在CAS模式下，通过前向通道端子CAS_IN预定接收控制器(作为发布者)的输出，以计算SP。在AUTO模式下，SP值根据(操作工)控制要求，由写请求进行设定。在RCAS(远程串级)模式下，远程控制器给RCAS_IN内部端子提供数据。

AO块根据实际情况还可以通过实际阀门位置反向读取通道获取当前执行器阀位(如阀门定位器输出)。首先以转换器刻度(XD_SCALE)形式反馈给读出参数(READBACK)，然后经过刻度变换转换成与SP同样的刻度(PV_SCALE)单位提供给AO块内部参数PV。这样，PV就按SP刻度显示出阀位值。回算输出参数(BKCAL_OUT)则负责将当前阀位(目标的SP或实际的PV)值反馈给上游PID控制器。例如，现场总线到气动信号转换器中，PV_SCALE可以设置成0%～100%，而XD_SCALE为$0.2～1kg/cm^2$。

为提高系统的安全性，AO块设计有故障状态下的安全阀位值参数(FSTATE_VAL)，用于故障状态下的阀位安全输出。当AO块在预先给定的时间内(由参数FSTATE_TIME指定)不能得到上游模块的正确数据时，即刻显示出BAD状态，并按照组态时设置好的阀位安全值(FSTATE_VAL))笑 ，使控制阀根据实际需要关闭或打开。

当仿真参数(SIMULATE)被使能时，用户可以使它们凌驾于来自转换块的读出信号之上，用来进行系统测试和故障排查。通过在参数的仿真元素写入数值或状态，可以安全地测试系统对那些要么难于进行要么有危险的故障的反应。

（3）PID功能块

PID块是PID控制器的标准化模型。PID块在其输入（IN）参数接收受控过程变量。这些变量（如温度、压力或流量）通常接收自一个AI模块，但也有可能被另一个模块进行了处理。PID块的控制输出为笑 （OUT）参数，通常发送给一个AO模块或另外一个PID块（以实现串级控制）。PID控制模块还提供给用户很多其他功能，如输入滤波、设定点跟踪、笑 跟踪、前馈补偿及过程变量和偏差报警，具体如图3-46所示。

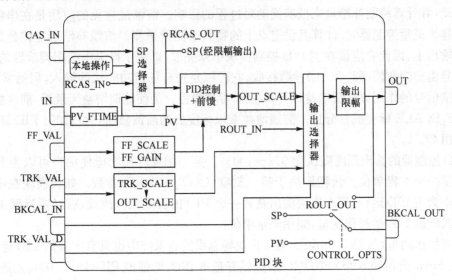

图3-46　PID功能模块的内部结构

PID块可以取不同的运行模式，包括O/S，MAN，IMAN（Initialize Manual），LO（Local Override），AUTO，CAS，RCAS（Remote cascade），以及ROUT（Remote output）。

初始化手动模式IMAN意指，当下游（AO）模块不处在CAS模式时，PID模块不应执行正常的算法，而其输出应跟踪来自于下游（AO）模块的外部跟踪信号BKCAL_IN，它与下游（AO）模块的当前笑 BKCAL_OUT相连。这一模式不能够通过设定目标模式来实现，它由回算输入（BKCAL_IN）的某种状态激活，凌驾于操作员设置的任何模式以及本地超弛模式（LO）之上，最终使模块输出（OUT）初始化到回算输入（BKCAL_IN）。正常情况下，PID块的运行模式为AUTO（闭环）或CAS（串级控制）。O/S及MAN模式可用于手工操作。离散跟踪输入（TRK_IN_D）可用来触发功能块进入本地超弛（LO）模式，并使模块输出跟踪由外部跟踪参数（TRK_VAL）指定的输入信号。

当目标块模式MODE_BLK.Target设定为AUTO，MAN，或O/S时，可以直接写设定值给SP参数。而在CAS模式下，PID块通过CAS_IN参数接收来自前一级功能块的设定值，同时将当前设定值通过BKCAL_OUT端子反馈给前级控制模块。PID块的串级输入参数（CAS_IN）也可以借助事先定义好的通信链路，接收集散控制系统（DCS）的功能模块输出，以实现SPC控制（参考图3-13）。

PID控制块的核心是PID控制算法。为使整定参数无量纲，用户必须在过程变量刻度（PV_SCALE）参数中设置控制量程。工程单位不起作用，只有量程数值被用到。换句话说，对基金会现场总线（FF）编程语言，"量程"通常不在变送器（AI模块）中，而更可能在控制器（PID模块）中设置。在基金会现场总线（FF）中，比例（P）、积分（I）、微分（D）项的调整参数分别定义为 GAIN(即增益 K_p)、RESET(即积分时间常数 T_i)、RATE(即微分时间常数 T_d)。其中,GAIN 是无量纲数,时间常数 RESET 及 RATE 的单位是秒。用户也可以通过组态用户界面以比例度和分钟等来显示整定参数。

用户可以在控制选项(CONTROL_OPTS)参数中设置控制器的正作用(DIR)和反作用(REV)控制方式,默认为反作用方式。

PID 控制模块还可以方便地实现复合(前馈加反馈)控制系统。在前馈控制中,通过测量负荷扰动,并计算控制补偿量来抵消扰动对过程的影响。前馈最常见的应用是在串级控制中副调节器为流量控制器时,计算其设定点上的物料或能量平衡。前馈补偿量应该叠加在主控制器的输出上,因此它应该在主 PID 控制模块中来完成,以便于操纵串级副调节器的设定点。前馈信号由前馈数值(FF_VAL)参数接收,它可以是来自任何功能块的输入,但通常是 AI 模块。前馈信号的作用被前馈增益(FF_GAIN)参数操控。为使前馈增益无量纲,前馈数值首先使用 FF_SCALE 标度成百分比。前馈增益乘以标度后的前馈数值,然后加上 PID 算法结果,变成输出 OUT。

PID 控制器的输出刻度默认为 0%~100%。笑 刻度转换功能使用户可以为 PID 模块输出安排一个工程单位。量程取决于笑 刻度(OUT_SCALE)参数。如果模块在串级控制应用中作为主 PID 运行,那么模块输出是另一个 PID 的设定点。因此,有必要标度主 PID 的输出来匹配副 PID 的过程变量,如用流量单位。

需要指出的是,与 DCS 相类似,在 FF 现场总线控制系统中也具有丰富的 PID 运算功能。例如,在 Smar 公司的 SYSTEM302 中,提供有基本 PID、增强型 PID(即 EPID)、先进 PID(即 APID)等控制功能块。EPID 相对基本 PID 主要增添了四种类型的手动到自动的无扰动切换模式供用户选择。而诸如采样 PI 算法、微分先行/比例先行 PID 控制算法、自适应增益、具有"饱和深度"控制的抗积分饱和算法、非线性 PID 控制等先进算法均安排在 APID 功能块中实现。上述先进算法在经典的数字调节器或 DCS 中大都有所体现。例如,这里的抗积分饱和算法与数字调节器中的带复位偏置(RB)的 PID 算法是一致的,主要是积极地利用一定程度的积分饱和,来实现超调量小、稳定性好,同时又较快速的响应特性。主要不同点在于,FCS 中的自适应增益控制可独立实现比例、积分或者微分增益的自适应;另外,非线性 PID 控制除具有经典的增益非线性(间隙)控制外,还可通过指定误差类型参数针对积分项或所有 PID 项,选择特殊的误差处理(如将二次误差代入积分或 PID 计算),以实现特定的非线性 PID 控制,满足不同应用的需要。

通过以上三个功能块的介绍,可以看出,块模式参数(MODE_BLK)的主要目的是决定块模式设定点(SP)和基本笑 (OUT)的来源,这两个选择被结合在一个单一参数中。设定点或输出的来源可能是通过主站操作的操作员输入、另外一个模块、模块本身或某个非功能块应用软件(如来自上位 DCS 操作站或控制站)。基本上,输入类模块没有设定点选择,笑 类模块没有输出来源选择。

(4)资源块与转换块

一般情况下,不必了解资源块与转换块的内部细节,但它们的运行模式参数除外,因为它们会影响到功能块的行为,其可能的运行模式为终止服务(O/S)或自动(AUTO)模式。为实现正常操作,目标模式都应设定为 AUTO 模式。其中,如果资源块处于 O/S 模式,则设备中所有模块的实际模式都是 O/S。在 O/S 模式下,模块不再运行,设定点和输出保持在其最后设置,或趋于安全状态(笑 类模块)。另外,由于转换块参数与物理测量原理有关,因此依据具体设备不同,可能有不同的参数。

3.5.2 系统管理

系统管理是所有基金会现场设备中重要的应用进程,用以管理设备信息,并协调分布式现场总线系统中各设备的运行。基金会现场总线采用管理员-代理者模式,每个设备的系统管理内核(SMK)承担代理者的角色,对来自系统管理者的指示做出响应。系统管理者可以全部包含在一个设备中,也可分布在多个设备之间。包括功能块调度表在内的系统管理所需要的所有组态信息都由每一设备中的网络与系统管理 VFD 中的对象描述提供,该 VFD 提供了对系统管理信息库(SMIB)以及网络管理信息库(NMIB)的访问。

系统管理需要额外的协议来管理现场总线系统,系统管理必须在诸如系统启动、组态错误、设备故障及更换等异常情况下保持良好的运行,其遵从的协议称为"系统管理内核协议(SMKP)",它可不经应用层而直接使用数据链路层服务。

1. 设备管理

基金会现场总线中的设备可采用设备标识(ID)、物理设备(PD)位号、网络节点地址三种标识符之一进行识别。其中,设备独有的 ID 号是设备的唯一标识,这是一种与互联网网卡MAC 地址非常类似的硬件地址,它由 32 字节构成,包括如下信息:① 6 字节的生产商代码;② 4 字节的设备型号代码;③ 22 字节的设备序列号。

制造商代码由现场总线基金会进行统一管理,以避免可能的重复。设备类型代码和设备序列号由制造商自己分配。由于设备 ID 是世界上唯一存在的,因此将其用于管理非常有帮助。物理设备工位号则是在工厂的具体应用环境内,由用户根据其用途为其指定的唯一标识符,以区别其他在线使用的设备。由于设备 ID 和物理设备位号(Tag)都占用 32 个字符长的文本域,若日常通信,尤其是在 31.25kbit/s 的低速网络内通信,采用这么长的字符串显然效率是不高的。因此,在网络通信中主要采用节点地址来标识设备。

现场设备内的系统管理代理对来自管理者的系统管理内核协议(SMKP)请求做出响应,可完成如下操作:

① 获得在特定地址上有关设备的信息,包括:设备 ID,设备制造商,设备名及类型。

② 用设备 ID 为设备分配节点地址。需要指出,即使设备的节点地址被复位,设备依然能够借助特殊的默认地址空间(0xF8～0xFB)中的某一地址接入网络中。

③ 给设备设置物理设备位号。每一现场总线设备必须具有唯一的网络地址及物理设备位号以进行正确的总线操作。SMKP 提供特定服务,用来给设备分配网络地址及物理设备位号。

④ 根据物理设备位号寻找设备。

设备位号或功能块位号对于人机会话来说是很有用的,但是需要较长的数据通信量。SMKP 通过寻找位号服务,用节点地址及索引号来取代设备位号及功能块位号,以使得进一步的通信变得更加简单高效。寻找位号服务查找的对象包括:物理设备(PD)、虚拟现场设备(VFD)、功能块(FB)和功能块参数。系统管理对所有的现场总线设备广播这一位号查询信息,一旦收到这个信息,每个设备都将搜索它的虚拟现场设备 VFD,查询所要求的位号。如发现这个位号,就返回完整的路径信息,包括网络地址、虚拟现场设备(VFD)编号、虚拟通信关系 VCR 索引、对象字典索引。主机或维护设备一旦知道了这个路径,就能方便地访问该位号的数据。

2. 功能块管理

功能块算法必须在规定的时刻启动执行，系统管理代理存储有功能块调度信息，会在规定的时刻启动功能块的执行。宏周期是总的系统周期，调度表内时间设计为距离宏周期起始点的时间偏移量。

3. 应用时间管理

在系统中的所有系统管理代理内部都持有"应用时钟"，或称"系统时间"，用于记录事件发生的时刻。系统时钟与链路调度时钟（即"网络时钟"）是不同的。链路调度时钟记录数据链路层中的本地时间，用于通信及功能块的执行。系统时钟是更加通用的时钟，其在包含多网段系统中的所有设备内都是相同的。

现场总线应用从时间角度上需要进行同步。例如，记录发布事件的信息中同样应该记录事件发生检测到的时间（称为打上"时间戳"），因为根据令牌循环周期及网络通信负荷的不同，事件发布的信息被接收到的时间会被延迟。SMKP 提供应用时钟同步机制来保证所有管理VFDs 共享同步时间。

基金会现场总线中，系统管理者拥有一个时间发布器，其应用时钟通常被设置成等于本地当日时间，这不同于数据链路时钟。时间发布器向所有现场总线设备周期性地发布应用时钟同步信息，数据链路调度时间与应用时钟信息一起被采样、发送，以使接收设备可以调整它们的本地时钟。在时间同步间隙，在每一设备内部基于自身的内部时钟，独立维持着应用时钟时间的更新。

时间发布者可以冗余，如果在现场总线上有一个后备的应用时间发布器，当正在起作用的时间发布器出现故障时，后备时间发布器就会替代它而成为起作用的时间发布器。

3.5.3　设备信息文件

人机界面、现场设备组态与维护等需要更多有关设备的信息，基金会将许多文件格式标准化，以有助于实现设备所要求的可相互操作性，并有助于工程技术人员的理解。

1. 设备描述(DD)与设备描述语言(DDL)

设备描述是基金会现场总线为实现不同厂商设备间的可相互操作而提供的一个重要工具。在基金会现场总线的现场设备开发中，一项重要内容就是开发现场设备的设备描述(DD，Device Descriptions)。设备设计者首先采用标准化的编程语言——"设备描述语言(DDL)"来描述设备的功能以及设备 VFD 中数据的意义等，以供上位监控系统能够更好地理解与使用该设备。然后采用基于 PC 的"编译器"软件"tokenizer"对源（文本）文件进行"编译"，生成 DD目标文件。每一类型设备的设备描述都由两个文件组成：扩展名为".ffo"的二进制格式文件，以及扩展名为".sym"的符号列表文件。任何控制系统或主计算机只要拥有设备的 DD，就可以操作这个设备。

为了使设备构成与系统组态变得更加容易，现场总线基金会已经规定了设备描述的分层结构。分层中的第一层是通用参数，即所有的块都必须包含的公共属性参数，如位号、版本、工作模式等。分层中的第二层是功能块参数，该层为标准功能块规定了参数，同时也为资源块规定了参数。第三层为转换块参数,本层为标准转换块规定了参数,在某些情况下,转换块规范也可能为标准资源块规定参数。现场总线基金会已经为头三层编写了设备描述,形成了标准的现场总线基金会设备描述(标准 DD 库)。第四层称为制造商专用参数,在这个层次上,每个制造商只需要采用 DDL 为自己的产品附加特殊的属性,如添加自己产品的标定与诊断方法,或者自由地为功能块和转换块增添他们自己的参数等,并把这些属性放在附加 DD 中描述。采用上述分层结构,可使各制造商的 DD 二进制文件做得很小。

由此可见,设备描述就相当设备的"驱动器",那么如何才能够得到设备的 DD 呢?现场总线基金会为标准 DD 制作了 CD-ROM,并向用户提供这些光盘.制造商可以为用户提供他们的附加 DD。如果制造商向现场总线基金会注册过它的附加 DD,现场总线基金会也可以向用户提供那些附加 DD,并把它与标准 DD 一起写入 CD-ROM 中。

2. 功能文件

当没有实际设备而要对现场总线系统进行组态时,就要采用离线组态方式,并要借助于设备的功能文件(Capability File)。功能文件(相当于"软设备")提供了设备有关网络与系统管理、功能块应用等方面的功能性描述信息,其中一部分信息已驻留在设备内部。对应每一设备类型,都有相应的扩展名为". cff"的功能文件,该文件与设备描述文件放置在一起。功能文件经常被称作"CFF",其含义为"公共文件格式"(Common File Format)。

3. 设备信息文件的安装

基金会现场总线要求所有经过认证的设备都可以用两种类型的文件来描述其功能:设备描述文件和功能文件。一个真正的基金会现场总线系统只需要这两类文件就可以完全对基金会现场总线设备进行组态和访问。

那么,如何在现有系统软件中安装新设备的 DD 呢?首先来看看设备信息文件的一般安装位置。一般设备描述文件和功能文件按照下列目录结构存储:

< DD 主目录>

　　＋ … 制造商 ID

　　　　－ …设备类型

以 Smar 公司的现场总线控制系统 System302 为例,其现场设备组态软件为 Syscon 5.0,DD 主目录为:Smar\Device Support,在此文件夹下,有以横河(Yokogawa)公司(ID 号为:594543,代表"YEC")、Smar 公司(ID 号为 000302)等制造商 ID 号命名的子文件夹,里面顺序排列按照该制造商生产的设备类型码命名的子文件夹,里面分别存储有此类型设备的信息文件。例如,Smar 的 LD302 具有设备类型码 0001,则在如下文件夹:

Smar\Device Support\000302\0001

内存储有设备 LD302 的设备描述文件及功能文件。

要安装新设备的 DD,就要首先创建该设备制造商 ID 号及设备类型码分别命名的子文件夹,并将具有扩展名为". ff0"、". sym"、". cff"的设备信息文件装入上述文件夹中。另外,还需将< DD 主目录>下的系统配置文件:Standard. ini 打开,在栏目[Manufactures by ID]中,添加上设备制造商 ID 号及制造商名;在栏目[Device by Code]中,添加上设备类型码及设备名称。而装有设备描述服务(DDS)解释器的主机根据制造商标识(ID)以及设备类型从相关目录中读取设备描述,就能够与设备内定义的所有参数进行相互操作。

这里,设备描述服务是组态或人机界面软件中用于读取设备描述的标准库函数,它使得来自不同供应商的设备挂接在同一段总线上,只需采用同一版本的人机接口软件就可协同工作,即实现了可相互操作性。不过,需要指出,采用 DDS 读取的是设备描述,而不是运行值。运行值通过 FMS 通信服务从现场总线上的设备中读取。

3.5.4 现场总线控制系统的设计

这里,采用现场总线技术构造的控制系统,称作"现场总线控制系统(FCS)"。事实上,同一 FCS 系统内可以采用多种现场总线技术来构成,这就涉及多总线集成问题。因为,按照现有技术水平,确定一种满足所有应用场合要求的总线标准是不可能的。因此,面对众多的现场总线产品,用户首先要明确自己特定的应用需求,然后再结合不同现场总线的技术特点,选择合适的总线标准。

当然,从最终用户的角度来看,在控制系统的整个运行周期内,用户关心的主要还是受控过程本身;而现场总线测控设备对现场操作人员来说,则应具有足够的透明性。

基于现场总线的控制系统,并不排斥以往积累起来的工程技术与经验,而且主要工程步骤与方法基本维持不变,只要补充一些基于现场总线控制与测量的知识和经验就足够了。其系统设计与当今的集散控制系统设计非常相似,下面重点结合它们之间的不同点对基金会现场总线控制系统的设计作一介绍。

1. 总线连接与设备选择

与传统集散控制系统相比,现场总线控制系统的不同点首先表现在物理接线上。现场总线控制系统采用数字总线连接取代传统 4～20mA 的模拟点对点连接,这样许多设备都可以挂接在同一总线上,依据每一设备具有的唯一物理设备位号以及相应的网络节点地址来加以区分,并可以用树形、总线形、菊花链形,以及点到点连接等不同的拓扑结构接入现场总线网络中。

那么,究竟在一个现场总线网段上,添置多少设备才合适呢?从经济角度看,12 个设备足以使初始成本降低。如果是一个技改项目,用来取代 4～20mA,一般 4 个或 5 个设备经济上就是合算的。有关设备数量的选择以及总线连接,从以下几个方面加以讨论:

首先,从通信规范角度看,为简化网络接线设计,物理层一般将一个总线段上的设备数量限制在 2～32 个之间。而数据链路层节点地址占用一个字节,除掉其中一些为特殊需要保留的地址空间外,实际用于现场设备的有效地址区间大小是 232。显然,该数值已足够大而不必加以考虑。

其次,在要求总线供电条件下,电源要具有足够大的功率,其所能提供电流要大于总线上所有设备平均消耗电流的总量(现场设备消耗的电流大多不超过 20mA)。而在安全防爆条件下,危险区域现场设备的总量决定于安全防爆栅所能够提供的总能量。

再次,从功能块应用角度来看,在总线设备接线上,最好将相互关联的功能块放置在同一网段内,以避免功能块跨越网桥连接。因为,不同设备上的功能块连接需要调用总线上的通信服务。此种连接越多,通信负荷越重,当通信能力不足以在有限时间内传输所有数据时,必然会限制总线上设备的数量。对于通信负荷的一个粗略而保守的估计算法如下:

设不同设备上功能块之间的连接数量(即发布者的数量)为 N_P,控制块外加输出块(即用于人机界面控制显示的通信)数量为 N_C,则通信负荷为

$$T_{\text{LOAD}} = (N_{\text{P}} + N_{\text{C}}) \times 50\text{ms}$$

如果 T_{LOAD} 超过控制周期(宏周期)的 80%，则该组态风险性较大，最好从总线上减少一些设备。

最后，从控制风险角度来看，如果总线上某一设备发生故障，就有可能毁坏整个网段的通信，最坏情况下有可能所有测量值都无法通过总线访问，控制活动被迫中断。当通信线路因接线不牢而发生断路或短路故障时，上述情况也会发生。因此，在同一网段上控制回路的数量要严格加以限制，即通过控制回路分散来达到风险分散的目的，有效避免危险情况的发生。

2. 设备组态及控制策略的生成

现场总线网段上连接的设备确定下来之后，就要根据控制策略，在设备内添加合适的功能块，并设定必要的功能块参数；同时，还需将相关功能块的输入/笑 连接起来，即进行控制回路的连接。上述过程属于现场设备的组态。在所有功能块的连接以及包括设备名称、工位号、回路执行速率等在内的组态项目输入完毕之后，组态软件就会为每一设备生成相应的组态信息，并将其下载到现场设备中去。当设备成功地接收到组态信息后，系统就可以运行了。

目前，不论是单回路数字调节器，还是集散控制系统、现场总线控制系统，一般都开始采用"图形化"语言进行功能块连接，即针对所选功能块，采用直观的图形界面构造控制策略，回路连接只需参照在线显示的功能块结构图，将有关输入/笑 端子直接连线接通即可。

尽管上述组态过程与 DCS 系统相比，形式上基本相同，但在 FCS 系统中，构成控制回路的基本要素：输入处理、PID 运算及输出处理等却可能分布在不同的现场设备内，因而功能块之间的数据传递就有其特殊性。具体来说，对于同一设备内功能块间的连接，可采用内部链接对象直接连接；而分布在不同设备内的功能块连接，除采用链接对象外，还要依据发布者/预定接收者通信模型，借助 FF H1 实现各功能模块间的数据传递。

前面已经讲过，基金会现场总线具有独有的用户层，其为用户提供了一个类似于集散控制系统(DCS)的应用环境，其作用表现在，对于较为简单的控制系统，可将输入处理、控制运算、输出处理等功能从 DCS 系统转移到现场设备内，这样，可节省 DCS 控制站，而只需保留类似 DCS 的操作站。另外，对于大型或复杂控制系统，可将现场总线仪表接入 DCS 系统(含 FF H1 通信模件)中，形成 FCS 控制系统。其中，DCS 主设备充当 FCS 中的主设备，并提供上层串级或前馈控制。尽管现场总线用户层也具有建立复杂串级与前馈控制回路的能力，但它们主要还是为建立在 DCS 中的复杂回路提供后退备用方式。

那么，在 FCS 控制系统内，如何实现复杂的控制策略呢？这就涉及 PID 控制功能块的工作模式。我们知道，现场仪表内含 PID 控制功能块是 FCS 系统的重要特征，但该功能块还被赋予远程串级(Remote Cascade)与远程输出(Remote Output)工作模式，可与上位主设备(host device)或人机接口设备分别实现类似传统 DCS 控制系统中的 SPC 控制(设定点控制)及 DDC 控制，如图 3-47 所示。

在正常条件下，主系统中的 PID 块可以被组态成主系统中复杂控制策略的一部分，实施实际控制运算，以远程输出模式(Remote Output Mode)将控制量 MV 发送给现场设备 PID 功能块中的远程控制量输入参数(ROUT_IN)，实施上位机的 DDC 控制。当主系统发生故障或通信失败时，由现场设备中的 PID 块接手承担控制运算，并将运算结果直接输出，从而控制过程不会中断。当故障恢复后，重新回到远程输出模式。这里，现场设备中的 PID 块起着后退备用方式。当现场设备中的 PID 块工作于远程串级控制模式(Remote Cascade Mode)时，其

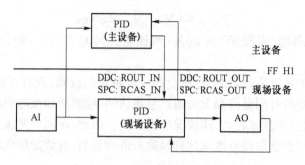

图 3-47　SPC 与 DDC 控制在 FCS 中的实现

设定值来自于上位 PID 块的输出,属于 SPC 工作方式。

现场总线控制(FCS)具体在集散控制系统中的应用可参考 3.1.3 节和 3.2.1 节的介绍。

3.6　信息集成的连接桥梁——OPC 技术

OPC(OLE for Process Control,用于过程控制的 OLE)是基于微软的 OLE(现在的 Active X)、COM(部件对象模型)和 DCOM(分布式部件对象模型)技术的一个工业标准。管理这个标准的国际组织是 OPC 基金会,OPC 基金会现有会员数百家,遍布全球,包括世界上所有主要的自动化系统、仪器仪表及过程控制系统的公司。OPC 包括一整套接口、属性和方法的标准集,用于过程控制和制造业自动化系统。

3.6.1　OPC 技术简介

OPC 全称是 OLE for Process Control,它的出现为基于 Windows 的应用程序和现场过程控制应用建立了桥梁。在过去,为了存取现场设备的数据信息,每一个应用软件开发商都需要编写专用的接口函数。由于现场设备的种类繁多,且产品的不断升级,往往给用户和软件开发商带来了巨大的工作负担。通常这样也不能满足工作的实际需要,系统集成商和开发商急切需要一种具有高效性、可靠性、开放性、可互操作性的即插即用的设备驱动程序。在这种情况下,OPC 标准应运而生。OPC 标准以微软公司的 OLE 技术为基础,它的制定是通过提供一套标准的 OLE/COM 接口完成的,在 OPC 技术中使用的是 OLE 2 技术,OLE 标准允许多台微机之间交换文档、图形等对象。

COM 是 Component Object Model 的缩写,是所有 OLE 机制的基础。COM 是一种为了实现与编程语言无关的对象而制定的标准,该标准将 Windows 下的对象定义为独立单元,可不受程序限制地访问这些单元。这种标准可以使两个应用程序通过对象化接口通讯,而不需要知道对方是如何创建的。例如,用户可以使用 C++语言创建一个 Windows 对象,它支持一个接口,通过该接口,用户可以访问该对象提供的各种功能,用户可以使用 Visual Basic,C,Pascal 或其它语言编写对象访问程序。在 Windows NT4.0 操作系统下,COM 规范扩展到可访问本机以外的其它对象,一个应用程序所使用的对象可分布在网络上,COM 的这个扩展被称为 DCOM(Distributed COM)。

通过 DCOM 技术和 OPC 标准,完全可以创建一个开放的、可互操作的控制系统软件。OPC 采用客户/服务器模式,把开发访问接口的任务放在硬件生产厂家或第三方厂家,以 OPC 服务器的形式提供给用户,解决了软、硬件厂商的矛盾,完成了系统的集成,提高了系统的开放性和可互操作性。

OPC 服务器通常支持两种类型的访问接口,它们分别为不同的编程语言环境提供访问机制,如图 3—48 所示。这两种接口是:自动化接口(Automation interface);自定义接口(Custom interface)。自动化接口通常是为基于脚本编程语言而定义的标准接口,可以使用 VisualBasic、Delphi、PowerBuilder 等编程语言开发 OPC 服务器的客户应用。而自定义接口是专门为 C++等高级编程语言而制定的标准接口。OPC 现已成为工业界系统互联的缺省方案,为工业监控编程带来了便利,用户不用为通讯协议的难题而苦恼。任何一家自动化软件解决方案的提供者,都应当全方位地支持 OPC。

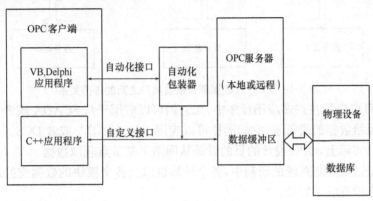

图 3-48　典型 OPC 体系结构

3.6.2　OPC 技术规范

由 OPC Task Force 制定的 OPC(OLE for Process Control)规范于 1996 年 8 月正式诞生,随着 1997 年 2 月 Microsoft 公司推出 Windows95 支持的 DCOM 技术,1997 年 9 月成立的 OPC Foundation 对 OPC 规范进行修改,增加了数据访问等一些标准,OPC 规范得到了进一步的完善。

OPC 基于 Microsoft 公司的 Distributed interNet Application (DNA) 构架和 Component Object Model (COM) 技术,根据易于扩展性而设计的。OPC 规范定义了一个工业标准接口,这个标准使得 COM 技术适用于过程控制和制造自动化等应用领域。

OPC 是以 OLE/COM 机制作为应用程序的通讯标准。OLE/COM 是一种客户/服务器模式,具有语言无关性、代码重用性、易于集成性等优点。OPC 规范了接口函数,不管现场设备以何种形式存在,客户都以统一的方式去访问,从而保证软件对客户的透明性,使得用户完全从低层的开发中脱离出来。

应用程序与 OPC 服务器之间必须有 OPC 接口,OPC 规范提供了两套标准接口:Custom 接口,OLE 自动化接口,如图 3-48 所示。通常在系统设计中采用 OLE 自动化接口。

OLE 自动化接口,采用 OLE 自动化技术进行调用。OLE 自动化接口定义了以下三层接口,依次呈包含关系。

OPC Server:OPC 启动服务器,获得其他对象和服务的起始类,并用于返回 OPC Group 类对象;

OPC Group:存储由若干 OPC Item 组成的 Group 信息,并用于返回 OPC Item 类对象。

OPC Item:存储具体 Item 的定义、数据值、状态值等信息。

由于 OPC 规范基于 OLE/COM 技术,同时 OLE/COM 的扩展远程 OLE 自动化与

DCOM 技术支持 TCP/IP 等多种网络协议，因此可以将 OPC 客户、服务器在物理上分开，分布于网络不同节点上，如图 3-49 所示。

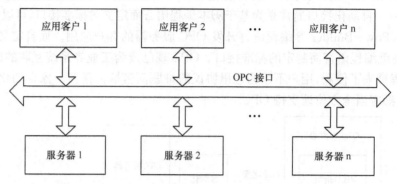

图 3-49　OPC 对数据源与数据用户之间的链接关系

OPC 规范可以应用在许多应用程序中，如它们可以应用于从 SCADA 或者 DCS 系统的物理设备中获取原始数据的最低层，它们同样可以应用于从 SCADA 或者 DCS 系统中获取数据到应用程序中。实际上，OPC 设计的目的就是从网络上某节点获取数据。

在进行新型微机控制系统的研制中，各个计算机以及各个模块的数据交换应该按照 OPC 规范进行。这样做有以下好处：

OPC 规范以 OLE/DCOM 为技术基础，而 OLE/DCOM 支持 TCP/IP 等网络协议，因此可以将各个子系统从物理上分开，分布于网络的不同节点上。

OPC 按照面向对象的原则，将一个应用程序（OPC 服务器）作为一个对象封装起来，只将接口方法暴露在外面，客户以统一的方式去调用这个方法，从而保证软件对客户的透明性，使得用户完全从低层的开发中脱离出来。

OPC 实现了远程调用，使得应用程序的分布与系统硬件的分布无关，便于系统硬件配置，使得系统的应用范围更广。

采用 OPC 规范，便于系统的组态化，将系统复杂性大大简化，可以大大缩短软件开发周期，提高软件运行的可靠性和稳定性，便于系统的升级与维护。

OPC 规范了接口函数，不管现场设备以何种形式存在，客户都以统一的方式去访问，从而实现系统的开放性，易于实现与其它系统的接口。

3.6.3　OPC 技术应用

由于 OPC 技术的采用，使得以更简单的系统结构、更长的寿命、更低的价格解决工业控制成为可能。同时现场设备与系统的连接也更加简单、灵活、方便。因此 OPC 技术在工业控制领域得到了广泛的应用，主要应用领域如下：

1. 数据采集技术

OPC 技术通常在数据采集软件中广泛应用。现在众多硬件厂商提供的产品均带有标准的 OPC 接口，OPC 实现了应用程序和工业控制设备之间高效、灵活的数据读写，可以编制符合标准 OPC 接口的客户端应用软件完成数据的采集任务。

2. 历史数据访问

OPC 提供了读取存储在过程数据存档文件、数据库或远程终端设备中的历史数据以及对其操作、编辑的方法。

3. 报警和事件处理

OPC 提供了 OPC 服务器发生异常时,以及 OPC 服务器设定事件到来时向 OPC 客户发送通知的一种机制,通过使用 OPC 技术,能够更好的捕捉控制过程中的各种报警和事件并给予相应的处理。

4. 数据冗余技术

工控软件开发中,冗余技术是一项最为重要的技术,它是系统长期稳定工作的保障。OPC 技术的使用可以更加方便的实现软件冗余,而且具有较好的开放性和可互操作性。

5. 远程数据访问

借助 Microsoft 的 DCOM(分散式组件对象模型)技术,OPC 实现了高性能的远程数据访问能力,从而使得工业控制软件之间的数据交换更加方便。

OPC 技术对工业控制系统的影响及应用是基础性和革命性的,简单地说,它的作用主要表现在以下几个方面:

1. 解决了设备驱动程序开发中的异构问题

OPC 解决了设备驱动程序开发中的异构问题。随着计算机技术的不断发展,用户需求的不断提高,以 DCS(集散控制系统)或者 FCS(现场总线控制系统)为主体的工业控制系统功能日趋强大,结构日益复杂,规模也越来越大,一套工业控制系统往往选用了几家甚至十几家不同公司的控制设备或系统集成一个大的系统,但由于缺乏统一的标准,开发商必须对系统的每一种设备都编写相应的驱动程序,而且,当硬件设备升级、修改时,驱动程序也必须跟随修改。同时,一个系统中如果运行不同公司的控制软件,也存在着相互冲突的风险。

有了 OPC 后,由于有了统一的接口标准,硬件厂商只需提供一套符合 OPC 技术的程序,软件开发人员也只需编写一个接口,而用户可以方便地进行设备的选型和功能的扩充,只要它们提供了 OPC 支持,所有的数据交换都通过 OPC 接口进行,而不论连接的控制系统或设备是哪个具体厂商提供。

2. 解决了现场总线系统中异构网段之间数据交换

OPC 解决了现场总线系统中异构网段之间数据交换的问题。现场总线系统仍然存在多种总线并存的局面,因此系统集成和异构控制网段之间的数据交换面临许多困难。有了 OPC 作为异构网段集成的中间件,只要每个总线段提供各自的 OPC 服务器,任一 OPC 客户端软件都可以通过一致的 OPC 接口访问这些 OPC 服务器,从而获取各个总线段的数据,并可以很好地实现异构总线段之间的数据交互。而且,当其中某个总线的协议版本做了升级,也只需对相对应总线的程序作升级修改。

3. 可作为访问专有数据库的中间件

OPC 可作为访问专有数据库的中间件。实际应用中,许多控制软件都采用专有的实时数据库或历史数据库,这些数据库由控制软件的开发商自主开发。对这类数据库的访问不像访问通用数据库那么容易,只能通过调用开发商提供的 API 函数或其它特殊的方式。然而不同开发商提供的 API 函数是不一样的,这就带来和硬件驱动器开发类似的问题:要访问不同监控软件的专有数据库,必须编写不同的代码,这样显然十分繁琐。采用 OPC 则能有效解决这个问题,只要专有数据库的开发商在提供数据库的同时也能提供一个访问该数据库的 OPC 服务器,那么当用户要访问时只需按照 OPC 规范的要求编写 OPC 客户端程序而无需了解该专有数据库特定的接口要求。

4. 便于集成不同的数据

OPC 便于集成不同的数据,为控制系统向管理系统升级提供了方便。当前控制系统的趋势之一就是网络化,控制系统内部采用网络技术,控制系统与控制系统之间也网络连接,组成更大的系统,而且,整个控制系统与企业的管理系统也网络连接,控制系统只是整个企业网的一个子网。在实现这样的企业网络过程中,OPC 也能够发挥重要作用。在企业的信息集成,包括现场设备与监控系统之间、监控系统内部各组件之间、监控系统与企业管理系统之间以及监控系统与 Internet 之间的信息集成,OPC 作为连接件,按一套标准的 COM 对象、方法和属性,提供了方便的信息流通和交换。无论是管理系统还是控制系统,无论是 PLC(可编程控制器)还是 DCS,或者是 FCS,都可以通过 OPC 快速可靠的彼此交换信息。换句话说,OPC 是整个企业网络的数据接口规范,所以,OPC 提升了控制系统的功能,增强了网络的功能,提高了企业管理的水平。

5. 使控制软件能够与硬件分别设计

OPC 使控制软件能够与硬件分别设计、生产和发展,并有利于独立的第三方软件供应商产生与发展,从而形成新的社会分工,有更多的竞争机制,为社会提供更多更好的产品。

OPC 作为一项逐渐成型的技术已得到国内外厂商的高度重视,许多公司都在原来产品的基础上增加了对 OPC 的支持。由于统一了数据访问的接口,使控制系统进一步走向开放,实现信息的集成和共享,用户能够得到更多的方便。OPC 技术改变了原有的控制系统模式,给国内系统生产厂商提供了一个发展的机遇和挑战,符合 OPC 规范的软、硬件也已被广泛应用,给工业自动化领域带来了勃勃生机。

此外,目前国内外很多的工控软件厂商也推出了一系列的 OPC 快速开发工具包,使用专门的 OPC 开发工具包,开发者只需具备基本的编程基础即可快速上手。

3.7 典型现场总线控制系统举例

一个典型的现场总线控制系统主要由以下设备或部件组成:操作站、手持终端、变送器、执行器(包括电气阀门定位器)、信号变换器、防爆栅、总线电源、电源阻抗匹配器、总线终端阻抗匹配器、传输电缆、网络链接设备(如网桥)等。下面以 Smar 公司的现场总线控制系统 System 302 为例,介绍现场总线控制系统的典型结构。

3.7.1 现场总线控制系统 System 302 的组成

系统 System 302 主要由操作站、四通道现场总线 PC 接口卡(或网桥)以及现场设备三部分组成,如图 3-50 所示,图中给出了 System 302 的双重化冗余结构。System 302 主要包括两种形式的现场总线链接设备，即 PCI 卡(过程控制接口卡)以及 DFI302 通用网桥。

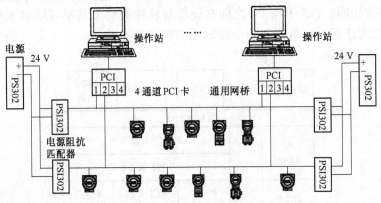

图 3-50　采用 PCI 卡的现场总线网络结构

　　PCI 卡是一块插在工业或商用 PC 上工作的 16 位 ISA 卡，每块 PCI 卡拥有 4 个独立的 H1 通道。PCI 卡的主要功能是快速处理和访问连接现场仪表的多个通道上的数据，完成现场仪表与操作站之间的数据通信任务，其硬件结构如图 3-51 所示。

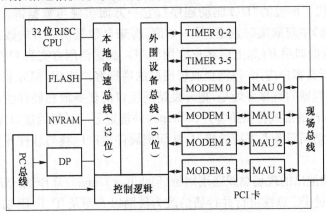

图 3-51　现场总线 PCI 卡的硬件结构

　　PCI 卡采用 32 位的 RISC CPU 处理所有的通信与控制任务，通过双端口 RAM(16bit，256KB 数据内存)，可实现 PC CPU 与 PCI 卡之间的高效数据通信。PCI 卡内数据结构与对象存储在 512KB 的非易失性 32 位数据存储器内，即 NVRAM 中。PCI 卡程序保存在 1MB 的 32 位 Flash 程序存储器中，便于软件升级。现场总线通信控制器 MODEM0~MODEM3 采用 Smar 公司的现场总线协议芯片 FB3050，遵从 ISA-SP50 现场总线物理层规范，实现 31.25Kb/s 波特率的串行数据通信。现场总线通信介质连接线路 MAU0~MAU3，实现信号变换与隔离，根据 ISA-SP50 现场总线物理层规范，将来自 MODEM 的数字信号(0V 或 5V)调整到现场总线上。在系统操作站(工业 PC)总线插槽上，最多可插入 8 块 PCI 卡，驱动 32 个 FF H1 通道。在安全防爆条件下，每个通道可连接 4 个安全栅 SB302，每个安全栅下可挂接 4 台 Smar 302 系列现场仪表。这时，每台 302 系列仪表的工作电流约为 15mA。

　　基于 PCI 卡的 System 302 的软件分层结构如图 3-52 所示。最上层为人机界面 (HMI)，运行于 PC 上的用户程序(包括组态、监控、系统分析等)通过特定服务器所提供的服务实现与 PCI 卡的接口。PCI OLE Server 是基于客户/服务器型体系结构的适用于 Windows NT 的 32 位版本服务器，遵从 OPC 规范，这使得 OPC 客户(即上述用户程序)可以按照标准的方式管理现场总线系统。NT操作系统环境下的PCI卡驱动软件用来实现对本地PCI卡的高效访问。PCI卡与PC之间在硬件与软件级别上共享双端口RAM,该双端口RAM上包含二者之间进行数据与命令传输所要求的所有结构。卡上每一通道都包含物理层与部分的数据链路层。

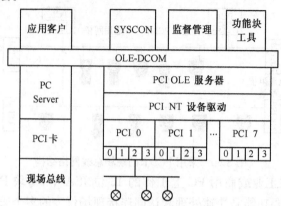

图 3-52　基于 PCI 卡的 System 302 的软件分层结构

这里,OPC取代了传统的"I/O驱动程序",它一方面实现与数据供应方(包括硬件和软件,如下层现场设备)中获取实时数据,另一方面,将来自数据供应方的数据通过一套标准的OLE接口提供给数据调用方(如上层客户应用程序),数据调用方充当OPC客户的角色。通过这些统一接口,所有客户应用(包括企业管理层的高级客户应用)都可采用一致的方式来与现场设备通信。这样做的直接好处是,把开发访问接口的任务放在硬件生产厂家或第三方厂家,以服务器(Server)的形式提供给客户(Client),并规定了一系列的接口标准,由客户负责创建服务器的对象及访问服务器支持的接口,从而把硬件生产厂商与软件开发人员有效地分离开来。

Smar公司后续推出的现场总线通用网桥(Fieldbus Universal Bridge)是DFI302。该设备将PCI卡与PC通过PC总线进行并行通信改为借助以太网及TCP/IP协议与PC进行串行通信的方式,使系统构成具有更大的灵活性与通用性,代表了未来的发展方向,系统网络结构如图3-53所示。主机通过以太网与DFI302网桥相连,DFI302再与TT302等现场总线设备相连。Syscon 302的组态软件通过DFI302的OPC服务器获得实时数据。

DFI302是一种标准多功能设备,由电源输入模块(DF50)、控制器模块(DF51)、总线电源(DF52)和阻抗匹配器(DF53)等多个模块构成。DF50是90～264VAC输入24VDC输出的高性能开关电源模块,具有自诊断与输出短路保护功能,为底板提供可靠的24VDC工作电压。处理器模块DF51采用25MHz时钟的32位RISC CPU、Flash固件及2MB的NVRAM,集中处理通信与控制任务,具有一个10Mb/s的Ethernet现场总线接口、4个现场总线H1接口(31.25Kb/s)、1个EIA 232通信口(115.2Kb/s),因而可在各个H1通道间实现透明的通信功能,即实现H1-H1网桥功能,同时具有Ethernet网关功能。现场总线H1供电电源模块DF52为一非本安设备,具有90～260V AC、47～440Hz AC输入,24V DC笑　,隔离型,带短路及过流保护,纹波及故障自动指示,并且允许冗余笑　,非常适合于为现场总线设备供电。电源阻抗模块DF49(2口)或DF53(4口)在电源与现场总线网路间提供阻抗匹配,以保证电源不至于短路现场总线上的通信信号,当采用总线供电而无本安要求时,可采用此模块。

现场总线的几种典型的网络拓扑结构如图3-53所示,主要包括:点对点拓扑、树形拓扑

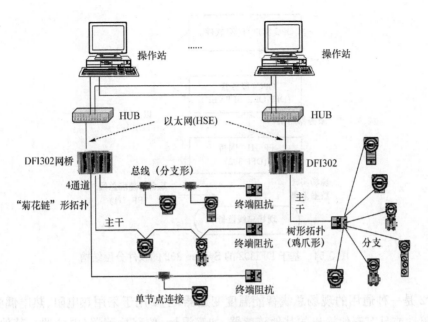

图 3-53 采用 DFI302 的现场总线网络结构

（也称作鸡爪形）、分支拓扑（也称作线性或总线形拓扑）以及上述几种拓扑结构的混合，原则上，几乎任何拓扑结构及其组合都是可行的。其中，把连接两终端器的总线电缆称为"主干(Trunk)"，网络上其他部分则称作"分支(Spur)"。网络主干由控制室引入现场，设备则沿线路主干分布，通过分支与主干相连，或者通过终端接线盒接入。

一般来说，对于改造项目，涉及对现有电缆再利用时，树形连接是首选的拓扑结构，因为它类似于传统的安装方式，并且可以充分利用已有的基本设施。此外，现场设备密度高的特定区域也比较适合此种结构。在组态和分配网络/网段设备时，该拓扑具有最大的灵活性。从技术角度看，该拓扑可行，但通常不是一种经济的方案。对于首次安装，并且设备密度较低的区域，应采用带分支的总线拓扑。分支应通过限流装置（30 mA，或按特定分支上设备的相应需要）与总线连接，从而提供短路保护。上述几种拓扑混合使用时，必须遵循现场总线网络/网段最大长度的所有规则，包括总长度中分支长度的计算（如 FF 规定），整个网段的长度最大为 1900m，计算方法为：

$$整个网段的长度＝主干＋所有分支$$

现场总线建议系统安装应采用树形、分支或组合拓扑结构；不要采用"菊花链形"拓扑。值得指出，"菊花链形"拓扑是由设备到设备的网络/网段组成，在运行状态下，如果不中断其他设备的服务，不能从网络/网段上添加或删除设备，因此，不适合于维护，因此不宜采用该拓扑。

基于 DFI302 的 System 302 的软件分层结构如图 3-54 所示，该图反映了实时过程数据从下层现场设备开始，向上到上层人机界面软件的总体传输机制。

Smar 公司的 302 系列基金会现场总线仪表主要有：差压/压力/液位变送器 LD302，温度变送器 TT302，三通道电流到现场总线信号变换器 IF302，三通道现场总线到电流信号变换器 FI302，现场总线到气压信号变换器 FP302，以及现场总线阀门定位器 FY302 等。

LD302 是处理差压、压力、液位信息的智能化仪表。表头上的智能板含有输入模块（AI）、PID 模块、输入选择模块（ISS）、特征化模块（CHAR）、运算模块（ARTH）和累计模块（IN-

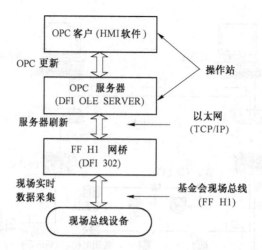

图 3-54 基于 DFI302 的 System 302 的软件分层结构

TG)等。

TT302 是一种通用的现场总线智能温度变送器,主要用于采用热电阻、热电偶测温,同时还可与电阻性或具有毫伏输出的其他传感器,如高温计、位移检测器(电位器)、其他测压元件等相连,对应电压输入范围为:$-50\sim500\text{mV}$,电阻输入范围为:$0\sim2000\Omega$,并且具有包括两线制、三线制、四线制等在内的多种接线方式。TT302 内含两个输入变换模块、一个资源模块、一个显示模块以及其他功能模块。由于输入电路有调零功能,因此,TT302 具有很高的精度和优良的稳定性。

IF302 是把模拟信号转换成标准现场总线信号的设备,通过它可以将测量元件连接到现场总线系统中。一块 IF302 具有三个独立的 AI 模块,即可以同时处理三路信号。

FI302 是把现场总线信号转换成 $4\sim20\text{mA}$ 模拟信号的设备,从 FI302 出来的信号再通过电/气转换部件去推动执行元件动作。FI302 同样具有三个独立的 AO 模块,可同时处理三路信号。FP302 是把现场总线信号转换成 $3\sim15\text{psi}(1\text{psi}=6664\text{Pa})$ 气动信号的设备,通过它,现场总线给出的控制信号可以推动执行元件动作,FP 具有一个 AO 模块。

3.7.2 系统 System 302 中现场设备与网络的组态

现场总线组态包括现场总线设备及功能块的选择,功能块参数设置与连接。类似集散控制的组态,这里同样存在"在线"与"离线"两种组态方式,离线方式是在没有连接任何实际设备的情况下,对系统进行组态,将组态信息以文件形式保存下来,待接入系统后可整体下装到现场设备中;在线方式是组态设备通过总线接口或网桥直接连接上现场设备,组态修改可以立即传到总线设备中;同时,现场设备内的参数可在组态设备上实时显示。

System 302 采用的组态软件为 SYSCON,其现场总线组态按照 ISA S88 模型进行组织,将每个工程组态项目分为如下两个部分:

(1)逻辑对象(Area1)

逻辑对象主要用于描述或组态现场总线的控制策略,即功能块连接。组态时,可针对生产装置及过程操作单元,添加控制回路,选择必要的功能块,并依据图形连接方式,进行功能块连接,生成控制策略,如图 3-55 所示。在添加功能块时,对话框中涉及的选项包括:制造商名称、设备类型、设备版本、DD 版本、模块类型等。保存所有逻辑部分将保存在 Area1 中。

（2）物理对象（Fieldbus Networks）

物理对象用来对现场总线网络进行描述和组态。在组态时，按照设备在现场中的实际安装布局，将所有桥（PCI 或 DFI302）及现场设备添加进来，同时添加设备功能块，其中，转换块（TRD）、资源块（RES）以及显示模块（DSP）是一般现场设备所必须要有的模块。物理部分是按实际建立的物理设备连接组织排列，因此相关设备组态信息将会按照网段上的排列次序下载到总线设备上。

上述组态过程可以从不同的点开始，采用不同的方式进行。例如，可首先建立物理对象，创建网段，添加设备及功能块，然后再将这些功能块链接（Attach Block）到逻辑部分。也可以首先创建逻辑部分，生成控制策略，然后生成物理部分，并将上述功能块链接过去。控制策略组态对于物理设备完全透明，功能块执行调度完全自动建立。

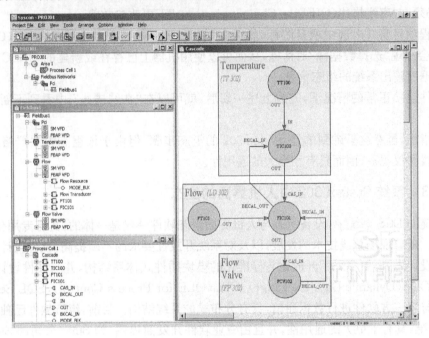

图 3-55　现场总线设备的组态画面

上述组态完成之后，即可形成如图 3-55 所示的完整组态画面，组态文件即可存盘备份。紧接着需要连接网络，进行在线组态操作，包括通信的初始化。

首先设定通信参数，单击"现场总线网络（Fieldbus Networks）"图标，打开"通信设置"对话框，选择服务器类型，如 Smar. DFIOLEServer.0。然后，在"通信"菜单中，选择"初始化（Init）"选项开始初始化通信。此时，SYSCON 查找网桥设备 ID 号，并通过 OLE Server 与网桥相连。若一切正常，则在每一设备及网桥图标的左上方会显示一个红色的提示符"×"，表示这些设备还没有被指定设备 ID 号，即还没有与网络中的实际设备对应上。因此，需要对它们分别进行初始化通信，重新打开上述设备的属性（Attributes）对话框，为其选择合适的设备 ID 号。

上述通信初始化工作完成后，即可单击现场总线网段，打开"活动表（Live List）"窗口，仔细查看所有接入网段内的设备清单。此活动表由设备位号、ID 号及节点地址三部分组成，节点地址是自动分配给每一现场总线设备的。此时，可检查活动表内来自设备的位号是否与期望的位号一致，若不一致，则可单击相关设备，利用"分配位号（Assign Tag）"选项为其在线分配位号。当需要改变设备位号、更换现场设备以及设备内存已删除时,则需要此项服务。最终,检查无误后,就可将组态信息顺利下载到现场设备内。

为了能借助设备组态软件 SYSCON 对功能块参数进行在线操作,必须执行"笑 位号(Export Tags)"操作。此时会提示生成一个名叫"Taginfo. ini"的文件,此文件保存所有设备及功能块的工位号,可以被 OPC 用于监测。保存了文件"Taginfo. ini"后,就可以通过右击任一功能块,选择"在线描述(On Line Characterization)",在"在线"方式下查看或修改功能块参数。每次改变组态中的任何位号,都必须重复上述笑 位号过程,否则就无法对新的位号进行监测。每次单击"笑 (Export)"菜单中的"更新 OPC 数据库"选项将会自动更新"Taginfo. ini"文件。

需要指出,在线模式下更改参数,仅仅更改了设备内的参数值,而要将更改参数保存在文件中,还必须在"离线描述(Off Line Characterization)"下更改参数值。

在工程项目窗口内选中项目图标,然后在"笑 (Export)"菜单中单击"组态(Configuration)",就会出现"选择数据源"对话框,从而可以使用机器上已存在或新建的 ODBC 数据源向选择的数据库输出系统的组态信息。

在硬件连接正常的情况下,完成上述一切后,就可以在"在线描述"中看到不断更新的实时数据。

需要指出,虽然这里讲到的是 System302 的组态步骤,但由于该组态方法严格遵从基金会现场总线协议规范,因而具有相当大的通用性。

3.7.3　系统 System 302 中人机界面的组态

在传统的 DCS 系统中,设备组态与人机界面组态软件一般是一体的,具有专用化结构,缺乏通用性。随着现场总线技术的发展,以及对系统开放性要求的不断提高,软件设计也开始沿袭硬件的设计思路,更多采用开放化与标准化的模块插件式体系结构,并与硬件设计相分离,可以通过 DDE(Dynamic Data Exchange)、OPC(OLE for Process Control)、SQL Server 数据库等形式与第三方软件进行数据通信,具有分布式的系统结构。目前,组态软件已独立于具体的 DCS 系统,具有了更大的通用性,并且由专业软件开发商提供,如 Smar 公司的 System 302就选用美国 TA Engineering 公司的通用人机界面组态软件 AIMAX_WIN。

由于通用人机界面组态软件并不针对 DCS 或 FCS 而专门设计,换句话说,目前 DCS 系统中采用的通用人机界面组态软件只要配备有 OPC 客户程序,都可采用。例如,AIMAX SMAR OPC 客户驱动程序就提供了 Smar 现场总线设备的通信接口,该接口是最新的 OPC 标准通信接口。这个驱动程序根据 OPC 的标准通信协议提供了一个接口,用于实现 AIMAX 和 Smar 现场总线系统的数据通信。AIMAX OPC 客户端以其特有的方式以最快的速度从 Smar OPC 服务器中获得数据,然后向 OPC 服务器的共享内存区域报道这些值。通过简单的人机界面组态操作,即可方便地生成类似前文 DCS 系统的通用控制操作界面,如总貌画面、分组画面、调整画面、趋势画面、流程图画面等,满足操作工对控制系统进行日常的监视、操作与维护要求。

3.8　过程控制系统的其他结构

在工业自动化领域,除集散控制系统(DCS)和现场总线控制系统(FCS)外,可编程控制器

（PLC）以及基于 PC 的计算机控制系统也获得了广泛应用。

根据国际电工委员会（IEC）的定义，可编程控制器 PLC（Programmable Logic Controller）是"一种进行数字运算的电子装置，是专为在工业环境下的应用而设计的工业控制器。它采用可以编制程序的存储器，用来在其内部存储执行逻辑运算、顺序控制、计时、计数和算术运算等操作的指令，并能通过数字式或模拟式的输入和输出，控制各种类型的机械生产过程。"

PLC 是从传统的继电器控制发展而来，主要满足制造业/工厂自动化的应用需求，更加侧重逻辑运算能力。其优势在于它的高可靠性和抗干扰能力、（相对 DCS 的）低成本、高速扫描（其循环周期可以在 10ms 以下）。

PLC 一般应用在小型自控场所，比如设备的控制或少量的模拟量的控制及联锁，而大型的过程控制应用一般采用 DCS 性价比更高。因为 DCS 系统本身就是从传统的仪表控制发展而来，方便实现复杂的控制结构和算法（例如，很容易将过程管道仪表图（P&ID）转化成 DCS 提供的控制算法），且容易实现系统各部件的冗余。

目前，可编程控制器在机械制造、石油化工、冶金钢铁、汽车、轻工业等领域的应用都得到了长足的发展。尽管 PLC 与 DCS 在历史发展的不同阶段上曾经表现出了各自不同的特征，但我们看到，随着 PLC 与 DCS 发展到今天，事实上二者都在向彼此靠拢，取长补短，相互融合，趋同的发展方向非常明显。

除 PLC 外，在过程控制领域，尤其是小型过程控制系统当中，还存在着基于 PC 的计算机控制系统（PLC-Based Control System），它是一种小型的、灵活的、低成本的系统，它是在 PC 机（一般取工业 PC，即工控机）的基础上，利用 PC 本身的总线插槽（或扩展槽），插入现场 I/O 板卡（模拟量输入 A/D 卡、模拟量输出 D/A 卡，或者开关量输入输出 DI/DO 卡，以及 RS485 通信卡等），实现与数字调节器、现场仪表等的互连，并且在 PC 中装入相应的软件，实现直接数字控制（DDC）和/或监督控制（SPC）。系统的人机界面也直接利用 PC 的 CRT 或 LCD 显示屏、键盘和鼠标。在该 PC 上装入 PLC 软件，还可成为一台 PLC，也就是所谓的软 PLC（Soft PLC）。

基于 PC 的计算机控制系统的突出优点是其灵活性和低成本。但由于 PC 本身的设计是针对个人的桌面应用，成本控制的较低，因此可靠性自然不如工业级别的产品，系统的规模也不可能很大。而工业级别的 PC 即工控机，虽然采用了符合工业标准的总线设计，并在电源、机械（抗震）结构以及防尘、通风散热等方面做了改进，同时保持了软件的兼容，但由于基础体系结构（所有功能集于一身的系统设计）没有改变，且成本大大上升，因此总体效果并不显著。

总体来说，价格、应用灵活、软件资源丰富等是基于 PC 的计算机控制系统的最大优势，因此，在非常多的小型应用中，该类系统发展的很快。

小　结

由于自动化应用领域的广泛性，决定了过程控制系统的多样性。就目前各种控制体系结构来看，没有哪种能够完全适用于所有的应用领域。因此，多种控制体系结构与通信标准共存的状况将会在未来很长的时期内存在。此外，虽然现场总线控制系统是未来自动化的发展方向，但传统 DCS 与 PLC 的系统结构具有良好的可靠性，这已为长期实践所证明，并且还在不断完善，并日益走向开放，因此它也不会马上为 FCS 系统所取代。而基于 PC 的计算机控制系统以其灵活性和低成本，也是过程控制系统的一个重要补充。

总之,通过相互包容,将多种控制与通信技术集成起来协同完成工厂测控任务,才能适应目前现场测控设备多态性和用户需求多样性的需要,最大限度地保护用户的利益。正是由于各种现场总线技术的发展和竞争、各种计算机主流技术在工业控制领域的渗透和应用,以及自动化技术发展的延续性和继承性,工厂现场控制网络出现了多种现场总线共存、多种系统集成和多种技术集成的局面。因此,信息与集成将是未来企业综合自动化系统发展的主题。

复习思考题

3-1　什么是集散型计算机控制系统?集中型计算机控制有什么缺点?

3-2　集散控制系统中,哪些功能是集中的?哪些功能是分散的?这样的设计有何优点?

3-3　DCS中,现场控制站采取哪些措施提高控制的安全性?

3-4　在CENTUM中,主要有哪些种类的功能块?功能块之间是怎样互连组成控制回路的?

3-5　DCS操作站上,有哪些必备的标准画面,它们各有什么用处?什么叫动态流程图画面?

3-6　什么是"现场总线",现场总线控制系统与集散控制系统相比,有哪些优点?

3-7　什么是"链路活动调度器(LAS)",其功能如何?

3-8　请简要叙述基金会现场总线是如何实现单回路控制系统中过程变量或调节变量的定周期传输的。

3-9　什么是"活动表",其作用是什么?与LAS调度表的功能有何不同?

3-10　请简要叙述基金会现场总线应用层的功能。

3-11　现场总线基金会为何要在应用层之上定义用户层?基金会现场总线的功能块与DCS中功能块的定义有何异同?

3-12　试叙述一般自动化控制系统中,OPC技术所起的典型作用。

3-13　简要叙述FCS系统System 302的软硬件组成。

3-14　试述DCS、PLC、FCS以及基于PC的计算机控制系统各自具有哪些特点,主要侧重应用的领域有何异同?

第4章 执行器和防爆栅

4.1 执 行 器

执行器是构成自动调节系统不可缺少的重要部分。例如一个最简单的调节系统就是由调节对象、检测仪表、调节器及执行器组成的。执行器在系统中的作用是根据调节器的命令,直接控制能量或物料等被调介质的输送量,达到调节温度、压力、流量等工艺参数的目的。由于执行器代替了人的操作,人们常形象地称为实现自动化的"手脚"。

由于执行器的原理比较简单,人们往往轻视这一环节。其实,执行器安装在生产现场,长年和生产介质直接接触,工作在高温、高压、深冷、强腐蚀、易堵等恶劣条件下,要保持它的安全运行不是一件容易的事。事实上,它常常是自动调节系统中最薄弱的一个环节。由于执行器的选择不当或维护不善,常使整个调节系统不能正常工作,或严重影响调节品质。因此每个从事自动化工作的人员都必须给执行器以加倍的重视。

从结构来说,执行器一般由执行机构和调节机构两部分组成。执行机构是执行器的推动部分,它按照调节器所给信号的大小,产生推力或位移;调节机构是执行器的调节部分,最常见的是调节阀,它受执行机构的操纵,改变阀芯与阀座间的流通面积,调节工艺介质的流量。

根据执行机构使用的能源种类,执行器可分为气动、电动、液动三种。其中,气动执行器具有结构简单,工作可靠、价格便宜、维护方便、防火防爆等优点,在自动控制中获得最普遍的应用。电动执行器的优点是能源取用方便,信号传输速度快和传输距离远;缺点是结构复杂、推力小、价格贵,适用于防爆要求不高及缺乏气源的场所。液动执行器的特点是推力最大,但目前使用不多。因此,下面将只讨论气动和电动两种执行器,特别是对气动执行器作较详细的讨论。

4.1.1 气动执行器

气动执行器是指以压缩空气为动力的执行器,一般由气动执行机构和调节阀两部分组成。在工作条件差或调节质量要求高的场合,还配上阀门定位器等附件。

目前使用的气动执行机构主要有薄膜式和活塞式两大类。其中,气动薄膜执行机构使用弹性膜片将输入气压转变为推力,由于结构简单,价格便宜,使用最为广泛。气动活塞式执行机构以气缸内的活塞笑 推力,由于气缸允许压力较高,可获得较大的推力,并容易制成长行程的执行机构。

图 4-1 是典型的气动执行器的结构示意图。它可以分为上、下两部分,上半部分是产生推力的薄膜式执行机构,下半部分是调节阀。其中,薄膜式执行机构主要由弹性薄膜、压缩弹簧和推杆等组成。当 20~100kPa 的标准气压信号 P 进入薄膜气室时,在膜片上产生向下的推力,克服弹簧反力,使推杆产生位移,直到弹簧的反作用力与薄膜上的推力平衡为止。因此,这种执行机构的特性属于比例式,即平衡时推杆的位移与输入气压大小成比例。图中的调节螺钉可用来改变压缩弹簧的起始压力,从而调整执行机构的工作零点。

调节阀部分主要由阀杆、阀体、阀芯及阀座等部件所组成。当阀芯在阀体内上下移动时,可改变阀芯与阀座间的流通面积,控制通过的流量。图 4-1 所示的执行器常称为气闭式单座调节阀。"单座"是说它只有一套阀芯阀座,"气闭式"是说这种气动执行机构当信号气压 P 增加时,阀门开度减小,趋向关闭。从图中可以看到,这种调节阀的各个部分是用螺钉连接的,其阀体可和阀芯一起上下倒装,很容易改装成"气开式"调节阀。气开、气闭的选择主要从生产安全角度考虑。当工厂发生断电或其他事故引起信号压力中断时,调节阀的开闭状态应避免损坏设备和伤害操作人员,如阀门在此时打开危险性小,则宜选气闭式执行器;反之,则选用气开式执行器。

　　单座调节阀的缺点是被调节流体对阀芯有作用力。在图 4-2(a)中,流体由下向上流动时,阀芯将受到一定的向上推力,在阀门全关时此推力最大;在图 4-2(b)中,流体由上向下通过,由于流体对阀芯的抽吸作用,在阀芯上将受到一个向下的作用力。在阀门前后压差高或阀门尺寸大时,这一作用力可能相当大,严重时会使调节阀不能正常工作。因此,在自动调节系统中有时采用双座阀,其示意图如图 4-3 所示。它有两套阀芯、阀座,流体同时从上下两个阀座通过,由于流体对上下阀芯的作用力方向相反而大致抵消,因而双座阀的不平衡力小,适宜于作自动调节之用。双座阀门的缺点是上下两组阀芯不易保证同时关闭,因而关闭时泄漏量比单座阀门大。此外,其价格也比单座阀贵。

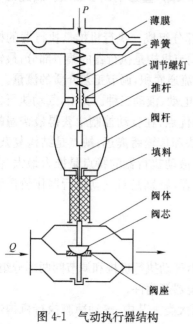

图 4-1　气动执行器结构

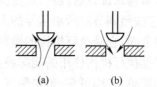

图 4-2　流体对阀芯的作用力

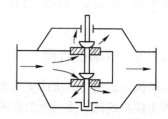

图 4-3　直通双座阀

　　从自动控制的角度看,调节阀一个最重要的特性是它的流量特性,即调节阀阀芯位移与流量之间的关系。值得指出,调节阀的特性对整个自动调节系统的调节品质有很大的影响。实际上不少调节系统工作不正常,往往是由于调节阀的特性选择不合适,或阀芯在使用中受腐蚀磨损,使特性变坏而引起的。

　　通过调节阀的流量大小不仅与阀的开度有关,还和阀前后的压差高低有关。工作在管路中的调节阀,当阀开度改变时,随着流量的变化,阀前后的压差也发生变化。为分析方便,在研究阀的特性时,先把阀前后压差固定为恒值进行研究,然后再考虑阀在管路中的实际情况进行分析。

1. 固有流量特性

在调节阀前后压差固定的情况下得出的流量特性称为固有流量特性,也叫理想流量特性。显然,这种流量特性完全取决于阀芯的形状,不同的阀芯曲面可得到不同的流量特性,它是一个调节阀固有的特性。

在目前常用的调节阀中,有三种典型的固有流量特性。第一种是直线特性,其流量与阀芯位移成直线关系;第二种是对数特性,其阀芯位移与流量间成对数关系,由于这种阀的阀芯移动所引起的流量变化与该点原有流量成正比,即引起的流量变化的百分比是相等的,所以也称为等百分比流量特性;第三种典型的特性是快开特性,这种阀在开度较小时,流量变化比较大,随着开度增大,流量很快达到最大值,所以叫快开特性,它不像前两种特性可有一定的数学式表达。

上述三种典型的固有流量特性如图 4-4 所示,在作图时为了便于比较,都用相对值,其阀芯位移和流量都用自己的最大值的百分数表示。由于阀常有泄漏,实际特性可能不经过坐标原点。从流量特性来看,线性阀的放大系数在任何一点上都是相同的;对数阀的放大系数随阀的开度增加而增加;快开阀与对数阀相反,在小开度时具有最高的放大系数。从阀芯的形状来说,如图 4-5 所示,快开特性的阀芯是平板形的,加工最为简单;对数和直线特性的阀芯都是柱塞形的,两者的差别是对数阀阀芯曲面较胖,而直线特性的阀芯较瘦。阀芯曲面形状的确定,目前是在理论计算的基础上,再通过流量试验进行修正得到的。三种阀芯中以对数阀芯的加工最为复杂。

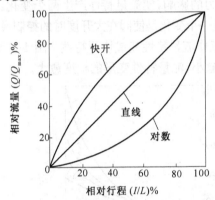

图 4-4 调节阀的典型固有特性

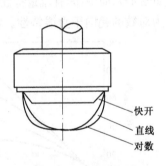

图 4-5 三种阀芯形状

2. 工作流量特性

调节阀在实际使用时,其前后压差是变化的。在各种具体的使用条件下,阀芯位移对流量的控制特性,称为工作流量特性。在实际的工艺装置上,调节阀由于和其他阀门、设备、管道等串联或并联,使阀两端的压差随流量变化而变化。其结果使调节阀的工作流量特性不同于固有流量特性。串联的阻力越大,流量变化引起的调节阀前后压差变化也越大,特性变化得也越厉害。所以阀的工作流量特性除与阀的结构有关外,还取决于配管情况。同一个调节阀,在不同的外部条件下,具有不同的工作流量特性,在实际工作中,用户最关心的也是工作流量特性。

下面通过一个实例,看看调节阀怎样在外部条件影响下,由固有流量特性转变为工作流量特性的。图 4-6(a)所示的是调节阀与工艺设备及管道阻力串联的情况,这是一种最常见的典型情况。如果外加压力 P_0 恒定,那么当阀开度加大时,随着流量 Q 的增加,设备及管道上的

压降 ΔP_g 将随流量 Q 的平方增加,如图 4-6(b) 所示。随着阀门的开大,阀前后的压差 ΔP_T 将逐渐减小。因此在同样的阀芯位移下,此时的流量变化与阀前后保持恒压差的理想情况相比要小一些。特别是在阀开度较大时,由于阀前后压差 ΔP_T 变化厉害,阀的实际控制作用可能变得非常迟钝。如果用固有特性是直线特性的阀,那么由于串联阻力的影响,实际的工作流量特性将变成图 4-7(a) 中所示的曲线。该图纵坐标是相对流量 Q/Q_{max},Q_{max} 表示串联管道阻力为零时,阀全开时达到的最大流量。图上的参变量 $s = \Delta P_{Tmin}/P_o$ 表示存在管道阻力的情况下,阀全开时阀前后最小压差 ΔP_{Tmin} 占总压力 P_o 的百分数。

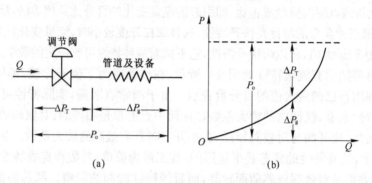

图 4-6　调节阀和管道阻力串联的情况

从图 4-7 可看到,当 $s = 1$ 时,管道压降为零,阀前后的压差始终等于总压力,故工作流量特性即为固有流量特性;在 $s < 1$ 时,由于串联管道阻力的影响,使流量特性产生两个变化:一个是阀全开时的流量减小,也就是阀的可调范围变小;另一个变化是使阀在大开度时的控制灵敏度降低。例如图 4-7(a) 中,固有流量特性是直线的阀,工作流量特性变成快开特性。图 4-7(b) 中,固有特性为对数的趋向于直线特性。参变量 s 的值愈小,流量特性变形的程度愈大。

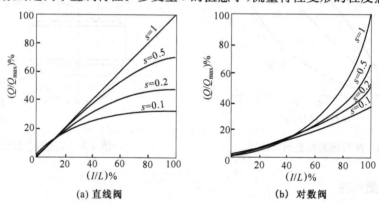

图 4-7　串联管道中调节阀的工作特性

在实际工作中,调节阀特性的选择是一个重要的问题。从调节原理来看,要保持一个调节系统在整个工作范围内都具有较好的品质,就应使系统在整个工作范围内的总放大倍数尽可能保持恒定。通常,变送器、调节器和执行机构的放大倍数是常数,但调节对象的特性往往是非线性的,其放大倍数常随工作点变化。因此选择调节阀时,希望以调节阀的非线性补偿调节对象的非线性。例如,在实际生产中,很多对象的放大倍数是随负荷加大而减小的,这时如能选用放大倍数随负荷加大而增加的调节阀,便能使两者互相补偿,如图 4-8 所示,从而保证整个工作范围内都有较好的调节质量。由于对数阀具有这种类型的特性,因此得到广泛的应用。

若调节对象的特性是线性的，则应选用具有直线流量特性的阀，以保证系统总放大倍数保持恒定。至于快开特性的阀，由于小开度时放大倍数高，容易使系统振荡，大开度时调节不灵敏，在连续调节系统中很少使用，一般只用于两位式调节的场合。

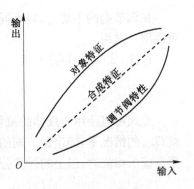

图 4-8　阀和对象特性的
非线性互相补偿

必须说明，按上述原则选择的调节阀特性是实际需要的工作流量特性。在确定调节阀时，必须具体地考虑管道、设备的连接情况以及泵的特性，由工作流量特性推出需要的固有流量特性。例如，在一个其他环节都具有线性特性的系统中，按上述非线性互相补偿的原则，应选择工作流量特性为线性的调节阀，但如果管道的阻力状况 $s=0.3$，则由图 4-7 知，此时固有流量特性为对数特性的阀，工作特性已经变形为直线特性，故必须选用固有特性为对数特性的阀。

最后再简要介绍一下调节阀口径的选择方法。在控制系统中，为保证工艺操作的正常进行，必须根据工艺要求，准确计算阀门的流通能力，合理选择调节阀的尺寸。如果调节阀的口径选得太大，将使阀门经常工作在小开度位置，造成调节质量不好。如果口径选得太小，阀门完全打开也不能满足最大流量的需要，就难以保证生产的正常进行。

根据流体力学，对不可压缩的流体，在通过调节阀时产生的压力损失 ΔP 与流体速度之间有如下关系

$$\Delta P = \xi \rho \frac{v^2}{2} \tag{4-1}$$

式中，v 为流体的平均流速；ρ 为流体密度；ξ 为调节阀的阻力系数，与阀门的结构形式及开度有关。

因流体的平均流速 v 等于流体的体积流量 Q 除以调节阀连接管的截面积 A，即 $v=Q/A$，代入式(4-1)并整理，即得流量表达式

$$Q=\frac{A}{\sqrt{\xi}}\sqrt{\frac{2\Delta P}{\rho}}$$

若面积 A 的单位取 cm^2，压差 ΔP 的单位取 kPa，密度 ρ 的单位取 kg/m^3，流量 Q 的单位取 m^3/h，则上式可写成数值表达式

$$Q=3600\times\frac{1}{\sqrt{\xi}}\frac{A}{10^4}\sqrt{2\times10^3\frac{\Delta P}{\rho}}$$

$$=16.1\frac{A}{\sqrt{\xi}}\sqrt{\frac{\Delta P}{\rho}} \tag{4-2}$$

由式(4-2)可知，通过调节阀的流体流量除与阀两端的压差及流体种类有关外，还与阀门口径及阀芯、阀座的形状等因素有关。为说明调节阀的结构参数，工程上将阀门前后压差为 $100kPa$，流体密度为 $1000kg/m^3$ 的条件下，阀门全开时每小时能通过的流体体积(m^3)称为该阀门的流通能力 C。

根据流通能力 C 的上述定义，由式(4-2)可知

$$C=5.09\frac{A}{\sqrt{\xi}} \tag{4-3}$$

在调节阀的手册上,对不同口径和不同结构形式的阀门分别给出了流通能力 C 的数值,可供用户选用。

这样,式(4-2)可改写为

$$Q=C\sqrt{\frac{10\Delta P}{\rho}}\tag{4-4}$$

此式可直接用于液体的流量计算,也可用来在已知差压 ΔP、液体密度 ρ 及需要的最大流量 Q_{max} 的情况下,确定调节阀的流通能力 C,选择阀门的口径及结构形式。但当流体是气体、蒸汽或二相流时,以上的计算公式必须进行相应的修正。

4.1.2 电—气转换器

如上所述,由于气动执行器具有一系列的优点,绝大部分使用电动调节仪表的系统也都使用气动执行器。为了使气动执行器能够接收电动调节器的命令,必须把调节器输出的标准电流信号转换为 20～100kPa 的标准气压信号,即使用电—气转换器。

从原则上说,电—气转换器是第 1 章中讨论的压力变送器的逆运用。图 4-9 是一种力平衡式电—气转换器的原理图,由电动调节器送来的电流 I 通入线圈,该线圈能在永久磁铁的气隙中自由地上下运动,当输入电流 I 增大时,线圈与磁铁产生的吸力增大,使杠杆作逆时针方向转动,并带动安装在杠杆上的挡板靠近喷嘴,改变喷嘴和挡板之间的间隙。

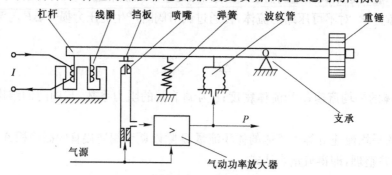

图 4-9 电—气转换器的原理图

喷嘴挡板机构是气动仪表中一种最基本的变换和放大环节,能将挡板对于喷嘴的微小位移灵敏地变换为气压信号,其结构如图 4-10 所示。一般由恒节流孔、背压室及喷嘴挡板三部分组成。恒节流孔在构造上是一段狭窄细长的气体通道,当通过的气流为层流状态时,其两端的压降与流量成线性关系,成为一个固定的气阻,相当于电路中的固定电阻。显然喷嘴挡板是一个可变气阻,当挡板与喷嘴的相对距离改变时,由背压室排入大气的气阻跟着变化。

在图 4-10 中,洁净的压缩空气由气源经恒节流孔进入背压室,再由喷嘴挡板间的缝隙排入大气。当恒节流孔与喷嘴的尺寸配合适当时(相当于晶体管放大电路中集电极负载电阻与晶体管参数要配合适当一样),这种简单的机构能得到极高的灵敏度,挡板只要有几十微米的位移,就可由气阻变化,使背压室的输出压力 P 发生满幅度的变化,其特性如图 4-10 中的曲线所示。这是一种很好的位移检测元件。

由于喷嘴挡板机构中的恒节流孔的气阻较大,因此从背压室输出的气量不大。它好像是电子线路中的电压放大器,由于笑 阻抗较高,不能直接带动负载,必须经过功率放大器后才能输出。

现在再回来讨论图 4-9 中的电—气转换器。当挡板靠近喷嘴,使喷嘴挡板机构的背压 P

升高时,这个压力经过气动功率放大器的放大(功率放大器在后面阀门定位器中讨论),产生输出压力 P,作用于波纹管,对杠杆产生向上的反馈力。它对支点 O 形成的力矩与电磁力矩相平衡,构成闭环系统。根据力平衡式仪表的工作原理,只要位移检测放大器灵敏度足够高,平衡时杠杆的位移必然很小,不平衡力矩可忽略不计,输入电流信号 I 必能精确地按比例转换成气压信号 P。

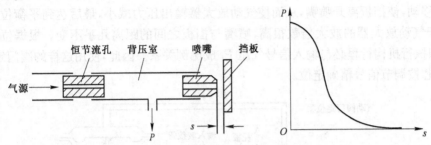

图 4-10　喷嘴挡板机构的构造和特性

在图 4-9 中,弹簧可用来调整笑　零点。该转换器的量程调节,粗调可左右移动波纹管的安装位置,细调可调节永久磁场的磁分路螺钉。重锤用来平衡杠杆的重量,使其在各种安装装置都能准确工作。为减小支点的静摩擦,和压力变送器中的做法一样,支点采用十字簧片弹性支承。一般,这种转换器的精度为 0.5 级,气源压力为 $(140\pm14)\text{kPa}$,笑　气压信号为 $20\sim100\text{kPa}$,可用来直接推动气动执行机构,或做较远距离的传送。

4.1.3　阀门定位器

在图 4-1 的气动调节阀中,阀杆的位移是由薄膜上的气压推力与弹簧反作用力平衡来确定的。实际上,为了防止阀杆引出处的泄漏,填料总要压得很紧。尽管填料选用密封性好而摩擦系数小的聚四氟乙烯等优质材料,填料对阀杆的摩擦力仍然不小。特别是在压力较高的阀上,由于填料压得很紧,摩擦力可能相当大。此外,被调节流体对阀芯的作用力,在阀的尺寸大或阀前后压差高、流体黏性大及含有固体悬浮物时也可能相当大。所有这些附加力都会影响执行机构与输入信号之间的定位关系。使执行机构产生回环特性,严重时造成调节系统振荡。因此,在执行机构工作条件差及要求调节质量高的场合,都在调节阀上加装阀门定位器。其方块图如图4-11所示。借助于阀杆位移负反馈,使调节阀能按输入信号精确地确定自己的开度。

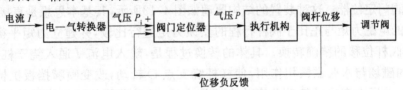

图 4-11　带定位器的气动执行器

图 4-12 是气动阀门定位器与执行机构配合使用的原理图。定位器是一个气压-位移反馈系统,由调节器来的气压信号 P_i 作用于波纹管,使托板以反馈凸轮为支点转动,于是托板带着挡板靠近喷嘴,使其背压室,即气动放大器中气室 A 内压力上升。这种气动放大器的放大气路是由两个变节流孔串联构成的,其中一个是圆锥-圆柱形的,称为锥阀,另一个是圆球-圆柱形,称为球阀。球阀用来控制气源的进气量,只要使圆球有很小的位移,便可引起进气量的很大变化。锥阀是用来控制排入大气的气量的,这两个阀由阀杆互相联系成为一个统一体。当

挡板移近喷嘴,使其背压室 A 中压力上升时,就推动膜片使锥阀关小,球阀开大。这样,气源的压缩空气就较易从 D 室进入 C 室,而较难排入大气,使 C 室的压力 P 急剧上升。C 室的压力 P 也就是阀门定位器的输出气压,此压力送往执行机构,通过薄膜产生推力,使推杆移动。此推杆的位移量通过反馈杆带动凸轮转动而反馈回来。凸轮的设计一般是使推杆行程正比地转变为托板下端的左右位移,这样就构成了位移负反馈。当执行机构推杆向下移动时,托板的下端向右移动,使挡板离开喷嘴,从而使气动放大器输出压力减小,最后达到平衡位置。在平衡时,由于气动放大器的放大倍数很高,喷嘴与挡板之间的距离几乎不变。根据位移平衡原理,可推知执行机构行程必与输入信号气压 P_i 成比例关系。因此,使用这样的阀门定位器后,可保证阀芯按调节信号精确定位。

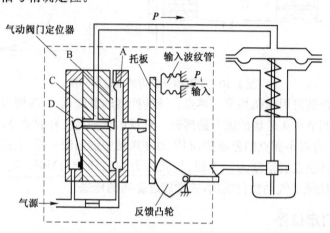

图 4-12 气动阀门定位器与执行机构的配合

　　这里采用的气动放大器是一种典型的功率放大器,其气压放大倍数约为 10～20 倍。它的耗气量很大,有很强的负载能力,故可直接推动执行机构。

　　阀门定位器除了克服阀杆上的摩擦力,消除流体作用力对阀位的影响,提高执行器的静态工作精度外,由于它具有深度位移负反馈,使用了气动功率放大器,增强了供气能力,因而也能提高调节阀的动态性能,大大加快执行机构的动作速度。此外,在需要的时候,还可改变定位器中反馈凸轮的形状,来修改调节阀的流量特性,以适应调节系统的要求。

　　经过上面的讨论,不难想到,可以把上述的电—气转换器与气动阀门定位器结合成一体,组成电—气阀门定位器。这种装置的结构原理如图 4-13所示,其基本思想是直接将正比于输入电流信号的电磁力矩与正比于阀杆行程的反馈力矩进行比较,并建立力矩平衡关系,实现输入电流对阀杆位移的精确转换。具体的转换过程是,输入电流 I 通入绕于杠杆外的力线圈,它产生的磁场与永久磁铁相作用,使杠杆绕支点 O 转动,改变喷嘴挡板机构的间隙,使其背压改变,此压力变化经气动功率放大器放大后,推动薄膜执行机构使阀杆移动。在阀杆移动时,通过连杆及反馈凸轮,带动反馈弹簧,使弹簧的弹力与阀杆位移作比例变化,在反馈力矩等于电磁力矩时,杠杆平衡。这时,阀杆的位置必定精确地由输入电流 I 确定。由于这种装置的结构比分别使用电—气转换器和气动阀门定位器简单得多,所以价格便宜,应用十分广泛。

　　在需要防火防爆的场所使用电—气阀门定位器时,DDZ—Ⅲ型仪表采取的安全措施是,一方面将电动调节器的输出电流经过安全保持器,进行限压限流及电路隔离后才送往现场;另一方面,在现场严格防止危险火花的出现。由于电—气阀门定位器的力线圈匝数多,电感量大

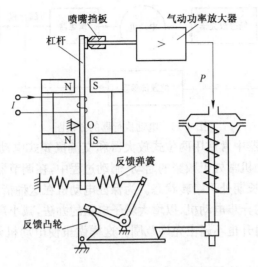

图 4-13 电—气阀门定位器的原理图

（约 5H），在现场是一个高储能的危险元件，故对它先用环氧树脂浇注固封，然后加以双重续流保护，如图 4-14 所示。保护稳压二极管 VD_3、VD_4 在正常工作时是截止的，当发生事故时，如当外部突然断线时，储存在线圈中的危险能量可通过续流稳压管 VD_3、VD_4 缓缓释放，从而限制断线处的火花能量在安全火花的范围之内。这些保护二极管都被安装在最靠近线圈的地方，且焊好后，再用硅橡胶做二次灌封。实际上这种措施对于线圈内部故障来说，采取的是密封隔爆方式，因而整套的电气阀门定位器属于安全火花和隔爆复合型防爆结构。

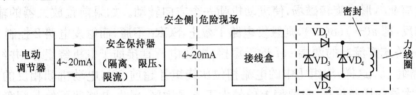

图 4-14 电气阀门定位器的安全防爆

4.1.4 电动执行器

电动执行器也由执行机构和调节阀两部分组成。其中调节阀部分常和气动执行器是通用的，不同的只是电动执行器使用电动执行机构，即使用电动机等电的动力来启闭调节阀。

电动执行器根据不同的使用要求有各种结构。最简单的电动执行器是电磁阀，它利用电磁铁的吸合和释放，对小口径阀门进行通断两种状态的控制。由于结构简单、价格低廉，常和两位式调节器组成简单的自动调节系统，在生产中有一定的应用。除电磁阀外，其他连续动作的电动执行器都使用电动机作动力元件，将调节器来的信号转变为阀的开度。

电动执行机构根据配用的调节阀不同，输出方式有直行程、角行程和多转式三种类型，可和直线移动的调节阀、旋转的蝶阀、多转的感应调压器等配合工作。在结构上，电动执行机构除可与调节阀组装成整体式的执行器外，常单独分装以适应各方面的需要，使用比较灵活。

电动执行机构一般采用随动系统的方案组成，如图 4-15 所示。从调节器来的信号通过伺服放大器驱动电动机，经减速器带动调节阀，同时经位置传感器将阀杆行程反馈给伺服放大器，组成位置随动系统。依靠位置负反馈，保证输入信号准确地转换为阀杆的行程。

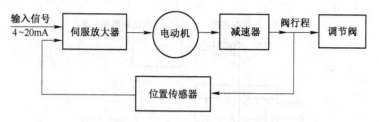

图 4-15　电动执行器的方框图

为了简单,电动执行器中常使用两位式放大器和交流鼠笼式电动机组成交流继电器式随动系统。执行器中的电动机常处于频繁的启动、制动过程中,在调节器输出过载或其他原因使阀卡住时,电动机还可能长期处于堵转状态。为保证电动机在这种情况下不致因过热而烧毁,电动执行器都使用专门的异步电动机,以增大转子电阻的办法,减小启动电流,增加启动力矩,使电动机在长期堵转时温升也不超出允许范围。这样做虽使电动机效率降低,但大大提高了执行器的工作可靠性。

与两相电动机配合工作的伺服驱动电路如图 4-16 所示,它由前置放大器和晶闸管驱动电路两部分组成。前置放大器是一个增益很高的放大器,根据输入信号与反馈信号相减后偏差的正负,在 a、b 两点产生两位式的输出电压,控制两个晶闸管触发电路中一个工作,一个截止。例如,当前置放大器输出电压的极性为 a(＋)、b(－)时,触发电路 2 被截止,晶闸管 SCR₂ 不通,由触发电路 1 连续地发出一系列触发脉冲,使晶闸管 SCR₁ 完全导通。由于 SCR₁ 接在二极管桥式整流器的直流端,它的导通使桥式整流器的 c、d 两端近于短接,故 220V 的交流电压直接接到伺服电动机的绕组Ⅰ,同时经分相电容 C_F 加到绕组Ⅱ上,这样,绕组Ⅱ中的电流相位比绕组Ⅰ超前 90°,形成旋转磁场,使电动机朝一个方向转动。如果前置放大器的输出电压极性和上述相反,即 a(－)、b(＋),则触发电路 1 截止,SCR₁ 不通,而触发电路 2 控制 SCR₂ 完全导通,使另一桥式整流器的两端 e、f 近于短接,电源电压直接加于电机绕组Ⅱ,并经分相电容 C_F 供电给绕组Ⅰ。这样,绕组Ⅰ中的电流相位比绕组Ⅱ超前 90°,电动机朝相反的方向转动。由于前置放大器的增益很高,只要偏差信号大于不灵敏区,触发电路便可使晶闸管导通,电动机以全速转动,这里晶闸管起的是无触点开关的作用。当 SCR₁ 和 SCR₂ 都不导电时,伺服电机不转。

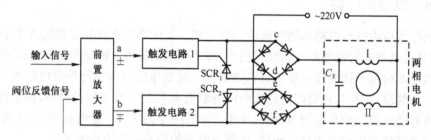

图 4-16　伺服放大器的原理示意图

在这种继电器式随动系统中,必须尽量减小伺服电动机在断电后按惯性继续"惰走"的路程,因为这种惰走现象在严重时会引起执行器产生等幅振荡。为了减小惰走,在伺服电动机内部,常装有傍磁式制动机构,保证在电动机断电时,转子立即被制动,并可防止电动机断电后被负载作用力推动,发生反转的现象。

这种带傍磁式制动机构的两相伺服电机结构如图 4-17 所示。在电动机的定子上有两组定子绕组,借分相电容建立起旋转磁场,带动鼠笼式转子旋转。在转子的右边,有两块带有簧片的衔铁。当电动机通电时,定子磁场把衔铁吸向定子的内表面,使簧片弯曲,通过杠杆把制动盘向右推开,使摩擦轮与制动盘脱离,电动机转子得以自由转动。当电动机断电时,定子磁场消失,制动盘被弹簧推向左边与摩擦轮接触,立即将转子制动。电动机右边端盖上设有手把,将它拉出可使制动盘和摩擦轮脱开,解除制动,以便由人工转动执行器。

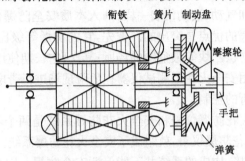

图 4-17　带制动机构的两相伺服电动机

以上采用两位式控制的电动执行器的缺点是电动机启动电流大,停车时因为有惯性过冲,定位精度不高。为避免阀门在平衡点附近发生振荡,图 4-16 的前置放大器内必须设置一定的不灵敏区(一般为全行程的 $0.5\%\sim1.5\%$),当位置偏差小于该死区时,电动机不转。当然,这样必然降低系统的控制精度。

近年来随着变频器的广泛应用,在电动执行器中也采用变频器对电动机作变速控制,通过对电动机的转矩和转速的精确控制,在启动瞬间让电动机以最大转矩低速启动,在位置偏差较大时,电动机快速转动,在接近平衡位置或接近阀门全开、全关位置时,电动机又转为减速慢行,实现精确定位。这种平稳的动作方式可以防止电动机惯性造成的阀门冲撞,保护阀门,延长执行器的使用寿命,改善控制品质。

作为本节内容的总结,需要指出,调节阀不是生产过程控制中的唯一调节手段,也不是一种节能降耗的优选执行方案。以往,调节阀之所以在执行器中处于主导地位,其原因是生产过程的动力源——水泵和风机缺乏工作可靠、价格合理的可调速驱动电动机,只能采用定速交流电机驱动,在这样的条件下,想改变运行工况,只能在管路中加入调节阀,通过改变阀门开度来调节管路中的流量和压力。显然,这种在管路中增加阻力,以浪费能量的办法调节生产进程是无奈之举。近年来随着价廉、可靠的变频器的广泛应用,水泵、风机等原动机的驱动越来越多地采用变速驱动,尽量减少调节阀等阻流元件的使用,直接用变频器调节风机、水泵的转速,可以取得显著的节能效果,变频器已成为控制系统的重要调节手段。关于变频器的工作原理因另有课程介绍,此处不再详述。变频器作为执行器的一种,必须对其控制方法及使用特点给予更多关注。

4.2 防 爆 栅

4.2.1 安全火花防爆系统的概念

在前面讨论变送器和执行器时,曾谈到安全火花防爆措施。因为这些仪表安装在生产现场,如果现场存在易燃易爆的气体、液体或粉末,一旦发生危险火花,就可能引起燃烧或爆炸事故。

为了解决电动仪表的防爆问题,长期以来人们进行了坚持不懈的努力。在安全火花防爆方法出现以前,传统的防爆仪表类型有充油型、充气型、隔爆型等,其基本思想是把可能产生危险火花的电路从结构上与爆炸性介质隔离开来。显然,这和安全火花防爆方法截然不同。安全火花仪表从电路设计开始就考虑防爆,把电路在短路、开断及误操作等各种状态下可能发生的火花都限制在爆炸性介质的点火能量之下,是从爆炸发生的根本原因上采取措施解决防爆问题的,因而被认为可以和气动、液动仪表一样,列入本质安全防爆仪表之内。与结构防爆仪表相比,安全火花防爆仪表的优点是突出的。首先,它的防爆等级比结构防爆仪表高一级,可用于后者所不能胜任的氢气、乙炔等最危险的场所;其次,它长期使用不降低防爆等级。此外,这种仪表还可在运行中,用安全火花型测试仪器在危险现场进行带电测试和检修,因此被广泛用于石油、化工等危险场所的控制。

但是必须清楚,安全火花防爆仪表和安全火花防爆系统是两个不同的概念。不要以为只要在现场全部选用安全火花防爆仪表,就组成了安全火花防爆系统。其实,把现场安全火花仪表与控制室简单地直接连接,构成的系统并不能保证安全防爆。因为对一台安全火花防爆仪表来说,它只能保证自己内部不发生危险火花,对于从控制室引来的电线是否安全是无法保证的。如果从控制室引来的电线没有采取限压限流措施,那么,在变送器接线端子上或传输途中发生短路、开路时,完全可能在现场产生危险火花,引起燃烧或爆炸事故。

图 4-18 是安全火花防爆系统的基本结构图。现场仪表与控制室仪表之间通过防爆栅相连。防爆栅又称安全保持器,是一种对送往现场的电压和电流进行严格限制的单元,可保证各种状态下进入现场的电功率在安全的范围之内,因而是组成安全火花系统必不可少的环节。

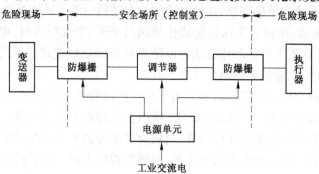

图 4-18　安全火花防爆系统的基本结构

当然,也不要误认为只要有了防爆栅,系统就一定是安全防爆系统。因为防爆栅只能限制进入现场的瞬时功率,如果现场仪表不是安全火花型仪表,其中有较大的电感或电容储能元件,那么,当仪表内部发生短路、开路等故障时,储能元件上长期积累的电磁能量完全可能造成危险火花,引起爆炸。所以,构成一个安全火花防爆系统的充分和必要的条件是:①在危险现场使用的仪表都必须是安全火花型的;②现场仪表与非危险场所(包括控制室)之间的电路连接必须经过防爆栅;③从现场仪表到防爆栅的连接线不得形成大的分布电容和电感。只有这样,才能保证现场仪表自身不产生危险火花,从危险现场以外也不引入危险火花。

4.2.2　安全火花防爆的等级

安全火花防爆方法的实质就是限制火花的能量。在纯电阻电路中,这种能量主要决定于电压和电流的数值。对于不同的爆炸性气体以及它与空气的不同混合比,安全火花的能量是不同的。当电路的电压限制在直流 30V 时,大量试验表明,各种爆炸性混合物可按其最小引爆电流分为三级，如表 4-1 所示。

表 4-1 爆炸性混合物的最小引爆电流

级　别	最小引爆电流(mA)	爆炸性混合物种类
Ⅰ	$i>120$	甲烷、乙烷、汽油、甲醇、乙醇、丙酮、氨、一氧化碳等
Ⅱ	$70<i<120$	乙烯、乙醚、丙烯腈等
Ⅲ	$i\leqslant70$	氢、乙炔、二硫化碳、市用煤气、水煤气、焦炉煤气等

例如，电压 30V、电流为 70mA 以下的电路，即使在氢气中产生了火花也不会发生爆炸；电流超过 70mA，在氢气中产生爆炸的可能性就较大。氢气属于第Ⅲ级爆炸性气体，这是爆炸性最高的级别。

安全火花型防爆仪表按防爆适应场所引爆电流的等级分为三级。例如 DDZ-Ⅲ 型压力变送器的防爆等级标志为 HⅢe。这里，"H"表示防爆类型为安全火花型，"Ⅲ"表示适用最小引爆电流为Ⅲ级（即表 4-1 中 70mA）的场所，"e"表示适用于周围气体自燃温度为 e 组。这最后一项是考虑有些易燃易爆气体当仪表温升较高时，即使不发生火花，也可能由于自燃引起爆炸，为此必须限制仪表的表面温度。我国规定，易燃易爆气体按自燃温度高低分为 a、b、c、d、e 五组，其中 e 组是自燃温度最低的一组（100℃ 自燃）。考虑一定的安全性，用于这种场所的仪表表面温度不得超过 80℃。上述压力变送器只要限制使用环境温度不超过 70℃，即可保证在 e 组气体中不会发生自燃起爆。

4.2.3　防爆栅的基本工作原理

防爆栅的种类很多，有电阻式、齐纳式、隔离式等。其中电阻限流式最简单，只在两根电源线（也是信号线）上串联一定的电阻，对进入危险场所的电流作必要的限制。其缺点是正常工作状况下电源电压也受衰减，且防爆定额低，使用范围不大。

齐纳式防爆栅利用齐纳二极管的击穿特性进行限压，用电阻进行限流，是一种应用较多的安全单元，其原理线路如图 4-19 所示。当输入电压 V_i 在正常范围（24V）内时，齐纳管 VD_1、VD_2 不动作，只有当输入出现过电压，达到齐纳管击穿电压（约 28V）时，齐纳管导通，于是大电流流过快速熔断丝 F，使熔丝很快熔断，一方面保护齐纳管不致损坏，另一方面使危险电压与现场隔离。在熔丝熔断前，防爆栅输出电压 V_o 不会大于齐纳管 VD_1 的击穿电压，而进入现场的电流被限流电阻 R_1 限制在安全的范围之内。图中为保证限压的可靠性，用了两级齐纳管限压电路。

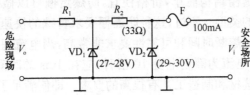

图 4-19　齐纳式防爆栅原理

这种简单的齐纳式防爆栅有两个不完善的地方。首先，限流电阻 R_1、R_2 的存在，对仪表正常范围内的工作仍有影响，这些电阻值取小了起不到限流作用，取大了影响仪表的恒流特性。理想的限流电阻在安全范围内应不起限流作用，即阻值为零；而当电流一旦超出安全范围，其阻值骤增（动态电阻值为无穷大），起强烈的限制作用。显然，用固定电阻来限流是达不到这样的要求的。这个防爆栅的另一个不足之处是负端需要接地,通常一个信号回路只允许一点接地,若有两点以上接地会造成信号通过大地短路或形成干扰。现在如果在防爆栅上把一端接了地,那么其他地方,如变送器、调节器等就不能再接地,这在使用中往往是不行的。

图 4-20 是一种改进型的齐纳式防爆栅。与图 4-19 所示的基本电路相比,在两处做了重要改进:

① 这里增加了一套由齐纳管 VD_3、VD_4 和快速熔断丝 F_2、F_2' 组成的限压电器,并取消了直接接地点,改为在背靠背连接的齐纳管中点接地。这样,在正常工作范围内,这些齐纳管都不导通,防爆栅是不接地的。在事故情况下,输入出现过电压时,这些齐纳管导通,对输入过电压进行限制,并通过中间接地点,保证两根信号线上分别对地的电压不超过一定的数值。

② 这里用晶体管限流电路取代固定电阻,可以达到近于理想的限流效果。图 4-20 中,限流电路用虚线框着,实际装置中为确保安全,用这样完全相同的两套电路串联,这里只画出了其中的一套。这个电路的工作原理是场效应管 VT_3 工作于零偏压,作为恒流源向晶体管 VT_1 提供足够的基极电流,保证 VT_1 在信号电流为 4～20mA 的正常范围内处于饱和导通状态。因此,在正常工作时,防爆栅的电阻很小,信号电流可十分流畅地通过。在事故状态下,如果回路电流超过 24mA,则电阻 R_1 上的压降将超过 0.6V,于是晶体管 VT_2 导通,使恒流管 VT_3 的电流一部分流向 VT_2,由于 VT_1 的基极电流被减小,VT_1 将退出饱和,在集电极—发射极间呈现一定电阻值,起到限流作用。随着回路电流的进一步加大,限流作用也愈加强烈,最终把电流限制在不超过 30mA。

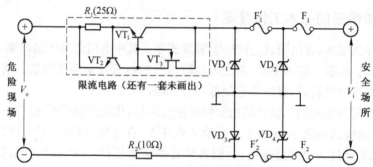

图 4-20　改进型的齐纳式防爆栅原理图

这种经过改进的齐纳式防爆栅因对上面提到的两个问题有了较好的解决,在生产上有一定的应用。

总的来说,齐纳式防爆栅结构简单,价格便宜,防爆定额可以做得比较高,可靠性也比较好,是防爆栅中一种常用的类型。不过,这种防爆栅要求特殊的快速熔断丝,由于齐纳二极管过载能力低,所以对熔丝的熔断时间和可靠性要求非常高,当电流超过安全值时,要求它能很快熔断。一般要求流过的电流为额定电流 10 倍时,应在 1ms 的时间内熔断。这种快速熔断丝的制造有一定难度,对选材和制造工艺有很高的要求。即使满足了这些要求,熔丝的特性仍可能比较分散。由于熔丝是一次性使用的元件,无法进行逐个测试,所以有人认为这种防爆栅的可靠性是不理想的。

4.2.4　隔离式防爆栅

我国生产的 DDZ—Ⅲ型仪表中,在要求较高的场合,防爆栅采用隔离式的方案,以变压器作为隔离元件,分别将输入/输出和电源电路进行隔离,以防止危险能量直接窜入现场。同时用晶体管限压限流电路,对事故状况下的过电压或过电流作截止式的控制。虽然这种防爆栅线路复杂,体积大,成本较高,但不要求特殊元件,便于生产,工作可靠,防爆定额较高,可达到交直流 220V,故得到广泛的应用。

DDZ—Ⅲ型仪表的隔离式防爆栅有两种,一种是和变送器配合使用的检测端防爆栅,一种是和执行器配合使用的执行端防爆栅。

1. 检测端防爆栅

检测端防爆栅作为现场变送器与控制室仪表和电源的联系纽带,向变送器提供电源,同时把变送器送来的信号电流经隔离变压器 1:1 地传送给控制室仪表。在上述传递过程中,依靠双重限压限流电路,使任何情况下输往危险场所的电压和电流不超过 30V、30mA(直流),从而确保危险场所的安全。图 4-21 是这种防爆栅的原理方框图,24V 直流电源经直流-交流变换器变成 8kHz 的交流电压,经变压器 T_1 传递,一路经整流滤波和限压限流电路为变送器提供电源(仍为直流 24V),另一路经整流滤波为解调放大器提供电源。从变送器来的 4~20mA信号电流经限压限流电路进入调制器,被调制成交流后,由变压器 T_2 耦合给解调放大器,经解调后恢复成 4~20mA 直流信号,笑　给控制室仪表。所以,从信号传送的角度来看,防爆栅是一个传递系数为 1 的传送器,被传送的信号经过调制→变压器耦合→解调的过程后,照原样送出。这里电源、变送器、控制室仪表之间除磁通联系之外,电路上是互相绝缘的。

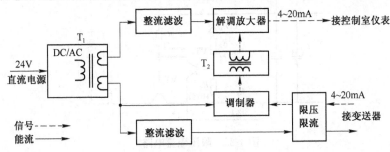

图 4-21　检测端防爆栅的方框图

图 4-22 是这种检测端防爆栅的简化原理图,下面对照图 4-21,对各部分分别叙述。

电源直流-交流变换器　它由晶体管 VT_1、VT_2、二极管 VD_1~VD_4 和变压器 T_1 等组成。这是一个磁耦合自激多谐振荡器。

晶体管限压限流电路　图 4-22 的防爆栅中为了可靠,串联使用了两套完全相同的限压限流电路,晶体管 VT_3、VT_4、齐纳管 VD_{15} 等为一套,晶体管 VT_5、VT_6、齐纳管 VD_{16} 等为另一套。

为叙述方便,图 4-23 中画出了其中的一套,晶体管 VT_4 和变送器串联,执行限压限流动作。VT_4 的基极电路被晶体管 VT_3 控制,在正常工作中 VT_3 是不通的,VT_4 由电容 C_3 两端的整流滤波电压经电阻 R_7 取得足够的基极电流,处于饱和导通状态,变送器的 4~20mA 信号电流可十分流畅地通过限压限流电路。

看一下晶体管 VT_3 的基极—发射极电路便可发现,如果电阻 R_5、R_6 上的压降超过 0.6V,VT_3 将开始导通,使晶体管 VT_4 的基极电流减小。若 VT_3 的电流很大,则经过 R_7 的电流将大部分或全部通过 VT_3,而不流入 VT_4 的基极,使晶体管 VT_4 退出饱和,进入放大或截止区。电路出现这种情况的原因可有如下两种:

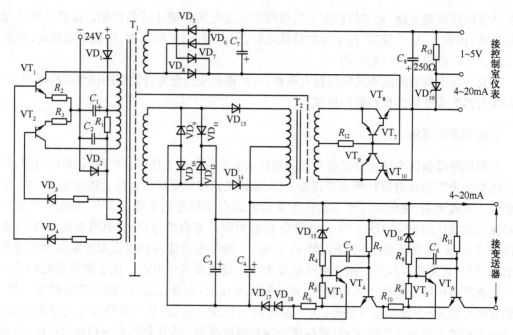

图 4-22　检测端防爆栅的简化原理图

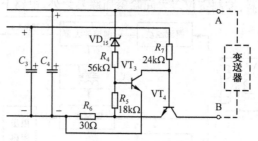

图 4-23　限压限流电路

（1）电源出现过电压：图 4-23 中齐纳管 VD_{15} 的击穿电压约为 30V。如果滤波电容 C_4 上的整流电压超过 30V，则齐纳管 VD_{15} 导通，经电阻 R_4 向晶体管 VT_3 的基极提供电流，VT_3 导通且夺取 VT_4 的基极电流，使 VT_4 趋于关断，送往现场的电压 U_{AB} 减小，起到限制电压的作用。

（2）变送器出现过电流：图中电阻 R_6 上信号电流在 20mA 的正常范围内时压降不超过 0.6V，另外由于电阻 R_5（18kΩ）的存在，R_6 上的压降即使稍微超过 0.6V，VT_3 也不会充分导通。如果变送器电流超过 25mA 左右时，R_6 上的压降将逐渐使 VT_3 充分导通，夺取 VT_4 的基极电流，使 VT_4 发挥作用，把流入现场的电流限制在 30mA 以内。

上述限压限流电路的特性如图 4-24 所示。当滤波电容 C_4 上的整流电压 U_{C_4} 小于 30V 时，输出电压 $U_{AB}=U_{C_4}$，晶体管 VT_4 不起任何限压作用。但 $U_{C_4}>30V$ 时，VT_4 很快趋于关断，随着 U_{C_4} 的增大，U_{AB} 很快降为零。同理，电路的限流作用也是通过晶体管 VT_4 使输出电压 U_{AB} 降低来实现的。

需要说明的是，图 4-22 中限压限流晶体管 VT_4、VT_6 的耐压必须足够高。因为当电源出现过电压时，VT_4、VT_6 都处于关断状态，这样全部过电压都加在这两个晶体管上。DDZ—Ⅲ 型仪表防爆栅的防爆定额为交直流 220V，当这样高的事故电压加在防爆栅的电源端时，实验测得的变压器 T_1 副边最大峰值电压约为 100V（按原副边匝数比要超过 220V，但由于铁氧体

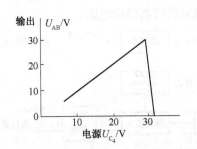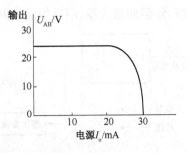

图 4-24　限压限流特性曲线

磁芯饱和,输出电压没有那样高)。为了安全,设计时按 220V 直接加到限压限流电路输入端考虑;再留一些裕量,这些晶体管的反向击穿电压 V_{cbo} 取 350V。与限压限流电路串联的二极管 VD_{17}、VD_{18} 是为防止电压反向而设置的。

最后再讨论一下调制和解调放大部分。这部分的原理性电路可单独画出如图 4-25 所示。二线制变送器的电源是靠二极管 VD_9、VD_{10}、VD_{13}、VD_{14} 全波整流供给的。由于 VD_{13} 和 VD_{14} 是在电源正负半波交替工作的,因此将变压器 B_2 初级线圈的上下两半分别接入这两个二极管支路中时,在 VD_{13}、VD_{14} 的开关作用下,变送器的 4～20mA 直流信号电流将交替地进入变压器初级线圈的上下两部分,使其次级出现方波电压。这里,变压器 T_2 工作于电流互感器的工作方式,其次级负载阻抗很小。这样,在初次级线圈匝数比为 1:1 的情况下,次级方波电流大小等于初级电流。

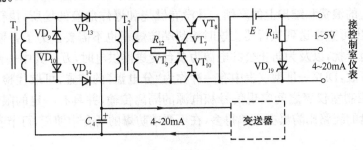

图 4-25　调制和解调放大电路

由于信号电流是单方向的,因此解调问题很简单,只要对电流互感器 T_2 的次级电流进行全波整流即可。为了产生恒流笑　,这里用共基极电路作整流放大。考虑到共基极放大电路中晶体管的 β 愈大,输入电流(发射极电流)与输出电流(集电极电流)之比愈接近于 1,故在解调放大电路中用 VT_7、VT_8 和 VT_9、VT_{10} 组成复合管,以增大等效 β 值,提高工作精度。图 4-25 中,电流互感器 T_2 的次级方波电流作为复合管的输入电流,经共基极放大电路后,产生的两个半波恒流笑　,相加后,就得到与原来信号电流相等的 4～20mA 直流电流。此电流可直接供给控制室仪表,也可经电阻 R_{13}(250Ω)转化为 1～5V 的电压笑　。齐纳二极管 VD_{19} 是电流笑　端的续流二极管,其击穿电压为 6～7V。当电流笑　端上接有正常负载时它不工作,一旦外接负载电路切除,VD_{19} 便自动接入,保证输出回路继续连通。

这种防爆栅的精度可达到 0.2 级。

2. 执行端防爆栅

执行端防爆栅的方框图如图 4-26 所示。24V 直流电源经磁耦合多谐振荡器变成交流方波电压,通过隔离变压器分成两路,一路供给调制器,作为 4～20mA 信号电流的斩波电压;另一路经整流滤波,给解调放大器、限压限流电路及执行器供给电源。

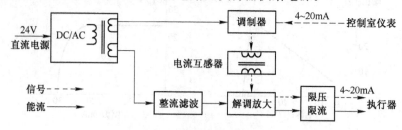

图 4-26　执行端防爆栅方框图

该防爆栅中的信号通路是这样的,由控制室仪表来的 4～20mA 直流信号电流经调制器变成交流方波,通过电流互感器作用于解调放大电路,经解调恢复为与原来相等的 4～20mA 直流电流,以恒流源的形式输出。该笑　经限压限流,供给现场的执行器。从整机功能来说,它和检测端防爆栅一样,是一个传递系数为 1 的带限压限流装置的信号传送器,为了能用变压器实现输入/笑　、电源电路之间的隔离,对信号和电源都进行了直流→交流→直流的变换处理。

由于执行端防爆栅中的各种环节和检测端防爆栅大致相同,这里不再对执行端防爆栅的线路作具体介绍。

必须说明,并非所有使用 DDZ—Ⅲ 型仪表的场合都要用防爆栅组成安全火花防爆系统。系统是否需要防爆,必须根据生产场所的性质决定,如果不认真调查研究,盲目提高防爆要求,必然造成经济上的浪费和维护上的麻烦。凡没有燃烧和爆炸危险的场所,执行端就不需要防爆栅,调节器输出可直接送到执行器。这时检测端防爆栅也不需要。为了各输入回路能互相隔离以避免共地干扰,以及为防止公共电源为多台变送器供电时,万一其中一台短路造成其他仪表都断电的事故,DDZ—Ⅲ 型仪表中有一种称为“分电盘”的装置,可取代检测端防爆栅,在变送器、电源、控制室仪表之间实现信号和电源的隔离传输,并具有一定的限制过电流能力。由于这种分电盘的线路比防爆栅简单得多,在不要求防爆的场合中使用,可节省投资。

复习思考题

4-1　执行器在控制系统中处于什么地位? 其性能对控制系统的运行有什么影响?

4-2　调节阀有哪些结构形式? 分别适用于什么场合? 执行机构是指执行器中的哪一部分? 执行器选用气开、气关的原则是什么?

4-3　什么是调节阀的固有流量特性和工作流量特性? 为什么流量特性的选择对控制系统的工作至关重要?

4-4　为什么合理选择调节阀的口径,也就是合理确定调节阀的流通能力 C 非常重要?

4-5　电一气阀门定位器(含电一气转换器和阀门定位器)是怎样工作的? 它们起什么作用?

4-6　电动仪表怎样才能用于易燃易爆场所? 安全火花是什么概念?

4-7　试述安全火花防爆仪表的设计思想和实现方法。如果一个控制系统中的仪表全部采用了安全火花防爆仪表,是否就构成了安全火花防爆系统?

4-8　防爆栅的基本结构是什么? 它是怎样实现限压、限流的?

下篇 过程控制

　　上篇讨论了自动化仪表的内容。仪表是实现生产过程自动化的重要技术工具。自动调节系统是由自动化仪表和调节对象所组成的，调节对象在系统中也占有重要的地位。下篇将着重研究调节对象动态特性的测试，调节系统的设计，调节器的参数整定和复杂调节系统的构成。最后介绍一些自动调节系统在工业生产中的应用实例。

　　要分析研究自动调节系统的性能，或设计改进自动调节系统，使之达到满意的调节品质，首先必须了解与掌握对象及系统各环节的动态特性。只有在分析对象以后才能制订合理的方案，选择恰当的仪表和调节器组成调节系统。在建立了系统之后，调节器的参数整定计算也很重要，因为参数整定不合适也不能发挥系统方案设计和仪表调节器的良好效能。在有些情况下，对象特性比较复杂或调节任务比较特殊，这时需要设计更为复杂的调节系统。

本篇内容

- 对象的动态动态特性及实验测定
- 单回路调节系统的设计及调节器参数整定方法
- 常用过程控制系统
- 复杂过程控制系统
- 自动调节系统在生产过程中的应用实例

第 5 章　过程控制对象动态特性及其数学模型

过程控制是工业自动化技术的重要分支,数十年来,工业过程控制取得了快速的发展,无论是在大规模复杂结构的工业生产过程中,还是在传统工业过程改造中,过程控制技术对于提高产品质量以及节省能源等均起着十分重要的作用。

工业生产过程控制是指石油、化工、冶金、建材、轻工、核能等工业部门生产过程的自动化。与其他自动控制系统比较,工业生产过程控制具有自身的特点。

(1)过程控制系统由过程检测、变送和控制仪表、执行装置等组成,通过各种类型的仪表完成对过程变量的检测、变送和控制,并经执行装置作用于生产过程。

(2)工业生产过程控制的被控对象具有非线性、时变、时滞及不确定性等特点,难于获得精确的过程数学模型,成功应用在其他领域的控制策略不能直接移植过来。

(3)工业生产过程控制所控制的过程大多属于慢过程。

(4)工业生产过程控制方案具有多样性。由于工业过程的多样性,控制方案也同样具有多样性。同一被控过程,因受到的扰动不同,需采用不同的控制方案;控制方案适应性强,同一控制方案可适用于不同的生产过程控制。常用的控制方案有单回路 PID 控制系统、串级控制系统、比值控制系统、均匀控制系统、前馈控制系统、分程控制系统、选择性控制系统、双重控制系统等,随着过程控制研究的深入、大量先进控制系统和控制方案得到开发和应用,如状态反馈控制、预测控制、解耦控制、时滞补偿控制、专家系统和模糊控制等智能控制。

(5)工业生产过程控制的实施手段具有多样性,用户可以方便地在计算机控制装置上实现所需控制功能;可以方便地在控制室或现场获得仪表的信息,如量程、调整日期、误差等,还可以直接进行仪表的校验和调整。

工业生产过程控制是自动化的一门分支学科。研究的任务是对过程控制系统进行分析设计和应用。对工业生产过程中已有的控制方案进行分析,总结各种控制方案的特点是过程控制工程的第一个任务。工业生产过程的工艺流程确定后,如何设计出满足工艺控制要求的控制方案是过程控制工程的第二个任务。在控制方案已经确定后,如何使控制系统能够正常运行,并发挥其功能是过程控制工程的第三个任务。

工业生产过程中的被控变量要求达到和保持在工艺操作所需的设定值。为此,需要检测和变送这些被控变量,并按一定的控制规律输出信号到执行机构,调整操纵变量。如何选择被控变量,如何设计控制方案,如何选择操纵变量,应根据什么控制规律计算控制器输出,控制器参数应如何设置,控制系统各构成部件如何选择和配合等都是工业生产过程控制工程所需要解决的问题。

从发展的观点来看,过程控制工程已经从早期的靠经验、凭直觉的实际控制系统设计阶段上升为科学的、条理的、有定量理论指导的工程科学阶段。同时把控制理论、工业生产过程工程和工艺、自动化仪表和计算机知识有机地结合在一起。

过程的数学模型是分析和设计过程控制系统的基础资料和基本依据,对被控过程进行研究分析并加以控制,或者是进行最优设计时,必须首先建立其数学模型,因此,数学模型对过程控制系统的分析设计、实现生产过程的优化控制具有极为重要的意义。

建立被控过程的数学模型方法很多,最常用的主要有两类,对于简单的对象或系统各环节的特性,可以通过分析过程的机理、物料或能量平衡关系求得数学模型,即对象动态特性的微分方程式,这种方法称为解析法。但是,复杂对象的微分方程式很难建立,也不容易求解。而另一种方法是通过实验测定,对取得的数据进行加工整理求得对象的微分方程式或传递函数,这种方法称为实验测定法。因为这种方法用得较多,下面将着重讨论实验测定法。

5.1 单容对象动态特性及其数学描述

在不同的生产部门中调节对象千差万别,现就热工、化工生产过程中常遇到的对象——加热器、流体输送设备、水槽等为例,作一些分析。在连续生产过程中,最基本的关系是物料平衡和能量平衡。在静态条件下,单位时间流入对象的物料或能量等于从系统中流出的物料或能量。然而,对象的动特性是研究参数随时间而变化的规律。在动态条件下,物料平衡和能量平衡的关系是:单位时间内进入系统的物料(或能量)与单位时间内流出的物料(或能量)之差等于系统内物料(或能量)储存量的变化率。

对象动特性的微分方程式,也就是输出参数与输入参数之间的函数关系式,就是通过上述平衡方程式获得的。对于一个调节对象来说,输出参数就是被调量;输入参数就是输入量,它是引起被调参数变化的因素。调节对象的输入参数有调节作用和干扰作用两种。调节作用至输出参数之间的信号联系称为调节通道。干扰作用至被调量的信号联系称为干扰通道。

下面以几个简单对象微分方程式的推导为例,说明动特性的解析求法,并从其中阐明对象的某些基本性质,如容量、阻力、放大系数、时间常数及自衡特性等。

5.1.1 水槽水位的动态特性

图 5-1 是一个简单的水位调节对象,流入水槽的水流量 Q_1,是由管路上的阀门 1 来调节的;流出的水流量 Q_2 决定于管路上阀门 2 的开度,它是随用户需要而改变的。这里,水位 h 是被调量,阀门 2 的开度变化是外部扰动,而调节阀门 1 的开度变化是调节作用。

研究对象的动特性,就是要找出其输入量和输出量之间的相互作用的规律,而对象的微分方程式便是这种规律的数学描述。以下研究图 5-1 所示对象的动特性,设各参量定义如下:

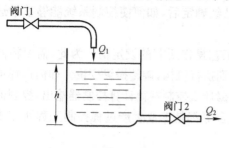

图 5-1 水槽水位调节对象

Q_1——输入水流量(m^3/s)

Q_{10}——输入稳态水流量(m^3/s)

ΔQ_1——输入流量对它的稳态值的微小增量(m^3/s)

Q_2——输出水流量(m^3/s)

Q_{20}——输出稳态水流量(m^3/s)

ΔQ_2——输出流量对它的稳态值的微小增量(m^3/s)

h_0——稳态水位(m)

Δh——水位对它稳态值的微小增量(m)

V——水槽中储存水的容积(m^3)

A——水槽横断面积(m^2)

根据物料平衡关系,在正常稳定工作状态下的稳态方程式是

$$Q_{10} - Q_{20} = 0 \tag{5-1}$$

而动态条件下的动态方程式是

$$Q_1 - Q_2 = \frac{\mathrm{d}V}{\mathrm{d}t} \tag{5-2}$$

式中，$\dfrac{\mathrm{d}V}{\mathrm{d}t}$ 为流体蓄存量的变化率。它与被调量水位 h 间的关系是

$$\mathrm{d}V = A\mathrm{d}h, \frac{\mathrm{d}V}{\mathrm{d}t} = A\frac{\mathrm{d}h}{\mathrm{d}t} \tag{5-3}$$

将式(5-3)代入式(5-2)，得

$$Q_1 - Q_2 = A\frac{\mathrm{d}h}{\mathrm{d}t} \tag{5-4}$$

或

$$\frac{\mathrm{d}h}{\mathrm{d}t} = \frac{Q_1 - Q_2}{A}$$

上式可以看出，水位变化 $\dfrac{\mathrm{d}h}{\mathrm{d}t}$ 决定于两个因素：

一个是水槽截面积 A，一个是流入量与流出量的差额。A 越大，$\dfrac{\mathrm{d}h}{\mathrm{d}t}$ 越小。因此，A 是决定水槽水位变化率大小的因素，称为水槽的容量系数，又称液容 C。它的物理意义是：要使水位升高 1m，水槽内应该充入多少体积的水。

在式(5-4)中，Q_1 只决定于调节阀门 1 的开度。假定流量 Q_1 的变化量 ΔQ_1 与调节阀门 1 的开度的变化量 $\Delta \mu_1$ 成正比，即

$$\Delta Q_1 = K_\mu \Delta \mu_1 \tag{5-5}$$

式中，K_μ 为比例系数（m²/s）。

输出水流量 Q_2 随水位而变化，假定二者的变化量之间关系为

$$\Delta Q_2 = \frac{\Delta h}{R_s}; \quad \text{或} \quad R_s = \frac{\Delta h}{\Delta Q_2} \tag{5-6}$$

式中，R_s 为流出管路上的阀门 2 的阻力，或称液阻。它的物理意义是：要使流出量增加 1m³/s，液位应该升高多少。在水位变化范围不大时，近似地认为 R_s 为常数，即流出量 Q_2 的大小决定于水槽中水位 h 和流出侧阀门的阻力 R_s。严格地说，R_s 不是一个常数，它与水位、流量的关系是非线性的。为简化问题，常常要将非线性特性进行线性化处理，常用的方法是切线法，即在静特性上的工作点附近小范围内以切线代替原来的曲线，而线性化后则用式(5-6)表示流量的变化和液位变化的关系。

对于式(5-4)，变量用额定值和增量的形式表示

$$Q_1 = Q_{10} + \Delta Q_1; Q_2 = Q_{20} + \Delta Q_2; h = h_0 + \Delta h$$

并考虑到式(5-1)，式(5-4)就化成以增量表示的微分方程

$$\Delta Q_1 - \Delta Q_2 = A\frac{\mathrm{d}\Delta h}{\mathrm{d}t} \tag{5-7}$$

将式(5-5)、式(5-6)代入式(5-7)，可得

$$K_\mu \Delta\mu_1 - \frac{\Delta h}{R_s} = A\frac{\mathrm{d}\Delta h}{\mathrm{d}t}$$

或

$$AR_s\frac{\mathrm{d}\Delta h}{\mathrm{d}t} + \Delta h = K_\mu R_s \Delta\mu_1 \qquad (5\text{-}8)$$

一般将式(5-8)改写成下述标准形式：

$$T\frac{\mathrm{d}\Delta h}{\mathrm{d}t} + \Delta h = K\Delta\mu_1 \qquad (5\text{-}9)$$

式中，$T = AR_s$；$K = K_\mu R_s$，或写成拉普拉斯变换式

$$\frac{H(s)}{\mu_1(s)} = \frac{K}{Ts + 1}$$

这就是水位调节对象调节通道的微分方程式。式中 T 称为对象的时间常数，而 K 则叫做对象放大系数。

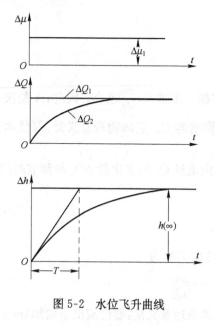

图 5-2　水位飞升曲线

下面研究对象的反应曲线。所谓对象反应曲线，是指对象的某一输入量作阶跃变化时，其输出量对时间的变化曲线。在工程界，常常把反应曲线叫做对象的飞升曲线。

以水位对象为例，当进料水管阀门开度有一个阶跃的变化 $\Delta\mu_1$，同时将使进料流量有一阶跃变化 ΔQ_1 时，对式(5-9)求解，就能得出水位的变化规律：

$$\Delta h = K\Delta\mu_1(1 - \mathrm{e}^{-t/T}) \qquad (5\text{-}10)$$

其变化曲线如图 5-2 所示。

图中当 $t \to \infty$ 时，水位趋向稳态值 $\Delta h(\infty) = K\Delta\mu_1$。这就是输入量 $\Delta\mu_1$ 经过水槽这个环节后放大了 K 倍而成为输出量的变化值，因而称 K 为放大系数。在式(5-10)中时间常数 T 表示了水位 Δh 在 $t = 0$ 以最大速度一直变化到稳态值时所需的时间。它是表示飞升过程所需时间的重要参数。

5.1.2　对象的自衡特性

由式(5-10)和图 5-2 看出，当输入量有一阶跃变化时，对象被调量水位的变化 Δh 最后进入新的稳态 $\Delta h(\infty) = K\Delta\mu_1$。这种新稳态的建立，是由于在变化了的液位作用下，使输出流量作相应变化所致。对象在扰动作用破坏其平衡工况后，在没有操作人员或调节器的干预下自动恢复平衡的特性，称为自衡特性。

为了进一步了解自衡特性，再观察一下水槽对象中所发生的过程。当进水管路的阀门增大 $\Delta\mu_1$ 时，随之输入流量增加了 ΔQ_1。由于进出流量不相等，使水槽中的水位逐渐上升，使得作用在流出阀上的压力增高，并导致输出流量的增长，这种增长将延续到出料流量的增量 ΔQ_2 与进料流量的增量 ΔQ_1 相等为止。由此可见，判断对象有无自衡特性的基本标志是被调量能否对破坏工况平衡的扰动作用施加反作用。在有自衡特性的对象中，常以自衡率 ρ 来说明对象自衡能力的大小。如果能以被调量较小的变化(Δh)来抵消较大的扰动量($\Delta\mu$)，那就表示这

个对象的自衡能力大，因此，$\rho = \dfrac{\Delta\mu_1}{\Delta h(\infty)}$。而放大系数 K 则等于 $\dfrac{\Delta h(\infty)}{\Delta\mu_1}$。可见，$\rho$ 和 K 互为倒数。对一个调节对象来说，希望自衡率 ρ 大一些。如果 ρ 大，那么即使加上一个很大扰动 $\Delta\mu_1$，$\Delta h(\infty)$ 变化也会很小。

实际上有些对象不具有自衡特性，图 5-3 所示的水位对象就是一个典型例子。它与图 5-1 不同之处只是其流出量是靠一个水泵压送，由于这时的流出量与水位无关，这样当流入量 Q_1 有一个阶跃变化后，流出量 Q_2 保持不变。流入量与流出量的差额并不随水位的改变而逐渐减小，而是始终保持不变。对象的水位将以等速度不断上升（或下降）直至水槽顶部溢出（或抽空）。在这种情况下，由于被调量不能对扰动作用施加反作用，只要对象的平衡工况一旦被破坏，就再也无法自行重建平衡。这就是无自衡特性。

无自衡特性水槽的飞升曲线如图 5-4 所示。列写这种对象的微分方程与前面有自衡的水槽对象在很多方面都一样，只是在流出量方面有差别。考虑到水位变化过程中，这个水槽流出量 Q_2 始终保持不变，因此对于图 5-3 无自衡特性对象来说，可以利用以上推导的式（5-7），令 $\Delta Q_2 = 0$，即得

$$\Delta Q_1 = A\frac{\mathrm{d}\Delta h}{\mathrm{d}t}$$

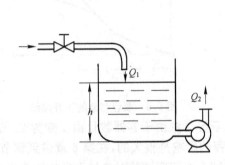

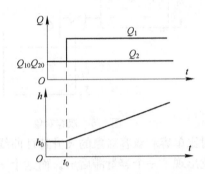

图 5-3 无自衡特性水槽　　　　　图 5-4 无自衡特性水槽的飞升曲线

考虑到式（5-5）得

$$A\frac{\mathrm{d}\Delta h}{\mathrm{d}t} = K_\mathrm{p}\Delta\mu_1 \tag{5-11}$$

或写作

$$\frac{\mathrm{d}\Delta h}{\mathrm{d}t} = \varepsilon\Delta\mu_1$$

式中，$\varepsilon = \dfrac{K_\mathrm{p}}{F} = \dfrac{\dfrac{\mathrm{d}\Delta h}{\mathrm{d}t}}{\Delta\mu_1}$ 称为飞升速度。

5.2　多容对象的特性、容量滞后、纯滞后

5.2.1　双容对象的特性

以上讨论的是只有一个储蓄容量的对象。实际调节对象往往要复杂一些，可能具有一个

以上的储蓄容量。如图 5-5 所示的调节对象具有两个水槽,也就是说它有两个可以储水的容器,称为双容对象。

这是由两个一阶非周期惯性环节串联起来,被调量是第二水槽的水位 h_2。当输入量有一个阶跃增加 ΔQ_1 时,被调量变化的反应曲线如图 5-6 中所示的 Δh_2 曲线。它不再是简单的指数曲线,而是呈 S 形的一条曲线。由于多了一个容器就使调节对象的飞升特性在时间上更加落后一步。

在图 5-6 中 S 形曲线的拐点 P 上作切线,它在时间轴上截出一段时间 OA。这段时间可以近似地衡量由于多了一个容量而使飞升过程向后推迟的程度,因此称为容量滞后,通常以 τ_c 表示。

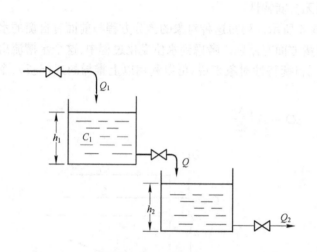

图 5-5　双容对象

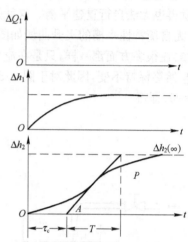

图 5-6　双容对象的飞升曲线

对比单容和双容对象的飞升特性曲线可以看到,双容对象由于容器数目由 1 变为 2,飞升特性就出现了一个容量滞后 τ_c。而这个 τ_c 对调节过程的影响是很大的,在第 6 章讲到调节器整定时可以看到,它是很重要的一个参数。为了研究图 5-6 双容调节对象的飞升特性曲线,参数 T 应当用对曲线拐点 P 作切线的方法去求,而放大系数 K 和单容一样,即 $K = \dfrac{\Delta h_2(\infty)}{\Delta \mu_1}$。

以上讨论了双容对象的飞升特性。如果在这个基础上再增加一个或更多的储蓄容器,那么它的飞升曲线仍然呈 S 形,但是容量滞后 τ_c 更加大了。图 5-7 表示具有 1～6 个同样大小的储蓄容量的调节对象的飞升特性。

实际的调节对象容器数目可以很多,每个容量也不相同,但它们的飞升特性曲线和图 5-7 相似,都可以用 τ_c、T、K 这三个参数来表征。

5.2.2　纯滞后

在调节对象中,所谓滞后是指被调量的变化落后于扰动的发生和变化。以上讨论的双容对象由于容器数目比单容多一个,产生了容量滞后。另外还有一种滞后,它不是由于储蓄容量的存在,而是由于信号的传输,这种滞后称为传输滞后或纯滞后(又称纯时延)。

图 5-8 所示是一个用蒸汽来控制水温的系统。蒸汽量的变化一定要经过长度为 l 的路程以后才反映出来,这是由于扰动作用点与被调量测量点相隔一定距离所致。如果水的流速为 v,则由扰动引起的测点温度的变化,需经一段时间 $\tau_0 = \dfrac{1}{v}$,这就是纯滞后时间。

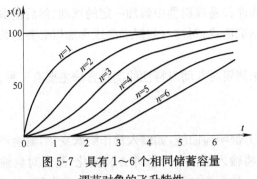

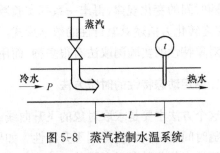

图 5-7　具有 1~6 个相同储蓄容量　　　　图 5-8　蒸汽控制水温系统
　　　　调节对象的飞升特性

　　有的对象既有纯滞后,又有容量滞后。通常把这两种滞后加在一起,统称为滞后,用 τ 表示,即 $\tau = \tau_0 + \tau_c$。这样的对象飞升特性,仍然用 τ、K、T 三个参数来表征。

　　对象的滞后性质,不论是纯滞后或是容量滞后,对调节系统的品质将产生极为不利的影响。由于滞后的存在,往往会导致扰动作用不能及早察觉,调节效果不能适时反映。

5.3　对象特性的实验测定、时域法

　　工业过程的数学模型分为动态数学模型和静态(稳态)数学模型。动态数学模型是表示输出变量与输入变量之间随时间而变化的动态关系的数学描述。从控制的角度看,输入变量就是操纵变量和扰动变量,输出变量是被控变量。静态数学模型是输入变量和输出变量之间不随时间变化情况下的数学关系。

　　工业过程的静态数学模型可用于工业设计和最优化等领域,同时也是设计控制方案的基础。工业过程的动态数学模型则用于各类自动控制系统的设计和分析,用于工业设计和操作条件的分析和确定。动态数学模型的表达方式很多,对它们的要求也各不相同,主要取决于建立数学模型的目的。

　　对工业过程数学模型的要求随其用途不同而不同,总的来说就是简单且准确可靠。但这并不意味着越准确越好。应根据实际应用情况提出适当的要求。在线运用的数学模型还有实时性的要求,它与准确性要求往往是矛盾的。

　　一般来说,用于控制的数学模型由于控制回路具有一定的鲁棒性,所以不要求非常准确。因为模型的误差可以视为扰动,而闭环控制在某种程度上具有自动消除扰动影响的能力。实际生产过程的动态特性是非常复杂的。控制工程师在建立其数学模型时,不得不突出主要因素,忽略次要因素,否则就会得不到可用的模型。为此往往需要做很多近似处理,如线性化、分布参数系统集总化和模型降阶处理等。

5.3.1　实验测定方法描述

　　前面介绍的机理模型的建立方法虽然具有较大的普遍性,但是工业生产过程机理复杂,其数学模型很难建立。此外,工业对象多半含有非线性环节,在数学推导时常常作一些假设和近似。因此在实际工作中,常用实验方法来研究对象的特性,它可以比较可靠地得到对象的特性,也可对数学方法得到的对象特性加以验证和修改。另外,对于运行中的对象,用实验法测定其动态特性,虽然所得结果颇为粗略,且对生产也有些影响,但仍然是了解对象特性的简易途径,因此在工业上应用较广。

所谓对象特性的实验测取法,就是直接在原设备或机器中施加一定的扰动,然后测取对象输出随时间的变化规律,得出一系列实验数据或曲线,对这些数据或曲线再加以必要的数学处理,使之转化为描述对象特性的数学形式。

对象特性的实验测取法有很多种,而用来测定对象动态特性的实验方法主要有三种。

1. 测定动态特性的时域方法

这个方法主要是求取对象的飞升曲线或方波响应曲线,如输入量作阶跃变化,测绘对象输出量随时间变化曲线就得到飞升特性。如果将输入量作一个脉冲方波变化,测出对象输出量随时间的变化曲线即得到脉冲方波响应曲线。这些方法不需要特殊的信号发生器,在很多情况下可以利用调节系统中原有的仪器设备,方法简单,测试工作量较小,故应用甚广。此法缺点是测试精度不高且对生产有一定的影响。

2. 测定动态特性的频域方法

在对象输入端加一种正弦波或近似正弦波,测出输入量与输出量之幅值比和相位差,于是就获得了这个对象的频率特性。这种方法在原理上和数据处理上都是比较简单的。由于输入信号只是在稳态值上下波动,故对生产影响较小,测试的精度比时域法高。但此法需要专门的超低频测试设备,测试工作量也较大。

3. 测定动态特性的统计研究方法

在对象输入端加上某种随机信号或直接利用对象输入端本身存在的随机噪声,观察和记录由于它们所引起的对象各参数的变化,从而研究对象的动特性。这种方法称为统计研究方法。所用的随机信号有白色噪声,随机开关信号等。由于随机信号是在稳态值上下波动或者不需加上人为扰动,故此法对生产影响很小,试验结果不受干扰影响,精度高。但统计法要求积累大量数据,并需要用相关仪和计算机对这些数据进行计算和处理。

5.3.2 测定动态特性的时域方法

1. 飞升特性及方波响应的测定

飞升特性是指输入为阶跃函数时的输出量变化曲线。实验时,可以让对象在某一个稳态下稳定一段时间后,快速地改变它的输入量,使对象达到另一稳定状态。图 5-2 所示为水位飞升曲线,它是有自衡特性的。图 5-4 是无自衡对象的飞升曲线,当输入量作阶跃变化时,被调量无限地增大(或减小),即输出量与输入量具有积分关系。

在试验过程中应注意以下的一些问题。

采取一切措施防止其他干扰的发生,否则将影响实验结果。为克服其他干扰的影响,同一飞升曲线应重复测试两三次,以便进行比较,从中剔除某些显然的偶然性误差。并求出其中合理部分的平均值,据此平均曲线来分析对象的动态特性。

在对象的同一平衡工况下,加上一个反向的阶跃信号,测出对象的飞升特性,与正方向的飞升特性进行比较,以检验对象的非线性特性。试验时,扰动作用的取值范围为其额定值的 $5\% \sim 20\%$,一般取 $8\% \sim 10\%$。

此外,应把对象稳定在别的平衡工况下,重复上述试验。一般在对象最小,最大及平均负荷下进行。

在试验时，必须特别注意被调量离开起始点状态时的情况，应准确地记录加入阶跃作用的计时起点，以便计算对象滞后的大小，这对以后调节器参数整定来说具有重要的意义。

在进行上述飞升曲线试验时也可能遇到这种情况：当输入的阶跃值在正常的范围内时，输出的变化会达到不允许的数值，无自衡对象就是一个明显的例子。为了解决这一问题，可以在加上阶跃信号后经 Δt，即行撤除阶跃信号。作用在对象上的信号实际上是一个宽度为 Δt 的脉冲方波，如图 5-9 所示。

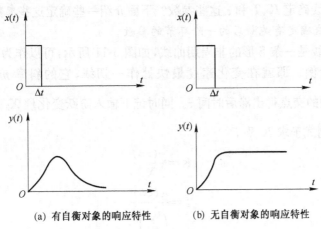

(a) 有自衡对象的响应特性　　(b) 无自衡对象的响应特性

图 5-9　脉冲方波响应特性

输入为脉冲方波，输出的反应曲线称为"方波响应"。方波响应与飞升曲线具有密切的关系。一旦用试验测得对象的方波响应后，就能够很容易地求出它的飞升曲线。为此，可把加在对象上的方波信号看成是两个阶跃作用的代数和，一个是在时刻 $t=0$ 时加入对象的正阶跃信号 $x_1(t)$，另一个是在时刻 $t=\Delta t$ 时加入对象的负阶跃信号 $x_2(t)$，如图 5-10 所示。这两个信号作用于对象的结果，可分别用响应曲线 $y_1(t)$ 和 $y_2(t)=-y_1(t-\Delta t)$ 表示，而对象的方波响应 $y(t)$ 便是这两条响应曲线的叠加或代数和。以式表示为

$$y(t) = y_1(t) + y_2(t)$$
$$= y_1(t) - y_1(t - \Delta t) \tag{5-12}$$

或
$$y_1(t) = y(t) + y_1(t - \Delta t) \tag{5-13}$$

从这个方波响应 $y(t)$ 可以算得飞升曲线 $y_1(t)$。在 0 到 Δt 这一段时间范围内，飞升曲线与方波响应曲线是一致的，在以后的各段飞升曲线是该段的方波响应加上 Δt 时间前的飞升曲线值。描绘时，先把时间轴分成间隔为 Δt 的若干等分，因在第一段中 $y_1(t-\Delta t)=0$ 故 $y_1(t)=y(t)$；后每一段的 $y_1(t)$ 乃是该段中的 $y(t)$ 及其相邻前一段的 $y_1(t)$ 之和。这样随着时间的推移，就可以由方波响应求得完整的飞升曲线。

2.试验结果的数据处理

在描绘生产过程的动态特性时，常用微分方程式或传递函数的形式表达。如何将实验所获得的各种不同对象的飞升曲线进行处理，以便用一些简单的典型微分方程或传递函数来近似表达，既适合工程应用，又有足够的精度，这就是这里所指的数据处理。

多数工业对象的特性常可用具有纯滞后的一阶或二阶非周期环节来近似描述，即

$$G(s) = \frac{Ke^{-\tau s}}{Ts+1} \tag{5-14}$$

或
$$G(s) = \frac{Ke^{-\tau s}}{(T_1 s + 1)(T_2 s + 1)} \qquad (5-15)$$

对于少数无自衡特性的对象,可用式(5-16)或式(5-17)来近似描述

$$G(s) = \frac{Ke^{-\tau s}}{Ts} \qquad (5-16)$$

或

$$G(s) = \frac{Ke^{-\tau s}}{T_1 s(T_2 s + 1)} \qquad (5-17)$$

如何由飞升曲线确定 K、T 和 τ 这些参数?下面介绍一些确定这些参数的方法。

(1) 由飞升曲线确定有纯滞后的一阶环节的参数

若试验飞升曲线是一条 S 形的非周期曲线,如图 5-11 所示,可以作为有纯滞后的一阶惯性环节来处理的示例。那就在变化速度最快处作一切线,它的斜率 m 就是最快的速度 $\left(\frac{dy}{dt}\right)_m$,并从时间轴的交点得出滞后时间 τ。同时记下输入阶跃变化量 X_0 和 y 的最终变化量 $y(\infty)$。然后用下列式子求 K 及 T

$$K = \frac{y(\infty)}{X_0} \qquad (5-18)$$

$$T = \frac{y(\infty)}{\left(\frac{dy}{dt}\right)_m} \qquad (5-19)$$

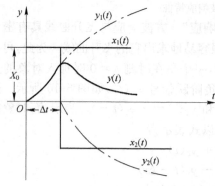

图 5-10　脉冲方波响应特性曲线　　　　图 5-11　S形非周期飞升曲线

以上两式是适用于有自衡特性对象的。同样,类似的方法也可求取无自衡特性对象的参数为

$$\frac{K}{T} = \frac{\left(\frac{dy}{dt}\right)_m}{X_0} \qquad (5-20)$$

这种处理方法极为简单,但准确性不高。比较准确的方法介绍如下。

求稳态放大系数 K 同样可用式(5-18),在计算时间常数 T 及纯滞后 τ 时,将 $y(t)$ 曲线修改成无因次的飞升曲线 $y^*(t)$ 为

$$y^*(t) = \frac{y(t)}{KX_0} = \frac{y(t)}{y(\infty)} \qquad (5-21)$$

对于有滞后的一阶非周期环节来说,在阶跃作用下的解为

$$y^*(t) = \begin{cases} 0 & t < \tau \\ 1 - e^{-\frac{t-\tau}{T}} & t \geq \tau \end{cases} \qquad (5-22)$$

为了确定 T 及 τ 的值,在无因次飞升曲线上选取 $y^*(t)$ 的两个坐标值,现选择 t_1 及 t_2 如下:

$$\begin{cases} y^*(t_1) = 1 - \mathrm{e}^{\frac{t_1-\tau}{T}} \\ y^*(t_2) = 1 - \mathrm{e}^{\frac{t_2-\tau}{T}} \end{cases} \tag{5-23}$$

式中,$t_2 > t_1 > \tau$,对上列两式联立求解,可得

$$\begin{cases} \tau = \dfrac{t_2\ln[1-y^*(t_1)] - t_1\ln[1-y^*(t_2)]}{\ln[1-y^*(t_1)] - \ln[1-y^*(t_2)]} \\ T = -\dfrac{t_1-\tau}{\ln[1-y^*(t_1)]} = -\dfrac{t_2-\tau}{\ln[1-y^*(t_2)]} \end{cases} \tag{5-24}$$

根据式(5-23),可由 t_1,t_2 及对应飞升曲线上两个值 $y^*(t_1)$ 及 $y^*(t_2)$ 求得 T 及 τ。若选择 $y^*(t_1)=0.39$。$y^*(t_2)=0.63$,则可得

$$\begin{cases} \tau = 2t_1 - t_2 \\ T = 2(t_1 - t_2) \end{cases} \tag{5-25}$$

对于计算结果,可在

$$\begin{aligned} t_3 &\leqslant \tau & y^*(t_3) &= 0 \\ t_4 &= 0.8T + \tau & y^*(t_4) &= 0.55 \\ t_5 &= 2T + \tau & y^*(t_5) &= 0.87 \end{aligned}$$

这几个时间上,对飞升曲线的坐标值进行校对。

（2）由飞升曲线确定二阶环节的参数

对于 S 形的试验飞升曲线,规定其传递函数按式(5.26)

$$G(s) = \frac{K}{T_1 T_2 s^2 + (T_1 + T_2)s + 1} \tag{5-26}$$

或式(5-27)

$$G(s) = \frac{K}{T^2 s^2 + 2Ts + 1}\mathrm{e}^{-\tau s} \tag{5-27}$$

来近似,前者相当于过阻尼的二阶环节（传递函数的分母有两个实根 $-\dfrac{1}{T_1}$ 及 $-\dfrac{1}{T_2}$），后者为阻尼系数为 1 的有纯滞后的二阶环节。在生产过程中,大多数对象的飞升曲线是过阻尼的,因此这种方法可以适用于一大批工业对象。

5.4 测定动态特性的频域方法

5.4.1 正弦波方法

以正弦波输入测定对象的频率特性,在原理上、数据处理上都是很简单的。在所研究对象的输入端加以某个频率的正弦波信号,记录输出之稳定振荡波形,就可测得精确的频率特性。当然,应该对所选的各个频率逐个地进行试验。

它的试验大致如图 5-12 所示的那样来安排,在记录仪上同时记下输入和输出的波形,这种处理方式将方便以后

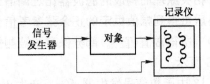

图 5-12 正弦波测定对象频率特性示意图

的数据分析工作。

在对象输入端加以所选择的正弦振荡,让对象的振荡过程建立起来。当振荡的轴线以及幅度和形式都维持稳定后,就可测出输入和输出的振荡幅度以及它们的相移。输出振幅与输入振幅的比值就是幅频特性在该频率的数值,而输出振荡的相位与输入振荡的相位之差,就是相应的相频特性之值。这个试验可以在对象的通频带区域内分成若干等分,对每个分点 ω_1, $\omega_2,\cdots,\omega_c$ 进行试验,试验通带范围一般由 $\omega=0$ 到输出振幅减少到 $\omega=0$ 时幅值 $\frac{1}{20}$ 乃至 $\frac{1}{100}$ 的上限频率为止。有时,为了确定某个区域内的频率特性,如调节对象在相移为 $180°$ 的频率 ω_π 附近一段频率特性,可在此附近做一些较详细的实验,其他频率区域可以粗略地做几点,甚至不做。

用正弦波的输入信号测定对象频率特性的优点在于,能直接从记录曲线上求得频率特性,且由于是正弦的输入输出信号,容易在实验过程中发现干扰的存在和影响。因为,它会使正弦信号发生畸变。

此方法的缺点在于不易实现正弦输入。因为要使控制介质作正弦波形变化时,常要求一个线性的功率转换装置来放大正弦信号,并使执行机构作相应的运动。此外,使用这种方法进行试验是较费时间的,尤其缓慢的生产过程被调量的零点漂移在所难免,这就不能长期进行试验。

5.4.2 频率特性的相关测试法

尽管可以采用随机激励信号、瞬态激励信号来迅速测定系统的动态特性,但是为了获得精确的结果,仍然广泛采用稳态正弦波激励试验来测定。稳态正弦波激励试验是利用线性系统频率保持性,即在单一频率强迫振动时系统的输出也是单一频率,且把系统的噪声干扰及非线性因素引起输出畸变的谐波分量都看作干扰。因此,测量装置应能滤出与激励频率一致的有用信号,并显示其响应幅值,相对于参考(激励)信号的相角,或者给出其同相分量及正交分量,以便画出在该测点上系统响应的矢量图(奈氏图)。一般动态特性测试中,幅频特性较易测量,而相角信息的精确测量比较困难。

通用的精确相位计,要求被测波形失真度很小。在实际工作中,测试对象的输出常混有大量的噪声,有时甚至把有用信号淹没。这就要求采取有效的滤波手段,在噪声背景下提取有用信号。滤波装置必须有恒定的放大倍数,不造成相移或只能有恒定的、可以标定的相移。

简单的滤波方式是采用调谐式的带通滤波器。由于激励信号频率可调,带通滤波中心频率也应是可调的。为了使滤波器有较强的排除噪声的能力,通带应窄一些。这种调谐式的滤波器在调谐点附近幅值放大倍数有变化,而相角变化尤为剧烈。在实际的测试中很难使滤波中心频率始终和系统激励频率一致。所以,这种调谐式的带通滤波器很难保证稳定的测幅、测相精度。

基于相关原理而构成的滤波器比之调谐式带通滤波器具有明显的优点,激励输入信号经波形变换后可得到幅值恒定的正余弦参考信号。把参考信号与被测信号进行相关处理(即相乘和平均),所得常值(直流)部分保存了被测信号同频分量(基波)的幅值和相角信息。其原理如图 5-13 所示。

图 5-13 中函数信号发生器 $f(x)$,产生正弦的激励信号 $x(t)$,送到被测对象输入端。$f(x)$ 还产生幅值恒定的正余弦参考信号分别送到两个乘法器。经乘法器与对象的输出信号 $y(t)$

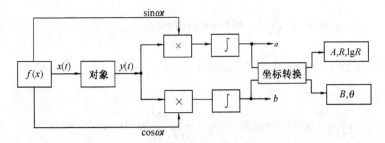

图 5-13 频率特性的相关测试原理图

相乘后,再通过积分器得到两路直流信号:同相分量 a 与正交分量 b。其相关测试原理的数学表述如下。

1. 当系统无干扰时

$$x(t) = R_1 \sin\omega t; \quad y(t) = R_2 \sin(\omega t + \theta)$$

式中,R_1、R_2 分别为对象输入、输出信号的幅值;θ 为对象输入与输出信号的相角差。

$$y(t) = R_2 \sin(\omega t + \theta) = R_2 \cos\theta \sin\omega t + R_2 \sin\theta \cos\omega t \tag{5-28}$$

$$= a \sin\omega t + b \cos\omega t$$

$$a = R_2 \cos\theta; \quad b = R_2 \sin\theta$$

将 $y(t)$ 与正余弦信号分别进行相关运算,即

$$\frac{2}{NT} \int_0^{NT} y(t) \sin\omega t \, \mathrm{d}t = \frac{2}{NT} \int_0^{NT} (a \sin\omega t + b \cos\omega t) \sin\omega t \, \mathrm{d}t$$

$$= \frac{2a}{NT} \int_0^{NT} \sin^2\omega t \, \mathrm{d}t + \frac{2b}{NT} \int_0^{NT} \sin\omega t \cos\omega t \, \mathrm{d}t = a \tag{5-29}$$

及

$$\frac{2}{NT} \int_0^{NT} y(t) \cos\omega t \, \mathrm{d}t = \frac{2}{NT} \int_0^{NT} (a \sin\omega t + b \cos\omega t) \cos\omega t \, \mathrm{d}t$$

$$= \frac{2a}{NT} \int_0^{NT} \sin\omega t \cos\omega t \, \mathrm{d}t + \frac{2b}{NT} \int_0^{NT} \cos^2\omega t \, \mathrm{d}t = b \tag{5-30}$$

式中,T 为周期;N 为正整数。

设被测对象响应 $G(\mathrm{j}\omega)$ 的同相分量为 A,正交分量为 B,则:$A = a/R_1$;$B = b/R_1$。

当 $R_1 = 1$ 时,$A = a$;$B = b$。

2. 当系统有干扰时

$$y(t) = \frac{a_0}{2} + \sum_{k=1}^{\infty} (a_k \sin k\omega t + b_k \cos k\omega t) + n(t)$$

式中,$n(t)$ 为随机噪声。

该输出信号 $y(t)$ 分别与 $\sin\omega t$ 及 $\cos\omega t$ 进行相关运算有

$$\frac{2}{NT} \int_0^{NT} y(t) \sin\omega t \, \mathrm{d}t = \frac{2}{NT} \int_0^{NT} \frac{a_0}{2} \sin\omega t \, \mathrm{d}t + \frac{2}{NT} \int_0^{NT} \sum_{k=1}^{\infty} a_k \sin k\omega t \sin\omega t \, \mathrm{d}t +$$

$$\frac{2}{NT} \int_0^{NT} \sum_{k=1}^{\infty} b_k \cos k\omega t \sin\omega t \, \mathrm{d}t + \frac{2}{NT} \int_0^{NT} n(t) \sin\omega t \, \mathrm{d}t$$

$$= a_1 + \frac{2}{NT}\int_0^{NT} n(t)\sin\omega t\,\mathrm{d}t \approx a_1 \tag{5-31}$$

式(5-31)中,当 N 足够大时, $\dfrac{2}{NT}\displaystyle\int_0^{NT} n(t)\sin\omega t\,\mathrm{d}t = 0$ 。

同理可得

$$\frac{2}{NT}\int_0^{NT} y(t)\cos\omega t\,\mathrm{d}t = b_1 + \frac{2}{NT}\int_0^{NT} n(t)\cos\omega t\,\mathrm{d}t \approx b_1 \tag{5-32}$$

式中, a_1 为系统输出一次谐波的同相分量; b_1 为系统输出一次谐波的正交分量。

如果输出振荡周期的起点选在输入振荡的基波相角为零的时刻,那么输出与输入振荡之间相位移和基波振幅分别为

$$\left.\begin{aligned}\theta &= \arctan\frac{b_1}{a_1}\\ R_2 &\approx \sqrt{a^2 + b^2}\end{aligned}\right\} \tag{5-33}$$

由此可见,相关过程可视为一个滤波过程。系统输出信号经滤波后,可以较好地抑制直流分量、高次谐波及随机噪声,而分离出一次谐波。然后由式(5-31)、式(5-32)得到该频率下系统输出的同相分量与正交分量。再经过坐标转换求得振幅比与相角差,并以极坐标或对数坐标的形式显示出来。国产的 BT—6 型频率特性测试仪即按以上原理设计的。

5.4.3 闭路测定法

上述的两种测定法都是在开路状态下输入周期信号 $x(t)$,测定其输出 $y(t)$,这种测定法的缺点是,被调量 $y(t)$ 的振荡中线——零点的漂移不能消除,因而不能长期进行试验。另外,它要求输入的振幅不能太大,以免增大非线性的影响,降低测定频率特性的精度。

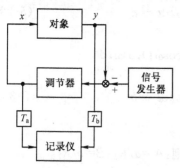

图 5-14 闭路测定法

若利用调节器所组成的闭路系统进行测定,就可避免上述缺点。

图 5-14 所示为试验的原理图。图中信号发生器所产生的专用信号加在这一调节器的给定值处。而记录仪所记录的曲线则是被测对象的输入/输出端的曲线。对此曲线进行分析,即可求得对象的频率特性。

闭路测定法的优点:

精度高:因为已经形成一个闭路系统,大大削弱了对象的零点漂移,因此可以长期地进行试验,振幅也可以取得较大。另外由于闭路工作,若输入加在给定值上的信号是正弦波,各坐标也将作正弦变化,也就减少了开路测定时非线性环节所引起的误差。用这种方法进行测定时,主要用正弦波作为输入信号,所有这一切皆提高了测定精度。

安全:因为调节器串接在这个系统中,所以即使突然有干扰加入,由于调节器的作用也不会产生过大偏差而发生事故。

此外,这种方法可以对无自衡特性对象进行频率特性的测定,也可以同时测得调节器的动态特性。此法缺点是只能对带有调节器的对象进行试验。

5.5 测定动态特性的统计方法

对工业对象的辨识,除了应用前面介绍的方法外,在有些场合下可以采用统计方法。该方法可以在正常运行的生产过程中使用,有的甚至可以不加专门信号,直接利用正常运行下所记录的数据进行分析。也可以加上特殊的信号,如 20 世纪 60 年代发展起来的伪随机试探信号。这种方法的抗干扰性很强,在获得同样的信息量时,对系统正常运行的干扰程度比其他的方法低。目前,有一些专用的设备可用来做此试验。如果系统中有计算机在线工作,整个试验也可由计算机完成。实践结果证明,这是一种有效的方法,特别对反应慢、过渡时间长的系统更为有效。

5.5.1 相关分析法识别对象动态特性的原理

如果一个线性对象的输入函数 $x(t)$ 是平稳的随机过程,那么,相应的输出 $y(t)$ 也是平稳的随机过程。$g(t)$ 为对象的脉冲响应函数,如图 5-15 所示。现在试图从输入 $x(t)$ 与输出 $y(t)$ 的互相关函数来确定脉冲响应函数。

在经典控制理论中,对于线性对象的动态特性可以用"脉冲响应函数"来描述,可以把任意形式的输入 $x(t)$ 看作是由无数个"脉冲"叠加组成的(图 5-15)。因为 $x(t)$ 是由许多脉冲组成的,如 $x_1(t)$,$x_2(t)$,…。对应于每一个脉冲,输出端都有一个响应,即 $y_1(t)$,$y_2(t)$…。既然是线性系统,符合叠加原理,那么,总的输出 $y(t)$ 就是 $y_1(t)$,$y_2(t)$,…的总和。因此,只要知道一个"脉冲响应函数",就可以求出该生产过程对应任意输入量的响应。

脉冲响应函数 $g(t)$ 就是对象的输入量为单位脉冲函数 $\delta(t)$[①]时输出量随时间变化的过程。

当输入 $x(t)$ 为任意形式的时间函数,如图 5-16(a)所示,可将它分解成许多个脉冲之和,而每个脉冲的面积为 $x(\tau)\Delta\tau$,$(t=\tau)$。当 $\Delta\tau \rightarrow 0$ 时,记此脉冲的面积为 $x(\tau)d\tau$。这个脉冲可以记为

$$x(\tau)\delta(t-\tau)d\tau$$

相应于这样一个脉冲函数的响应是

$$x(\tau)g(t-\tau)d\tau$$

对于线性对象来讲,输出 $y(t)$ 应当是全部 $\tau < t$ 的时间响应函数之和(积分),即

$$y(t) = \int_{-\infty}^{t} x(\tau)g(t-\tau)d\tau$$

令 $t-\tau=u$ 代入,则得

$$y(t) = -\int_{-\infty}^{t} x(t-u)g(u)du = \int_{0}^{\infty} g(u)x(t-u)du \tag{5-34}$$

式中,$g(u)$ 是脉冲响应函数。式(5-34)表达了 $y(t)$ 与 $x(t)$ 之间的重要关系。

---

① 单位脉冲函数 $\delta(t)$ 是这样一个函数,当 $t=0$ 时,$\delta(t)$ 值为无穷大,当 $t\neq0$ 时,$\delta(t)$ 的值全为 0,即

$$\delta(t) = \begin{cases} \infty & t=0 \\ 0 & t\neq0 \end{cases}$$

而且 $\delta(t)$ 面积等于 1,即 $\int_{-\infty}^{\infty} \delta(t)dt = 1$。

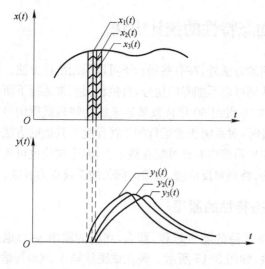

图 5-15　对象输入—输出关系示意图　　　　图 5-16　线性系统输出响应与
输入的关系示意图

先考虑对象输入和输出皆为平稳过程,在式(5-34)中把 t 换成 $t+\tau$,即

$$y(t+\tau) = \int_0^\infty g(u)x(t+\tau-u)\mathrm{d}u$$

两边乘 $x(t)$

$$x(t)y(t+\tau) = \int_0^\infty g(u)x(t)x(t+\tau-u)\mathrm{d}u$$

两边取时间平均值

$$\lim_{T\to\infty}\frac{1}{2T}\int_{-T}^{T}x(t)y(t+\tau)\mathrm{d}t = \lim_{T\to\infty}\frac{1}{2T}\int_{-T}^{T}x(t)\int_0^\infty g(u)x(t+\tau-u)\mathrm{d}u\mathrm{d}t$$

等式右边交换积分的次序,可得

$$R_{xy}(\tau) = \int_0^\infty g(u)\mathrm{d}u\left[\lim_{T\to\infty}\frac{1}{2T}\int_{-T}^{T}x(t)x(t+\tau-u)\mathrm{d}t\right]$$

改写成

$$R_{xy}(\tau) = \int_0^\infty g(u)R_{xx}(\tau-u)\mathrm{d}u \tag{5-35}$$

式中,$R_{xx}(\tau-u)$ 表示 $x(t)$ 之自相关函数在 $\tau-u$ 处的值。

这就是著名的维纳—何甫方程。它是相关分析方法识别线性对象的重要理论依据。

这个方程给出输入的自相关函数,输入 $x(t)$ 与输出 $y(t)$ 的互相关函数与脉冲响应函数的关系。如果从测试或运行数据计算得到 $R_{xx}(\tau)$ 与 $R_{xy}(\tau)$,要确定脉冲响应函数 $g(u)$,这是个解褶积方程的问题,对于一般形式 $R_{xx}(\tau)$ 及 $R_{xy}(\tau)$ 来说,这个积分方程的求解是很困难的。

这里可用利用白色噪声测定对象的动态特性,对线性对象输入白色噪声,此时的脉冲响应函数有很简单的形式,因为对白色噪声的自相关函数是一个 δ 函数

$$R_{xx}(\tau) = K\delta(\tau)$$

代入式(5-35),得

$$R_{xy}(\tau) = \int_0^\infty Kg(u)\delta(\tau-u)\mathrm{d}u$$

利用单位脉冲函数性质

$$R_{xy}(\tau) = Kg(\tau) \tag{5-36}$$

于是有

$$g(\tau) = \frac{1}{K}R_{xy}(\tau) \tag{5-37}$$

这说明对于白色噪声输入,输入与输出之互相关函数 $R_{xy}(\tau)$ 与脉冲响应函数成比例。于是,由互相关函数很容易得到脉冲响应函数。

由于互相关函数可用下式计算

$$R_{xy}(\tau) = \lim_{T\to\infty} \frac{1}{T}\int_0^T x(t)y(t+\tau)\mathrm{d}t = \lim_{T\to\infty} \frac{1}{T}\int_\tau^{T+\tau} x(t-\tau)y(t)\mathrm{d}t$$

所以,可以用图 5-17 获得脉冲响应函数。

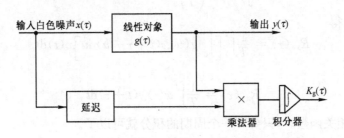

图 5-17　相关分析法求对象脉冲响应函数的方块图

采用上述方法的优点是,试验可以在正常运行状态下进行,它不需要使被测对象过分偏离正常运行状态。由于白色噪声的整个能量分布在一个很广的频率范围内,所以它对正常运行状态影响是不大的。这对大型生产装置来讲是一个很重要的特点。但是,该方法的困难是:要想获得较精确的互相关函数,就必须在较长一段时间内进行积分。这就要耗费时间,而积分时间过长,又往往会产生其他问题,如信号的漂移,记录仪器的零点漂移等。因此,要协调二者的矛盾,必须选择一个合适的积分时间,这就需要通过实践进行摸索。这种方法最终是要求出输入与输出的互相关函数。为了计算两个信号的相关函数,除了可用计算机计算外,也可用纸带式超低频相关器进行计算。

5.5.2　基于 M 序列信号测定对象的动态特性

1. 伪随机序列基本理论

为了克服用白色噪声作为输入,估算脉冲响应函数需要较长时间,可以采用伪随机信号作为输入探测信号。这个信号的自相关函数与白色噪声的自相关函数相同(即一个脉冲),但是它有重复周期 T。也就是说,伪随机信号的自相关函数 $R_{xx}(\tau)$ 在 $\tau=0, T, 2T, \cdots$ 以及 $-T$, $-2T, \cdots$ 各点取值 σ^2(信号的均方值),而在其他各点的值为零。该自相关函数的图形如图 5-18 所示。

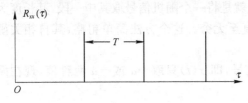

图 5-18　伪随机信号的自相关函数

用伪随机信号识别对象动特性有什么好处呢?如果对线性对象输入伪随机信号,首先互相关函数 $R_{xy}(\tau)$ 计算简单,原因是

$$R_{xx}(\tau) = \lim_{T_1 \to \infty} \frac{1}{T_1} \int_0^{T_1} x(t)x(t+\tau)\mathrm{d}t = \lim_{nT \to \infty} \frac{1}{nT} \int_0^{nT} x(t)x(t+\tau)\mathrm{d}t$$

$$= \lim_{n \to \infty} \frac{n}{nT} \int_0^T x(t)x(t+\tau)\mathrm{d}t = \frac{1}{T} \int_0^T x(t)x(t+\tau)\mathrm{d}t \tag{5-38}$$

同理有

$$R_{xx}(\tau - u) = \frac{1}{T} \int_0^T x(t)x(t+\tau-u)\mathrm{d}t$$

由式(5-35)

$$R_{xy}(\tau) = \int_0^\infty g(u)R_{xx}(\tau-u)\mathrm{d}u$$

$$= \int_0^\infty g(u)\left(\frac{1}{T}\int_0^T x(t)x(t+\tau-u)\mathrm{d}t\right)\mathrm{d}u$$

更换积分次序后,得

$$R_{xy}(\tau) = \frac{1}{T}\int_0^T\left[\int_0^\infty g(u)x(t+\tau-u)\mathrm{d}u\right]x(t)\mathrm{d}t$$

考虑式(5-34),得

$$R_{xy}(\tau) = \frac{1}{T}\int_0^T x(t)y(t+\tau)\mathrm{d}t \tag{5-39}$$

此式说明计算互相关函数时,只要算一个周期的积分就可以了。

另外,由式(5-56),对 $\tau < T$ 有

$$R_{xy}(\tau) = \int_0^\infty g(u)R_{xx}(\tau-u)\mathrm{d}u = \int_0^T g(u)R_{xx}(\tau-u)\mathrm{d}u +$$

$$\int_T^{2T} g(u)R_{xx}(\tau-u)\mathrm{d}u + \int_{2T}^{3T} g(u)R_{xx}(\tau-u)\mathrm{d}u + \cdots\cdots$$

$$= \int_0^T g(u)K\delta(\tau-u)\mathrm{d}u + \int_T^{2T} g(u)K\delta(\tau-u+T)\mathrm{d}u +$$

$$\int_{2T}^{3T} g(u)K\delta(\tau-u+2T)\mathrm{d}u + \cdots\cdots$$

$$= Kg(\tau) + Kg(\tau+T) + Kg(\tau+2T) + \cdots\cdots$$

适当选择 T,使脉冲响应函数还在时间小于 T 时已经衰减到零,则 $g(\tau+T) \approx 0$, $g(\tau+2T) \approx 0, \cdots$,于是有

$$R_{xy}(\tau) = Kg(\tau) \tag{5-40}$$

此时,互相关函数与脉冲响应函数仍然只相差一个常数。但是,此处 $R_{xy}(\tau)$ 的计算只需在 $0 \sim T$ 时间内进行。这就显示了采用伪随机信号的优越性。

2. 伪随机序列的产生方法及其性质

伪随机信号产生的方法有多种,最简便的方法就是将一个随机信号取其中一段,其长度为 T。然后,将它在其他时间段内都照这一段重复,直至无穷。这个方法简单粗略,其自相关函数的图形可能与理想的"脉冲"相差较远。

近年来,在实践中采用较多的是一种二位式信号,即 $x(t)$ 只取 $+a$ 或 $-a$ 两种值,现在简要地介绍一下二位式伪随机序列。

如果随机地重复抛掷一个分币,每抛掷一次作为一次试验。假设试验结果出现国徽面记作 1,出现非国徽面记作为 -1。这样,就获得了 $+1$、-1 两种元素组成的随机序列。如果重复试验 N 次(N 是相当大的整数),那么这个随机序列具有以下三个性质:

(1) 在序列中＋1与－1出现的次数几乎相等。

(2) 若干个＋1(或若干个－1)连在一起称为"游程"。一个游程中的＋1(或－1)的个数称为游程长度。N 次试验中长度为 1 的游程,约占游程总数的 1/2。长度为 2 的游程约占 1/4,长度为 3 的游程约占总数的 1/8……。在同样长度的所有游程中＋1 的游程与－1 的游程约各占半数。

(3) 随机序列的自相关函数在原点取得最大值,$R_{xx}(0)=\max$,离开原点时,就迅速下降至零。

具有以上特性的二位式随机序列称为离散白噪声序列。

一个人工设计产生的周期序列,在一个周期里它具有上述三个特性,这个序列称之为"二位式伪随机序列"。这种伪随机序列,具有类似随机白噪声的性质,但它又是周期性的,有规律的,故可以人为地产生和复制。这种信号可以满足测定动态特性的要求,而且二位式信号比连续式信号容易产生和重现。再加上计算互相关函数时,可以将乘法简化为取正、反向的值,因此采用这种信号的较多。现在简单地介绍一种最大长度二位式序列,即 M 序列的构成。

M 序列信号可以由一组带有反馈电路的移位寄存器产生(图 5-19)。移位寄存器由双稳态触发器和门电路组成,n 位移位寄存器有 n 个双稳态触发器和门电路组成,每个触发器称为一位,其中以 0 及 1 分别表示两种状态(注意,这里 0 表示随机序列中的一种状态,而不是用－1 表示)。当移位脉冲来到时,每位内容(0 或 1)移到下一位,而第 n 位移出内容即为输出。为了保持连续工作,将移位寄存器内容经过适当的逻辑运算(如第 n 位中内容与第 k 位中内容按模 2 相加)反馈到第一位去作为输入。这里需要的是第 n 位输出的序列。

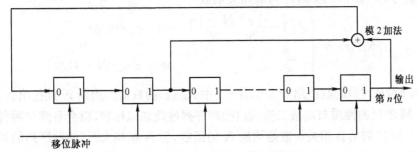

图 5-19　n 级线性反馈移位寄存器

例如,一个四位移位寄存器的第一位内容(0 或 1)送到寄存器第二位,寄存器第二位的内容送至寄存器第三位,寄存器第三位内容送至寄存器第四位,而寄存器第三位和第四位内容作模 2 相加(即 $1\oplus0=1,0\oplus1=1,0\oplus0=0,1\oplus1=0$;$\oplus$记号表示模 2 相加),反馈到寄存器第一位。如果初始状态时,寄存器内容都是 1[①],第一个移位脉冲来到以后,四位寄存器的内容变为 0111。一个周期的变化规律为:

初态 1111 ⟶ 0111 ⟶ 0011 ⟶ 0001 ⟶ 1000 ⟶ 0100 ⟶

0010 ⟶ 1001 ⟶ 1100 ⟶ 0110 ⟶ 1011 ⟶ 0101 ⟶

1010 ⟶ 1101 ⟶ 1110 ⟶ 1111 第二周期开始

这里一个周期结束,产生了 15 种不同状态。如果取寄存器第四位内容作为伪随机信号,那么这个随机序列为

---

① 初始状态可以为任何一种形式,只要不是各位全为 0。

$$\underbrace{1111000100110101}_{\text{一个周期}}\underbrace{111100010011010}_{\text{又一个周期}}\cdots$$

它确是一个周期为 15 的伪随机序列。

多位移位寄存器中,反馈线路选择不同,所得序列信号也将不同。这种序列信号总的来讲可分为两类:一种为 M 序列(最大长度序列),另一种为非 M 序列。一个序列信号是前者还是后者,要看它的周期长短。对于一个 n 位移位寄存器,因为每位有两种状态,则共有 2^n 个状态。但其中不考虑各位全为 0 的情况,故最多只有 2^n-1 种状态。因此,对一个 n 位寄存器所产生的序列信号其周期为

$$N=2^n-1 \tag{5-41}$$

则该信号就称为最大长度二位式序列(M 序列)信号。上例中,$n=4$,周期为 15,正好 $2^4-1=15$,因此上例所得之序列是一个 M 序列信号。关于各种不同位数的寄存器,如何选择合适的反馈路径才能取得最大长度二位式信号问题,有关文献有专门论述[①]。

M 序列信号的主要性质如下:

(1)由 n 位移位寄存器所产生的 M 序列的周期为

$$N=2^n-1$$

(2)在一个 M 序列周期中,1 出现的个数为 2^{n-1},而 0 出现的个数为 $2^{n-1}-1$。

(3)在一个周期内 0 与 1 的交替次数中,游程长度为 1 的占游程总数 1/2,游程为 2 的占 $1/4,\cdots$,周期为 2^n-1 时,游程 n 和 $n-1$ 的都占 $1/(2^{n-1})$。

(4)周期为 $N=2^n-1$ 的 M 序列的相关函数

$$R_{xx}(\tau)=\begin{cases}a^2\left[1-\dfrac{|\tau|}{\Delta t}\dfrac{N+1}{N}\right] & -\Delta t<\tau<\Delta t\\[2mm]-\dfrac{a^2}{N} & \Delta t\leqslant\tau\leqslant(N-1)\Delta t\end{cases}$$

当 $\tau\geqslant N$ 时,$R_{xx}(\tau)$ 的数值用 $0\leqslant\tau\leqslant N-1$ 中 $R_{xx}(\tau)$ 的数值以周期 N 延拓出去。

把以上 M 序列的性质与离散二位式白噪声序列性质加以比较,就会看到这两种序列的性质是相似的。M 序列的自相关函数是周期 N 的函数,当 N 相当大时,两种序列的相关函数也是相似的,即它们的概率性质是相类似的。这是把 M 序列称为伪随机序列的原因,并且可以把 M 序列当作离散二位式白噪声。应当指出,伪随机序列有很多种,但 M 序列是最重要的伪随机序列之一。

3. 用 M 序列信号测定对象的动态特性

把 M 序列信号作为对象的输入信号,当该信号的周期 $T=N\Delta t$ 选择得足够长,即大于对象的脉冲响应函数的衰减时间(或对象的对渡过程时间)时,则如式(5-40)所示,对象的输出与输入之间的互相关函数与对象的脉冲响应函数成正比例。

由线性反馈移位寄存器产生 M 序列,如果输出状态是 0,电平取 a;如果输出状态是 1,电平取 $-a$。通常取电压作为电平,a 表示幅值。每个基本电平持续时间为 Δt,二位式伪随机序列的周期是 $T=N\Delta t$。需要注意的是,如果把 M 序列的状态 0 与 1 改成状态 +1 与 -1,相应电平的正负号与状态的正负号一致,例如由四位移位寄存器产生的 M 序列是:

---

① 戴维斯著《自适应控制的系统识别》,潘裕焕译。

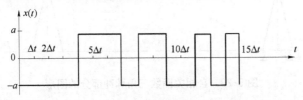

$$111100010011010\cdots$$

相应的二位式伪随机序列一个周期的图形如图 5-20 所示。

图 5-20　由四位移位寄存器产生的伪随机序列

该信号的自相关函数 $R_{xx}(\tau)$ 如图 5-21 所示，此结果可由式(5-38)推算出来，也可导出一般二位式伪随机序列的自相关函数是周期为 $N\Delta t$ 的周期函数，它在一个周期里的表示式为

$$R_{xx}(\tau) = \begin{cases} a^2\left[1 - \dfrac{|\tau|}{\Delta t}\dfrac{N+1}{N}\right] & -\Delta t < \tau < \Delta t \\[2mm] -\dfrac{a^2}{N} & \Delta t \leqslant \tau \leqslant (N-1)\Delta t \end{cases} \tag{5-42}$$

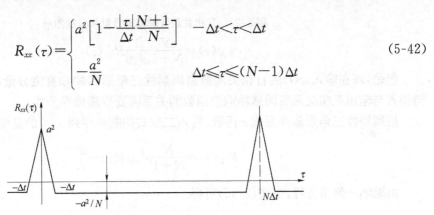

图 5-21　伪随机序列的自相关函数图形

这个自相关函数与伪随机噪声的自相关函数(如图 5-21 所示)形状不完全一样。

这里，利用二位式伪随机序列作为试验信号对过程对象的动态特性进行识别，把二位式伪随机序列的自相关函数分成两部分。一部分是周期为 $N\Delta t$ 的周期性三角形脉冲，它的一个周期的表达式为

$$R_{xx}^{(1)}(\tau) = \begin{cases} \dfrac{N+1}{N}a^2\left(1 - \dfrac{|\tau|}{\Delta t}\right) & -\Delta t < \tau < \Delta t \\[2mm] 0 & \Delta t \leqslant \tau < (N-1)\Delta t \end{cases}$$

如图 5-22 所示；另一部分为直流分量

$$R_{xx}^{(2)}(\tau) = -\frac{a^2}{N}$$

它的图形如图 5-23 所示。

周期性三角形脉冲部分虽然与理想的脉冲函数有区别，但当 Δt 很小时，两者很相像。因为一个三角形的面积为 $\dfrac{N+1}{N}a^2\Delta t$，当 Δt 很小时可以看成强度为 $\dfrac{N+1}{N}a^2\Delta t$ 的脉冲函数。

假想，如果对象输入 $x(t)$ 的自相关函数 $R_{xx}(\tau)$ 是周期性三角形脉冲，它可近似看作强度为 $\dfrac{N+1}{N}a^2\Delta t$ 的脉冲函数，在(5-58)式中取 $K = \dfrac{N+1}{N}a^2\Delta t$，得脉冲响应函数

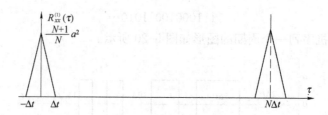

图 5-22　自相关函数三角脉冲部分的图形

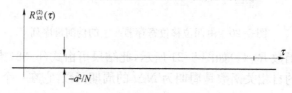

图 5-23　自相关函数的直流分量部分的图形

$$g(\tau)=\frac{N}{N+1}\frac{1}{a^2\Delta t}R_{xy}(\tau) \tag{5-43}$$

但是,现在输入 $x(t)$ 的自相关函数由周期性三角形脉冲和直流分量两部分所合成,要获得输入与输出互相关函数同脉冲响应函数的关系需要重新推导公式。

把周期性三角形脉冲看成 σ 函数,输入二位式伪随机序列 $x(t)$ 的自相关函数可表示为

$$R_{xx}(\tau)=\frac{N}{N+1}a^2\Delta t\delta(\tau)-\frac{a^2}{N} \tag{5-44}$$

由维纳—何甫方程,由式(5-35)可得

$$R_{xy}(\tau)=\int_0^\infty g(t)R_{xx}(t-\tau)\mathrm{d}t=\int_0^{N\Delta t}g(t)R_{xx}(t-\tau)\mathrm{d}t$$

$$=\int_0^{N\Delta t}\left(\frac{N}{N+1}a^2\Delta t\delta(t-\tau)-\frac{a^2}{N}\right)g(t)\mathrm{d}t$$

$$=\frac{N}{N+1}a^2\Delta t\cdot g(\tau)-\frac{a^2}{N}\int_0^{N\Delta t}g(t)\mathrm{d}t$$

即
$$R_{xy}(\tau)=\frac{N}{N+1}a^2\Delta t\cdot g(\tau)-\frac{a^2}{N}\int_0^{N\Delta t}g(t)\mathrm{d}t \tag{5-45}$$

由此可见,当输入二位式伪随机序列时,输入与输出的互相关函数同脉冲响应函数只相差一个常数,式(5-45)右边第二项不随 τ 而变,记为常数

$$A=\frac{a^2}{N}\int_0^{N\Delta t}g(t)\mathrm{d}t$$

式(5-45)可改写为

$$R_{xy}(\tau)=\frac{N}{N+1}a^2\Delta t\cdot g(\tau)-A \tag{5-46}$$

在图 5-24 中,上面一条曲线表示 $\frac{N}{N+1}$ $a^2\Delta t\cdot g(\tau)$ 的图像,下面一条曲线表示 $R_{xy}(\tau)$ 的图像。纵坐标为 $-A$ 的一条直线称为基线。如果由测试计算来画出互相关函

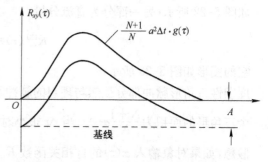

图 5-24　互相关函数位移 A 的图像

数 $R_{xy}(\tau)$ 的图像，只要向上移动距离 A 就得到 $\dfrac{N}{N+1}a^2\Delta t \cdot g(\tau)$ 的图形，或者把基线作为横坐标轴，$R_{xy}(\tau)$ 的图形就是 $\dfrac{N}{N+1}a^2\Delta t \cdot g(\tau)$ 的图形，基线的位置可以用目测方法画出来。

在对象输入信号为 M 序列时，输入与输出的互相关函数 $R_{xy}(\tau)$ 怎样计算呢？因输入信号 $x(t)$ 对时间连续，输入信号 $y(t)$ 也对时间连续，故可按式(5-39)进行计算。当 Δt 很小时

$$R_{xy}(\tau) = \frac{1}{T}\int_0^T x(t)y(t+\tau)\mathrm{d}t = \frac{1}{N\Delta t}\int_0^T x(t)y(t+\tau)\mathrm{d}t$$

$$= \frac{1}{N\Delta t}\left[\int_0^{\Delta t} x(t)y(t+\tau)\mathrm{d}t + \int_{\Delta}^{2\Delta t} x(t)y(t+\tau)\mathrm{d}t + \cdots +\right.$$

$$\left.\int_{(N-1)\Delta t}^{N\Delta t} x(t)y(t+\tau)\mathrm{d}t\right] \approx \frac{1}{N}\sum_{i=0}^{N-1} x(i\Delta t)y(i\Delta t+\tau) \tag{5-47}$$

式中，τ 取 $0,\Delta t,2\Delta t,\cdots,(N-1)\Delta t$。需要注意，在式中，输出时间不仅在 $[0,T]$ 内，而经常要跑到下一个周期 $[T,2T]$ 内，如 $\tau=(N-1)\Delta t$ 时，取 $(N-1)\Delta t,\cdots,(2N-1)\Delta t$。因此，需要输入两个周期 M 序列信号，而输出只要用采样值 $y(0),y(\Delta t),y(2\Delta t),\cdots,y[(N-1)\Delta t]$，$y(N\Delta t),\cdots,y[(2N-1)\Delta t]$，就能计算 $R_{xy}(\tau)$。计算机按式(5-47)计算非常方便。改写

$$x(i\Delta t)=a\,\mathrm{sign}\{x(i\Delta t)\}$$

式中，sign 表示符号函数。于是

$$R_{xy}(\tau) = \frac{a}{N}\sum_{I=0}^{-1} \mathrm{sign}\{x(i\Delta t)\}y(i\Delta t+\tau) \tag{5-48}$$

不计 a/N，上式中的求和计算相当于一个"门"。当 $x(i\Delta t)$ 的符号为正时，让 $y(i\Delta t+\tau)$ 放到正的地方进行累加；当 $x(i\Delta t)$ 的符号为负时，让 $y(i\Delta t+\tau)$ 放到负的地方进行累加。对每一个 τ 值，把 N 个 $y(i\Delta t+\tau)$ 分别在正负两个地方累加。最后两者相减，乘以 a/N 就得到 $R_{xy}(\tau)$。

为了提高计算的精度，可以多输入几个周期，利用较多的输出数值计算互相关函数。一般来说，输入 $r+1$ 个周期 M 序列信号，记录 $r+1$ 个周期输出的采样值，则

$$R_{xy}(\tau) = \frac{a}{rN}\sum_{I=0}^{-1} x(i\Delta t)y(i\Delta t+\tau) \tag{5-49}$$

当求出互相关函数 $R_{xy}(\tau)$ 后，即可由式(5-46)计算得被测对象脉冲响应函数 $g(\tau)$。并且由控制原理知道，对象的传递函数是其脉冲响应函数 $g(\tau)$ 的拉普拉斯变换 $W(s)=L[g(\tau)]$。但是在一般形式下，用所获得的脉冲响应函数 $g(\tau)$ 的曲线来求传递函数，需要用矩阵或 Z 变换等方法进行处理，但计算比较烦琐，当阶次较高时误差较大。另外，由于 M 序列的伪随机信号的自相关函数是一个周期性的三角波，所以互相关函数 $R_{xy}(\tau)$ 实际上相当于三角波的反应，并且该三角波的水平线与横坐标的距离为 $-a^2/N$，并非为零。只有当 Δt 选得很小、N 很大时，才能近似成基准为零的理想的 δ 函数。在某种条件下，这样的近似是容许的。但是，若 Δt 选得过小，对象的输出也将变小，这就要影响测试结果的精确度。在实际应用中，若在数据处理工作上作某些改进，将使数据处理工作大为简化、精度提高并可简便地由此求得对象的传递函数。

如果在测定对象的动态特性时，采用 M 序列伪随机信号 $x(t)$ 作为输入，然后根据此信号再构成一个信号 $x'(t)$，如图 5-25 所示。$x'(t)$ 是一个离散的周期性序列信号，其周期也是 $T=N\Delta t$，它仅在 $\cdots,-k\Delta t,-(k-1)\Delta t,\cdots,-2\Delta t,-\Delta t,0,\Delta t,2\Delta t,\cdots,k\Delta i\cdots$ 等时刻为一个理

想的脉冲(δ 函数)，其正负随 $x(t)$ 的正负而定。

$$x'(t) = \sum_{k=-\infty}^{\infty} \text{sign} x(t) * \delta(t - k\Delta t) \tag{5-50}$$

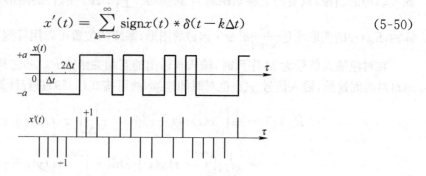

图 5-25 $x'(t)$ 离散周期性序列信号

式中，$\text{sign} x(t)$ 表示取 $x(t)$ 的符号

$$\text{sign} x(t) = \begin{cases} +1 & x(t) = +a \\ -1 & x(t) = -a \end{cases} \tag{5-51}$$

以下来求出 $x(t)$ 与 $x'(t)$ 的互相关函数 $R_{x'x}(\tau)$。由于信号的周期性质，积分时间仅从 $0\sim T$ 便可，故

$$R_{x'x}(\tau) = \frac{1}{T} \int_0^T x'(t) x(t + \tau) \mathrm{d}t \tag{5-52}$$

因信号 $x'(t)$ 是离散的，仅在 $k\Delta t$（k 为整数）时出现，故积分可写成求和式

$$R_{x'x}(\tau) = \frac{1}{N} \sum_{k=0}^{N-1} x'(k\Delta t) x(k\Delta t + \tau)$$

上式表明，只要取出 $\tau, \tau + \Delta \tau, \tau + 2\Delta \tau, \cdots, \tau + (N-1)\Delta t$，共 N 个时刻的 $x(t)$ 值，乘以 $x'(t)$ 在 $0, \Delta t, 1\Delta t, \cdots, (N-1)\Delta t$ 时刻的符号值（$+1$ 或 -1），相加后再除以 N 即得 $R_{x'x}(\tau)$，由此

$$R_{x'x}(\tau) = \begin{cases} a & \cdots, -2N\Delta t \leqslant \tau < (-2N+1)\Delta t, \\ & -N\Delta t \leqslant \tau < (-N+1)\Delta t, \\ & 0 \leqslant \tau < 0\Delta t, N\Delta t \leqslant \tau < (N+1)\Delta t, \\ & 2N\Delta t \leqslant \tau < (2N+1)\Delta t, \cdots \\ -\dfrac{a}{N} & \text{其他 } \tau \text{ 值} \end{cases} \tag{5-53}$$

它的图像如图 5-26 所示，是一个周期性脉冲方波，方波宽度为 Δt，总的高度为 $a(N+1)/N$，周期为 $N\Delta t$。

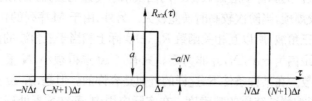

图 5-26 $R_{x'x}(\tau)$ 互相关函数的图像

现在求 $x'(t)$ 与 $y(t)$ 的互相关函数 $R_{x'y}(\tau)$

$$R_{x'y}(\tau) = \frac{1}{T} \int_0^T x'(t) y(t + \tau) \mathrm{d}t$$

由式(5-34)有

$$y(t+\tau)=\int_0^\infty g(u)x(t+\tau-u)\mathrm{d}u$$

代入上式

$$R_{x'y}(\tau)=\frac{1}{T}\int_0^T x'(t)\int_0^\infty g(u)x(t+\tau-u)\mathrm{d}u\mathrm{d}t$$

$$=\int_0^\infty g(u)\left(\frac{1}{T}\int_0^T x'(t)x(t+\tau-u)\mathrm{d}t\right)\mathrm{d}u$$

$$=\int_0^\infty g(u)R_{x'x}(\tau-u)\mathrm{d}u \qquad (5\text{-}54)$$

对照式(5-35)可见,若以 $R_{x'x}(\tau)$ 作为对象的输入,则 $R_{x'x}(\tau)$ 就是对应于它的输出,因为 $R_{x'y}(\tau)$ 是一个脉冲方波,所以 $R_{x'y}(\tau)$ 相当于一个脉冲方波的反应。关于脉冲方波反应,在前面已经介绍了各种处理方法,很容易由它获得对象脉冲方波响应函数或传递函数。如果 Δt 选得很小,而周期 $T=N\Delta t$ 又大于系统过渡过程时间,则 $R_{x'y}(\tau)$ 就是系统的脉冲响应函数了。

$R_{x'y}(\tau)$ 的计算是很容易的,因 $x'(t)$ 是离散的,则积分可用和式

$$R_{x'y}(\tau)=\frac{1}{N}\sum_{k=0}^{N-1}x'(k\Delta t)x(k\Delta t+\tau) \qquad (5\text{-}55)$$

即只要取出 $\tau,\tau+\Delta t,\tau+2\Delta t,\cdots,\tau+(N-1)\Delta t$ 共 N 个时刻的 $y(t)$ 的值,乘以 $x'(t)$ 在 $0,\Delta t,$ $2\Delta t,\cdots,(N-1)\Delta t$ 时刻的符号值(+1 或−1),相加后再除以 N 即得。为了提高精度,可以多取几个周期的数据。

例 某加热炉,炉膛温度受所加燃料的影响,现要测定燃料与炉膛温度之间的动态关系。实验时,直接测定燃料控制阀的压力与温度之间的关系,在阀门的压力上加一个伪随机序列 $x(t)$,测定炉膛温度的变化。

$x(t)$ 的具体参数为

$$\Delta t=240\quad s,N=15,a=0.03\mathrm{kg/cm}^2$$

实验结果 $y(t)$ 的记录如图 5-27,共得三个周期的记录曲线并不完全重复,这是由于存在实验误差(包括生产过程的随机性波动及记录仪表的测量误差)的缘故。

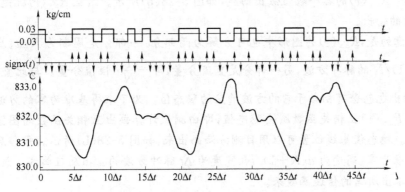

图 5-27 某加热炉的试验记录曲线

图 5-28 画出了互相关函数 $R_{xy}(\tau)$ 及沿 y 轴多动一个稳态值的距离 $\frac{N+1}{N}\Delta ta^2g(\tau)$ 图形。相关函数 $R_{xy}(\tau)$ 的计算是相当简单的,下面用表格和式子说明它的详细计算过程。用两个周期计算互相关函数值,在式(5-49)中取 $r=2$ 得

$$R_{xy}(\tau) = \frac{1}{30} 0.03 \sum_{i=0}^{29} \text{sign}[x(i\Delta t)] y(i\Delta t + \tau)$$

而据式(5-49)

$$R_{x'y}(\tau) = \frac{R_{xy}(\tau)}{0.03} = \frac{1}{30} \sum_{i=0}^{29} \text{sign}[x(i\Delta t)] y(i\Delta t + \tau)$$

首先将 $y(t)$ 在 $0, \Delta t, 2\Delta t, 3\Delta t, \cdots, 44\Delta t$ 各时刻的采样值记录下来,如表 5-1 所示。表中所记的 $y(t)$ 值是扣除一恒值(830.0℃)后得到的数值,这对测定动态特性来讲是没有影响的。在计算 $R_{xy}(0)$ 时,可按照表中 $\tau = 0$ 那一栏的正负号对应的将采样值相加减,并最后除以采样值的个数 $N = 30$,则

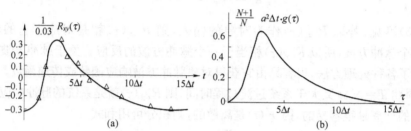

图 5-28　计算所得互相关函数曲线

$$R_{x'y}(0) = \frac{R_{xy}(0)}{0.03} = \frac{1}{30} \Big[(2.06 + 0.68 + 0.44 + 0.80 + \cdots + 2.82) -$$

$$(1.85 + 1.81 + \cdots + 2.04) \Big] = -0.303$$

计算 $R_{xy}(\Delta t)$ 时,将 $\tau = 0$ 那一栏的正负号向右移动 Δt 后,得到 $\tau = \Delta t$ 的形式,将 $y(t)$ 的采样值对应地相加减并除以 30,即使

$$R_{x'y}(\Delta t) = \frac{R_{xy}(\Delta t)}{0.03} = \frac{1}{30} \Big[(1.85 + 0.44 + 0.80 + 1.91 + \cdots + 2.04) -$$

$$(1.84 + 1.79 + 1.08 + 0.68 + \cdots + 2.01) \Big] = -0.27$$

如此继续下去,直到计算满一个周期 $T = 15\Delta t$ 为止。

计算求得 $R_{x'y}(\tau)$ 的各个数值做出曲线,如图 5-28(b)所示。这里 $R_{x'y}(\tau)$ 就是当系统输入为 $R_{x'x}(\tau)$ 时的输出。

值得注意的是,$R_{x'x}(\tau)$ 的图形中也可分解为两部分:一部分是周期为 $N\Delta t$、基准为零、高度为 $a(N+1)/N$ 的脉冲方波,另一部分是直流分量,即 $-\frac{1}{N}a$ 恒值分量。与此直流分量相应的 $R_{x'y}(\tau)$ 输出也包含有相当于它的方波响应的稳态值。为了求得基准为零的方波响应,应将以上计算的 $R_{x'y}(\tau)$ 互相关函数减去稳态值,即由测试计算画出互相关函数的图像,向上移动一个稳态值。稳态值基线位置可以用目测方法画出来,如图 5-28(b)所示。平移后的图像,就 $R_{x'y}(\tau)$ 中基准为零、高度为 $a(N+1)/N$、宽度为 Δt 脉冲方波的输出反应曲线。最后就可以根据这个图形求出所需的传递函数来。

现就上例所得图 5-28(b)的曲线来求其传递函数,按 5.3.2 节所介绍的方法将它换算成飞升曲线。该飞升曲线 $R(\tau)$ 及其标幺的坐标 $R^*(\tau)$ 如图 5-29 所示。

由于 $R_y(\infty) = 2.8$ ℃,而相应的阶跃为 $x_0 = a(N+1)/N = 0.032 \text{kg/cm}^2$,故其放大倍数

$$K = \frac{R_y(\infty)}{x_0} = \frac{2.8}{0.032} = 87.5 \ (\text{° · cm}^2/\text{kg})$$

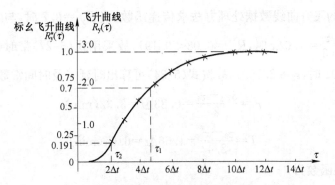

图 5-29 飞升曲线及标幺飞升曲线

表 5-1 某炉膛温度采样记录

i	0	1	2	3	4	5	6	7	8	9
$y(i\Delta t)$	2.06	1.85	1.81	1.79	1.08	0.65	0.44	0.80	1.91	2.38
$\tau=0$	+	−	−	−	−	+	+	+	−	+
$1\Delta t$		+	−	−	−	−	+	+	+	−
$2\Delta t$			+	−	−	−	−	+	+	+
$\vdots$										
$14\Delta t$	· ·									
i	10	11	12	13	14	15	16	17	18	19	20
$y(i\Delta t)$	2.47	2.51	3.05	2.69	1.94	1.82	1.82	2.03	2.03	1.03	0.68
$\tau=0$	+	−	−	+	−	−	−	−	−	−	+
$1\Delta t$	+	+	−	−	+	−	−	−	−	−	−
$2\Delta t$	−	+	−	−	−	+	+	−	−	−	−
$\vdots$											
$14\Delta t$						+	−	−	−	−	+	+
i	21	22	23	24	25	26	27	28	29	30	31
$y(i\Delta t)$	0.52	0.86	1.78	2.50	2.50	2.32	3.28	2.82	2.04	2.01	1.67
$\tau=0$	+	+	−	−	−	−	−	+	−		
$1\Delta t$	+	+	−	+	−	+	−	−	+	−	
$2\Delta t$	−	+	+	+	−	+	+	−	−	+	−
$\vdots$											
$14\Delta t$	+	−	+	+	−	−	+	−	+	−	
i	32	33	34	35	36	37	38	39	40	41	42	43	44
$y(i\Delta t)$	1.70	1.82	1.04	0.59	0.38	0.81	1.91	2.55	2.28	2.56	3.13	2.70	2.06
$\tau=0$													
$1\Delta t$													
$2\Delta t$													
$\vdots$													
$14\Delta t$	−	−	+	+	+	−	+	+	−	−	+	−	

根据前面所介绍的飞升曲线数据处理方法求传递函数,当 $R_y^* = 0.7$ 时,与之对应的时间 $\tau_7 = 0.48\Delta t$,而当 $\tau_4 = \frac{\tau_7}{3} = 1.6\Delta t$ 时,$R_y^* = 0.08 < 0.191$,故采用式(5-27)带时延的二阶环节来近似。当 $R_y^* = 0.191$ 时,$\tau_2 = 2.15\Delta t$,故按式(5-34)可算出时延 τ' 及时间常数 T

$$\tau' = \frac{3\tau_2 - \tau_7}{2} = 0.83\Delta t = 3.32(\text{min})$$

$$T = \frac{\tau_2 - \tau'}{2.4} = 1.66\Delta t = 6.64(\text{min})$$

于是,对象的传递函数为

$$W(s) = \frac{87.5}{44.09s^2 + 13.28s + 1}e^{-3.32s}$$

采用统计方法测定对象的动特性比前面介绍的两种方法有一个较显著的优点,即其抗干扰能力强。当系统的输出存在干扰 $n(t)$ 时,如果它与 $x(t)$ 不相关且平均值为零,则干扰不影响上述结果。当系统存在缓慢漂移时,可以用逆对称式 M 序列伪随机信号。应当指出,统计方法要求对象为"线性"时才能使用,当然这个要求在许多实际情况下是可以满足的,因为实验可在正常运行条件附近微小变化范围内进行。

用二电平伪随机信号作为对象的输入,比用随机噪声为输入可以缩短测试时间、提高测试精度、数据处理简便。二电平伪随机信号有专门的信号发生器产生,也容易由计算机产生,所得结果用计算机来处理很方便。在简单的情况下即使用手工计算也可以,并不需耗费很大的工作量。所以,这种方法将逐步推广应用。关于二电平伪随机信号的参数选择可以归结如下:

(1) 脉冲宽度(步长)Δt 的选择   先做预测试验,对系统输入一定宽度 τ 的正负交替的脉冲方波信号,观察系统输出 $y(t)$;改变 τ 的数值,使之小于某一定值 τ_c 时,输入 $y(t)$ 几乎是零,则 τ_c 就是系统的截止周期。可取 $\Delta t = (2\sim5)\tau_c$。

(2) 序列脉冲数 N 的选取   可选 $N\Delta t = (1.2\sim1.5)T$,$T$ 是系统的整定时间。由 $N = 2^n - 1$ 可确定移位寄存器的位数 n。

(3) 输入信号幅度 a 的选择   原则上使输出的采样测量信号对输入 $x(t)$ 的每一幅值变化都有反应。因而,a 不能过于小,也不能太大;过大则可能使系统失去其线性关系,甚至使输出超过生产上允许的偏差范围。一般取输入幅值为其量程的 5%~10%。

复习思考题

5-1 为什么说研究自动控制系统的动态比研究其静态更为重要?

5-2 试说明扰动作用和调节作用的关系。

5-3 测定对象动特性飞升曲线的方法及注意要点。

5-4 简述方波反应曲线测定及求取其飞升特性曲线的方法。

5-5 反映对象特性的参数有哪些,它们各说明什么问题?

5-6 小结用飞升特性曲线两点求二阶环节时间常数的方法;引入无因次量及 Δ 值简化求解二阶环节时间常数工程方法的思路。

5-7 做出频率特性相关测试法的系统方框图;用相关法测试对象频率特性的优点何在?

5-8 为什么要用闭路测定对象的频率特性?

第6章　单回路调节系统的设计及调节器参数整定方法

6.1　概　　述

单回路调节系统,一般指在一个调节对象上用一个调节器来保持一个参数恒定,而调节器只接收一个测量信号,其输出也只控制一个执行机构。在一般连续生产过程中,单回路调节系统可以满足大多数工业生产的要求,因此它的用量很大。只有在单回路调节系统不能满足生产的更高要求的情况下,才用复杂的调节系统。

设计一个调节系统,首先应对调节对象进行全面的了解。除了要了解调节对象的静态特性和动态特性外,对于工艺过程、设备等也需要比较深入的了解。常有这种情况,只要把工艺设备或管线作一些更动,就可以简化自动化装置,同时也可以提高调节质量。但是,不同的部门都有各式各样的工艺流程及设备,这里不可能作更多介绍。我们只强调一点,要设计一个好的调节系统,对工艺的深入了解是重要的一个方面。

在深入了解调节对象之后,下一步主要是解决控制方案和调节器最佳整定值。前者一般包括如下内容。

(1) 确定被调参数

这需要和工艺人员一起研究决定。除了要考虑工艺上的具体要求及条件外,还要注意使选定的参量能真正代表产品或过程的质量,最好能直接代表,如锅炉中过热蒸汽的压力及温度,化学反应器输出的物料的成分等;如果不能直接代表而需要用间接参量时,则要求间接参量和产品质量间有单值的关系,如反应器的某一温度和输出物料的某一浓度相对应。不然,在同一温度下如果可以生成各种不同浓度的物料,就不能用温度作为被调参量了。除此之外,还要求间接参量灵敏度高,如温度可以作为化学反应器的间接参量,则希望产品浓度有小变化时,温度的变化大些。至于确定用间接参量还是用直接参量,还要看检测该参量的难易和是否可提供这种仪表。

(2) 确定调节量(控制介质)

这需要研究工艺情况及对象静态特性,还要着重考虑对象的动态特性。要知道该对象在什么情况下最容易控制,对象特性及其与控制性能的关系。

(3) 确定调节规律和选择相应的调节器

这实质上是自动调节系统的综合问题。由于生产系统的特殊情况,一般不随意设计各种调节环节,而只能从成批生产的调节器中选择比较合适的调节规律及相应的调节器。调节器的调节规律,仍是比例、积分、微分这三种最简单规律的各种组合。在设计自动调节系统时,要根据对象的不同特点及工艺上提出的质量要求,选择比较合适的调节器。

调节方案确定之后,可以变动的只有调节器整定参数了。同一个调节系统,不同的整定参数值就有不同的调节过程。系统设计的任务就是要找出对生产过程来说相对最佳调节过程的整定参数值,即所谓的"最佳整定"。这些整定值在设计过程中可以用某种给定要求为指标,以相应的计算方法求得。由于指标各异,"最佳"也是相对的。本章将介绍一些计算方法。调节器整定参数值的最后确定,往往在调节系统投入运行之后,根据系统运行的情况,进行一些调整,直到调节过程达到要求时为止。

由以上讨论可以看出,调节方案的确定及调节器整定参数值的计算,对于系统的设计来说,这两方面都很重要。调节方案不好,整定最佳也不可能得到较好的调节质量;反过来,调节方案很好但整定参数不合适,也发挥不出系统的长处。

生产过程中的控制系统多为恒值调节系统。评定调节过程常用的品质指标有:稳态误差、最大动态偏差、超调度、衰减率、过渡过程时间等。这些指标在自动控制原理课程中已有阐述。应当指出的是,在过程控制系统中更多地采用衰减率 ψ 来表示调节系统的稳定度。所谓衰减率就是指每经过一个振荡周期以后,过程波动幅度衰减的百分数。在生产中,衰减率 ψ 的取值一般在 $0.75\sim0.9$ 之间。衰减率太小(接近于 0)。显然过渡过程的衰减很慢,与等幅振荡接近,一般不采用。如果衰减率很大(近于 1),则过渡过程接近单调过程,往往过渡过程时间较长也不采用。

在生产过程中有各种调节对象,它们对调节器的特性有不同的要求,选择适当的调节规律和整定参数,使调节器性能和调节对象配合良好,以便得到最好的调节效果。现在的问题是调节效果怎样才算是"最佳"的,也就是说,将用什么标准来确定调节器的"最佳"整定参数。由于各种生产过程的要求不同,因此标准是不一样的。但在一般情况下,可以根据调节系统在阶跃扰动作用下的调节过程来判定调节效果。总的来说,对调节过程可以提出稳定性、准确性和快速性三个方面要求,而这三方面往往又互相矛盾的。稳定性总是首先要考虑的因素,一般都要求被调量的波动具有一定的衰减率,如 0.75 或更高。也就是经过一个到两个振荡周期以后就看不出波动了,在稳定的前提下尽量满足准确性和快速性的要求。

典型最佳调节过程的标准是:在阶跃的扰动作用下,保证调节过程波动的衰减率 $\psi=0.75$(或更高)的前提下,使过程的最大动态偏差、静态误差和调节时间最小。

为评定误差和调节时间最小,常采用一种误差绝对值积分指标来衡量,它是以稳态值为基准来定义误差

$$\varepsilon(t)=y(\infty)-y(t)$$

并用积分 $$\text{IAE}=\int_0^\infty |\varepsilon(t)|\,\mathrm{d}t=\min$$

综合表示了整个过渡过程中动态误差的大小。上式定积分代表图 6-1 中画线部分的总面积。它的意思是,在过渡过程中被调量的偏差(不分正负)对于时间的累积数字愈小愈好。这个积分综合表示了偏差的大小和持续的时间,所以积分面积最小表示偏差小和过程快。

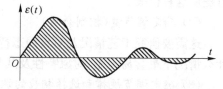

图 6-1　误差绝对值对时间的积分

除了以上误差绝对值积分指标外,还有采用其他的积分指标,如希望误差平方积分最小,即

$$\text{ISE}=\int_0^\infty [\varepsilon(t)]^2\mathrm{d}t=\min$$

或希望误差绝对值与时间乘积的积分最小,即 $\text{ITAE}=\int_0^\infty |\varepsilon(t)|\,t\mathrm{d}t=\min$ 等,这里就不再一一列举了。

6.2 对象动态特性对调节质量的影响及调节方案的确定

6.2.1 干扰通道动态特性对调节质量的影响

生产过程中的调节对象一般比较复杂,影响某一被调量的因素往往不止一个。这些因素在确定调节方案之前,都可以作为干扰量,而且也都可能被选作调节量。因此,分析干扰对被调参数的影响,对选择、确定调节量就很重要了。这里,就干扰对调节质量影响进行分析,主要从干扰通道的动特性参数及干扰进入系统的位置两方面来叙述。

1. 干扰通道的放大系数、时间常数及纯滞后的影响

干扰通道的放大系数 K_f 影响着干扰加在系统上的幅值。若调节系统是有差系统,则干扰通道放大系数愈大,控制系统的静差也愈大。所以,希望干扰通道放大系数越小越好,可以使控制系统精度得到提高。一般干扰通道放大系数是由对象特性所决定的,如果发现某干扰量的幅值太大,那就需要另行增加一个调节系统来稳定该干扰量,或采取别的措施以减小干扰的幅度。

干扰通道时间常数 T_f 的影响   如果干扰通道是一阶惯性环节,其时间常数为 T_{f1},则阶跃干扰通过惯性环节,其过渡过程的动态分量被滤波而幅值减小了。这样一来,使控制过程最大偏差随着 T_{f1} 的增大而减小,从而提高了调节质量。同理可知,如果干扰通道增加为两个惯性环节,其时间常数分别为 T_{f1}、T_{f2},则干扰的动态分量经过两级滤波将更大地减小,使调节质量得到进一步的改善。

当干扰通道存在纯滞后 τ 时,调节系统的被调参数为

$$y_\tau(t) = y(t-\tau)$$

这仅仅使调节过程沿着时间轴平移了一个 τ 的距离。所以,干扰通道出现纯滞后并不影响调节质量。

以上分析可以得出如下结论:干扰通道的放大系数希望越小越好,这样可使静差减小,控制精度提高;干扰通道的时间常数 T_f 的增加,可以使最大动态偏差减小,这也是我们所希望的;而干扰通道存在纯滞后 τ,对调节质量没有影响。

2. 干扰进入位置的影响

生产过程中的复杂对象往往有多个干扰量,各个干扰量和被调量通道间的传递函数也常不一样,其方块图可用几个串联环节来表示。为讨论方便,设对象串联环节都是一阶惯性环节,其传递系数均为1,时间常数相差不多,干扰 f_1、f_2、f_3 分别在三个位置进入系统。如图6-2所示的闭环系统,各干扰量相对于调节量进入系统的位置不同,对调节质量影响也不同。系统的运算式为

$$Y(s) = \frac{G_0(s)G_C(s)}{1+G_0(s)G_C(s)}Y_I(s) + \frac{G_{0f1}(s)}{1+G_0(s)G_C(s)}f_1(s) +$$

$$\frac{G_{0f2}(s)}{1+G_0(s)G_C(s)}f_2(s) + \frac{G_{0f3}(s)}{1+G_0(s)G_C(s)}f_3(s) \tag{6-1}$$

式中,$G_0(s)$ 为对象的传递函数;$G_C(s)$ 为调节器传递函数。

其中

$$G_0(s) = G_{01}(s)G_{02}(s)G_{03}(s) = G_{0f3}(s)$$
$$G_{0f2}(s) = G_{01}(s)G_{02}(s)$$

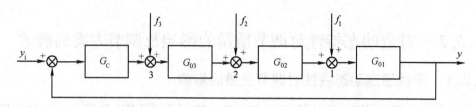

图 6-2　多个干扰作用在对象不同点上的调节系统方块图

$$G_{0f1}(s) = G_{01}(s)$$

由于给定值 y_i 在调节系统中一般保持不变,系统的运动由式(6-1)右边第二项及其以后几项决定的,它可表示为

$$\sum_{i=1}^{n} \frac{G_{0fi}(s)}{1 + G_0(s)G_C(s)}$$

它是各干扰量对被调量的闭环传递函数。可以看出,各个干扰通道的闭环传递函数是不同的,当然,各干扰量对调节质量的影响也不同。然而,各干扰通道闭环传递函数的分母是一样的,也即系统的特征方程式都一样。因此,不管是哪一个干扰量,系统的稳定程度、过渡过程的衰减系数、振荡周期等也一样,但最大动态偏差及静差则有可能不相同。如果调节器用了积分作用,则静差为零;若无积分作用,则存在静差。

下面就干扰作用的位置对最大动态偏差的影响进行定性讨论。

对于 f_1、f_2、f_3 这三个干扰分别发生阶跃变化所引起的被调参数的反应曲线(开环),可分别用图 6-3 的曲线 a_1、a_2、a_3 表示。设这里用位式调节器,y_x 为调节器的灵敏限,b 曲线表示调节器所产生的反馈校正作用。当被调参量上升到 y_x 时,信号为调节器所感受,调节器发出控制信号,被调参数在调节作用影响下沿着曲线 c_1、c_2、c_3 变化。由图 6-3 比较三种情况可知,当干扰作用点的位置离测量点近,则动态偏差大;反之,干扰离测量点远,则动态偏差小,调节质量高。这也可以由各干扰量和被调节量通道间传递函数不同来解释,即 f_1 通道的惯性小,受干扰后被调参数变化速度快,而调节器作用的调节通道惯性大,要经过三个环节,控制被调参数的变化速度要慢得多,当调节作用见效时,被调参数已经变化不少了。若干扰直接从测量点进入系统,那么调节过程的超调量与没有调节时完全一样,调节器不能及时起克服干扰的作用。干扰作用点向离开测量点方向移动,干扰通道的容量滞后增加,调节质量变好。从这个意义上说,如果干扰和调节作用一起进入系统,系统调节质量最好。

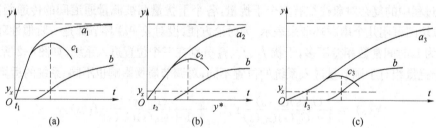

图 6-3　干扰由不同位置进入系统时,系统的反应曲线

6.2.2　调节通道动态特性对调节质量的影响

1. 对象的自平衡特性与控制性能的关系

要正确选择和设计一个控制系统,除了需要知道被控对象的特性以外,还需要知道对象在

什么情况下容易控制。控制的难易称为对象的控制性能。有自平衡特性的对象,在其内部物料或能量的平衡被破坏后能自己稳定在一个新的平衡点。例如,图 6-4 所示的水槽水位的变化,图 6-4(a)中当输入和输出流量不平衡时,因输出流量 Q_2 与水位有关,借 Q_2 的变化而达到新的平衡;在图 6-4(b)中,则因为水位 H 的变化对 Q_1 及 Q_2 都有影响,借 Q_1 及 Q_2 的变化更容易达到新的平衡。这种不用调节器而自己能达到平衡的性能对控制过程是有利的,所以这种对象的控制性能更佳。

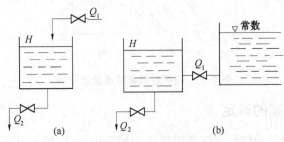

图 6-4　水槽水位变化有自平衡特性的两种情况

大多数对象都有自平衡特性,但也有一些无自平衡特性的对象。对于后者,当输入或输出的平衡破坏后,被调量就一直变化下去,例如,锅炉汽包水位调节可以看作没有自平衡的对象。无自平衡特性的对象控制性能就差些,而且有些调节器(如积分调节器)就不能采用,因为系统不稳定。

有时也会遇到具有负自平衡的对象。例如,内燃机和磨煤机的负荷控制中,因为在对象内部发生了正反馈,对象输出增大时引起对象输入进一步增加。对这样的工作情况来说,没有一个稳定点,被调量将一直变化到极限值。显然,这种具有负自平衡特性的对象的控制性能就更差了。

2. 对象的滞后和时间常数的影响

对象调节通道的动特性,可以近似地用时间常数和纯滞后来表示。

先看纯滞后对调节质量的影响,见图 6-5。设曲线 1 为对象的飞升特性,当输入 x 为阶跃变化时,其输出不是立即变化,而是经过一个时间滞后 τ_1 后开始变化,逐渐趋向于稳态值 y_∞。在时间 τ_1 以内 y 的变化甚微,即实际上可以认为输入作用 x 的变化在这一段时间内尚未作用到 y 上,因此调节器是不动作的。当 $t = \tau_1$ 时,输出量 y 开始变化,假如调节器十分灵敏,没有死区,则调节器应在 $t = \tau_1$ 时开始作用。但调节路的作用同样需经过 τ_1 的时间后才在被调量上反映出来。此时输出量已经达到 A 点,然后沿 C_1 曲线下降。因此,不论调节作用如何强烈,调节过程中的最大偏差不可能再比 A 点的 y 值更小。这个值是由对象的这种纯滞后所造成的。

如果对象的其他参量不变,而纯滞后增大为 τ_2,如图 6-5 中曲线 2。和上述分析的道理一样,调节器动作后输出量要变化到 B 点后才开始沿曲线 C_2 下降。由于纯滞后增大了 B 点的输出值,它比 A 点的大。可见,纯滞后的存在,超调量将会增加,调节质量将会恶化。调节通道的纯滞后越大,这种现象就越严重,调节质量也就越坏。

再看对象时间常数的影响。图 6-5 中曲线 3 纯滞后为 τ_3(与曲线 2 相同),而对象的时间常数不一样,曲线 3 时间常数大,因而曲线的斜率小。从图中可以看出,其最大偏差 C 点的 y 位要比 B 点小。

一般来说,系统的时间常数大,反应速度慢,则需要较长的过渡过程时间,但过程相对平稳;而系统的时间常数小,反应快,过渡过程时间就相应减小。时间常数过小,容易引起振荡和超调。

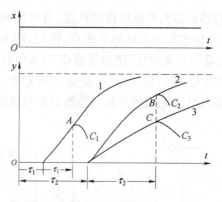

图 6-5 纯滞后对调节质量的影响

6.2.3 调节方案的确定

通过以上调节对象的动特性对调节质量影响的分析,可以得出以下几点,作为确定调节方案的依据。

(1) 干扰进入系统的位置离被调量测量点越远,干扰通道的时间常数越大,干扰的影响小,调节质量高。因此,在选择调节方案时,应尽力使干扰作用点向调节阀处移动。调节系统不能降低从测点处直接进入的干扰所引起的动态误差,故应尽力避免。

(2) 调节通道的时间常数应适当地小一些,以加快过渡过程;纯滞后则越小越好。

(3) 调节系统的广义对象(包括调节阀及检测仪表)常由几个惯性环节串联组成,在选择调节参数时,应尽力把几个时间常数错开,也就是其中有一个时间常数比其他的都大得多。这样,系统允许有较大放大倍数,而仍能保证闭环系统有一定稳定余量,从而使系统调节性能指标提高,调节时间短,偏差小。设计时应注意减小第二个、第三个时间常数,以达到上述目的。

下面以一个实际例子来说明如何确定调节方案。

图 6-6 是喷雾式干燥设备,生产的工艺要求是将浓缩的乳液用空气干燥成乳粉。已浓缩的乳液由高位槽流下,经过滤器(两个轮换使用,以保证连续操作)去掉凝结块,然后经干燥器从喷嘴喷出。空气则由鼓风机送至加热器加热(用蒸汽间接加热),热空气经风管至干燥器,乳液中水分即被蒸发,而乳粉则随湿空气一道送出再行分离。干燥后成品质量要求高,含水量不能波动大。干燥器出口的气体温度和产品质量有密切关系,要求维持在一定值上,因此就选作被调量。至于调节量,则需先对干扰进行分析。在这里影响出口温度的因素有乳液量的变化、空气流量及蒸汽流量变化等。因此可以选择三种调节参数,组成以下三个调节方案。

方案 Ⅰ:取乳液流量为调节参量,来达到调节温度的目的(调节阀 1);

方案 Ⅱ:取旁通的冷风为调节参量(调节阀 2);

方案 Ⅲ:取蒸汽为调节参量(调节阀 3)。

对应的控制系统见图 6-7。G_0 表示干燥器,G_C 为调节器,x_1 为乳液流量或喷雾口热风温度的变化。在方案 Ⅱ 中,调节器作用到旁路管路,由于有管路的传递纯滞后存在,故较方案 Ⅰ 多一个纯滞后环节 $\tau = 3s$(对本例而言)。x_2 为热交换器后热风温度的变化。在方案 Ⅱ 中,调节器调节热交换器的蒸汽流量,热交换器本身为一双容积对象,因而又多了两个容积。这里每个容积的时间常数 $T = 100s$。x_3 为送入热交换器的蒸汽流量的变化量。

要判别各方案的控制性能,还要考虑各方案中干扰作用点的分布情况。本例中存在着下列三种干扰:

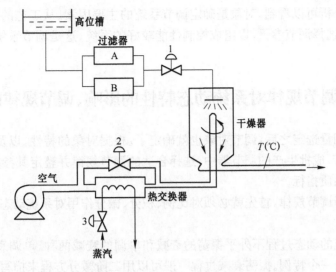

图 6-6　喷雾式干燥设备生产过程及调节系统示意图

（1）干扰 f_1——乳液流量的变化；

（2）干扰 f_2——热交换器散热及温度变化；

（3）干扰 f_3——蒸汽压力的变化。

由图 6-7 看出，各干扰的作用点的分布对方案 Ⅲ 来说是很清楚的；对方案 Ⅱ 来说，因为无论是鼓风温度的变化或蒸汽压力的变化，都是影响到热交换器后的热风温度。因此 f_2、f_3 作用在同一点上，对方案 Ⅰ 来说，无论何种干扰都使乳液量或喷雾口热风温度发生变化，因而三个干扰都作用在同一点上。

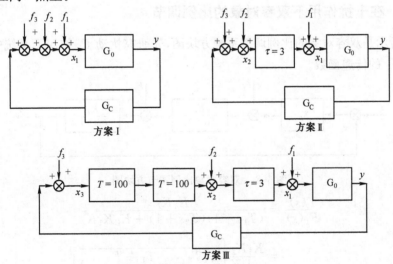

图 6-7　三种调节方案的方块图

根据对象动特性对调节质量影响的分析，方案 Ⅰ 的干扰作用点与对象的输入重合，因而其控制性能最佳，方案 Ⅱ 次之，方案 Ⅲ 最差。从控制的品质这方面考虑，应该选择方案 Ⅰ，即选择乳液流量作为调节量。但是，在选择调节方案时，还得从工艺角度来考虑，方案 Ⅰ 并不是最有利的。因为若以乳液量作为调节参数，则它就不可能始终在最大值上工作，也就限制了该装置的生产能力。另外在乳液管线上装了调节阀，容易使浓缩乳液结块，降低产量和质量。因此，综合上述分析比较，选择方案 Ⅱ 是比较好的。

通过以上的分析可以看到,对象是确定调节系统的主要因素。从工艺的实际情况出发,分析干扰因素,合理选择调节参量,以组成控制性能较好的系统,这是调节系统设计中的一个十分重要的工作。

6.3 调节规律对系统动态特性的影响、调节规律的选择

调节量和被调量选定之后,调节对象也就确定了。根据对象的特性,以及工艺上对调节质量的要求,从生产厂成批生产的调节器中,选择合适的调节规律并整定其参数,使组成的调节系统满足预期的品质指标。

要正确的选择调节规律,首先就必须对比例、积分、微分作用对系统动态品质的影响,有一个正确的理解。

自动调节系统的动态过程不外乎振荡的衰减和单调的衰减两种。单调衰减过程可以看作是振荡衰减过程的一个特例。振荡衰减过程一般可以用二阶微分方程来描写。微分方程式系数的不同,得出不同特征量的衰减振荡过程曲线,或退化为不振荡的曲线。人们在实践中发现,一个闭环调节系统的动态过程和一个二阶振荡环节十分相似,而振荡环节的过渡过程与频率特性之间的联系同样也近似地适用于一个闭环调节系统,特别是频率特性的中频、低频段很相似,仅高频段差别大,这在过渡过程上反映为过程刚开始一个短暂阶段有些差别而已。掌握这一点对我们很重要,因为在研究一个自动调节系统时,最能直观地反映调节效果的就是过渡过程。生产过程自动调节系统大多数是恒值调节系统,应注意考虑干扰作用下的过程特性。所以,下面分析调节规律对系统动态特性的影响也用二阶系统为例来说明。

6.3.1 在干扰作用下双容对象的比例调节

图 6-8 所示是双容对象的比例调节系统方块图,先研究扰动 F_1 作用下系统的响应。写出系统对扰动 F_1 的传递函数。

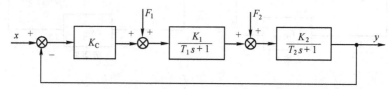

图 6-8 双容对象比例调节方块图

$$\frac{Y(s)}{F_1(s)} = \frac{K_1 K_2}{(T_1 s + 1)(T_2 s + 1) + K_C K_1 K_2}$$

$$= \frac{K_1 K_2}{1 + K} \left[\frac{1}{\dfrac{T_1 T_2}{1 + K} s^2 + \dfrac{T_1 + T_2}{1 + K} s + 1} \right] \tag{6-2}$$

式中,K_C 为调节器的比例系数;$K = K_C K_1 K_2$ 为开环系统放大系数。

为了使式(6-2)化为标准形式,引进下列参数

$$\omega_0 = \sqrt{\frac{K+1}{T_1 T_2}} \tag{6-3}$$

$$\zeta = \frac{T_1 + T_2}{2\sqrt{T_1 T_2 (K+1)}} \tag{6-4}$$

式中，ω_0 为二阶系统的自然频率；ζ 为阻尼系数。

则式(6-2)化简为

$$\Phi(s) = \frac{Y(s)}{F_1(s)} = \frac{K}{K+1} \cdot \frac{\omega_0^2}{s^2 + 2\zeta\omega_0 s + \omega_0^2} \tag{6-5}$$

现在研究系统在 F_1 为单位阶跃作用下的过渡过程，从中可以得出某些工程实践上的重要关系和结论。

在单位阶跃扰动作用下的输出为

$$y(t) = L^{-1}\left[\frac{\Phi(s)}{s}\right] = L^{-1}\left[\frac{\omega_0^2 K_1 K_2/(K+1)}{s(s^2 + 2\zeta\omega_0 s + \omega_0^2)}\right] \tag{6-6}$$

当 $\zeta < 1$ 时，式(6-6)解得

$$y(t) = \frac{K_1 K_2}{1+K}\left[1 - \frac{e^{-\zeta\omega_0 t}}{\sqrt{1-\zeta^2}}\sin(\sqrt{1-\zeta^2}\,\omega_0 t + \phi)\right] \tag{6-7}$$

式中

$$\phi = \arctan\frac{\sqrt{1-\zeta^2}}{\zeta}$$

图 6-9 是式(6-7)过渡过程曲线。从这里可得出以下几个指标和系统参数的关系。

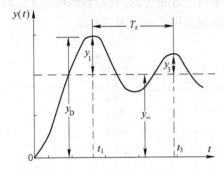

图 6-9　式(6-7)过渡过程曲线

(1) 稳态值

$$y(\infty) = \frac{K_1 K_2}{1+K} \tag{6-8}$$

(2) 过渡过程振荡频率

$$\omega_z = \omega_0\sqrt{1-\zeta^2} \tag{6-9}$$

或振荡周期

$$T_z = \frac{2\pi}{\omega_0\sqrt{1-\zeta^2}} \tag{6-10}$$

(3) 超调度 M_t

过渡过程的超调度可以从式(6-7)算出来。根据该式的分析可知，波动过程的第一个波峰 y_D 出现在阶跃扰动干扰开始后再经过半个波动周期，即

$$t_1 = 0.5T_z = \frac{\pi}{\omega_0\sqrt{1-\zeta^2}} \tag{6-11}$$

的时候，把这个 t_1 值代入式(6-7)得到第一个波峰高度为

$$y_D = \frac{K_1 K_2}{1+K}\left(1 + e^{\frac{-\pi\zeta}{\sqrt{1-\zeta^2}}}\right) \tag{6-12}$$

因此超调度

$$M = \frac{y_D}{y_\infty} = \left(1 + e^{\frac{-\pi\zeta}{\sqrt{1-\zeta^2}}}\right) \tag{6-13}$$

当 $\zeta \to 0$ 时，超调度达到其最大值 $M_t = 2$。也就是说，系统的最大动态误差等于其稳态值的一倍。

(4) 衰减率 ψ

如图 6-9 所示过程的衰减率为 $\psi = \dfrac{y_1 - y_3}{y_1}$，第二个波峰比第一个波峰要迟一个振荡周期，那么，第二个波峰的时间 t_3 为

$$t_3 = t_1 + T_z = \frac{\pi}{\omega_0\sqrt{1-\zeta^2}} + \frac{2\pi}{\omega_0\sqrt{1-\zeta^2}} = \frac{3\pi}{\omega_0\sqrt{1-\zeta^2}} \tag{6-14}$$

把式(6-14)代入式(6-7),得到第二波峰高度为

$$\frac{K_1 K_2}{1+K}\left[1 + e^{\frac{-3\pi\zeta}{\sqrt{1-\zeta^2}}}\right] \tag{6-15}$$

由式(6-7)和式(6-15)可知,第一和第二两峰的振幅分别为

$$y_1 = \frac{K_1 K_2}{1+K} e^{\frac{-\pi\zeta}{\sqrt{1-\zeta^2}}}, \quad y_3 = \frac{K_1 K_2}{1+K} e^{\frac{-3\pi\zeta}{\sqrt{1-\zeta^2}}}$$

由此可得出衰减比 ζ 为

$$\zeta = \frac{y_3}{y_1} = e^{\frac{-2\pi\zeta}{\sqrt{1-\zeta^2}}} \tag{6-16}$$

衰减率 ψ 为

$$\psi = 1 - \zeta = 1 - e^{\frac{-2\pi\zeta}{\sqrt{1-\zeta^2}}} \tag{6-17}$$

由以上分析可以看到,阻尼系数 ζ 是二阶系统重要参数,系统的超调度 M_t 和衰减率 ψ,都是阻尼系数 ζ 的单值函数,它们的表达式分别是式(6-13)和式(6-17)。当 ζ 在 $0\sim1$ 之间变化时,可以绘出 M_t 或 ψ 的曲线来,如图6-10所示。上述关系是十分重要的,它定量地揭示了二阶系统过渡过程与其参数之间的联系,而这种联系同样近似地适用于一个闭环系统。

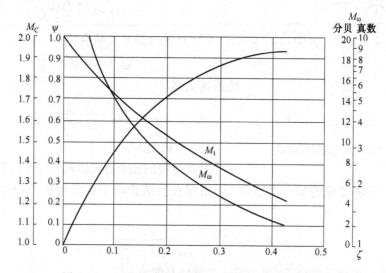

图 6-10　二阶系统阻尼系数 ζ 和 M_t、ψ、M_ω 关系曲线

下面做出系统(图6-8)对单位阶跃扰动 F_1 的响应曲线。当二阶对象 $T_2 = 0.25T_1$ 时,如图6-11所示。

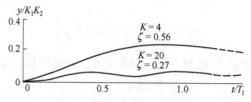

图 6-11　对象 $T_2 = 0.25T_1$ 时,对单位阶跃 F_1 的响应曲线

在扰动作用下过渡过程稳态终值,就是扰动引起的稳态误差。超调度 M_t 是指最大动态值与稳态值之比。F_1 扰动作用在对象的输入端,这时,$M_t \leqslant 2$。

现在,可以归纳一下调节器放大系数对二阶对象的调节性能的影响。当增大放大系数 K_C 时,将使:

ⅰ) 系统的稳定性下降:由式(6-4)可见,K_C 增大也就是使 K 增大,阻尼系数 ζ 值将减少,衰减系数 ψ 亦将随之下降,因而系统的振荡加剧。

ⅱ) 调节过程加快:由式(6-3)和式(6-9)表明,过渡过程振荡频率将随 K 的增加而升高,所以调节过程加快了。

ⅲ) 系统的稳态误差减小,最大动态偏差下降(参见图 6-11)。

总的来说,增大调节器的放大倍数,在一定程度上提高了系统的准确度,减小了偏差,使调节过程加快,但恶化了系统的稳定性,这是有矛盾的。所以,在单纯比例调节的情况下只好选择折中的方案。

下面再研究系统(图 6-8)对于扰动 F_2 作用下的响应。这里扰动 F_2 作用在对象的两个单容环节之间。当扰动 F_2 为单位阶跃作用时,进行与前类似的一些变换后得

$$Y(s) = \frac{K_2}{K+1} \frac{(T_1 s + 1)\omega_0^2}{s(s^2 + 2\zeta\omega_0 s + \omega_0^2)} \tag{6-18}$$

当 $0 < \zeta < 1$ 时,其相应时间特性为

$$y(t) = \frac{K_2}{K+1}\left[1 - \frac{(1 + 2\zeta\omega_0 T_1 + \omega_0^2\omega_1^2)^{1/2}}{\sqrt{1-\zeta^2}} e^{-\zeta\omega_0 t}\sin(\sqrt{1-\zeta^2}\omega_0 t + \phi)\right]$$

式中,
$$\phi = \arctan\frac{\omega_0 T_1 \sqrt{1-\zeta^2}}{\zeta\omega_0 T_1 - 1} - \arctan\frac{\sqrt{1-\zeta^2}}{\zeta} \tag{6-19}$$

图 6-12 画出系统 K 和 ζ 为各种值时,对象 $T_2 = 0.25 T_1$ 时的响应曲线。将这些曲线与前面分析的扰动 F_1 作用下的情况相比较,可以发现式(6-19)和图 6-12 的最大特点,是其超调度 M_t 可以远大于 2。超调峰值大小与阻尼系数 ζ 和对象时间常数比值 T_2/T_1 有关,比值 T_2/T_1 愈小,则超调值愈大。因为,F_2 扰动作用经过惯性 T_2 较小环节比较快地影响到输出端,而调节作用则必须再经过一时间常数 T_1 很大的环节才显示出来,也就是调节器的校正作用被推迟了。这里的分析进一步证实了 6.2 节所研究的结论。

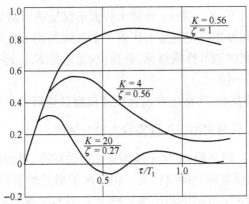

图 6-12　对象 $T_2 = 0.25 T_1$ 时,对单位阶跃 F_2 的响应曲线

以上对单纯比例调节的二阶系统作了初步分析,阐明了调节器的参数对系统性能的影响,所得结果很直观。它包含了基本所需的信息,而且由此引出的基本概念和数据,可以推广到更复杂的调节系统中去。但是,实际调节对象要比简化的二阶系统复杂,而调节器常是比例、积

分、微分几种调节规律的组合，要用以上方法分析更复杂调节规律对系统动态品质的影响比较困难。如果能借助于系统中容易获得的某些数据，确立一个判定系统调节性能的准则，用它来衡量调节器对系统性能的影响，将使这项工作大为简化。

6.3.2 系统调节性能指标、PI、PD 调节作用分析

1. 系统调节性能指标（又称可控性指标）

通常，调节过程的进行情况可以用四个品质指标来衡量。它们是衰减率 ψ、稳态误差 y_∞、第一个波峰高度 y_D（也就是最大动态偏差）和波动频率 ω_z。其中，ψ 是必须满足的要求，对于典型最佳调节过程一般确定 $\psi = 0.75$ 左右。如果有稳态误差 y_∞，即不采取积分调节时，它的大小与 $1+K$ 成反比例［见式(6-8)］，K 是系统总放大倍数。第一个波峰高度 y_D 也大致与 $1+K$ 成反比。这是由于 y_D 是以稳态误差来度量的，由式(6-13)可知 $y_D = M_t y_\infty$，对于二阶系统 ψ 为定值时，超调度 M_t 也就确定了（如 $\psi = 0.75$ 时，可由图 6-10 查出 $\zeta = 0.22$，$M_t = 1.5$）。所以最大动态偏差大致和稳态误差成正比例，而与 $1+K$ 成反比。如果调节器有积分作用，例如，比例积分调节系统，虽说其稳态误差为零，但因积分作用在第一个波峰时的影响甚微，故第一个波峰高度与比例调节时基本相同。此外，调节过程的快慢则与波动频率 ω_z 成正比。由此看来，调节过程进行的情况决定于 K 和 ω_z 这两个参数值的大小：K 愈大，偏差愈小，而 ω_z 愈大，则过渡过程进行得愈快。

对同一个调节对象如果采用不同类型的调节器，在最佳整定情况下的 K 和 ω_z 的大小当然也随之改变。但每种情况下，它们的大小都主要决定于该系统的临界放大倍数 K_{max} 和临界频率 ω_m，即该系统处于稳定边界情况下的开环放大倍数和振荡频率。人们在实践中发现，只要调节系统的参数选配得当，系统对控制作用或加在输入端的扰动作用的响应都类似于弱阻尼二阶系统。其振荡频率 ω_z 比临界频率 ω_m 低 $10\% \sim 30\%$，而系统的最佳放大倍数约等于其临界放大倍数 K_{max} 的一半。例如，对于 PI 调节来说

$$K \approx 0.5 K_{max}$$

$$\omega_z \approx (0.7 \sim 0.9) \omega_m$$

值得注意的是，在最佳整定下，K_{max} 和 ω_m 这两个数值不仅反映了调节系统的动态特性，而且根据以上分析，可以认为它们能在一定程度上代表一个系统的调节性能。在粗略的估算中，一般就以乘积 $K_{max}\omega_m$ 作为系统的调节性能指标。就是说，无论是 K_{max} 还是 ω_m 增大了一倍，都可算做系统的调节性能提高了一倍。

$K_{max}\omega_m$ 作为调节性能指标，实质上和前面所述典型最佳调节过程的误差绝对值积分指标 $\int |\varepsilon(t)| \, dt$ 最小是一致的。只是它用于工程实践上更为简便。

从图 6-1 可见，半波 Ⅰ 的面积，正比于波幅除以振荡频率。半波面积 Ⅱ 与半波面积 Ⅰ 之比，等于它们的波幅比，因而衰减比同时代表了相邻两正半波的面积比。当衰减比为一定值时（一般 $\zeta = 1/4$），其相邻两正半波的面积比也就确定了。这样一来，误差绝对值的积分便与第一个正半波的面积成正比，也就是正比于第一个正半波的波幅与振荡频率之商。如前所述，第一个正半波的波幅是与放大倍数成反比，以及考虑到 K、ω_z 和 K_{max}、ω_m 的近似比例关系，最后得出结论：误差绝对值对时间的积分，与开环系统的临界放大倍数 K_{max} 和临界频率 ω_m 之积成反比。

现在就以开环系统临界放大倍数与临界频率的乘积作为系统调节性能指标,来衡量 PI 调节和 PD 调节作用的性能。

2. 比例加积分调节(PI 调节)

调节系统可划分为调节器和调节对象两大部分,其传递函数分别为 $K_C G_C(s)$ 和 $K_0 G_0(s)$,如图 6-13 所示。为了今后分析的方便,不妨把它们的放大系数合并在一起以 $K = K_C K_0$ 表示,称为开环系统的总放大系数。这样,系统的临界放大系数和临界频率便是下列两式的解

$$\angle G_C(j\omega_m) + \angle G_0(j\omega_m) = -180° \tag{6-20}$$

$$K_{max} \,|< G_C(j\omega_m) < G_0(j\omega_m) \,| = 1$$

或

$$K_{max} = \frac{1}{|< G_C(j\omega_m) < G_0(j\omega_m) \,|} \tag{6-21}$$

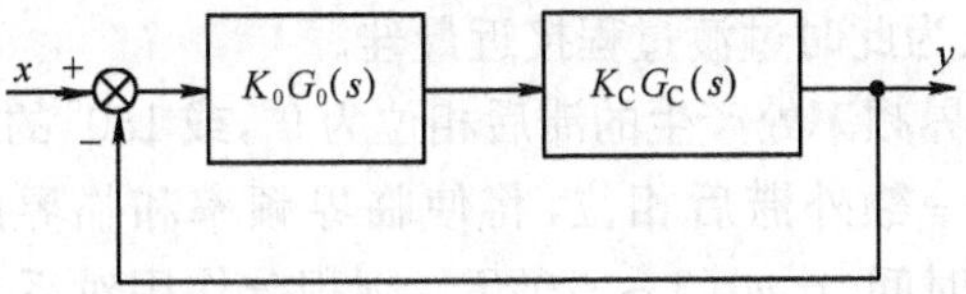

图 6-13 划分为调节对象和调节器两部分的系统方框图

比例加积分调节器,其传递函数为

$$K_C G_C(s) = K_C\Big(1 + \frac{1}{T_i s}\Big)$$

在上式中令 $s = j\omega$,代入可得其频率特性

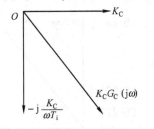

图 6-14 比例积分调节器矢量图

$$K_C G_C(j\omega) = K_C\Big(1 + \frac{1}{j\omega T_i}\Big) = K_C\Big(1 - j\frac{1}{\omega T_i}\Big)$$

$$= K_C\Big(1 + \frac{1}{\omega^2 T_i^2}\Big)^{1/2} e^{-j\left(\arctan\frac{1}{T_i\omega}\right)}$$

$$= K_C A_C(\omega) e^{-j\phi_C}$$

其矢量图如图 6-14 所示。于是

$$A_C(\omega) = |\,G_C(j\omega)\,| = \Big(1 + \frac{1}{\omega^2 T^2}\Big)^{1/2} \tag{6-22}$$

$$\phi_C(\omega) = \angle G_C(j\omega) = -\arctan\Big(\frac{1}{\omega T_i}\Big) \tag{6-23}$$

由式(6-22)可见,$|\,G_C(j\omega)\,|$ 总是大于 1 的,特别是当 $\omega \to 0$ 时,比例积分调节器传递函数的模将为 ∞,这便是积分作用能消除残余偏差的根据。由式(6-23)可知,积分作用将在系统中引地一滞后相位,而为了满足式(6-20),$G_0(j\omega)$ 的滞后相位就得相应地减少。由于 $G_0(j\omega)$ 的滞后相位随频率 ω 的升高而增加,而其幅值则不断减小。因此,$G_0(j\omega_m)$ 的容许滞后相位减小,意味着系统的临界频率 ω_m 将下降,随之而来的是 $|\,G_c(j\omega_m)G_0(j\omega_m)\,|$ 的增大,并导致系统临界放大系数的减小。综上所述,由于积分作用引入滞后相位的关系,将使系统的控制性能降低。

从上面的分析可以看出,引入积分作用的最大好处是消除了比例调节中的稳态误差,但也带来了降低系统稳定性的不良后果。为使系统保持一定的稳定裕度,就不得不减小系统的放大系数,这会导致系统控制性能下降。这一矛盾可借助于合理选择积分时间 T_i 来解决。T_i 的选择,应以既不显著降低系统的控制性能,又能较快地消除静差为原则。对于各式各样的具体对象,有很多人做过准确的计算,得到的结果是 $T_i = (0.3 \sim 6)T_m$。其中,T_m 是系统只加比例作用时的临界

周期。这个式子表明，T_i/T_m 的最佳比值，视具体的调节对象而定，其变化范围很广。但其中最佳比值偏离 1 较远的，都属于对象动态特性比较特殊的情况。例如，对象的纯滞后特别大，或者多容对象的两个较大的时间常数比较接近而与第三个时间常数相差很远。对于一般的调节对象，T_i/T_m 的最佳比值大致在 $0.8 \sim 2$ 这个范围内。考虑到积分时间的改变对于误差绝对值的积分 $\int |\varepsilon(t)|\, dt$ 最小值的影响不很敏感。所以通常的规则是使积分时间等于临界周期

$$T_i = T_m = \frac{2\pi}{\omega_m} \tag{6-24}$$

在这种情况下

$$\phi = -\arctan\left(\frac{1}{\omega_m T_i}\right) = -9°$$

所以在估算过渡过程时，先取 $T_i = T_m$，再根据衰减率 ψ 的要求确定调节器的放大倍数 K_C。在一般情况下，可以认为此时过渡过程接近最佳。

这时积分作用在原临界频率处产生的滞后相位为 $9°$，或 $180°$ 的 5%。对于大多数生产过程而言，由调节器产生的这一额外滞后相位，将使临界频率和临界放大系数降低仅（$10\% \sim 20\%$）。若采用较大的积分时间，比如 $(3 \sim 10)T_m$，则积分作用对系统的调节性能指标的影响很小，却使负载变化引起的残余偏差消失得很慢；而用一个很小的积分时间，如 $(0.1 \sim 0.3)T_m$，又将使调节器的滞后相位很大，以致调节性能指标显著降低。

3. 比例加微分调节（PD 调节）

PD 调节器的传递函数为

$$K_C G_C(s) = K_C(1 + T_d s) \tag{6-25}$$

式(6-25)令 $s = j\omega$，代入即得其频率特性

$$K_C G_C(j\omega) = K_C(1 + T_d j\omega) = K_C \sqrt{1 + T_d^2 \omega^2}\, e^{j\arctan T_d \omega}$$

$$= K_C A_C(\omega)\, e^{j\phi_C(\omega)} \tag{6-26}$$

$$A_C(\omega) = |G_C(j\omega)| = (1 + \omega^2 T_d^2)^{1/2} \tag{6-27}$$

$$\phi_C(\omega) = \angle G_C(j\omega) = \arctan\omega T_d \tag{6-28}$$

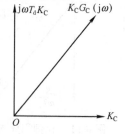

图 6-15　比例微分调节器矢量图

引进微分作用的结果，使调节器产生一个超前相位。这就使得 $G_0(j\omega)$ 的容许滞后相位增加，并导致临界频率 ω_m 的升高，ω_m 的增高使 $|G_0(j\omega_m)|$ 减小，但 $|G_0(j\omega_m)|$ 反而增加。然而，只要微分时间选择得当，就能使 $|G_0(j\omega_m)|$ 下降比 $|G_C(j\omega_m)|$ 的上升来得快。也就是 $|G_C(j\omega_m)G_0(j\omega_m)|$ 将随 ω_m 的增高而减小，结果使 K_{max} 增大。如图 6-15 所示。

PD 调节的系统中，通常希望获得尽可能高的调节器放大系数 K_C，使由负载变化引起的静态误差降低。实践证明，当调节器在临界频率处提供 $40° \sim 60°$ 的超前相位，一般是 $\arctan\omega_m T_d = 45°$，则微分时间 $T_d = 1/\omega_m$，而临界频率 ω_m 将对应于对象滞后相位 $180° + 45° = 225°$ 时的频率。若微分时间选择得使 $\omega_m T_d = 4$，则调节器将提供 $76°$ 的超前相位，并获得更高的临界频率。但因这时 $|G_C(j\omega_m)| \approx 4$，即较纯比例调节时大 4 倍，故调节系统的放大系数可能反而降低。

例　如图 6-13 所示的调节系统，设对象由 4 个单容环节组成，其时间常数分别为 5 分、2 分、2 分和 1 分，试选择调节器的微分时间，使其放大系数为最高值。

选择 4 个微分时间 0、1.2、1.8 和 2.7，按式(6-20)和式(6-21)算出其相应的 ω_m 和 K_{max}，结果如表 6-1 所示。

表 6-1　图 6-13 相应的 ω_m 和 K_{max}

T_d(min)	ω_m(rad/min)	$\lvert G_C(j\omega_m) \rvert$	$\lvert G_0(j\omega_m) \rvert$	K_{max}	$K_{max}\omega_m$
0	0.48	1.0	0.180	5.5	2.6
1.2	0.74	1.33	0.070	10.7	7.9
1.8	0.88	1.9	0.042	12.5	11.0
2.7	1.0	2.8	0.030	11.8	11.8

从表 6-1 中所列数据可以看出,最大容许放大系数将在微分时间 $T_d \approx 2\text{min}$ 时出现。放大系数与频率约提高了 1 倍,也就是说,使系统的调节性能指标增至 4 倍。如果希望获得最高的 $K_{max}\omega_m$,则微分时间应取 $T_d = 3\text{min}$。

应当指出,微分作用对系统性能改进的程度,与相频特性和幅频特性曲线在临界频率附近的斜率有很大的关系。若相频特性比较平坦,则调节器的超前响应将使临界频率显著增高;若同时幅频特性很陡,则甚至临界频率少量增高都能使临界放大系数大幅度上升。对那些仅含有若干个单容环节的对象,如果其时间常数差别很大,也就是时间常数错开,则上述两种情况同时存在,因而微分作用能使调节性能指标明显提高。

与此相反,若系统的相频特性很陡,而幅频特性则很平坦,例如,具有大的纯滞后的对象就有这种特点。这时,微分作用的效果就不显著了。

最后还应指出,以上分析都使用了调节性能指标作对比,而调节性能指标 $K_{max}\omega_m$ 作为对系统质量完整分析比较是有条件的。它基本上适用于扰动作用在调节对象的输入端的系统,或扰动作用点到对象输出端之间所谓"前向传递函数"内包含了广义对象中最大的时间常数的系统(在这种闭环系统中零点的影响不显著),因为调节性能指标 $K_{max}\omega_m$ 只是取决于闭环系统传递函数的极点分布情况。因为特征方程决定了系统的稳定性和工作频率,若增加闭环系统零点,由于幅值稳定裕度不变,则相同衰减比下的 $K_{max}\omega_m$ 值仍将不变。但是增加闭环零点将会引起最大偏差明显增加,正如在 6.3.1 节研究图 6-8 所示的系统,F_1 与 F_2 扰动作用点不同,对系统的超调度 M_t 影响是不一样的。F_2 扰动作用下 M_t 可远大于 2,因这时系统引入了零点[见式(6-18)]系统最大偏差明显增大,这时再用调节性能指标作比较就不适宜了。

4. PID 调节及各种调节规律作用的比较

同时引入比例、积分和微分作用的调节器(PID 调节器),是为了既能改善系统的动态特性,又同时使静差消除。

其传递函数为

$$K_C G_C(s) = K_C\left(1 + \frac{1}{T_i s} + T_d s\right) \tag{6-29}$$

频率特性为

$$K_C G_C(j\omega) = K_C\left[1 + \left(\frac{1}{T_i j\omega} + T_d j\omega\right)^2\right]^{-\frac{1}{2}} e^{-j\arctan\left(T_d\omega + \frac{1}{T_i\omega}\right)} \tag{6-30}$$

可以看出相角

$$\phi(\omega) = \arctan\left(T_d\omega - \frac{1}{T_i\omega}\right) \tag{6-31}$$

可以超前,也可以滞后,要视频率 ω 大小而定。相角为零时的频率称为交接频率 ω_c,而 $\omega_c = 1/\sqrt{T_i T_d}$,如图 6-16 所示。这种调节器比较完善,把三种调节规律的优点都集中起来,克服各自存在的缺点。调节器有三个整定参数，根据对象的特性，适当选择 K_C、T_i、T_d 可做到使静差为零，并使 ζ 较大，使得振荡减缓，动态偏差较小。这就是自动控制系统较广泛采用 PID 控制规律的原因。

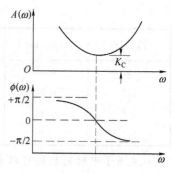

为了便于比较和看出各种调节规律的控制效果，对同一对象用了不同的调节规律，可以整定成有同样衰减特性的过渡过程，以便比较和选择调节规律。

例如，图 6-17 所示的调节系统，对象是二阶惯性环节，F 是主要扰动，则被调量 Y 对干扰 F 的闭环传递函数为

6-16 PID 调节器振幅及相位特性曲线

$$\frac{Y(s)}{F(s)} = \frac{\dfrac{K_0}{T_1 s + 1}}{1 + K_C G_C(s) \dfrac{K_0}{(T_1 s + 1)(T_1 s + 1)}}$$

其中 $T_1 = 20\text{s}$。

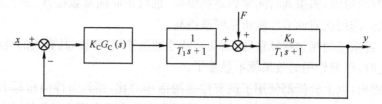

图 6-17 同一对象采用不同调节器系统的方块图

对这个系统选用不同调节规律的调节器，借变更调节器的参数，使调节的过渡过程接近最佳，这里都选取衰减率 $\psi = 0.9$。在阶跃干扰的作用下，求出各个过渡过程，如图 6-18 所示。其中，PD 调节动态偏差最小。这是由于有了微分作用，可使比例放大系数增大，调节时间大大缩短，但因无积分作用，所以仍有静差。只是比例放大系数增大，静差只有比例调节的一半左右。

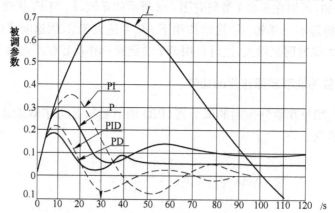

图 6-18 在阶跃干扰作用下，各种调节的过渡过程比较

对于 PID 调节，动态最大偏差比 PD 调节稍差，由于有积分作用，静差为零。但由于引入积分作用，使振荡周期增长了，即调节时间增长了。再相互比较其他几条曲线，可以得出结论：微分作用减少超调量和过渡时间，积分作用的特点是能够消除静差，但使超调量和过渡过程时间增大。通过这个例子及图 6-18 的曲线，可以看出各种调节规律对调节质量影响的相对好坏排列次序，就可以根据对象特性及工艺要求做出初步的调节规律选择。

6.3.3　调节规律的选择

以上讨论了不同调节规律对调节性能的影响,所得的一些结论,可以作为初步选择调节规律的依据。选择调节规律的目的,是使调节器与调节对象能很好配合,使构成的调节系统满足工艺上对调节质量指标的要求。所以,应当在详细研究调节对象特性以及工艺要求的基础上对调节规律进行选择。当然,选得是否恰当,还得靠计算或实践来最后检验。这里只简要地介绍一些基本原则。

1. 比例调节

纯比例调节器是一种最简单的调节器,它对控制作用和扰动作用的响应都很迅速。由于比例调节只有一个参数,所以整定简便。这种调节器的主要缺点是存在静差。对一些对象调节通道,τ/T 小,负荷变化不显著,而工艺上要求不高的系统,可以选用比例调节器。例如,一般的液面调节和压力调节系统均可采用比例调节器。

2. 积分调节

积分调节的特点是没有静差。但是由图 6-18 可以看出,它的动态误差最大,而且调节时间也最长。它只能用于有自衡特性的简单对象,不能用于有积分特性而无自衡对象及有纯滞后多容对象,故已很少单独使用。

3. 比例积分调节

这是最常用的调节器,它既能消除稳态误差,又能产生较积分调节快得多的动态响应。对于一些调节通道容量滞后较小,负荷变化不很大的调节系统,例如流量调节系统,压力调节系统,可以得到很好的效果。对于滞后较大的调节系统,则比例积分调节效果不好。

4. 比例微分调节

比例加微分调节,由于有微分作用后,增进调节系统的稳定度,使系统比例系数增大而加快调节过程,减小动态偏差和静差。但微分作用不能太大,若 T_d 太大,则调节器本身的幅频特性在临界频率附近很大,以致为了保证系统的稳定而不得不降低调节器放大系数,反而削弱了微分作用效果。此外,系统输出夹杂有高频干扰,T_d 太大时,系统对高频干扰特别敏感,以致影响正常工作。所以调节过程中高频干扰作用频繁的系统,以及存在周期性干扰时,应避免使用微分调节。

5. 比例积分微分调节

PID 调节器是常规调节中相对最好的一种调节器。它综合了各类调节器的优点,所以有更高调节质量,不管对象滞后,负荷变化,反应速度如何,基本上均能适应。但是,对于对象滞后很大,负荷变化很大的调节系统,这种调节器也无法满足要求,只好设计更复杂的调节系统。

6.4　调节器参数的实验整定方法

在选择了调节规律及相应的调节器后,下一步的问题是如何整定参数,以得到某种意义下的最佳过渡过程。和最佳过渡过程相对应的调节器参数值称为最佳整定参数。严格来说，由于各种具体生产过程的要求不同，"最佳"的标准是不一样的，因而产生许多不同的整定方法。但是，一般较通用的标准是上面所述的"典型最佳调节过程"，即要求在阶跃扰动作用下，被调量的波动具有衰减率 $\psi = 0.75$ 左右，在这个前提下，尽量满足准确性和快速性要求，即绝对误差的时间积分最小。下面介绍几种整定方法，它们都是基于以上的标准，并依赖于试验和经验的几种现场实验整定方法。

6.4.1 稳定边界法

稳定边界法又称临界比例度法，即在生产工艺容许的情况下，用试验方法找出。当一个比例调节系统的被调量作等幅振荡（即达到了稳定边界时的临界比例度 P_m）时，按经验公式求出调节器的整定参数。

采用本法时，不需要单独对调节对象做动态特性实验，即可把调节器投入运行，这时只留下比例调节作用（将积分时间放到最大，微分时间放到最小）。先把比例系数 K_c 放在较小值上（即比例度较大的值上），然后逐步增大 K_c 值。每增大一次 K_c，即在系统上加一扰动，观察记录下的过渡过程，看其衰减程度如何，再酌量调整 K_c 值，一直到出现不衰减振荡的过渡过程为止。这时的比例系数为临界值 K_m 或临界比例度为 P_m，振荡周期为 T_m。然后按表6-2求出整定参数 P、T_i 和 T_d，将调节器按求得的参数设置后，再加扰动，观察调节过程，如果符合所需的衰减率 $\psi \approx 0.75$，就算整定完毕。

表6-2 稳定边界法的调节器整定数据

调 节 规 律	$P(\%)$	T_i	T_d
P	$2P_m$		
PI	$2.2P_m$	$0.85T_m$	
PID	$1.7P_m$	$0.5T_m$	$0.13T_m$

表6-2的整定数据都是在实验基础上归纳出来的，但它有一定的理论依据。就以表6-2中PI调节器整定数据为例，其中：$T_i = 0.85T_m$；$P = 2.2P_m$。

由于引入积分作用，在原临界频率处将产生一滞后相位

$$\phi = \arctan\left(-\frac{1}{\omega_m T_i}\right)$$

其中

$$\frac{1}{\omega_m T_i} = \frac{1}{\omega_m 0.85T_m} = \frac{1.18}{2\pi} = 0.188$$

于是

$$\phi = \arctan(-0.188) = -10°40'$$

可见，此数据与式(6-24)分析的结果 $-9°$ 极为接近。由表6-2中可以看出，PI调节器的比例度较纯比例调节时增大 10%，这是因为积分作用降低了系统的稳定度的缘故。

稳定边界方法在下面两种情况下不宜采用：(1) 临界比例度过小时，调节阀很易游移于全开或全关位置，对生产工艺不利或不容许。例如，对一个用燃料油加热的炉子，如果阀门发生全关状态就要熄火。(2) 工艺上的约束条件严格时，等幅振荡将影响生产的安全。

6.4.2 反应曲线法

用反应曲线法整定调节器的参数应先测定对象的动特性，即对象输入量作单位阶跃变化

时被调量的反应曲线,亦即飞升特性。根据飞升特性曲线定出几个能代表该调节对象动态特性的参数,然后可直接按这个数据定出调节器最佳整定参数。

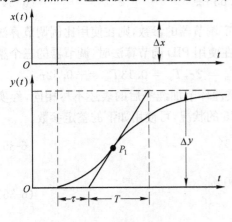

图 6-19　对象飞升特性

关于对象飞升特性测试方法及数据处理,第 5 章已经讲过一种简单近似法。图 6-19 是用实验测得的反应曲线。如果从拐点 P_1 作切线,并将它近似地当作具有纯滞后的一阶惯性环节来看待,从曲线上可得三个参数:τ 为等效滞后时间;T 为等效时间常数;K 为广义对象的放大系数。

表示成无因次量,即

$$K = \frac{\dfrac{\Delta y}{y_{\max} - y_{\min}}}{\dfrac{\Delta x}{x_{\max} - x_{\min}}}$$

有时还可以用 $\varepsilon = K/T$ 表示无自衡对象的飞升速度。

对于调节器的比例作用大小,常用比例度(或比例带)P 表示。

$$P = \left(\frac{\Delta e}{\Delta e_{\max}} \middle/ \frac{\Delta x}{\Delta x_{\max}}\right) \times 100\%$$

式中,$\Delta e_{\max}$ 为调节器输入的测量范围;Δe 为输入变化量。Δx 为调节器输出的变化量范围;$\Delta x_{\max}$ 为输出变化量。

由广义对象的动态特性参数 K、T、τ 和调节器的比例度 P,可从闭环系统的临界振荡条件,求得采用比例调节器时的临界比例度 P_m 和振荡周期 T_m。

现在广义对象的传递函数可表示为

$$G_0(s) = \frac{K}{TS+1} e^{-\tau s}$$

调节器采用单纯比例调节算法时的传递函数可表示为

$$G_C(s) = \frac{1}{P}$$

将上述传递函数代入临界振荡关系式 $G_0(s) \cdot G_0(s) = -1$,得

$$\frac{K}{j\omega_m T + 1} e^{-j m \omega_m \tau} \cdot \frac{1}{P_m} = -1$$

考虑到在临界振荡频率 ω_m 处 $j\omega_m T \gg 1$,上式可近似为

$$\frac{1}{P_m} \cdot \frac{K}{\omega_m T} \cdot e^{-j\omega_m \tau} = e^{-j\frac{\pi}{2}}$$

由上式中相位平衡关系得

$$\omega_m \tau = \frac{\pi}{2}$$

临界振荡角频率　　　　　　　　　$\omega_m = \pi/2\tau$ 　　　　　　　　　(6-32)

临界振荡周期　　　　　　　　　$T_m = 2\pi/\omega_m = 4\tau$ 　　　　　　　　(6-33)

同理,由上式中幅度平衡关系,可得

$$\frac{1}{P_m} \cdot \frac{K}{\omega_m T} = 1$$

将式(6-32)的 ω_m 代入,得

$$P_m = \frac{K}{T} \cdot \frac{1}{\omega_m} = 0.63 \frac{K\tau}{T} \tag{6-34}$$

如按照上节的稳定边界法,使用表 6-2 的系数整定调节器的参数,则在使用比例调节算法时,调节器的比例度约取 P_m 的两倍,$P \approx 1.2K\tau/T$;在使用 PID 调节算法时,调节器的三个整定参数分别为:$P = 1.7P_m = 1.07K\tau/T$,$T_i = 0.5T_m = 2\tau$,$T_d = 0.13T_m = -0.52\tau$。

由于实际工业对象的传递函数会与上面用一阶惯性环节加纯滞后的表述不尽相同,经实际应用,对整定参数稍作修改,对要求衰减率 $\psi = 0.75$ 的状况,可使用如下的整定参数。

对于 P 调节器:
$$P = \frac{K\tau}{T} \times 100\% \tag{6-35}$$

对于 PI 调节器:
$$\left.\begin{array}{l} P = 1.1 \dfrac{K\tau}{T} \times 100\% \\[2mm] T_i = 3.3\tau \end{array}\right\} \tag{6-36}$$

对于 PID 调节器:
$$\left.\begin{array}{l} P = 0.85 \dfrac{K\tau}{T} \times 100\% \\[2mm] T_i = 2\tau \\[2mm] T_d = 0.5\tau \end{array}\right\} \tag{6-37}$$

例 在某一蒸汽加热器的自动调节系统中,当电动单元组合调节器的输出从 6mA 改变到 7mA 时,温度记录仪的指针从 85.0℃ 升到 87.8℃,从原来的稳定状态达到新的稳定状态。仪表的刻度为 50～100℃,并测出 $\tau = 1.2$ 分,$T = 2.5$ 分。如果采用 PI 和 PID 调节规律,试定出整定参数。

解: 在本例中

$$\Delta x = 7 - 6 = 1(\text{mA})$$
$$x_{max} - x_{min} = 10 - 0 = 10(\text{mA})$$
$$\Delta y = 87.8 - 85.0 = 2.8(℃)$$
$$y_{max} - y_{min} = 100 - 50 = 50(℃)$$

所以

$$\frac{K\tau}{T} = \frac{2.8/50}{1/10} = 0.56$$

因此,在用 PI 调节器时

$$P = 1.1 \times 27\% = 30\%$$
$$T_i = 3.3 \times 1.2 = 4 \quad (\text{min})$$

在用 PID 调节器时

$$P = 0.85 \times 27\% = 23\%$$
$$T_i = 2 \times 1.2 = 2.4(\text{min})$$
$$T_d = 0.5 \times 1.2 = 0.6(\text{min})$$

6.4.3 衰减曲线法

衰减曲线法是在总结"稳定边界法"和其他一些方法的基础上,经过反复实验得出来的。这种方法不需要得到临界振荡过程即可求得比例度,步骤简单,比较安全。

假定整定要求是达到衰减率 $\psi = 0.75$（衰减比 1/4）的过程，先把调节器改成比例作用（$T_i = \infty, T_d = 0$），放在某一比例度，由手动投入自动，在达到稳定情况后，适当改变给定值（通常以 5% 左右为宜），观察调节过程的衰减比，如果达不到衰减比 1/4，则相应改变比例度，直到达到规定衰减比为止。记下此时的比例度 P_s 及周期 T_{s1}，然后按表 6-3 求得其他调节规律中的整定参数。在采用 PID 调节规律时，为了避免在切换时由微分作用引起初始振荡，可先将比例度放在稍大的数值，然后放上积分时间，再慢慢放上微分时间，最后再把比例度减小到计算值。

　　表 6-3 的数值适用于多数对象。如果按上述数据得出的调节过程不够理想，则可按曲线形状再适当调整整定参数。

表 6-3　衰减曲线法的调节器整定数据

调节规律	$P(\%)$	T_i	T_d
P	P'_s		
PI	$1.2P'_s$	$0.85T_{s1}$	
PID	$0.8P'_s$	$0.3T_{s1}$	$0.1T_{s1}$

　　有些对象的调节过程较快（如反应较快的流量、管道压力和小容量液面调节），要从记录曲线看出衰减比比较困难。在这种情况下，往往只能定性地识别，可以近似地以波动次数为准。如果调节器输出的电流或电压来回摆动两次就达到稳定状态，可以认为是 1/4 衰减比的过程，波动一次的时间为 T_{s1}。

　　此外，在有些过程中，例如热电厂锅炉的燃烧系统，对采用 1/4 的衰减比做试验仍嫌过强。这时可采用其他指标，如 1/10 的衰减比，在类似情况下，图 6-20 中要准确测量 y_3 的时间不容易。因此只要求做到过渡过程曲线上只看到一个波峰 y_1，而 y_3 看不出来就可以了。达到 1/10 的衰减比时，调节器的比例度为 P'_s，而被调量的上升时间为 t_r（图 6-20），那么调节器的最佳整定参数可按表 6-4 选取。

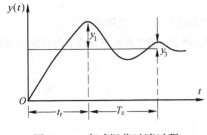

图 6-20　衰减振荡过渡过程

表 6-4　衰减比为 1/10 时的整定数据

调节规律	$P(\%)$	T_i	T_d
P	P'_s		
PI	$1.2P'_s$	$2t_r$	
PID	$0.8P'_s$	$1.2t_r$	$0.4t_r$

6.4.4　三种整定方法的比较

　　前面介绍了常用的三种整定方法，它们都是以 1/4 衰减比作为整定指标的。对多数调节系统来说，这样的整定结果是令人满意的。在实际工作中究竟采用哪一种方法呢？这里需要根据生产的具体情况，并了解这几种方法优缺点及适用条件，就不难解决。下面就几种方法进行比较。

　　反应曲线法首先需要获得对象的飞升特性曲线，从原理上说实验是很简单的，但实际上不太容易做到，因为对于某些工艺对象，约束条件严格，测试有困难。而另一些对象上，干扰因素多，且较频繁，测试不易准确。为了保证具有一定的准确度，要求加入足够大的扰动量，以便使被调量的变化足够大，这样往往使生产受到影响。一般来说，在实际生产中做飞升曲线试验，往往不太容易，这是反应曲线法的缺点。这个方法适用于被调量允许变化较大的对象。此外，本法是利用滞后时间 τ 来定取 T_i 和 T_d 的。而测量滞后时间比较容易，它就是被调量在平稳状态下，当调节器输出电流或电压有了变化时起，到测量指针发生明显变化所需时间。不必专门为此进行测试，只要多观察一些调节过程就可得出。总的来说，该方法的优点是进行飞升特性实验比其他两种方法的实验容易掌握,做实验所需时间比其他方法短些。

稳定边界法在做实验时,调节器是投入运行的,调节对象处在调节器的控制之下,因此被调量一般会保持在允许的范围内。在稳定边界的条件下,调节器的比例度 P 较小,动作很快,结果被调量的波动幅度很小,一般生产过程是允许的,这是该方法的优点,它适用于一般的流量、压力、液面和温度调节系统。但对于比例度特别小的系统和调节对象 τ/T 值很大、时间常数 T 也很大的系统不适用。因为比例度很小的系统中,调节器动作速度一定很快,一下子超过最大范围,使调节阀全开或全关,影响生产的正常操作。对于 τ/T 和 T 都很大的调节对象,调节过程一定很慢,被调量波动一次需要很长时间,每进行一次试验,必须观察若干个完整周期,因而整个实验过程很费时间。实验时如果不注意,比例度太小使得调节过程超出稳定边界,变成了波动幅度越来越大的发散过程,那更是不允许的。另一个方面,如果调节对象是单容的或是双容的(此时 τ/T 值很小),那么,从理论上说,无论比例度多么小,调节过程都将是稳定的,达不到稳定边界,所以不能用此法。

衰减曲线法也是在调节器投入闭环运行状态下进行的。被调量偏离工作点不大,也不需要把调节系统推进到稳定的边界,因而比较安全,且容易掌握,能适用于各种类型的调节系统。从反应时间比较长的温度调节系统,到反应时间短到几秒的流量调节系统,都可以方便地应用衰减曲线法。对于时间常数很大的系统,由于过渡过程波动周期很长,而且要多次实验才逼近 $\zeta = 1/4$。与稳定边界法一样,整个实验很费时间,这是它的缺点。

复习思考题

6-1 简述系统调节性能指标($K_{\max}\omega_m$)可以用来评定系统的调节性能的机理及其适用条件。

6-2 比例+积分调节器引入积分作用对系统的控制性能影响如何?对于一般工业对象其调节器参数应如何选取?

6-3 P、I、D 控制规律各有何特点?

6-4 何谓单回路调节系统?单回路调节系统适用于哪些场合?

6-5 试分析对象的干扰通道和控制通道特性对控制性能的影响。

6-6 简述调节器参数三种实验整定方法,三种方法的优缺点比较及其适用场合。

6-7 控制系统中,在比例控制的基础上分别增加:a. 适当的积分作用;b. 适当的微分作用。请问:

(1) 这两种情况对系统的稳定性、最大动态偏差、残差分别有何影响?

(2) 为了得到相同的系统稳定性,应如何调整调节器的比例带?并说明理由。

6-8 已知控制对象传递函数 $G(s) = \dfrac{10}{(s+1)(s+2)(2s+1)}$,试用稳定边界法整定 PI 调节器参数。

6-9 试述衰减曲线法及稳定边界法整定 P、PI、PID 调节器参数的依据。

第 7 章　　常用过程控制系统

到现在为止。只讨论了简单的单回路调节系统。这种单回路系统解决了工程上大量的恒值调节问题，它是使用最广泛的一种系统。现代工业的发展、工艺的革新，必然要求更加严格的操作条件，对调节质量要求也更高。在有些情况下，对象特性比较复杂，另一些调节对象特性虽然并不复杂，但调节的任务却比较特殊。这时，需要采用更为复杂的调节系统以适应新的要求。本章中将介绍用得较多的串级、比值、均匀调节和前馈控制四种复杂调节系统。

7.1　串级调节系统

7.1.1　串级调节系统的组成

串级调节是改善调节质量的有效方法之一，它得到了广泛的应用。下面结合一些具体例子来说明串级调节系统的构成原理。

图 7-1 表示过热蒸汽温度的调节系统示意图。过热蒸汽温度是火力发电厂锅炉设备的重要参数，要求比较严格。为了保证锅炉过热器出口温度 θ_1 恒定，在过热器的前面装设一个喷水减温器。利用减温水调节阀来控制减温水的流量，以达到调节过热器出口蒸汽温度的目的。

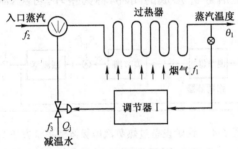

图 7-1　锅炉过热蒸汽单回路温度调节系统

为了制订控制方案，应先分析一下影响被调量——过热器出口蒸汽温度 θ_1 的主要扰动有哪些?这里主要有:烟气流量和温度变化的扰动 f_1;入口蒸汽流量和温度的波动 f_2;以及减温水压力变化扰动 f_3 等。作为调节对象的过热器，由于管壁金属的热容量很大而有较大的热惯性，而且管道较长故有一定的纯滞后。由于蒸汽温度 θ_1 的调节品质要求很高，如果采用如图 7-1 所示的简单的单回路调节系统，即用一个调节器Ⅰ，它接受过热器温度 θ_1 的信号，去调节减温水调节阀。当发生入口蒸汽或减温水的扰动时，要等 θ_1 变化后，调节器才开始动作，去控制减温水流量 Q_j。而 Q_j 改变后，又要经过一段时间，才能影响蒸汽温度 θ_1。这样，既不能及早发现扰动，又不能及时反映调节效果，将使蒸汽温度 θ_1 发生不能允许的动态偏差，影响锅炉的安全和经济运行。

一种解决的办法是寻求一个能较快地反应扰动和调节作用的中间变量，如减温器出口温度 θ_2。若再用一个调节器Ⅱ构成另一个单回路调节系统，如图 7-2 所示。这种入口蒸汽及减温水一侧的扰动，首先反映为减温器出口温度的变化并能及时克服，因而大大减少它们对出口蒸汽温度的影响,提高了调节品质。但这样需要增加一个调节阀,既增大了减温水管线的阻力又增加了投资,在经济上是不合理的方案。

比较好的方法是采用串级调节系统,如图 7-3 所示。它与图 7-2 方案不同的地方,只是过热器出口蒸汽温度调节器 Ⅰ 的输出信号,不是用来控制调节阀而是用来改变调节器 Ⅱ 的给定值,起着最后校正的作用。

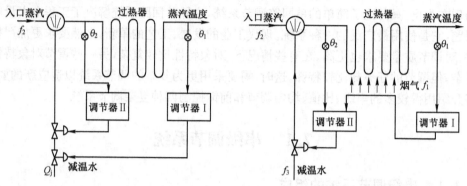

图 7-2　附加中间变量的调节方案　　　图 7-3　锅炉设备蒸汽温度串级调节系统

锅炉设备蒸汽温度串级调节系统的方块图如图 7-4 所示,采用了两级调节器。这两级调节器串在一起工作,各有其特殊任务。调节阀直接受调节器 Ⅱ 的控制,而调节器 Ⅱ 的给定值则受调节器 Ⅰ 的控制。调节器 Ⅰ 称为主调节器,调节器 Ⅱ 称为副调节器。它和单回路的调节系统有 一个显著的区别,就是它形成了双闭环系统。由副调节器和信号 θ_2 形成的闭环称为副环,由主调节器和主信号 θ_1 形成的闭环,称为主环。可见,副环是串联在主环之中,故称之串级调节系统。

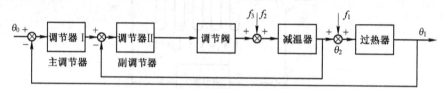

图 7-4　锅炉设备过热蒸汽串级调节系统方块图

作为串级调节系统的另一个典型例子是石油工业中的管式加热炉。它的任务是把原油或重油加热到一定的温度,以保证下道工序的顺利进行。加热炉工艺过程如图 7-5 所示,被加热的原料油流过炉膛四周的排管后,被加热到出口温度 θ_1,工艺上要求油料出口温度的波动不超过 $\pm(1\sim2)^{\circ}\text{C}$。在加热的燃料油管上方装设一个调节阀,用来控制燃料油流量,以达到调节温度 θ_1 的目的。

使原料油出口温度变化的扰动主要有:原料油的流量和入口温度的变化 f_1;燃料油压力和喷油用的过热蒸汽的波动 f_2;以及燃烧供风和大气温度的变化 f_3 等。

由于工艺上对出口油温 θ_1 的要求很高,而对象的热惯性很大,纯滞后又长,所以要采用串级调节系统,才能满足调节品质要求。在图 7-5 所示的调节系统中,用炉膛温度 θ_2 作为中间变量通过副调节器去控制燃料油调节阀,再以出口温度 θ_1 通过主调节器去校正副调节器的给定值。调节系统方块图如图 7-6 所示,扰动因素 f_2、f_3 包括在副环之内,因此可以大大减小这些扰动对出口油温 θ_1 的影响。对于被加热油料方面扰动 f_1 的影响,采用串级调节也可以得到一些改善。

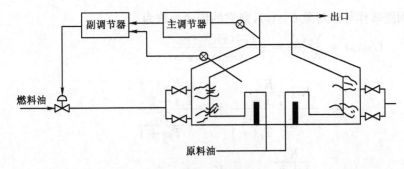

图 7-5　管式加热炉的温度串级调节系统

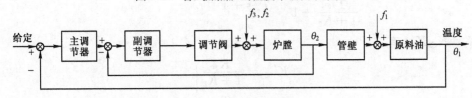

图 7-6　加热炉调节系统方块图

7.1.2　串级调节系统的特点和效果分析

串级调节系统是一个双回路系统,实质上是把两个调节器串接起来,通过它们的协调工作,使一个被调量准确保持为给定值。通常,串级系统副环的对象惯性小,工作频率高,而主环惯性大,工作频率低。为了提高系统的调节性能,希望主副环的工作频率错开相差三倍以上,以免频率相近时发生共振现象而破坏正常工作。

串级调节主要是用来克服落在副环内的扰动。这些扰动能在中间变量反映出来,很快就被副调节器抵消了。与单回路系统相比,干扰对被调量的影响可以减小许多倍。对于中间变量并无特殊要求,它的选择原则是,既能迅速反应扰动作用,又能使副环包括更多的,特别是幅度大而频繁的扰动。

主调节器的任务主要是克服落在副环以外的扰动,并准确保持被调量为给定值。

由于副回路的存在,串级系统可以看作一个闭合的副回路代替了原来的一部分对象,起了改善对象特性的作用。与单回路系统相比,除了克服落在副环内的扰动外,还提高了系统的工作频率,加快了过渡过程。采用串级调节的效果可以用图 7-7 所示的串级调节系统的方块图来说明。

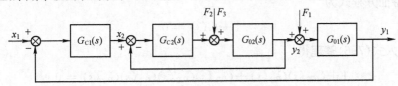

图 7-7　串级调节系统方块图

设图 7-7 中调节对象为两个一阶惯性环节,调节器都是比例调节规律,它们的传递函数为

$$
\left.
\begin{aligned}
G_{01}(s) &= \frac{K_{01}}{T_1 s + 1} \\
G_{02}(s) &= \frac{K_{02}}{T_2 s + 1} \\
G_{C1}(s) &= K_{C1} \\
G_{C2}(s) &= K_{C2}
\end{aligned}
\right\}
\tag{7-1}
$$

把闭环的副回路看作等效对象 $G'_{02}(s)$，则它的传递函数为

$$G'_{02}(s) = \frac{Y_2(s)}{X_2(s)} = \frac{G_{C2}(s)G_{02}(s)}{1 + G_{C2}(s)G_{02}(s)}$$

$$= \frac{K_{C2}\dfrac{K_{02}}{T_2 s + 1}}{1 + K_{C2}\dfrac{K_{02}}{T_2 s + 1}} = \frac{\dfrac{K_2}{T_2 s + 1}}{1 + \dfrac{K_2}{T_2 s + 1}}$$

$$= \frac{\dfrac{K_2}{1 + K_2}}{\dfrac{T_2 s}{1 + K_2} + 1} = \frac{K'_{02}}{T_2' s + 1} \tag{7-2}$$

其中，$K_2 = K_{C2}K_{02}$，有

$$\left. \begin{array}{l} K'_{02} = \dfrac{K_2}{1 + K_2} \\[4mm] T_2' = \dfrac{T_2}{1 + K_2} \end{array} \right\} \tag{7-3}$$

如果不采用串级调节系统，那么图 7-7 中副调节器及来自 Y_2 的反馈信号都不存在，这时 X_2 到 Y_2 的传递函数为

$$G_{02}(s) = \frac{Y_2(s)}{X_2(s)} = \frac{K_{02}}{T_2 s + 1} \tag{7-4}$$

比较式(7-2)和式(7-1)可知，由于采用了串级调节，时间常数 T_2 减小 $1 + K_2$ 倍。而且副环的调节对象是一阶惯性环节，所以它的放大系数 K_2 可以取得很大，副环时间常数就可以减到很小数值。

以图 7-7 串级调节系统和单回路系统在同样条件下的过滤过程频率进行比较，可以看出采用串级系统的效果。

先看串级系统，当其主回路反馈断开时的开环传递函数为 $G(s)$

$$G(s) = G_{C1}(s)\frac{G_{C2}(s)G_{02}(s)}{1 + G_{C2}(s)G_{02}(s)}G_{01}(s) \tag{7-5}$$

闭环系统的特征方程式为

$$1 + G(s) = 0 \tag{7-6}$$

将式(7-5)代入式(7-6)整理得

$$1 + G_{C2}(s)G_{02}(s) + G_{C1}(s)G_{C2}(s)G_{01}(s)G_{02}(s) = 0 \tag{7-7}$$

将式(7-1)各环节的传递函数代入式(7-7)得

$$1 + K_{C2}\frac{K_{02}}{T_2 s + 1} + K_{C1}K_{C2}\frac{K_{01}}{T_1 s + 1}\frac{K_{02}}{T_2 s + 1} = 0$$

化简上式

$$T_1 T_2 s^2 + (T_1 + T_2 + K_{C2}K_{02}T_1)s + (1 + K_{C2}K_{02} + K_{C1}K_{C2}K_{01}K_{02}) = 0 \tag{7-8}$$

令

$$2\zeta\omega_0 = \frac{T_1 + T_2 + K_{C2}K_{02}T_1}{T_1 T_2}, \quad \omega_0^2 = \frac{1 + K_{C2}K_{02} + K_{C1}K_{C2}K_{01}K_{02}}{T_1 T_2}$$

将上面特征方程式改写成下列标准形式

$$s^2 + 2\zeta\omega_0 s + \omega_0^2 = 0$$

由此式求解根的虚部,即串级调节系统的过渡过程频率 ω_{z1} 为

$$\omega_{z1} = \sqrt{1-\zeta^2}\ \omega_0 = \frac{\sqrt{1-\zeta^2}}{2\zeta}\frac{T_1 + T_2 + K_{C2}K_{02}T_1}{T_1 T_2} \tag{7-9}$$

作为比较,可以用同样方法求出单回路系统在同样条件下的过渡过程频率。设图 7-7 中副回路反馈断开,同时可省去副调节器,则单回路的特征方程式为

$$1 + G'(s) = 0$$

即

$$1 + G'_{C1}(s)G_{02}(s)G_{01}(s) = 0$$

将式(7-1)各环节传递函数代入

$$1 + K'_{C1}\frac{K_{01}}{T_1 s + 1}\frac{K_{02}}{T_2 s + 1} = 0$$

经整理后可写成

$$T_1 T_2 s^2 + (T_1 + T_2)s + (1 + K_{C2}K_{02} + K'_{C1}K_{01}K_{02}) = 0$$

令

$$2\zeta\omega'_0 = \frac{T_1 + T_2}{T_1 T_2}, \qquad \omega_0^{2\prime} = \frac{1 + K'_{C1}K_{01}K_{02}}{T_1 T_2}$$

则特征方程可写为典型形式

$$s^2 + 2\zeta\omega'_0 s + \omega_0^{\prime 2} = 0$$

将此式求解,可得单回路调节系统的工作频率 ω_{z2} 为

$$\omega_{z2} = \sqrt{1-\zeta^2}\ \omega'_0 = \frac{\sqrt{1-\zeta^2}}{2\zeta}\frac{T_1 + T_2}{T_1 T_2} \tag{7-10}$$

若使串级调节系统和单回路调节系统具有同样的衰减系数值,则它们的过渡过程频率之比为

$$\frac{\omega_{z1}}{\omega_{z2}} = \frac{T_1 + T_2 + K_{C2}K_{02}T_1}{T_1 + T_2} = \frac{1 + (1 + K_{C2}K_{02})T_1/T_2}{1 + T_1/T_2} \tag{7-11}$$

由于 $(1 + K_{C2}K_{02}) > 1$,所以 $\omega_{z2} > \omega_{z1}$。

由此可见,串级调节系统由于副回路的存在改善了对象的动特性,使整个系统的过渡过程比单回路系统的过渡过程的频率有所提高。当对象特性一定时,副调节器的放大系数越大,这种效果愈加显著。对于不包括在副环范围内的扰动,因为副回路减小了对象时间常数,而引起整个系统调节过程波动频率提高,被调量的动态偏差也将减小。这时,主调节器发出的调节作用经过调节通道 $G'_{02}(s)G_{01}(s)$ 去影响被调量。由于 $G'_{02}(s)$ 比 $G_{01}(s)$ 的惯性小,所以调节作用能较快地克服偏差,从而减小动态偏差,提高了调节质量。

7.1.3　调节器的选型和整定方法

1. 调节器的选型

在串级调节系统中,主调节器和副调节器的任务不同,对它们的选型也有不同的考虑。副调节器的任务是以快动作迅速抵消落在副环内的扰动,而中间变量并不要求无差,一般都采用比例调节器。主调节器的任务是准确保持被调量符合生产要求。凡是需要考虑采用串级调节的场合,工艺上对调节品质的要求总是很高,不允许被调量有残余偏差。因此,主调节器必须具有积分作用,一般都采用 PI 调节;如果副环外面的对象容积数目较多,同时有主要扰动落在

副环外面的情况,就可以考虑采用 PID 调节器。

2. 串级调节系统的整定方法

串级调节系统的整定比单回路系统要复杂一些,因为两个调节器串在一个系统中工作,互相之间或多或少有些影响。在运行中,主环和副环两者波动频率不同,副环频率较高,主环频率较低。这些频率主要决定于调节对象的动态特性,也与主、副调节器的整定情况有关。在整定时,应尽量加大副调节器的增益,提高副环的频率,目的是使主、副环的频率错开,最好相差 3 倍以上,以减少相互之间的影响,提高调节质量。

(1) 在通常情况下,副环的对象时间常数较小,而副环以外的那一部分对象特性的时间常数和滞后都较大。主副环的波动频率相差较大,可以按以下方法整定。

整定时先切除主调节器,使主环处在断开的情况下,按通常的方法(如衰减率 $\psi = 0.75 \sim 0.9$)整定副调节器参数。然后在投入副调节器的情况下,把副环看作为弱阻尼的二阶环节等效对象,再加上副环外的部分对象,按通常方法整定主调节器参数。

考虑到在运行中,有时主调节器会由"自动"状态切到"手动"。这时主环断开,只留下副调节器独立工作。这种情况下,副环应当有一定的稳定裕度,不能把副调节器放大系数整定得过分大,以至于使副环处于振荡状态。

(2) 当由副环分割的两部分对象的时间常数和滞后大致相等,主、副环的频率比较接近时,它们之间的相互影响就大了。在这种情况下,就需要在主、副环之间反复进行凑试,才能达到最佳整定。但是,这种反复的凑试是很费事的。一般串级调节系统对副环的质量指标没有严格要求,而主环的质量指标要求很高。这时,主环、副环就会存在相互影响,不过只要保证了主回路的质量指标,副环的调节质量允许降低一些。

因为存在这样的特点,就可以简化整定步骤。下面介绍一种串级调节器的"二步整定法"。

① 在主环闭合的情况下,将主调节器的比例度 P_1 放在 100% 处,用"衰减曲线法"整定副回路,求出副回路在衰减率 $\psi = 0.75 \sim 0.9$ 时副调节器的比例度 P_2 值。

② 将副调节器置于这一求得的比例度上,把副回路视为调节系统中的一个组成部分,用同样的方法,求出主回路在 $\psi = 0.75 \sim 0.9$ 的衰减过程的主调节器比例度 P_{1s} 和被调量 y_1 在出现第一个高峰时的时间 t_r。然后根据 P_{1s}、t_r 按经验公式,求出主调节器的参数。按"先副环后主环"的原则,先放上副调节器参数,后放上主调节器参数。如果投入运行后的调节过程不够满意,对调节器参数再作适当调整。

7.2 比值调节系统

在各种生产过程中,需要使两种物料的流量保持严格的比例关系是常见的,例如,在锅炉的燃烧系统中,要保持燃料和空气量的一定比例,以保证燃烧的经济性。而且往往其中一个流量随外界负荷需要而变,另一个流量则应由调节器控制,使之成比例地改变,保证二者之比值不变。否则,如果比例严重失调,就有可能造成生产事故,或发生危险。又如,以重油为原料生产合成氨时,在造气工段应该保持一定的氧气和重油比率,在合成工段则应保持氢和氮的比值为一定。这些比值调节的目的是使生产能在最佳的工况下进行。

7.2.1 比值调节系统的组成原理

图 7-8 表示单闭环比值调节系统,工艺上要求 A、B 两种物料的流量保持一定的比例关系。

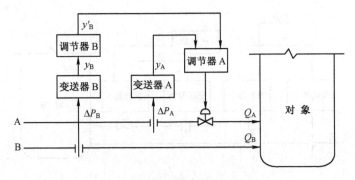

图 7-8　单闭环比值调节系统

物料流量 Q_B 是不可控的,当它改变时,就由调节器 A 控制物料 A 的调节阀,使物料 A 的流量随之改变,并保持比值 Q_A/Q_B 不变。为此,在 A、B 管路上都装了节流元件。差压 ΔP_A 经变送器 A 后为信号 y_A 送到调节器 A,与调节阀、管道 A 构成一闭环系统。差压 ΔP_B 先经过变送器 B 转换成统一信号 y_B,再经调节器 B 按比例变为 y'_B,然后送到调节器 A,作为调节器 A 的给定值。这个系统的方块图如图 7-9 所示。

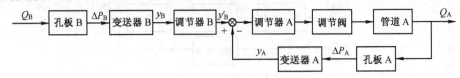

图 7-9　单闭环比值调节系统方块图

孔板 A、变送器 A、调节器 A、调节阀和管道 A 构成一个闭环系统。它的给定信号是由 Q_B 经孔板 B、变送器 B、调节器 B 转换后提供的。所以输出量 Q_A 将跟随着 Q_B 的改变而变化。调节器 B 是比例型的,它在这里起着改变比值的作用,只要改变调节器 B 的放大系数,就能调整 Q_A/Q_B 的稳态比值。由调节器 A 与管道 A 等所组成的闭环系统,是用来克服管道 A 中发生的某种扰动,严格保持 Q_A 与 Q_B 的比例关系。为了提高稳态时的比值精度,调节器 A 应是 PI 型的。

图 7-9 的比值调节系统只有一个闭环回路,它以流量 Q_B 为控制信号,流量 Q_A 为跟随信号 y_B' 的随动系统。这里也使用了两个调节器串联在一起工作,但整个系统中只有一个闭环,故与串级调节有本质差别。

除了以上的单环比值调节方案外,还可以有其他的调节方案,例如图7-10所示的系统,用在化工烷基化装置中。进入反应器的异丁烷-丁烯馏分要求按比例配以催化剂硫酸,它不仅要求流入反应器的两种流量各自比较稳定,而且按一定的比值。在图 7-10 所示的系统中,采用了两个独立的流量闭合回路,在二者之间设有比值器,以实现比值调节要求,它的系统方块图如图 7-11 所示。在稳定的状态下,流量 Q_A、Q_B 以一定的比值进入反应器。在某种情况下,流量受到干扰而变化,这里流量 Q_B 是主参量,它通过变送器 B 反馈到调节器 B 进行恒值调节。另一方面变送器 B 的信号经比值器作为调节器 A 的给定值,以实现比值调节。经过调节,Q_A、Q_B 都重新回到给定值,并保持原有比值不变。

这类比值调节系统,虽然主参数也形成闭合回路,但是由结构图可以看出,主、副调节回路是两个单回路系统,主参量通过比值器作为副回路的给定值。由于是两个闭环系统,副回路的过渡过程不影响主回路,所以,主、副调节器都可选用 PI 型的调节器,并按单回路系统来整定。这类双闭环比值系统,由于所用设备多,投资高,所以应用不太广泛。在比值系统中,比值器可以用比例调节器、除法器或乘法器组成,设计中可以根据操作要求,比值系数大小,精度要求情

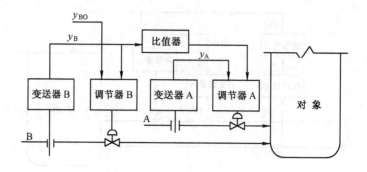

图 7-10　双闭环比值调节系统

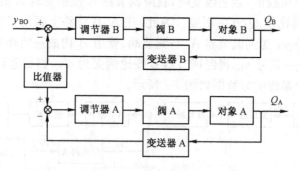

图 7-11　双闭环比值调节系统方块图

况等来选定。

比值调节系统也可以和串级调节系统组合在一起组成更复杂的组合系统。如图7-10所示的比值调节系统中,若另外要求反应器对象内的某参数,例如,液位保持一定,则可由检测液位变送器经过另一个液位调节器由其输出来控制调节器 B 的给定值。这样就组成串级和比值调节组合系统,其副环是比值调节,主环是液位调节系统。从以上分析可以看到:比值调节方案比较多,但基本的形式是图 7-8 或图 7-11 所示两种,其他的方案可以根据生产上的需要在基本方案上加以组合。

7.2.2　比值调节系统的整定

现以图 7-8 所示的系统为例,说明比值调节系统的调节器参数整定问题。

1. 信号的静态配合和调节器 B 的整定

在整定图 7-8 所示比值调节系统时,主要的问题是信号 y_A 和 y_B' 的静态配合问题。只有正确地解决了这个问题,调节器 A 才能真正保持两个流量的比值等于工艺上要求的数值。

对于节流元件来说,压差与流量的平方成正比,即

$$\Delta P \propto Q^2$$

对于 A、B 两个管路系统上的节流元件,上式分别写为

$$\left.\begin{array}{r}\Delta P_A \propto K_A Q_A{}^2 \\ \Delta P_B \propto K_B Q_B{}^2\end{array}\right\} \tag{7-12}$$

式中,K_A 和 K_B 为节流元件的放大系数。

差压变送器 A、B 都应当调整到当差压为零时,其输出信号仪表指"零"。例如,国产

DDZ—Ⅲ型仪表统一信号为 4～20mA，仪表的指"零"信号为 4mA，这时差压变送器应满足下列关系

$$\left.\begin{array}{l} y_A - 4 = C_A \Delta P_A \\ y_B - 4 = C_B \Delta P_B \end{array}\right\} \tag{7-13}$$

式中，C_A、C_B 是差压变送器 A、B 的放大系数，y_A、y_B 为变送器 A、B 的输出信号电流。

调节器 B 在这里作为比值器，其零点应调整得使输入为 4mA 时，它的输出也是 4mA，即

$$y'_B - 4 = K_C(y_B - 4) \tag{7-14}$$

式中，K_C 是调节器 B 的放大系数。

由式(7-12)、式(7-13)和式(7-14)，可得

$$\left.\begin{array}{l} y_A - 4 = G_A K_A Q_A^2 \\ y'_B - 4 = K_C C_B K_B Q_B^2 \end{array}\right\} \tag{7-15}$$

由于调节器 A 是 PI 型的，在稳态下它可保持 $y_A = y'_B$，故按式(7-15)有

$$C_A K_A Q_A^2 = K_C C_B K_B Q_B^2$$

即

$$\frac{Q_A}{Q_B} = \sqrt{K_C \frac{C_B K_B}{C_A K_A}} \tag{7-16}$$

从式(7-16)可知，为使流量 Q_A、Q_B 的比值满足工艺的要求，只要适当地调整调节器 B 的放大系数 K_C 即可。在设计时一般把放大系数 K_C 先定在一个中间值上，例如，$K_C = 2$（比例度 $P = 50\%$），然后适当选配差压变送器放大系数 C_A、C_B，使 $\sqrt{K_C \frac{C_B K_B}{C_A K_A}}$ 这个数字等于流量比变化范围的平均值。在运行中可以在中间值附近上下调整放大系数 K_C，就可以改变流量比。应当指出，上述零点的调整问题是非常重要的。当改变调节器放大倍数 K_C 时，它的零点也可能会漂移，因而引起附加误差，使比值随着负荷改变。另外要注意的是，信号 y_A、y'_B 之间的比例关系应按照

$$K_C \frac{C_B K_B}{C_A K_A} = \left(\frac{Q_A}{Q_B}\right)^2 \tag{7-17}$$

来确定，即按流量比的平方，而不是流量比本身来确定信号比例关系。若在差压变送器后面各加一个开方器，这种系统的两个流量比值，通过上述类似推导可以求得为

$$\frac{Q_A}{Q_B} = K_C \sqrt{\frac{C_B K_B}{C_A K_A}}$$

与不采用开方器时的式(7-16)比较，差别只在于现在 K_C 是在根号外面。由此可知，只要正确地调整好零点，那么，无论是否采用开方器，都可以保证流量的比值不变。采用开方器时，显示仪表的流量刻度就将是线性的，当流量的变化范围很大时，这是有好处的。

另外，当调节阀的流量特性是向下弯曲时，不采用开方器对于反馈调节系统的动态特性反而产生有利的影响，因为反馈回路（见图 7-9）的输出信号与流量的平方成比例，其特性曲线是向上弯曲的，这样可以利用反馈回路的非线性向上弯曲特性来部分地补偿调节阀的下弯曲特性的非线性，使闭环系统的总增益接近不变。如果调节阀特性是线性的，则采用开方器比较有利，因为这时反馈回路不会把新的非线性引进系统。

2. 调节器 A 的参数整定

比值调节系统只有一个闭环回路，它的动态参数整定

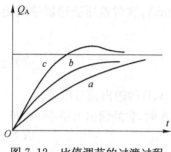

图 7-12　比值调节的过渡过程

比较简单。它的特点是在整定调节器 A 时,考虑到工艺上要求调节过程尽可能平稳,不希望流量在跟踪过程中来回波动,所以系统的衰减率应调得很大,接近 $\psi=1$ 的情况。整定步骤是:先把积分时间 T_i 放在最大挡位,并逐步增加放大系数 K_C,直到在 Q_C 的阶跃扰动作用下的调节过程处于振荡与不振荡的临界情况,如图 7-12 中曲线 b 所示。确定好 K_C 后,再逐步减小 T_i,只要跟踪过程稍有一点过调就可以了,如图 7-12 中曲线 c 所示。

7.3　均匀调节系统

7.3.1　均匀调节系统的组成

均匀调节系统是在连续生产过程中,各种设备前后紧密联系着的情况下提出来的。这种生产过程的前一设备的出料往往是后一设备的进料,而后者的出料又源源不断地输送给其他设备。现以图 7-13 所示连续精馏的多塔分离过程为例加以说明。

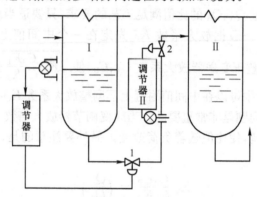

图 7-13　多塔分离过程物料供求关系

在通常情况下,精馏塔Ⅰ为了保证分馏过程的正常进行,要求塔Ⅰ的液位稳定在一定的范围内,这可通过设置一液位调节系统,调节塔底的液体排出量来达到。显然,液位的平稳是靠排出流量的剧烈变动维持的。而精馏塔Ⅱ希望进料平稳,所以设有流量调节系统。很明显,这两个系统的工作是有矛盾的。当塔Ⅰ的液面在干扰作用下上升时,液面调节器Ⅰ发出信号去开塔底调节阀门 1,从而引起塔Ⅱ的进料增加。于是,流量调节器Ⅱ又发出信号去关小调节阀门 2。这样,两者之间的矛盾不能很好解决,就会顾此失彼,影响正常操作。

为了解决这一矛盾,在工艺上可能解决的办法之一是增设中间储存槽,使前后的相互影响减少。但是,如果在每相邻设备间都装上一只中间容器,那就太浪费了。进一步分析塔Ⅰ和塔Ⅱ的工艺特点,如果塔Ⅰ对液位调节的要求并不是很严格的,只要液位不超出其上下限即可;而塔Ⅱ对流量调节的要求,也不是使其进料流量恒定不变,限制的只是进料的变化速度。在全面分析工艺要求的基础上,制定出能统筹兼顾各方,使前后设备在物料供求上互相均匀协调的均匀调节系统。图 7-14 所示是一个均匀调节系统的示意图。

均匀调节系统的目的是协调前后设备的供求,使两个参数缓慢地在允许的范围内变化。图 7-14 中调节器Ⅰ用来反映液位的变化,其输出作为给定值送进调节器Ⅱ。由流量测量、变

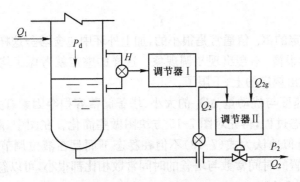

图 7-14　均匀调节系统

送器、调节器Ⅱ、调节阀和管道组成的闭环系统,其功能是使流量 Q_2 既要跟随给定值变化,又要克服扰动的作用。当液面达到上限值时,调节系统能够使输出流量 Q_2 达到允许的最大值,并与最大的输入流量 Q_1 相等;当液面下降到下限值时,输出流量达到允许的最小值,并与输入流量最小相等。这种系统既能保持液面在允许的上、下限之间变化,又能够使输出流量在允许的范围内缓慢地均匀地波动。均匀调节系统的方框图如图 7-15 所示,为简单起见,图中没有画出 Q_2 的测量元件,即假定它们是线性的,并忽略其时间常数。扰动主要来自塔的进料流量 Q_1 和塔压 P_d 的变动。从结构上看均匀调节系统有两个调节器串在一起工作,系统有两个闭环,它也是一个串级调节系统。均匀调节与一般串级调节的区别,不是指系统结构,而是指目的而言。由于它与一般的串级调节系统控制的目的和任务有所不同,因此系统的调节器选择和整定方法也不一样。

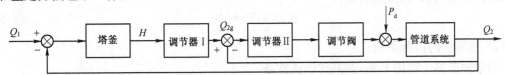

图 7-15　均匀调节系统方框图

7.3.2　调节器的选型和参数整定

根据均匀调节系统的调节要求,图 7-15 中系统的副环即由调节器Ⅱ、调节阀和管道系统等组成闭环,其任务是要克服扰动 P_d 的作用,并使流量 Q_2 跟随给定值变化。所以副环调节器Ⅱ一般选用 PI 型,以保证在稳态下有

$$Q_2 = Q_{2g} \tag{7-18}$$

调节器Ⅱ的动态整定方法和上节所述比值调节系统中的调节器Ⅱ(图 7-12)完全一样。但是,由于副环是一个流量调节系统,调节速度快,一般调节器Ⅱ的放大系数可以很大,因此调节器Ⅱ也可以采用 P 型的调节器,其残余偏差也很小,故式(7-18)仍然近似成立。

由于对液位调节的要求是液位 H 不超出其上、下限,故调节器Ⅰ可选用 P 型。图7-16是液位调节器的静特性,当流量在其极限值 $Q_{2max} \sim Q_{2min}$ 之间变化时,液位将在其上、下限 $H_{max} \sim H_{min}$ 之间相应变动。当液位 H 升高时,调节器的输出 Q_{2g} 应该增大,所以静特性是向右上方倾斜的,它的斜率应等于调节器Ⅰ的放大系数 K_C,即可按下列计算

$$K_C = \frac{Q_{2max} - Q_{2min}}{H_{max} - H_{min}} = \frac{\Delta Q_2}{\Delta H} \tag{7-19}$$

式中,$\Delta Q_2 = Q_{2max} - Q_{2min}$,即在运行中流量的可能变化范围;$\Delta H = H_{max} - H_{min}$,即液位最大允

许变化范围。

根据式(7-19)确定的 K_C 值通常是很小的,加上外环中包含塔釜这样的大时间常数环节,故液位调节过程进行很慢,不会出现超调现象。这样的整定就考虑了均匀调节的要求,液位 H 的变化也就不会超出规定的上、下限了。

流量 Q_2 的变化速度与扰动量 ΔQ_1 的大小、塔釜储蓄容积等因素有关。为了分析均匀调节系统排出流量的动态过程,得先对图7-15方块图做些简化。在图中,副环的过渡过程比主环快得多,因此可以近似地认为式(7-18)不但在稳态下而且在液位调节过程中也是符合的。并且假定所有测量装置的时间常数与塔釜的时间常数相比都很小,可以忽略。在这些条件下,图7-15可以简化为图7-17。

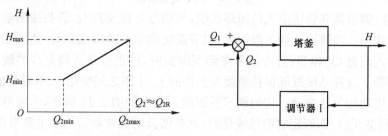

图 7-16　液位调节的静特性　　图 7-17　主环系统的简化方块图

假定塔釜液的排出主要是依靠塔釜液面上的静压 P_d 与调节阀后静压 P_2(见图7-14)之间的压差,而相对来说液位 H 对排出量的影响甚微,可以略去不计,则塔釜液位可以看成一个无自衡的单容对象,其传递函数为

$$K_0 G_0(s) = \frac{1}{Fs} \tag{7-20}$$

式中,F 是塔釜的横截面积。

如果调节器Ⅰ选用P型,则其传递函数是

$$K_C G_C(s) = K_C$$

于是闭环系统的传递函数为

$$\Phi(s) = \frac{H(s)}{Q_1(s)} = \frac{\dfrac{1}{Fs}}{1 + K_C \dfrac{1}{Fs}} = \frac{1}{K_C} \frac{1}{\dfrac{F}{K_C}s + 1} = \frac{1}{K_C} \frac{1}{Ts + 1} \tag{7-21}$$

式中,$T = \dfrac{F}{K_C}$ 为闭环系统的时间常数。

根据式(7-19)$\Delta Q_2 = K_C \Delta H$,故

$$\frac{Q_2(s)}{Q_1(s)} = \frac{1}{Ts + 1} \tag{7-22}$$

如果 Q_1 有一阶跃扰动 ΔQ_1,则 Q_2 将按指数曲线变化

$$\Delta Q_2 = \Delta Q_1 (1 - e^{-t/T})$$

其最大变化速度为

$$\frac{d\Delta Q_2}{dt}\bigg|_{\max} = \frac{\Delta Q_1}{T} = \frac{K_C}{F} \Delta Q_1 \tag{7-23}$$

把式(7-19)代入式(7-23),得排出量最大变化速度为

$$\frac{d\Delta Q_2}{dt}\bigg|_{\max} = \frac{\Delta Q_2}{F \cdot \Delta H} \Delta Q_1 = \frac{\Delta Q_2}{V} \Delta Q_1 \tag{7-24}$$

式中，ΔQ_2 为排出量的变化范围；$V = F \cdot \Delta H$ 为塔釜的储蓄容积；ΔQ_1 为 Q_1 的阶跃扰动量。

由式(7-24)可以看出，要使排出量 Q_2 的变化速度不超出允许值，可以通过限制流量 ΔQ_2、ΔQ_1 的大小，或加大塔釜的储蓄容积来达到目的。但塔釜储蓄容积的计算是工艺设备设计阶段需要考虑的问题，对于现场工作人员来说，面临的是既成事实。如果排出量变化范围为固定值，能够做到的事就是尽量限制扰动 ΔQ_1 的大小。

以上讨论是基于允许液位有一定范围的变化，在工艺条件允许的情况下，尽量增大这个偏差以充分利用塔釜储蓄容积，使排出量得到最大的平稳。如果工艺上要求把液位保持得较准，则图 7-14 中的调节器I可以采用 PI 型的。这样，塔釜的液位不会因同向干扰连续作用下的积累而超过它的上下限，但流量平稳性就要差一些。对于这种调节器的经验整定方法，是根据容槽的停留时间来确定整定参数的大致数字。选用整定参数见表7-1。

表 7-1　停留时间 τ 和调节器参数的关系

停留时间(分)	<20	20~40		>40
比例带 $P(\%)$	100	150	200	250
积分时间 T_i(分)	5	10		15

注：表中停留时间 $\tau = V/Q$。

根据算出的停留时间，照表 7-1 选用整定参数。实验表明，这些整定参数并不要求很严格，可以根据具体情况适当调整。例如，要照顾流量的平稳性多一点，可以通过进一步加大液位调节器的比例度和积分时间来限制排出量的变化速度；如果要多照顾液位，则采用较小的一组参数；如果二者都兼顾，则需在这两组参数之间选择，并根据生产要求进行调整。

7.4　前馈调节系统

在前面讨论的调节系统，都是按偏差来进行调节的反馈调节系统。不论是什么干扰引起被调参数的变化，调节器均可根据偏差进行调节，这是其优点。但是，反馈调节也有一些固有的缺点：对象总存在滞后惯性，从扰动作用出现到形成偏差需要时间；从偏差产生到偏差信号遍历整个反馈环路产生调节作用去抵消干扰作用的影响又需要一些时间。也就是说，调节作用总是不及时，反馈控制根本无法将扰动克服在被调量偏离其给定值之前，限制了调节质量的进一步提高。另外，由于反馈调节控制构成一闭环系统，信号的传递要经过闭环中的所有储能元件，因而包含着内在的不稳定因素。为了改变反馈调节不及时状况和不稳的内在因素，提出一种前馈控制的理论。

7.4.1　前馈控制的工作原理

前馈控制又称扰动补偿，它与反馈调节原理完全不同，是按照引起被调参数变化的干扰大小进行调节的。在这种调节系统中要直接测量负载干扰量的变化，当干扰刚刚出现而能测出时，调节器就能发出调节信号使调节量作相应的变化，使两者抵消于被调量发生偏差之前。因此，前馈调节对干扰的克服比反馈调节快。

图 7-18 是一个换热器前馈控制的示意图。加热蒸汽通过换热器中排管的外表面，把热量传给排管内流过的被加热液体，它的出口温度 θ 用蒸汽管路上的调节阀来调节。引起温度改

变的扰动因素很多,主要的扰动是被加热液体的流量 Q。

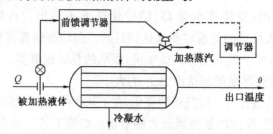

图 7-18 换热器前馈控制示意图

当发生流量 Q 的扰动时,出口温度 θ 就会有偏差。如果用一般的反馈调节,调节器只根据被加热液体出口温度 θ 的偏差进行调节。当发生 Q 的扰动后,要等 θ 变化后调节器才开始动作。而调节器控制调节阀,改变加热蒸汽的流量以后,又要经过热交换过程的惯性,才使出口

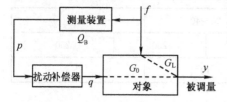

图 7-19 前馈调节系统方块图

液体温度 θ 变化而反映出调节效果。这就可能使出口温度 θ 产生较大的动态偏差。如果根据被加热的液体流量 Q 的测量信号来控制调节阀,那么,当发生 Q 的扰动后,就不必等到流量变化反映到出口温度以后再去控制,而是可以根据流量的变化,立即对调节阀进行控制,甚至可以在出口温度 θ 还没有变化前就及时将流量的扰动补偿了。这就提出了在原理上不同的调节方法,称为前馈调节。这个自动装置称为前馈调节器或扰动补偿器。前馈调节系统可以用图 7-19 方块图表示。

由图 7-19 可以看出,扰动作用到输出被调量 y 之间存在着两个传递通道:一个是从 f 通过对象扰动通道 G_L 去影响输出量 y;另一个从 f 出发经过测量装置和扰动补偿器产生调节作用,它经过对象的调节通道 G_0 去影响输出量 y。调节作用和扰动作用对输出量的影响是相反的。这样,在一定条件下,有可能使补偿通道的作用很好地抵消扰动 f 对对象输出的影响,使得被调量 y 不随扰动变化。这里,首先要求测量装置能十分精确地测出扰动 f,还要求对控制对象特性有充分的了解,以及这个补偿装置的调节规律是可以实现的。在满足了这些条件之后,才有可能完全抵消扰动 f 对输出 y 的影响。

把前馈调节和反馈调节加以比较可以知道:在反馈调节中,信号的传递形成了一个闭环系统;而在前馈调节中,则是一个开环系统,因为输出被调量不会再反过来影响扰动补偿器的输出。闭环系统有一个稳定性的问题,而调节系统参数的整定首先也就要考虑这个稳定性问题。但是,稳定性问题对于开环系统来说是不存在的。补偿量的设计,主要是考虑如何取得最好的补偿效果。在理想情况下,可以把扰动补偿器设计到完全补偿的效果,即在所考虑的扰动作用下,被调量始终保持不变,或者说实现了“不变性”原理。

7.4.2 扰动补偿规律及其局限性

下面讨论具有什么样的扰动补偿规律,才能做到完全补偿。图 7-20 所示为一个前馈调节系统的结构图。$G_L(s)$、$G_0(s)$ 分别代表调节对象在外扰 f 作用和调节作用下的对象传递函数。如果没有前馈补偿器的话,扰动 f 只通过 $G_L(s)$ 影响输出 y,即

$$Y(s) = G_L(s)F(s)$$

有了前馈补偿器以后,扰动 f 还同时通过补偿通道 $G_B(s)$、$G_V(s)$、$G_0(s)$ 产生相反的作用

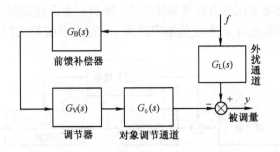

图 7-20　前馈调节系统的结构图

来影响 y，因而

$$Y(s) = G_L(s)F(s) - G_B(s)G_V(s)G_0(s)F(s) \tag{7-25}$$

要使在扰动 f 作用下被调参数保持不变的条件是

$$G_L(s)F(s) - G_B(s)G_V(s)G_0(s)F(s) = 0 \tag{7-26}$$

即可得前馈补偿器的传递函数为

$$G_B(s) = \frac{G_L(s)}{G_V(s)G_0(s)} \tag{7-27}$$

如果前馈装置物理上能精确地实现式(7-27)的传递函数，那么扰动 f 对于 y 的影响就将等于零，实现了所谓"完全不变性"。

这样，前馈调节能依据干扰值的大小，在被调参数偏离给定值之前进行控制，使被调量始终保持在给定值上。看来，前馈调节在理论上可实现最完美的控制，是不是前馈调节可以取代反馈调节呢？这也是不行的，单纯用前馈调节是有其局限性的。

前馈调节的局限性在于：

首先，按式(7-27)实现完全补偿，在很多情况下只有理论意义，实际上做不到。写出了前馈补偿器的传递函数并不等于能够把它实现。例如，图 7-20 中，$G_0(s)$ 中包含的滞后时间比 $G_L(s)$ 中的滞后时间大，那就没有实现完全补偿的可能。因为这时 $G_B(s)$ 中将包含有 $e^{+\tau s}$ 的因子，这种补偿规律是无法实现的。在有些情况下，按式(7-27)求得的结果 $G_B(s)$ 进入高阶微分环节，这种装置对于高频噪声很敏感，也没有实际应用的可能性。另外，在不同负荷下有的对象的动特性很不一样，用一般的线性补偿器就无法同时满足不同负荷下的要求。

其次，在工业对象中，扰动因素很多，不可能对每一扰动加一套前馈装置去一一补偿。这是不经济的，也是不合适的，只能择其一两个主要的扰动进行补偿，而其余的扰动将仍会使被调量发生偏差。

综上所述，实际使用前馈调节控制也不能十分满意地达到所需的技术要求。而反馈控制亦有它的优点，它不必十分精确了解控制对象的特性，控制器亦不像补偿控制器那样要求严格精密，用一个调节器同时对所有扰动因素都有抑制作用，而这些正是开环前馈调节控制所不具备的能力。因此，自然就会设想把两者结合起来，取长补短，这就构成了复合调节系统。

7.4.3　复合调节系统的特性分析

由前馈与反馈结合起来的复合调节系统中，选择对象中主要的一些干扰作为前馈信号。对其他引起被调参数变化的各种干扰则采用反馈调节系统来克服，从而充分地利用了这两种调节作用的优点，使调节质量进一步提高。

一般情况下,复合控制系统的方块图如图 7-21 所示。为简化起见,这里只考虑有一个主要的干扰因素 f,系统的输出为 y,系统的给定值为 x。这个系统的结构图如图 7-22 所示。

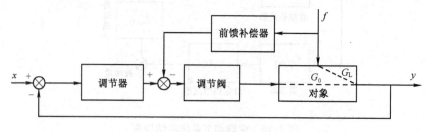

图 7-21　复合调节系统

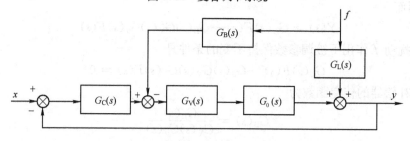

图 7-22　复合调节系统结构图

图 7-22 中:$G_L(s)$ 为对象外扰通道的传递函数;$G_0(s)$ 为对象调节通道的传递函数;$G_V(s)$ 为调节阀的传递函数;$G_C(s)$ 为调节器的传递函数;$G_B(s)$ 为前馈补偿器的传递函数。

当没有前馈补偿器时,即 $G_B(s)=0$,就成为普通的反馈调节系统。这时有

$$Y(s) = \frac{G_0(s)G_V(s)G_C(s)}{1+G_0(s)G_V(s)G_C(s)}X(s) + \frac{G_L(s)}{1+G_0(s)G_V(s)G_C(s)}F(s) \qquad (7\text{-}28)$$

式中的第二项表示了扰动作用对调节系统输出量的影响。由于 $G_L(s)\neq0$,因此

$$Y_1(s) = \frac{G_L(s)}{1+G_0(s)G_V(s)G_C(s)}F(s) \neq 0 \qquad (7\text{-}29)$$

$Y_1(s)$ 表示扰动对系统输出量的影响。这就说明了为什么按偏差调节的反馈系统在原理上不能完全补偿扰动因素的道理。

如果加上前馈补偿器,就成为复合的调节系统。图 7-22 系统的输出为

$$Y(s) = \frac{G_0(s)G_V(s)G_C(s)}{1+G_0(s)G_V(s)G_C(s)}X(s) + \frac{\left[G_L(s)-G_B(s)G_V(s)G_0(s)\right]}{1+G_0(s)G_V(s)G_C(s)}F(s)$$

$$(7\text{-}30)$$

式(7-30)的右边第二项反映了扰动对输出的影响,如果要实现完全补偿或称完全不变性,则要求第二项为零,亦就是

$$\frac{\left[G_L(s)-G_B(s)G_V(s)G_0(s)\right]}{1+G_0(s)G_V(s)G_C(s)}F(s) = 0 \qquad (7\text{-}31)$$

由于 $F(s)\neq0$,因此只有

$$G_L(s)-G_B(s)G_V(s)G_0(s) = 0 \qquad (7\text{-}32)$$

即要求

$$G_B(s) = \frac{G_L(s)}{G_V(s)G_0(s)} \qquad (7\text{-}33)$$

这一条件与式(7-27)的条件完全一样。这说明复合调节系统与开环的前馈调节系统具有同一补偿条件，并不因为引进偏差的反馈控制而有所改变。

现在，假定控制作用 $X(s)=0$，专门研究 $F(s)$ 的影响。当实现式(7-33)条件之后，$Y(s)=0$，即输出为零。于是，可以把系统在输出反馈回路断开，这时的系统成为开环的系统了，仍然要保持 $Y(s)=0$。由结构图可以看到，要实现不变性的要求，系统必须满足双通道补偿的条件，否则系统不可能实现不变性。所谓实现不变性的双通道原理是：据图7-20，如果要求系统的某一个量对外界扰动能够实现不变性，则在该系统中的扰动的作用点与输出量之间必须存在两个平行的通道（或两个以上的通道）；如果这两个通道对输出影响的大小相同，而作用相反，则系统输出量不变，即实现了不变性。在复合调节系统中双通道原理的不变性条件与开环的前馈补偿控制不变性的条件是完全一致的。

式(7-33)说明实现不变性时补偿器所必须满足的要求，它与控制对象的特性有关。如果控制对象特性 $G_0(s)$、$G_L(s)$ 只能近似地获得，那么，式(7-33)也只能近似地实现。假定 $G_0(s)$、$G_L(s)$ 已知，但根据式(7-33)求得的 $G_B(s)$ 在技术实现上有困难时，也做不到完全的不变性。因此，当扰动 $f(t)$ 存在时，对输出 $y(t)$ 的影响不能完全为零，而只能使其对 $y(t)$ 的影响接近于零，即

$$y(t) \approx 0$$

这时，称输出 $y(t)$ 对扰动 $f(t)$ 实现了近似不变性，或者说不变性到 ε。亦就是

$$[G_L(s) - G_B(s)G_V(s)G_0(s)] \cdot F(s) \approx 0$$

设开环近似补偿到

$$G_L(s) - G_B(s)G_V(s)G_0(s) = \Delta(s) \tag{7-34}$$

而对复合调节系统扰动对输出的影响则为

$$Y(s) = \frac{G_L(s) - G_B(s)G_V(s)G_0(s)}{1 + G_0(s)G_V(s)G_C(s)} F(s)$$

$$= \frac{\Delta(s)}{1 + G_0(s)G_V(s)G_C(s)} F(s) \tag{7-35}$$

从式(7-35)可以看出在复合调节的情况下，扰动 $F(s)$ 对输出 $Y(s)$ 的影响要比开环补偿的情况下小百分之 $1 + G_0(s)G_V(s)G_C(s)$，这是由于把偏差控制到进一步起作用的结果。由于在系统的通频带内，调节器往往总是设计得具有很大的放大倍数，因此有

$$|1 + G_0(s)G_V(s)G_C(s)| \geqslant 1$$

也就是说，闭环的复合调节系统扰动对输出 $Y(t)$ 的影响要比开环前馈调节时小得多。本来经过开环补偿以后输出的变化已经不太大了，再经过偏差控制进一步减小百分之 $1 + G_0(s)$ $G_V(s)G_C(s)$，这就充分体现了复合调节系统的优越性。

以上研究了复合系统的不变性条件，下面讨论一下复合调节系统的稳定性问题。在复合调节系统中，从式(7-30)可以看出系统的特征方程式为

$$1 + G_0(s)G_V(s)G_C(s) = 0 \tag{7-36}$$

这一特征方程只和 $G_0(s)$、$G_V(s)$、$G_C(s)$ 有关，而与 $G_B(s)$ 无关，即与前馈补偿器无关。还可以看出，复合调节系统与按误差控制的单回路调节系统的特征方程是一样的。也就说明了加不加前馈补偿并不会影响系统的稳定性。稳定性完全由闭环控制回路来确定，这样就给设计工作带来很大方便。设计复合调节系统时，可以先依据以前讨论闭环调节系统的设计方法进行（暂不考虑前馈补偿器的作用），使得系统满足一定的稳定裕度要求和一定的过渡过程品质

要求。当闭环系统确定以后,再根据不变性条件设计前馈补偿器,进一步消除扰动对输出的影响。

7.4.4 复合调节系统参数的选择

前面讨论了复合调节系统的性能,下面介绍复合调节系统参数选择的一种简单近似方法。如图 7-23 所示的复合调节系统中,在调节器的输入端除了加有被调量的反馈外,还可以用适当的方法把一个或几个扰动作用经过补偿器作为附加信号引入。

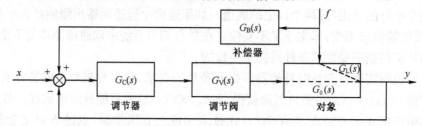

图 7-23　一种复合调节系统

由调节器输入端加入扰动补偿信号,比图 7-22 的方案在技术上容易实现,但改变调节器整定参数对补偿器参数选择有一定的影响。

图 7-23 的复合调节系统,由于引入扰动的附加作用对系统的稳定性没有任何的影响,因而复合系统的调节器与补偿器参数选择分两个步骤:

(1)在选择调节器的整定参数值时,假设系统只按被调量的偏差控制,不考虑扰动引入到系统中的附加作用。这样可以用第 6 章介绍的方法整定调节器参数,同时还可以求得这时闭环系统的共振频率 ω_g。

(2)根据双通道干扰补偿原理,可以求出实现完全不变性的条件。图 7-23 所示的复合系统实现完全补偿的条件为

$$[G_L(s) - G_B(s)G_C(s)G_V(s)G_0(s)]F(s) = 0$$

即

$$G_L(s) - G_B(s)G_C(s)G_V(s)G_0(s) = 0$$

$$G_B(s) = \frac{G_L(s)}{G_C(s)G_V(s)G_0(s)} \tag{7-37}$$

通常,在实际的自动调节系统中实现完全不变性的条件是困难的。在这种情况下,必须挑选足够简单的补偿装置,它的传递函数在一定意义上始终同补偿装置的理想传递函数有着最小的差别。为了解决这个问题,可以采用一种简单的近似方法——内插法。按内插法的要求,近似函数应与事先选定的某些点相符。实际上为了足够好的实现式(7-37),只要实际的幅相特性 $G_B(j\omega)$ 和理想条件下的幅相特性 $G_{B0}(j\omega)$ 在 $\omega=0$ 和 $\omega=\omega_g$(系统共振频率)时相等,即

$$G_B(j0) = \frac{G_L(j0)}{G_0(j0)G_V(j0)G_C(j0)}$$

和

$$G_B(j\omega_g) = \frac{G_L(j\omega_g)}{G_0(j\omega_g)G_V(j\omega_g)G_C(j\omega_g)} \tag{7-38}$$

通常已经足够。

上述条件可以用比较简单的装置来实现。图 7-24 表示了在 $\omega=0$ 和 $\omega=\omega_g$ 时的几种具有代表性的 $G_{B0}(j\omega)$ 幅相特性向量的位置,并给出上述每种情况下能够实现式(7-38)的无源四端网络。

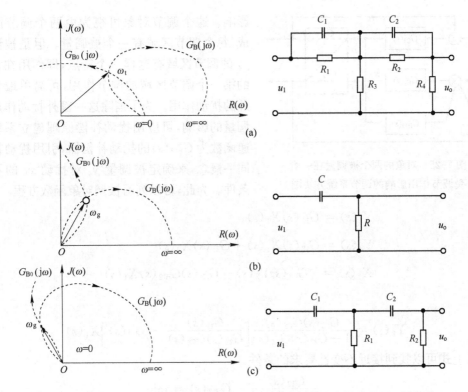

图 7-24　理想补偿装置的幅相特性向量位置和获得近似不变性的无源四端网络

①
$$G_B(s) = k_B \frac{T_2'^2 s^2 + T_1' s + 1}{T_2^2 s^2 + T_1 s + 1}$$

②
$$G_B(s) = k_B \frac{Ts}{Ts+1}$$

③
$$G_B(s) = k_B \frac{T_2^2 s^2}{T_2^2 s^2 + T_2 s + 1}$$

　　这种方法适用于研究系统的解析表达式未知,而频率特性是已知时的情况。由 $\omega=0$ 和 $\omega=\omega_g$ 的幅相特性向量的位置,来选择合适的补偿网络,使之在 0 点和共振频率点相等即可。

　　以上选择复合系统干扰补偿装置参数的方法,可以推广到某些有解耦要求的自治调节系统。

7.4.5　自治调节系统

　　如果调节对象有几个被调量,通过对象内部的关联相互影响时,为了消除这些影响,便可提出被调量自治性的附加要求。为了实现这种要求,可以通过在各调节器之间建立各种附加的外部联系,并相应地对这些联系进行整定,使每个调节器的调节作用仅对"自己的"一个被调量发生影响,面对对象其余的被调量不发生影响。这种方法可以把具有几个相互关联的被调量的调节对象,人为地转变为几个彼此独立的(自治的)被调量的对象。对每一个调节器,按其相应的调节区域的动特性独立地进行调节,如同只有一个被调量的普通系统一样。这种系统称为自治调节系统(或解耦控制系统)。

　　图 7-25 表示了调节对象的一种最简单的情况:调节对象有两个被调量 y_1 和 y_2,有两个调节作用 x_1 和 x_2,调节作用 x_1 对两个被调量都发生影响,而调节作用 x_2 仅对被调量 y_2 发生

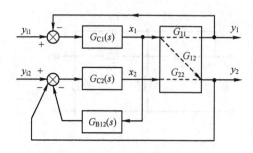

图 7-25 对象的两个被调量在一侧
受调节作用影响的调节系统方块图

影响。这个调节对象可视为由两个调节区域组成，每个调节区域有一个被调量。但是被调量为 y_2 的调节区域有这样一个特点，即作用在它上面的第一个调节区域的调节作用，可简单地看作额外的扰动作用。为了消除这一额外扰动作用对被调量的影响，可应用扰动补偿原理建立系统。传递函数为 $G_{B12}(s)$ 的扰动补偿器，引用扰动补偿的同一概念，来确定被调量 y_2 对扰动 x_1 的不变性条件。为此，可以列写被调对象函数方程

$$Y_1(s) = G_{11}(s)X_1(s)$$

$$Y_2(s) = G_{12}(s)X_1(s) + G_{22}(s)X_2(s)$$

$$X_2(s) = -G_{C2}(s)Y_2(s) - G_{C2}(s)G_{B12}(s)X_1(s)$$

解得

$$Y_2(s) = \frac{G_{22}(s)G_{C2}(s)}{1 + G_{22}(s)G_{C2}(s)}\left[\frac{G_{12}(s)}{G_{22}(s)G_{C2}(s)} - G_{B12}(s)\right]X_1(s)$$

从上式可以找到接近不变性要求的条件

$$\frac{G_{12}(s)}{G_{22}(s)G_{C2}(s)} - G_{B12}(s) = \min \tag{7-39}$$

或不变性条件表示为

$$G_{B12}(s) \approx \frac{G_{12}(s)}{G_{22}(s)G_{C2}(s)} \tag{7-40}$$

这种补偿装置的参数选择，同样可以按照前述近似方法式(7-38)的条件来选取。

如果图 7-25 中调节作用 x_2 对被调量 y_1 也发生影响，也就是两个交叉联系的被调量的调节对象，要实现自治调节，同样可以引 x_2 通过一补偿器 G_{B21} 接到调节器 G_{C1} 的输入端。用扰动补偿的原理，适当选择它的参数以消除 x_2 通过对象内部关联对被调量 y_1 的影响。这样，就可以在调节器间建立各种附加的补偿联系来实现自治调节。

有更多输入量和输出量并相互影响的调节对象要实现自治调节，原则上也可以用上述补偿的方法来实现。要解除其间相互耦合作用，用解耦矩阵来求补偿装置的传递函数，往往比较方便。

下面研究三个输入量和三个输出量相关的对象，如图 7-26 所示。

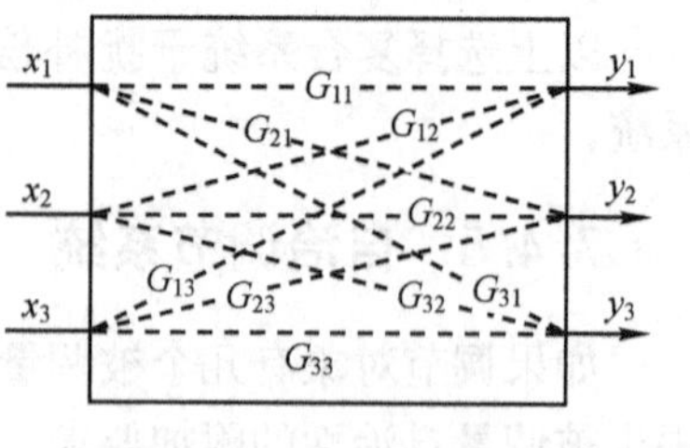

由图 7-26 可以列出一组描述对象的方程

图 7-26 对象方块图

$$\left.\begin{array}{l} Y_1(s) = G_{11}(s)X_1(s) + G_{12}(s)X_2(s) + G_{13}(s)X_3(s) \\ Y_2(s) = G_{21}(s)X_1(s) + G_{22}(s)X_2(s) + G_{23}(s)X_3(s) \\ Y_3(s) = G_{31}(s)X_1(s) + G_{32}(s)X_2(s) + G_{33}(s)X_3(s) \end{array}\right\} \tag{7-41}$$

将此方程组写成矩阵形式，便是

$$\begin{bmatrix} Y_1(s) \\ Y_2(s) \\ Y_3(s) \end{bmatrix} = \begin{bmatrix} G_{11}(s) & G_{12}(s) & G_{13}(s) \\ G_{21}(s) & G_{22}(s) & G_{23}(s) \\ G_{31}(s) & G_{32}(s) & G_{33}(s) \end{bmatrix} \begin{bmatrix} X_1(s) \\ X_2(s) \\ X_3(s) \end{bmatrix} \tag{7-42}$$

写成更一般的形式

$$Y(s) = G(s)X(s)$$

$$G(s) = \begin{bmatrix} G_{11}(s) & G_{12}(s) & G_{13}(s) \\ G_{21}(s) & G_{22}(s) & G_{23}(s) \\ G_{31}(s) & G_{32}(s) & G_{33}(s) \end{bmatrix} \tag{7-43}$$

式中，$Y(s)$ 为输出向量，$X(s)$ 为输入向量，而 $G(s)$ 称为对象的传递矩阵。

7.4.6 自治调节系统解耦装置的综合

为了做到自治调节，需要在系统中引入解耦装置。它的功能是消除控制对象各通道之间的相互关联作用，使其中任一调节回路的动作，都不影响到其他回路的被调参数。能达到这一目的的途径是很多的，如前所述补偿装置，在原有系统的基础上，加入附加的环节和外部联系，适当调整附加环节的参数，抵消对象固有的关联作用。但在对象的联系通道较多时，则要研究引入的解耦装置的数学模型和连接方法。现介绍一种单位矩阵综合法，它概念明晰、是较为简便的一种方法。

假如把解耦环节 $D(s)$ 接在调节器 $G_C(s)$ 和对象 $G(s)$ 之间，得到图 7-27 所示的系统方框图。

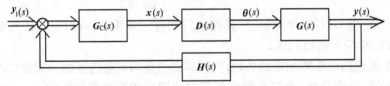

图 7-27　解耦系统原理方块图

这时调节器输出的控制作用 $X(s)$ 与调节量 $Y(s)$ 的关联可用矩阵表达，即

$$Y(s) = G(s)D(s)X(s)$$

$$\begin{bmatrix} Y_1(s) \\ Y_2(s) \\ Y_3(s) \end{bmatrix} = \begin{bmatrix} G_{11}(s) & G_{12}(s) & G_{13}(s) \\ G_{21}(s) & G_{22}(s) & G_{23}(s) \\ G_{31}(s) & G_{32}(s) & G_{33}(s) \end{bmatrix} D(s) \begin{bmatrix} X_1(s) \\ X_2(s) \\ X_3(s) \end{bmatrix} \tag{7-44}$$

如果令矩阵 $D(s)$ 与矩阵 $G(s)$ 之积为一对角线矩阵或单位矩阵，即

$$G(s)\,D(s) = \begin{bmatrix} a_{11} & 0 & 0 \\ 0 & a_{22} & 0 \\ 0 & 0 & a_{33} \end{bmatrix} \tag{7-45}$$

或

$$G(s)\,D(s) = \begin{bmatrix} 1 & 0 & 0 \\ 0 & 1 & 0 \\ 0 & 0 & 1 \end{bmatrix} = E \tag{7-46}$$

则有

$$\begin{bmatrix} Y_1(s) \\ Y_2(s) \\ Y_3(s) \end{bmatrix} = \begin{bmatrix} a_{11} & 0 & 0 \\ 0 & a_{22} & 0 \\ 0 & 0 & a_{33} \end{bmatrix} \begin{bmatrix} X_1(s) \\ X_2(s) \\ X_3(s) \end{bmatrix} \tag{7-47}$$

或

$$\begin{bmatrix} Y_1(s) \\ Y_2(s) \\ Y_3(s) \end{bmatrix} = \begin{bmatrix} X_1(s) \\ X_2(s) \\ X_3(s) \end{bmatrix} \tag{7-48}$$

由式(7-47)和式(7-48)可见,一个输入作用,都只与一个被调量有关,即实现了自治调节。这样,问题就转向如何寻找一个矩阵 $D(s)$,它应有什么样的数学模型,如何调整其参数使之与 $G(s)$ 之积满足式(7-45)或式(7-46)。显然,式(7-46)具有更为简单的形式,它将使计算大大简化,对求得 $D(s)$ 的数学模型更为方便。

从线性代数可知,一个矩阵 $G(s)$,如果其行列式 $|G(s)|$ 不为 0,则 $G(s)$ 为非奇异矩阵,它的逆矩阵 $G^{-1}(s)$ 存在,逆矩阵具有与原矩阵乘积为单位矩阵之性质,即

$$G(s)G^{-1}(s) = E \tag{7-49}$$

比较式(7-49)与式(7-46),可以看出

$$D(s) = G^{-1}(s)$$

因此,知道了对象的传递矩阵,就能通过求其逆矩阵的方法,得到解耦装置的数学模型。按这个模型连接附加环节,调整参数,便能实现自治调节。

矩阵求逆的方法,可按式(7-50)进行

$$D(s) = G^{-1}(s) = \frac{\mathrm{adj} G(s)}{|G(s)|} \tag{7-50}$$

式中,$\mathrm{adj} G(s)$ 为矩阵 $G(s)$ 的伴随矩阵,其相应行的各元素为 $G(s)$ 相应列各元素的代数余子式。$|G(s)|$ 为矩阵 $G(s)$ 的行列式。

按图 7-27 原理图和矩阵相乘的法则,实现解耦装置与对象连接的示意图如图 7-28 所示。引入解耦装置的物理意义是:由于对象内部存在的固有相互关联的影响,一个控制作用的输入,除了影响本身的被调量外,还通过对象内部关联通道影响其他被调量。引入解耦装置后,人为地附加各参数间交叉联系通道。只要适当地选择各通道的参数,使输入的控制作用通过解耦装置内的联系通道,对其他被调量的影响与由于对象内部联系的影响作用大小相等,方向相反,使其互相抵消。这样便实现了互不影响的自治调节。这个方法的原理,实质上仍是双通道的补偿原则。不过对复杂得多的变量对象用单位矩阵综合方法,求得解耦装置数学模型较为简便而已。

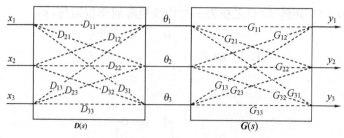

图 7-28 解耦装置与对象连接示意图

应当指出,由于解耦装置的数学模型是通过解对象的传递矩阵的逆矩阵而得,而对象特性的测试或理论推算,都是忽略了一些因素取得的近似值,因而解耦装置的数学模型也只能是简化的和近似的,也就是得到解耦系统是近似的,不能做到"全补偿"。加了解耦装置后的广义对象的特性也不可能为"1"。某一控制作用也不只对相应的被调量起作用,其他变量也同时稍有变化,只是相互影响大为减弱而已。

另外,从对象传递矩阵算得解耦装置的数学模型,在工程上能否实现解耦,是一个十分现实的问题。为此,要求对这个模型做些简化。试验表明,当对象各通道的动特性相等或相近时,用静态解耦就能满意地解决相关问题。当各通道动特性相差悬殊时,各参数间的关联作用在某个方向强,而在另一方向弱。这种场合,把关联弱的作用忽略掉,可以大为简化解耦矩阵。如果各通道的时间常数不相等,大小相差 10 倍以上,小的则可忽略,只考虑其静态传递函数即可。当各通道的动态特性十分复杂,求出的解耦装置数学模型无法实现时,就只能用简单的静态解耦办法来削弱其关联作用,做到静态解耦。关于解耦控制的详细介绍,可参考第 8 章相关内容。

复习思考题

7-1 画出串级调节系统的方框图,说明该系统构成及特点。

7-2 由串级调节系统的结构、改善调节品质等方面说明该系统的控制性能及其适用于哪些场合。

7-3 简述串级控制系统的设计原则。

7-4 串级调节系统的调节器选型及两种参数整定方法。

7-5 前馈控制与反馈控制各有什么特点?为什么采用前馈—反馈控制系统能较大地改善控制品质?

7-6 前馈控制系统有哪些典型结构形式?什么是静态前馈和动态前馈?

7-7 单纯前馈控制在生产过程控制中为什么很少采用?

7-8 简述前馈控制系统的选用原则和前馈控制系统的设计方法。

7-9 试述前馈控制的工作原理、扰动补偿器的设计及前馈控制的局限性。

7-10 试做出系统方框图说明复合调节系统的构成,由扰动对输出的影响及对系统的稳定性影响,分析复合调节系统的特点。

7-11 复合调节系统调节器参数选择的原理是什么?

第8章 复杂过程控制系统

在实际工业应用中,多数过程控制系统的控制回路采用 PID 控制,已经可以达到预期的控制效果。有资料显示,在工业过程控制中有 $85\% \sim 95\%$ 的控制回路采用 PID 进行控制,其他的控制回路也可采用常规 PID 进行控制,只是控制效果不够理想。影响常规 PID 控制效果好坏的原因很多,其中最主要的原因是因为工业过程自身特点而导致的,这些特点概括起来有如下几个方面:

(1)工业过程基本都是非线性系统。对于那些具有严重非线性环节的系统,无法采用已有的线性化方法进行近似处理。

(2)工业过程的时变性。在实际工业生产中,很多过程参数都是随生产过程不断变化的。

(3)工业过程变量之间存在相互耦合作用,尤其是在石化与冶金行业等的控制系统中存在很强的耦合关系,这些耦合关系往往是工艺要求必须存在的。

(4)工业过程中部分参数无法在线测量,如冶金生产过程中,炉内温度和钢水成分均无法实行连续在线检测,但这些变量又是产品质量的重要指标,需要加以测量和控制。

针对工业过程本身的特点和过程控制中存在的问题,研究人员一直在努力寻找更为先进、有效的控制系统,这就是所谓复杂过程控制系统。复杂过程控制系统目前尚无严格而统一的定义,习惯上,把基于数学模型而又必须用计算机来实现的控制系统,统称为复杂过程控制系统,如推理控制、预测控制、自适应控制、多变量控制等。本章主要对多变量解耦控制、推理控制、预测控制、等方法作较为深入的介绍。

8.1 多变量解耦控制系统

PID 控制器之所以能够得到如此广泛的应用,一个重要的原因是它便于设计和调试。PID 控制器的可调参数不多,其中的比例系数、积分时间常数和微分时间常数不仅直观,而且对过程变量输出响应的影响也比较容易理解,工作人员可以直观地根据过程输出变量的记录曲线调整控制器参数,使之很快达到理想的控制效果。相比之下,许多现代控制理论方法给出的控制器参数就比较多,而且不直观,也难于理解其中的关系,调整起来比较困难。多变量控制系统就是一个例子。

8.1.1 多变量过程的基本描述

前面所介绍的各种控制系统均属单输入单输出系统,在实际工业生产过程中,绝大多数过程都是多输入、多输出的。如工业锅炉就是一种典型的多输入、多输出过程控制系统。其输入与输出之间是互相影响、互相关联、互相耦合的,往往一个输入变量的变化将会引起几个输出变量的改变。

一般情况下,多输入多输出控制系统的传递函数可表示为

$$G(s) = \frac{\mathbf{Y}(s)}{\mathbf{U}(s)} = \begin{bmatrix} G_{11}(s) & G_{12}(s) & \cdots & G_{1n}(s) \\ G_{21}(s) & G_{22}(s) & \cdots & G_{2n}(s) \\ \vdots & \vdots & & \vdots \\ G_{m1}(s) & G_{m2}(s) & \cdots & G_{mn}(s) \end{bmatrix}$$

其中，n 表示输出变量数；m 表示输入变量数；$G_{ij}(s)$ 表示第 j 个输入与第 i 个输出间的传递函数。

对于多变量过程控制系统来说，如果一个被控变量只受一个控制变量的影响，那么，这种过程称为无耦合过程。对无耦合过程的多变量控制系统，其分析和设计方法同单变量过程控制系统完全一样。这里所讨论的是多个控制变量和被控变量之间存在耦合关系的多变量控制系统，为了设计这类控制系统，首先需要解决的问题是：如何界定变量之间的耦合强度？这里需要引入一个相对增益的概念。

8.1.2　相对增益与相对增益矩阵

1. 相对增益的定义

相对增益的概念是 Bristol 首先提出的，它揭示了耦合系统内部变量之间的耦合关系，并对耦合强度提出了量化处理的方法，从而为确定变量之间的配对选择提供了直接的理论指导。

相对增益的定义如下：在多变量耦合控制系统中，选择其中的第 i 个被控变量，当只有 u_j 作用时，即只改变 u_j，使其他各控制变量 $u_k(k=1,2,\cdots,n,k\neq j)$ 保持不变，当 u_j 变化 Δu_j 时，所得到的被控变量 y_i 的变化量与 u_j 的变化量之比，称为 u_j 到 y_i 通道的第一放大系数，表示为

$$K_{ij} = \frac{\Delta y_i}{\Delta u_j}\bigg|_{(u_k, k=1,2,\cdots,n,k\neq j)} \tag{8-1}$$

接着，继续选择第 i 个被控变量，在其他被控变量都保持不变，只改变被控变量 y_i，所得到的 y_i 的变化量与 u_j 的变化量之比，称为 u_j 到 y_i 通道的第二放大系数，表示为

$$K'_{ij} = \frac{\Delta y_i}{\Delta u_j}\bigg|_{(u_k, k=1,2,\cdots,n,k\neq i)} \tag{8-2}$$

然后，相对增益就定义为第一放大系数与第二放大系数之比，即

$$\lambda_{ij} \triangleq \frac{K_{ij}}{K'_{ij}} \tag{8-3}$$

从以上分析可以看出，相对增益反映了控制变量与被控变量之间的作用强弱，将控制变量与被控变量之间的耦合关系用一个量化的形式进行表示。利用相对增益来确定变量间的配对选择和判断该系统是否需要解耦，现在已成为多变量耦合系统选择变量配对的常用方法。

2. 相对增益的求取

从以上内容可以知道，为了得到相对增益，需要先求出两个放大系数 K_{ij} 和 K'_{ij}，这两个放大系数可以通过两种方法求出：实验法和解析法。为了讨论方便，这里假设系统输入与输出数量相等，均为 n。

（1）实验法

根据定义，先保持其他输入不变的情况下，求出在 Δu_j 作用下输出 y_i 的变化 Δy_i，由此可得 K_{ij}；依次变化 $u_j(j=1,2,\cdots,n,j\neq i)$，即可求出全部的 K_{ij} 值，得到

$$\mathbf{K} = (K_{ij})_{n \times m} = \begin{bmatrix} K_{11} & K_{12} & \cdots & K_{1n} \\ K_{21} & K_{22} & \cdots & K_{2n} \\ \vdots & \vdots & & \vdots \\ K_{n1} & K_{n2} & \cdots & K_{nm} \end{bmatrix}$$

接着,在 μ_j 作用下,使其他被控量都保持不变,只改变被控量 y_i,所得到的 Δy_i 与 u_j 的变化量之比 K'_{ij};依次变化 $u_j(j=1,2,\cdots,n,j \neq i)$,再逐个得到 Δy_i 值,即可求出全部的 K'_{ij}

$$\mathbf{K}' = (K'_{ij})_{n \times m} = \begin{bmatrix} K'_{11} & K'_{12} & \cdots & K'_{1n} \\ K'_{21} & K'_{22} & \cdots & K'_{2n} \\ \vdots & \vdots & & \vdots \\ K'_{n1} & K'_{n2} & \cdots & K'_{nm} \end{bmatrix}$$

再根据相对增益的定义

$$\lambda_{ij} = \frac{K_{ij}}{K'_{ij}}$$

可得到相对增益矩阵为

$$\lambda = \begin{bmatrix} \lambda_{11} & \lambda_{12} & \cdots & \lambda_{1n} \\ \lambda_{21} & \lambda_{22} & \cdots & \lambda_{2n} \\ \vdots & \vdots & & \vdots \\ \lambda_{n1} & \lambda_{n2} & \cdots & \lambda_{nm} \end{bmatrix}$$

用这种方法求相对增益,只要实验条件满足定义的要求,能够得到接近实际的结果。但从实验方法而言,求第一放大系数还比较简单易行,而求第二放大系数的实验条件比较难以满足,特别在输入/输出数量较多的情况下,因此用实验法求相对增益有一定困难。

(2)解析法

相对增益还可以根据过程的数学表达式进行求解,下面以两输入两输出耦合过程为例说明解析法求解相对增益的过程。

针对如图 8-1 所示耦合控制系统,系统输入输出关系可表示为如下形式

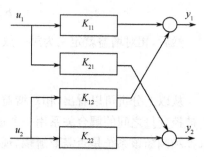

$$\begin{cases} y_1 = K_{11}u_1 + K_{12}u_2 \\ y_2 = K_{21}u_1 + K_{22}u_2 \end{cases} \tag{8-4}$$

式中

$$K_{ij} = \frac{\Delta y_i}{\Delta u_j} \tag{8-5}$$

它表示第 i 个被控量相对于第 j 个被控量的静态增益。

图 8-1 2×2 耦合过程框图

由式(8-4)可得

$$y_1 = K_{11}u_1 + K_{12}\frac{y_2 - K_{21}u_1}{K_{22}}$$

由此可得

$$\frac{\Delta y_1}{\Delta u_1}\bigg|_{y_2 = \text{const}} = \frac{\partial y_1}{\partial u_1}\bigg|_{y_2 = \text{const}} = K_{11} - \frac{K_{12}K_{21}}{K_{22}} = K'_{11} \tag{8-6}$$

同理可得以下公式

$$\begin{cases} \lambda_{11} = \dfrac{K_{11}}{K'_{11}} = \dfrac{K_{11}K_{22}}{K_{11}K_{22} - K_{12}K_{21}} \\[3mm] \lambda_{12} = \dfrac{-K_{12}K_{21}}{K_{11}K_{22} - K_{12}K_{21}} \\[3mm] \lambda_{21} = \dfrac{-K_{12}K_{21}}{K_{11}K_{22} - K_{12}K_{21}} \\[3mm] \lambda_{22} = \dfrac{K_{11}K_{22}}{K_{11}K_{22} - K_{12}K_{21}} \end{cases} \tag{8-7}$$

以上是两输入两输出系统相对增益的一种解析求取方法。对于式(8-4)所示系统,还可以将控制变量表示成被控变量的函数

$$\begin{cases} u_1 = h_{11}y_1 + h_{12}y_2 \\ u_2 = h_{21}y_1 + h_{22}y_2 \end{cases} \tag{8-8}$$

式中

$$h_{ji} = \frac{\Delta u_i}{\Delta y_j}\bigg|_{\substack{y_k = \text{const} \\ (k \neq i)}} \tag{8-9}$$

h_{ji} 是 K'_{ij} 的倒数,此时,相对增益 λ_{ij} 可表示为

$$\lambda_{ij} = K_{ij}h_{ji} \tag{8-10}$$

将式(8-8)用矩阵形式表示

$$u = Hy \tag{8-11}$$

这里,矩阵 K 是矩阵 H 的逆矩阵,即

$$K = H^{-1} \tag{8-12}$$

此时,相对增益可表示为矩阵 K 中的每一个元素与 H 的转置矩阵中相应元素的乘积。所以,相对增益矩阵 λ 可以表示成矩阵 K 中每个元素与逆矩阵 K^{-1} 的转置矩阵中相应元素的乘积,即

$$\lambda = K(K^{-1})^{\mathrm{T}} \tag{8-13}$$

或

$$\lambda = H^{-1}H^{\mathrm{T}} \tag{8-14}$$

只要可以求出矩阵 K 或者 H 中的任何一个,即可利用式(8-13)或式(8-14)求出相对增益矩阵 λ。

3. 相对增益的性质

根据相对增益的求取过程,可以得到相对增益矩阵的一个重要性质:相对增益矩阵的任意一行(或任意一列)的元素值之和都为1。

式(8-6)和式(8-7)就验证了相对增益的这一性质,即

$$\lambda_{11} + \lambda_{12} = \lambda_{21} + \lambda_{22} = \lambda_{11} + \lambda_{21} = \lambda_{12} + \lambda_{22} = 1 \tag{8-15}$$

这一性质在 n 维系统中也同样适用,即每一行相对增益之和或每列相对增益之和也均为1。

相对增益的这个性质可以大大减少计算相对增益矩阵的工作量。对一个 2×2 系统,只要求出 λ_{11},根据同一行或同一列相对增益之和为1的性质,即可知道其余的 λ_{ij};对于 3×3 系统,只要求出4个独立的相对增益元素值,如三个对角线上的元素和其他任何一个元素值,其余数值均可利用这一性质求出。这个性质也揭示了相对增益中各元素之间具有一定的组合关系。如在一个给定的行或列中,若出现一个比1大的数,则在同一行或同一列中就必定会有一个负数,这种负耦合将引起正反馈,从而导致过程的不稳定,因此,必须考虑采取措施来避免和克服这种现象。

不同的相对增益反映了系统中不同的耦合程度,当某个回路的相对增益越接近1,则该回

路受其他回路的影响也就越小,当两个回路之间无耦合关系时,回路各自的相对增益都是1,因而,对于输入/输出变量数相等的无耦合系统,其相对增益矩阵必为单位矩阵。

根据以上对相对增益矩阵的分析,可以得到如下结论:

① 若相对增益矩阵的对角元素为1,其他元素为0,则过程通道之间没有耦合,每个通道可构成单回路控制。

② 若相对增益矩阵的非对角元素为1,而对角元素为0,则表示过程控制通道选择不合适,需要更换输入/输出间的配对关系。

③ 若相对增益矩阵的元素都在[0,1]内,表示过程控制通道之间存在耦合。λ_{ij}越接近1,表示其他通道对该变量耦合影响越小,这时采用单回路控制进行处理效果越好。

④ 若相对增益矩阵同一行或同一列元素值基本相等,表示通道之间的耦合最强,不能直接采用单回路控制进行处理。

⑤ 若相对增益矩阵的元素有大于1的情况,则同一行或同一列中必有其他元素小于0,表示过程变量之间存在不稳定耦合,在设计解耦或控制回路时,需要采取稳定措施。

一个具有耦合过程的控制系统在进行系统设计之前,首先应决定哪个被控量应该由哪个控制量来控制,这就是耦合过程中各变量的配对问题。有时会发生这样的情况,每个控制回路的设计、调试都是正确的,可是当它们投入运行时,由于回路间耦合严重,系统不能正常工作。而将系统变量重新进行合理配对后,系统就能正常工作。这说明合理的变量配对是进行良好控制的必要条件。而应用相对增益概念就可以进行变量间的合理配对。

8.1.3 解耦控制系统的设计

由于单输入单输出控制系统的设计方法既相对简单又比较成熟,所以,在考虑多变量耦合控制系统时,人们首先想到的就是对系统进行解耦。所谓解耦控制,就是设计一个解耦装置,使其中任意一个控制量的变化只影响其配对的那个被控变量,而不影响其他控制回路的被控量。这样就把多变量耦合控制系统分解为若干个相互独立的单变量控制系统。下面就来讨论解耦装置的设计问题。

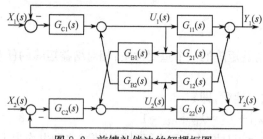

图 8-2 前馈补偿法的解耦框图

1. 前馈补偿设计法

前馈补偿控制方法同样适用于多变量解耦控制,对于图 8-2 所示控制系统,$G_{B1}(s)$ 和 $G_{B2}(s)$ 为需要设计的前馈补偿器,设计该补偿器的目的,就是要将各过程通道之间的影响消除掉。

为了将通道间的影响消除,就希望各个输出 $Y(s)$ 中没有其他 $U(s)$ 的元素,那么可以得到以下方程

$$[G_{B1}(s)G_{22}(s)+G_{21}(s)]U_1(s)=0$$
$$[G_{B2}(s)G_{11}(s)+G_{12}(s)]U_2(s)=0$$

$$(8\text{-}16)$$

为了使式(8-16)成立,则需要设计前馈补偿器,使其满足以下方程

$$G_{B1}(s)=-\frac{G_{21}(s)}{G_{22}(s)}$$

$$G_{B2}(s)=-\frac{G_{12}(s)}{G_{11}(s)}$$

$$(8\text{-}17)$$

此时过程通道间的相互影响均为 0,使系统实现完全解耦。该方法控制思想非常简单,设计方法与前馈补偿控制系统一样,具体可参考前馈补偿控制系统内容。

2. 串联解耦

串联解耦又称为对角矩阵解耦方法,是一种相对简单的解耦方法,对于一个如图 8-3 所示的多变量控制系统而言,可以通

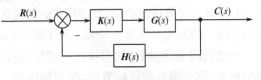

图 8-3　串联解耦控制

过合理设计串联补偿器 $K(s)$,使系统的前向通道传递函数矩阵成为一个对角阵,即

$$G(s)K(s)=P(s)=\mathrm{diag}\{p_{ij}(s)\} \tag{8-18}$$

这时,系统的各个输出变量只由相应的输入变量来控制,系统成为一个无耦合的多变量控制系统。那么,就可以利用单输入单输出相关理论进行系统设计。

那么,串联补偿器 $K(s)$ 应如何设计呢? 对于以上系统,如果 $G(s)$ 是输出能控的,那么对于预先选定的 $P(s)$,可以得到

$$K(s)=G^{-1}(s)P(s) \tag{8-19}$$

不过,在 $G(s)$ 为奇异矩阵时,不能直接对 $G(s)$ 求逆,这时采用特殊的处理方法也可求得相关结果,即使 $K(s)$ 等于一个与 $G(s)$ 有关的特殊值时,也可以使得下式成立

$$G(s)K(s)=\mathrm{diag}\{g_{11}(s),g_{22}(s),\cdots,g_{mn}(s)\}$$

式中,$g_{ii}(s)$ 为 $G(s)$ 中的对应元素。这时,不用求取 $G^{-1}(s)$,也可以直接求得 $K(s)$。

通过串联解耦,可以得到 m 个独立的回路,这样,就可以采用任何一种简单的系统控制方法进行设计。不过这种串联解耦方法也有缺点:

① 所设计出来的 $K(s)$ 比较复杂,实现起来比较困难;

② $G(s)$ 若有右半 s 平面传输零点,那么所求得的 $K(s)$ 中就会出现一个右半平面的极点。这些都给控制系统的稳定可靠运行带来了困难。

3. 单位矩阵设计法

单位矩阵设计法其实就是串联解耦方法的特例,只是通过设计串联补偿器 $K(s)$,使系统的前向通道传递函数矩阵成为一个单位阵。如图 8-3(c)所示控制系统,控制作用 $U(s)$ 与被控量 $Y(s)$ 的关系具有如下形式

$$G(s)K(s)=P(s)=\mathrm{diag}\{p_{ij}(s)\}=I$$

即

$$K(s)=G^{-1}(s) \tag{8-20}$$

该方法的具体分析过程已经在前面介绍过,这里不再详细讨论。单位矩阵设计法设计的解耦装置,不仅可以解除控制回路间的耦合作用,还改善了控制过程的动态特性,使其广义过程的特性为 1,这就大大提高了控制系统的稳定性,减少了系统的过渡过程时间和最大偏差,提高了控制系统的质量。该方法的缺点是所得到的补偿器实现起来将更加困难。

4. 解耦系统的简化设计

由解耦控制系统的各种设计方法可知,它们都是以获得过程数学模型为前提的,而工业过程千变万化,影响因素众多,往往不可能得到精确的数学模型,即使采用机理分析方法或实验方法得到了数学模型,利用它们来设计的解耦装置往往也非常复杂,难以用工程实现。因此,必须对

过程的数学模型进行简化。简化的方法很多,但从解耦的目的出发,可以采用如下一些方法。例如,当过程的时间常数相差很大,则可以忽略最小的时间常数;当过程的时间常数相差不大,则可令它们相等。必须指出的是,有时尽管做了简化,但解耦器还是十分复杂。因此在实现中又常常采用更简化的方法——静态解耦。经实验,该方法同样可以取得良好的解耦效果。

一般情况下,解耦补偿要比一般控制器复杂得多,尤其是过程传递函数越复杂,阶数越高的系统,则解耦补偿器越复杂,实现越困难。在实际应用中,由于系统的时变性和不确定性等原因很难辨识得到系统的精确传递函数,所以,复杂的解耦补偿控制器并不一定非常实用。设计中往往希望所设计的解耦控制器既能简化解耦控制器的结构,又能实现系统的控制要求。根据控制理论,过程的简化主要应考虑以下方面:

(1) 具备主导极点的系统,用该主导极点所代表的环节近似代替高阶系统,这样可降低过程模型阶数;

(2) 如果几个时间常数的值接近,也可取同一值代替,这样可以简化系统设计,便于调节器的实现;

(3) 对于可以采用静态解耦而忽略动态解耦的系统,尽量采用静态解耦,简化补偿器结构。

在工程实现中,解耦补偿器通常取滞后超前环节形式,这种解耦控制器结构形式简单,设计容易,解耦效果基本能满足一般过程的控制需要。

8.1.4 解耦控制中的一些问题

解耦设计的目的是为了能利用单回路控制系统相关理论对多变量耦合控制系统进行控制,从而获得满意的控制性能。因此在进行解耦设计的时候,也必须考虑如下问题。

(1)稳定性问题

稳定性问题是任何控制系统必须首先面对的问题。对于存在耦合的多输入多输出系统,稳定性问题变得比较复杂。为了克服由耦合引起的不稳定,应尽可能合理选择控制通道,使对应的输入/输出间有大的相对增益;在一定条件下简化系统,忽略一些小的耦合,对不能忽略的局部不稳定耦合采取专门的解耦措施;对不能简化的系统,可以采取比较完善的解耦设计方法,既能解除耦合,又可配置广义过程的极点,使过程满足稳定性要求。

(2)部分解耦

所谓部分解耦是指在复杂耦合过程中,只对部分耦合进行解耦,而忽略另一部分耦合。显然,部分解耦过程的控制性能会优于不解耦过程而比完全解耦过程要差。相应的部分解耦的补偿器也比较简单,实现起来比较容易。因此在相当多的实际过程中得到有效的应用。

那么,哪些变量和通道需要解耦,而哪些可以忽略呢?选择进行部分解耦时,有如下几点可供参考:

① 根据被控参数的相对重要性,一个过程的多个被控参数对生产的重要程度是不同的,对那些重要的被控参数,控制要求高,需要设计性能优越的调节器,最好是采用独立的单回路控制,除了它的控制作用外,其他输入对它的耦合必须通过解耦来消除。而相对不重要的被控参数和通道,可允许由于耦合存在所引起的控制性能的降低,以减少解耦装置的复杂程度。

② 根据被控参数的响应速度,过程被控参数对输入和扰动的响应速度是不一样的,响应快的被控参数,受响应慢的参数通道的影响小,后者对前者的耦合因素可以不考虑,而对响应慢的参数受来自响应快的参数影响大,因此在部分解耦时,往往对响应慢的参数受到的耦合要

采取解耦措施。

通过上面几个问题的讨论,简要地介绍了与过程解耦有关的主要问题,这对解决工程实际中的耦合问题是很有帮助的。但实际系统往往比较复杂,系统对解耦的要求越来越高,随着研究的日益深入,一些新的解耦理论和方法还在不断发展与探索中。同时解耦问题的工程实践性很强,真正掌握和熟悉解耦设计还有待于工程实践知识的不断积累。

8.2 推理控制系统

通过前面的介绍可以知道,前馈补偿控制系统能有效地克服过程可测扰动对输出的影响,但在实际工业生产中,常常存在这样一些情况,即被控过程的输出变量不能直接测量或者难以测量,因而无法实现反馈控制;或者被控过程的扰动也无法测量,也不能实现前馈补偿控制。在这种情况下,美国 Coleman Brosilom 和 Martin Tong 等人于 1978 年提出了推理控制理论,主要思路是通过采用控制辅助输出量的办法间接控制过程的被控输出量。

8.2.1 推理控制的基本原理

对于如图 8-4 所示的控制系统,图中 $Y_1(s)$、$Y_2(s)$ 分别为被控输出变量和辅助输出变量;$F(s)$ 为不可测扰动;$G_{f1}(s)$、$G_{f2}(s)$ 分别为被控和辅助扰动通道的传递函数;$G_1(s)$、$G_2(s)$ 分别为被控和辅助控制通道的传递函数;$G_c(s)$ 为需要设计的推理控制传递函数。

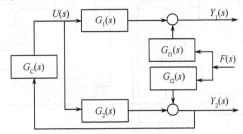

图 8-4 推理控制系统框图

为了满足推理控制提出的前提条件,假设被控变量和扰动变量均不可测,即 $F(s)$ 与 $Y_1(s)$ 均未知。

根据图 8-4 知,可测的辅助变量可表示为

$$\begin{cases} Y_1(s) = G_{f1}(s)F(s) + G_1(s)G_c(s)Y_2(s) \\ Y_2(s) = G_{f2}(s)F(s) + G_2(s)G_c(s)Y_2(s) \end{cases} \tag{8-21}$$

式(8-21)中消去 $Y_2(s)$,可得

$$Y_1(s) = G_{f1}(s)F(s) + G_1(s)G_c(s)\frac{G_{f2}(s)}{1 - G_2(s)G_c(s)}F(s) \tag{8-22}$$

也就是说,$F(s)$ 对系统被控变量的传递函数可表示为

$$Y_1(s) = \left[G_{f1} - G_{f2}(s)\frac{G_1(s)G_c(s)}{1 - G_2(s)G_c(s)} \right]F(s) \tag{8-23}$$

如果式(8-23)中方括号内的传递函数等于零,即

$$\frac{G_1(s)G_c(s)}{1 - G_2(s)G_c(s)} = -\frac{G_{f1}(s)}{G_{f2}(s)} \tag{8-24}$$

此时 $Y_1(s)=0$，也就是说，被控变量中完全消除了不可测扰动 $F(s)$ 对其的影响。

为了与其他书籍表述方法一致，这里假设 $E(s)=\dfrac{G_{f1}(s)}{G_{f2}(s)}=-\dfrac{G_1(s)G_C(s)}{1-G_2(s)G_C(s)}$。若各环节数学模型的估计值已知，则推理部分的传递函数可表示为

$$G_C(s)=\frac{\hat{E}(s)}{\hat{G}_2(s)\hat{E}(s)-\hat{G}_1(s)} \tag{8-25}$$

式中，$\hat{E}(s)=\dfrac{\hat{G}_{f1}(s)}{\hat{G}_{f2}(s)}$，此时，根据图 8-4 所示，推理控制部分的输出可表示为

$$U(s)=G_C(s)Y_2(s)=\frac{\hat{E}(s)}{\hat{G}_2(s)\hat{E}(s)-\hat{G}_1(s)}Y_2(s) \tag{8-26}$$

将式(8-26)进一步改写为

$$U(s)=-\frac{1}{\hat{G}_1(s)}[Y_2(s)-U(s)\hat{G}_2(s)]\hat{E}(s) \tag{8-27}$$

可得到如图 8-5 所示推理控制系统基本构成框图，图中 $G_C(s)$ 为推理控制器，$\hat{E}(s)$ 为估计器，$X(s)$ 为参考输入。由图 8-5 可知，推理控制有三个基本组成部分，分别实现不同的功能：

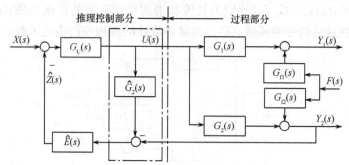

图 8-5 推理控制系统基本构成框图

1. 实现信号分离

这部分由图 8-5 的虚框表示，当通道的数学模型完全匹配，即 $G_{f2}(s)=\hat{G}_{f2}(s)$ 时，有

$$Y_2(s)-\hat{G}_2(s)U(s)=G_{f2}(s)F(s) \tag{8-28}$$

也就是说该部分的作用是将 $Y_2(s)$ 中的不可测扰动 $F(s)$ 的影响分离出来。

2. 估计不可测扰动

由前面的假设可知，$\hat{E}(s)=\hat{G}_{f1}(s)/\hat{G}_{f2}(s)$，在得到扰动分离信号之后，将分离出来的信号输入到 $\hat{E}(s)$。此时，$\hat{E}(s)$ 的输出信号满足以下方程

$$\hat{Z}(s)=\hat{E}(s)G_{f2}(s)F(s)=\hat{G}_{f1}(s)F(s) \tag{8-29}$$

若 $\hat{G}_{f1}(s)=G_{f1}(s)$，则 $\hat{Z}(s)$ 所表示的输出即为不可测扰动 $F(s)$ 对被控变量 $Y_1(s)$ 所产生的影响。这里，应保证 $\hat{E}(s)=\hat{G}_{f1}(s)/\hat{G}_{f2}(s)$ 是可实现的。

3. 实现输出跟踪

在得到 $F(s)$ 对 $Y_1(s)$ 的影响之后，根据由图 8-5 可求出推理控制系统被控变量的输出为

$$Y_1(s)=\frac{G_C(s)G_1(s)}{1+\hat{E}(s)G_C(s)[G_2(s)-\hat{G}_2(s)]}X(s)+\frac{G_{f1}(s)-\hat{E}(s)G_C(s)G_{f2}(s)G_1(s)}{1+\hat{E}(s)G_C(s)[G_2(s)-\hat{G}_2(s)]}F(s)$$

$$(8-30)$$

若所得到的各个环节的估计结果与模型完全匹配时，即 $\hat{G}_1(s)=G_1(s)$，$\hat{G}_2(s)=G_2(s)$，$\hat{G}_{f1}(s)=G_{f1}(s)$，$\hat{G}_{f2}(s)=G_{f2}(s)$，且有 $G_C(s)=\dfrac{1}{\hat{G}_1(s)}$，则 $Y_1(s)=X(s)$。

可见，推理控制系统对给定信号具有良好的跟踪性能，可以完全补偿不可测扰动对系统的影响。从理论上，推理控制器应满足 $G_C(s)=1/\hat{G}_{01}(s)$，但这样的结果一般都无法实现。为此，需要串联一个滤波器使系统的传递函数成为可实现的，即 $G_C(s)=G_F(s)/\hat{G}_{01}(s)$。在实际的控制系统中，完全准确的数学模型是无法得到的，所以一般情况下，系统被控变量也不可能完全实现对设定值阶跃作用的动态跟踪。

8.2.2　推理—反馈控制系统

根据以上论述可知，推理控制系统只有在数学模型准确的条件下，对设定值才具有良好的跟踪性能，对扰动的影响才能起完全补偿的作用。但在实际系统中，数学模型总不可避免地存在误差，因而系统的主要输出也总不可避免地存在跟踪误差和补偿误差。在单输入单输出系统中，一般是通过反馈来消除误差，同样，这里也可以引入被控变量的反馈作用，由于被控变量本身是不可测的，所以采用推理的方法对被控变量进行估算，将估算值作为被控变量反馈到给定端，这就是推理—反馈控制系统的基本思路。

由图 8-4 可知

$$Y_1(s)=G_1(s)U(s)-G_{f1}(s)F(s) \tag{8-31}$$

$$Y_2(s)=G_2(s)U(s)-G_{f2}(s)F(s) \tag{8-32}$$

将信号分离中得到的扰动估计值代入式(8-31)、式(8-32)，可得被控变量的估算式

$$\hat{Y}_1(s)=\left[\hat{G}_{01}(s)-\frac{G_{f1}(s)}{G_{f2}(s)}\hat{G}_{02}(s)\right]U(s)-\frac{\hat{G}_{f1}(s)}{\hat{G}_{f2}(s)}Y_2(s) \tag{8-33}$$

得到了被控变量的估算式，即可将其反馈回输入给定端，实现反馈补偿控制。根据式(8-33)，可以得到推理—反馈控制系统的框图如图 8-6 所示。

这种推理控制系统由于实现了被控变量估计值的反馈，所以即使 $\hat{Y}_1(s)\neq Y_1(s)$，也可以通过适当选择 $G_C(s)$ 来实现对设定值的良好跟踪以及对扰动的完全补偿。

虽然推理控制最初是为了解决主要输出变量不可测和扰动量不可测的问题而提出来的，但随着应用的深入，其基本思想后来又被广泛应用于其他类型的控制系统中。由于推理控制系统可调参数少，使用起来比较方便，因而是一种很有实用价值的控制方法。

8.2.3　辅助控制量的选择

系统的被控变量不可测量时，必须选择辅助控制量，通过辅助控制量得到控制所需的信

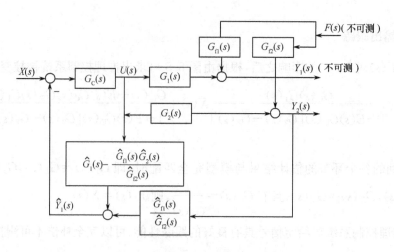

图 8-6　推理—反馈控制系统框图

息。辅助控制量的选择应考虑以下几个因素：

① 首先,辅助控制量必须是可测的。

② 负荷扰动与辅助控制量之间存在唯一的、确定的扰动通道。

③ 要求辅助控制量能非常灵敏地反映扰动的影响。在实际过程中,扰动源一旦确定,扰动通道就确定了。而扰动通道同辅助控制量的选择有关。

④ 为使系统中的估计器是可实现的,要求扰动与辅助控制量之间的通道尽量短,时间延迟尽可能小。

8.2.4　控制作用的限幅

在推理控制系统中,推理控制部分的作用类似于积分器的作用,即使模型存在误差,系统也能消除稳态偏差。这就是说,只要系统输出存在偏差,控制器就会产生控制作用,直到偏差完全消除为止。在实际系统中,输入信号受到阀门开度的限制,不可能无限制的增加,从而导致输出的稳态偏差不能完全消除。为避免这种情况,在控制器的输出端加一个限幅器,这样就可以使模型的控制作用与实际系统中的真实情况更加接近,经过限幅以后的信号再分别送入对象和模型。

8.3　预测控制系统

模型预测控制(MPC,Model Predictive Control)是 20 世纪 80 年代初开始发展起来的一类新型计算机控制算法。该算法直接产生于工业过程控制的实际应用中,并在与工业应用的紧密结合中不断完善和成熟。这种方法是根据过程的实验模型来预测过程的输出,再用过程实际输出和预测输出之差来校正,校正后的结果作为反馈量,送去与设定值比较,使得由比较结果而产生的控制作用能让过程输出很好地跟踪指定的输出轨迹。模型预测控制算法采用了多步预测、滚动优化和反馈校正等控制策略,而且具有控制效果好、鲁棒性强、对模型精确性要求不高的优点。工业生产中,由于很多生产过程都具有非线性、不确定性和时变的特点,要建立精确的解析模型十分困难或者根本就不可能,因此,经典控制方法难以获得良好的控制结果。而预测控制对模型的结构形式没有太多要求,所以非常适用于复杂工业过程的控制。

改进的预测控制算法有很多,基本可以归为以下几类:基于非参数模型的动态矩阵控制(DMC)、模型算法控制(MAC)、基于参数模型的广义预测控制(GPC)、广义预测极点配置控制(GPP)等。这些控制算法的不同主要体现在基于的模型和控制思路不同,模型算法控制采用对象的脉冲响应模型,动态矩阵控制采用对象的阶跃响应模型;广义预测控制和广义预测极点配置控制是将预测控制的思想与自适应控制相结合得到的,具有参数数目少并能够在线估计的优点,提高了预测控制系统的闭环稳定性和鲁棒性。

不过,不论预测控制的算法形式如何不同,都是建立在以下三项基本组成基础上的,即:预测模型、参考轨迹和控制算法。为了简单起见,这里以动态矩阵控制为例,说明预测控制理论的基本思想。

动态矩阵控制是一种基本的预测控制算法,对稳定的线性系统或动态特性中具有纯滞后、非最小相位特性等系统都可以使用该算法。采用对象的阶跃响应系数作为控制模型,避免了模型参数辨识的问题,同时,采用多步预估方法,有效地解决了时延过程问题。动态矩阵控制算法的控制结构主要由预测模型、参考轨迹和控制算法构成。

8.3.1　预测模型

预测控制中,状态方程、传递函数等都可以作为预测模型。对于线性稳定对象,阶跃响应、脉冲响应这类非参数模型也可作为预测模型使用。前面提到过,预测控制适用于渐近稳定的工业过程,对于不稳定的工业过程,就需先通过常规控制方法,使系统过程稳定后再应用预测控制方法。

由于系统的阶跃响应、脉冲响应也可作为预测模型,所以,对于一个线性系统,可以通过实验的方法测定其阶跃响应曲线或脉冲响应曲线,以一系列动态系数来表示系统的动态特性,分别以 $\hat{h}(t)$ 和 $\hat{g}(t)$ 表示,由于干扰的影响,$\hat{h}(t)$ 和 $\hat{g}(t)$ 与真实响应之间有差异,真实的响应分别用 $h(t)$ 和 $g(t)$ 表示。

图 8-7 为一渐近稳定过程的单位阶跃响应曲线。

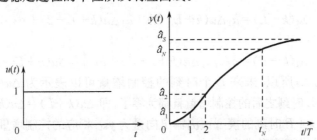

图 8-7　实测单位阶跃响应曲线

图 8-7 中 T 为采样周期,$T=t_N/N$,N 称为截断步长,令 $\hat{a}_S$ 为响应曲线的稳态值。P 为预测步长,且 $P \leqslant N$,预测模型的输出为 y_M。根据线性系统叠加原理,若某个 $k-i(k \geqslant i)$ 时刻的输入为 $u(k-i)$,则输入变化量 $\Delta u(k-i)$ 对输出的影响可表示为

$$y(k) = \begin{cases} a_i \Delta u(k-i) & 1 \leqslant i < P \\ a_P \Delta u(k-i) & i \geqslant P \end{cases}$$

$y(k)$ 表示系统的真实输出,如果所有时刻均有输入时,系统的输出可以表示为

$$y(k) = a_1 \Delta u(k-1) + a_2 \Delta u(k-2) + \cdots = \sum_{i=1}^{\infty} a_i \Delta u(k-i) \tag{8-34}$$

式中，$\Delta u(k-i)=u(k-i)-u(k-i-1)$，表示 $k-i$ 时刻输入控制的增量部分。根据式(8-34)，可将系统的预测模型表示为

$$y_M(k)=\sum_{i=1}^{\infty}\hat{a}_i\Delta u(k-i)\qquad(8\text{-}35)$$

这就是基于单位阶跃响应的动态矩阵控制(DMC)预测模型，式中的 $y_M(k)$ 表示系统的模型输出，$\hat{a}_i$ 表示测试得到的阶跃响应系数，由于干扰的存在，该系数与系统真实的阶跃响应系数 a_i 不同。上式表明，模型在 k 时刻的输出是 k 时刻前的所有输入共同作用的结果。

对于线型系统来说，脉冲响应系数与阶跃响应系数有如下关系存在，即 $a_i=\sum_{j=1}^{i}h_j$，所以，将 $\Delta u(k-i)=u(k-i)-u(k-i-1)$ 代入上式，可以改写成

$$y(k)=h_1u(k-1)+h_2u(k-2)+\cdots=\sum_{i=1}^{\infty}h_iu(k-i)$$

对于稳定的自平衡系统，在某个时刻 N 后，系统的阶跃响应已经基本不再改变，此时，$h_{N+1}=h_{N+2}=\cdots=0$，系统的预测模型可以改写为

$$y_M(k)=\sum_{i=1}^{N}\hat{h}_iu(k-i)+\sum_{i=N+1}^{\infty}\hat{h}_iu(k-i)=\sum_{i=1}^{N}\hat{h}_iu(k-i)\qquad(8\text{-}36)$$

这是基于脉冲响应曲线的 DMC 预测模型，式(8-36)说明，模型在 k 时刻的预测值只与 k 时刻以前 N 个时刻的输入有关。可以看出，这个模型与基于单位阶跃响应曲线的预测模型相比有一定程度的简化。

下面以单位阶跃响应曲线 DMC 预测模型为例，将模型的预测输出写为矩阵表示形式。对于控制步程为 L 的预测模型来说，未来各个时刻的输出预测值可以表示为

$$y_M(k+1)=\hat{a}_1\Delta u(k)+\hat{a}_2\Delta u(k-1)+\cdots$$
$$y_M(k+2)=\hat{a}_1\Delta u(k+1)+\hat{a}_2\Delta u(k)+\cdots$$
$$\cdots\cdots$$
$$y_M(k+L)=\hat{a}_1\Delta u(k+L-1)+\hat{a}_2\Delta u(k+L-2)+\cdots$$
$$\cdots\cdots$$
$$y_M(k+P)=\hat{a}_{P-L+1}\Delta u(k+L-1)+\hat{a}_{P-L+2}\Delta u(k+L-2)+\cdots$$

由于控制步程为 L，所以，未来 L 个时刻的控制增量可以表示为 $\Delta u(k),\Delta u(k+1),\cdots,\Delta u(k+L-1)$，而 $k+L$ 时刻之后的控制增量就都为零了，即 $\Delta u(k+L)=\Delta u(k+L+1)=\cdots=0$。

这里取 $k+1$ 至 $k+P$ 时刻的模型预测输出向量为 y_M，相应的控制增量向量为 Δu，则模型输出预测值可以表示成矩阵形式为

$$y_M=A\Delta u+y_0\qquad(8\text{-}37)$$

式中，A 为 $P\times L$ 维矩阵，它由系统的阶跃响应系数构成，称为系统的动态矩阵，y_0 表示过去时刻的控制作用对预测输出的影响。A 可以表示如下

$$A=\begin{bmatrix}\hat{a}_1 & & & \mathbf{0}\\ \hat{a}_2 & \hat{a}_1 & & \\ \vdots & & \ddots & \\ \hat{a}_L & \cdots & \cdots & \hat{a}_1\\ \vdots & & & \vdots\\ \hat{a}_P & \cdots & \cdots & \hat{a}_{P-L+1}\end{bmatrix}\qquad(8\text{-}38)$$

动态矩阵 A 决定了系统在控制步程内对预测输出的影响，它完全依赖于对象的内部特性，而与对象在 k 时刻的实际输出无关，这个模型是一种开环预测模型。

由于工业过程的对象及环境本身都存在不确定性，不可避免地存在模型误差，使得预测模型不可能与实际对象的输出完全符合，因此需要对上述开环预测模型进行修正。

预测误差可以用下式表示

$$e(k+1) = y(k+1) - y_M(k+1)$$

在预测控制中通常采用反馈修正的方法，其具体做法是，将第 k 步的实际对象的输出测量值与预测模型输出值之间的误差加权后对未来时刻的预测值进行修正，即可得到闭环预测模型，并用 $y_P(k+i)$ 表示，即

$$y_P(k+1) = y_M(k+1) + H_0[y(k) - y_M(k)] \tag{8-39}$$

式中，$y_P(k+1) = [y_P(k+1) \quad y_P(k+2) \quad \cdots \quad y_P(k+P)]^T$，为 $(k+1)T$ 时刻经误差校正后所得到的预测输出，$H_0(k) = [1 \quad 1 \quad \cdots \quad 1]^T$，为误差校正矢量，$y(k)$ 为 k 时刻实际对象的输出测量值，$y_M(k)$ 为 k 时刻预测模型的输出值。

由式(8-39)可见，由于每个预测时刻都引入当时实际对象的输出和模型输出的偏差，使闭环模型不断得到修正，这样就可有效地克服模型的不精确性和系统中存在的不确定性。所以，反馈修正对预测控制性能的改善提供起了很大作用。

8.3.2 参考轨迹

在设定值发生跃变时，若要求输出迅速跟踪这一变化，往往需要施加大幅值的控制变量。这在工程上常常是很难办到的，即使能够办到，也往往会导致输出变化不平稳。所以，在预测控制中一般都设定一条参考轨迹，使输出由当前值逐步过渡到设定值。通常采用的参考轨迹是一阶指数曲线形式，它在未来 P 个时刻的值为

$$\left.\begin{aligned} y_r(k+i) &= \exp(-iT/T_r)y(k) + [1 - \exp(-iT/T_r)]y_{SP} \\ y_r(k) &= y(k) \end{aligned}\right\} \tag{8-40}$$

式中，T 为采样时间；T_r 为参考轨迹的时间常数。

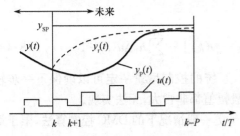

图 8-8　参考轨迹与最优化策略

从式(8-40)可以看到，采用这种形式的参考轨迹，将会减小过量的控制作用，使系统的输出能平滑地达到设定值。如图 8-8 所示，$\exp(-iT/T_r)$ 越大，系统的"柔性"越好，鲁棒性也越强，但控制的快速性会变差。因此，通常在两者兼顾的原则下，预先设计并在线调整 $\exp(-iT/T_r)$ 的值。

8.3.3 控制算法

模型预测是根据系统动态响应系数和输入控制增量来决定的，该算法的控制增量是通过最优化目标函数的方式来确定的。控制算法就是求解一组 L 个控制量 $u(k) = [u(k) \quad u(k+l) \quad \cdots \quad u(k+L-1)]^T$，使得所选定的目标函数最优，$L$ 为控制步程。目标函数可采用各种不同的形式，基本形式为

$$J = \sum_{i=1}^{P} [y_P(k+i) - y_r(k+i)]^2 \omega_i^2 \tag{8-41}$$

式中，ω_i 为非负加权系数，在不同的算法中它有不同的选择方法，P 为最优化时域或预报时

域，通常 $p \leqslant N$。在考虑输入能量最小的情况下，还有一种更加常用的形式。

$$J = \sum_{i=1}^{P} \left[y_P(k+i) - y_r(k+i) \right]^2 \omega_i^2 + \sum_{j=1}^{L-1} r_j^2 \Delta u^2(k+j) \qquad (8\text{-}42)$$

式中，r_j 与 ω_i 相似，为系统控制量的加权系数。

在预测控制中采用滚动式有限时域优化策略，其优化过程是在线反复进行的。由于采用闭环修正、迭代计算与滚动实施，可以使控制达到实际上的最优。这对于工业应用是十分重要的。

图 8-9 所示为预测控制算法原理的框图。在前面的描述中，模型预测步程为 P，控制步程为 L。这种模型即可以预测未来某一时刻的输出值，也可以预测所有 P 个输出。单值预测就是只预测未来某一时刻的输出，以此来计算当前应采用的控制量。单值预测中最简单的情况就是

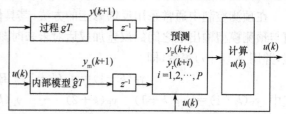

图 8-9　预测控制算法原理框图

单步预测，也就是只预测下一时刻的预测输出，使之尽量接近期望的输出值。

根据式(8-36)所示，系统下一时刻的输出的预测值可表示为

$$y_M(k+1) = y_M(k) + \sum_{i=1}^{N} \hat{h}_i \Delta u(k-i+1) \qquad (8\text{-}43)$$

加入反馈控制后，系统的校正预测输出为

$$y_P(k+1) = y_M(k+1) + y(k) - y_M(k) \qquad (8\text{-}44)$$

此时的单步参考轨迹为

$$y_r(k+1) = \exp(-iT/T_r)y(k) + [1 - \exp(-iT/T_r)]y_{SP} \qquad (8\text{-}45)$$

由此可知，系统的预测误差可表示为

$$e(k+1) = y_r(k+1) - y_P(k+1) \qquad (8\text{-}46)$$

取系统的目标函数为

$$J = e^2(k+1) + r^2 \Delta u^2(k) \qquad (8\text{-}47)$$

为了极小化系统的目标函数，令 $\dfrac{\partial J}{\partial \Delta u(k)} = 0$，可得

$$\Delta u(k) = \frac{\hat{a}_1}{\hat{a}_1^2 + r^2} \left\{ [1 - \exp(-iT/T_r)][y_{SP} - y(k)] - \sum_{i=2}^{N} h_1 \Delta u(k+1-i) \right\} \qquad (8\text{-}48)$$

对以上理论模型来说，若 $\exp(-iT/T_r) \approx 0$ 时，系统的控制增量一定可以确保下一步输出预测值达到设定值，但这种理想的输入控制量一般幅值都非常大，无法实现。

上面讨论的是单步预测的 DMC 控制算法。至于更一般情况下的 DMC 控制算法，限于篇幅，这里不再叙述。

以上从三个方面讨论了预测控制的基本原理，其中，参考轨迹的实质就是一个滤波器，其作用是提高系统的"柔性"与鲁棒性；在预测模型的每一步计算中，都应用了反馈修正的技术，将实际系统的误差信息叠加到基础模型上，使模型不断得到在线修正；采用滚动优化策略，使系统在控制的每一步实现静态参数的优化，而在控制的全过程中表现为动态优化，增加了优化控制的现实性。所以，在复杂工业过程的控制中，预测控制受到人们的广泛重视。

8.3.4　预测控制的优点及存在问题

预测控制之所以得到快速发展和广泛应用，主要是因为它有如下几个优点。

（1）建模方便。预测模型是在过程的实验数据基础上建立的，不需要求得过程参数模型。

（2）采用了滚动优化算法。它的优化算法是在线进行的，能根据过程的实际输出，不断地进行优化计算，及时修正控制作用，滚动实施，从而使模型由失配、时变、干扰等引起的不确定性能及时得到补偿，改善了系统的控制效果。

（3）采用对预测模型的反馈校正。由于实际系统中存在非线性、时变、模型失配、干扰等因素的影响，所以固定不变或根据一次实验得到的预测模型，其输出不可能与实际输出一致。预测控制算法中，用实际输出与预测输出的偏差作为反馈量，来校正原来的预测模型，使预测输出能跟踪实际输出，克服了过程不确定性的影响，提高了控制算法的鲁棒性。

（4）信息冗余量大。内部模型采用非最小化形式描述的离散卷积，信息冗余量大。采用多步预测后，扩大了反映过程未来变化趋势的信息量。信息量的扩大，有助于辨识和克服过程不确定性和复杂变化的影响，提高控制系统的鲁棒性。

（5）易于工业实现。虽然这类控制算法需要得到预测模型，优化控制算法也比较复杂，但这些算法不牵扯矩阵运算和线性方程组求解，便于工业实现，因此受到普遍欢迎。

如果对象是稳定的，而且所获得的对象阶跃（或脉冲）响应系数都比较准确，应用预测控制方法进行控制时，只要适当调整相关参数，即可得到较满意的闭环特性。但是实际工业应用中，预测模型都有一定程度的误差，被控对象也不一定都是稳定的最小相位系统，为了发挥预测控制的优点，获得最好的控制效果，必须采用合适的控制器结构，合理地选择控制器参数。

1. 系统稳定性问题

预测控制虽然可以带来很好的应用效果，而且，实践证明，预测控制有较强的鲁棒性，易于在线调整。但这些结论都是经验结果，目前尚无法从理论上说明预测控制增加系统鲁棒性的物理机理，对于简单的单步预测可以通过理论推导证明系统稳定性的提高，但这些关于稳定性的结论都是假定对象模型准确的前提下得到的。由于在实际应用中准确的模型是不可能获取的，因此，需要研究系统的数学模型与实际过程失配时的稳定性，使系统性能在模型存在一定程度误差的情况下仍能保持在允许范围内，通常称为系统的鲁棒性。显然，系统的鲁棒性是评价控制质量的一个重要指标。

2. 控制回路结构选择问题

根据预测控制的基本原理，它可以用来直接操作执行机构，使被控变量很好地跟踪设定值。但预测控制需要事先辨识对象的模型，在每个采样周期内要进行比常规控制复杂得多的计算，所以，在实际工程中只对那些比较重要的回路才采用预测控制算法。在现代过程工业中，基本的控制任务都是由分布式控制系统（DCS）完成的。DCS 以较快的采样频率进行调节和控制，有效地抑制了干扰，使系统过程操作平稳运行。所以预测控制一般都是在原有 PID 控制系统的基础上，利用预测控制算法改变被控过程的设定值，构成一个串级控制系统。适当调整串级控制系统内环调节器的参数可以减弱输出端不可测扰动的影响。

3. 非最小相位系统的模型选择

以最小相位系统设计预测控制器时，一般只要求所建立的数学模型与真实对象的模型相近，系统就可以稳定的；但对非最小相位系统进行设计时，需要使系统特征方程的根全部落在单位圆内，以此为原则来选择预测控制器的数学模型。显然，这种预测系统的数学模型不是唯一的。

因为预测控制具有很强的鲁棒性,所以允许模型和对象间有一定的偏差。但是,为了得到较好的被控特性,数学模型和过程对象的阶跃响应曲线的趋势应当比较接近,至少在稳态的部分的响应曲线应当基本一致。

4. 多输入多输出系统

一般情况下,多输入多输出系统中都存在耦合现象,而且有些耦合作用是工艺要求所决定的。在制定控制方案之前,首先应分析有哪些控制输入和被控变量是独立的。如果控制输入量数目小于被控变量数目,则无法保证每个被控变量都可达到设定值,此时无论怎么调整系统的控制输入,均无法同时满足所有被控变量的设定值要求,这时,应减少对系统被控变量的约束,只满足其中主要被控变量的控制要求,忽略一些次要变量,才可能使控制达到系统要求。

8.3.5 基于 Laguerre 函数的预测控制方法

在本质上离散时间模型预测控制思想的核心是基于优化预测轨迹的。这里以醋酸乙烯酯和甲基丙烯酸甲酯的搅拌釜反应器连续数学模型为例,来说明预测控制算法在处理多输入多输出系统时的有效性。用于描述该系统的传递函数如下(Rao et al.,1998)

$$S(s) = \begin{bmatrix} g_{11}(s) & g_{12}(s) & g_{13}(s) & g_{14}(s) & g_{15}(s) \\ g_{21}(s) & g_{22}(s) & g_{23}(s) & g_{24}(s) & g_{25}(s) \\ g_{31}(s) & g_{32}(s) & g_{33}(s) & g_{34}(s) & g_{35}(s) \\ g_{41}(s) & g_{42}(s) & g_{43}(s) & g_{44}(s) & g_{44}(s) \end{bmatrix} \tag{8-49}$$

其中有

$$g_{11} = \frac{0.34}{0.85s+1}; \quad g_{12} = \frac{0.21}{0.42s+1}; \quad g_{13}(s) = \frac{0.50(0.50s+1)}{12s^2+0.4s+1}$$

$$g_{14} = 0; g_{15} = \frac{6.46(0.9s+1)}{0.07s^2+0.3s+1}$$

$$g_{21} = \frac{-0.41}{2.41s+1}; \quad g_{22} = \frac{0.66}{1.51s+1}; \quad g_{23} = \frac{-0.3}{1.45s+1}; \quad g_{24} = 0; g_{25} = \frac{-3.72}{0.8s+1}$$

$$g_{31} = \frac{0.3}{2.54s+1}; \quad g_{32} = \frac{0.49}{1.54s+1}; \quad g_{33} = \frac{-0.71}{1.35s+1}$$

$$g_{34} = \frac{-0.2}{2.72s+1}; \quad g_{35} = \frac{-4.71}{0.008s^2+0.41s+1}$$

$$g_{41} = 0; \quad g_{42} = g_{43} = g_{44} = 0; \quad g_{45} = \frac{1.02}{0.007s^2+0.31s+1}$$

系统的输入为反应物 MMA 流量 μ_1 和反应物 VA 流量 μ_2,催化剂流量 μ_3,转换剂流量 μ_4以及反应堆温度 μ_5。系统的输出为聚合物生成的速率 y,MMA 在聚合物中的摩尔分数 y_2,聚合物的平均分子量 y_3,反应温度为 y_4,该系统为一个五输入四输出系统。下面利用预测控制方法对该系统的输出量进行控制,当系统初始时刻为零时,若要使系统聚合物生产速率阶跃为1,而其他输出变量尽量保持不变,系统的输入变量应该如何变化呢?

图 8-10 为该条件下系统输入和输出变化过程,从图 8-10(a)可以看出,零时刻开始,系统聚合物生产速率快速上升到 1,而其他三个输出变量基本不变。从图 8-10(b)可以看出,为了达到输出变量 y_1 阶跃变化,各输入变量的变化过程。可以看出,各输入变量变化范围都很大,

但实际输出变量却非常平稳。这类控制特性如果利用 PID 进行控制，效果会差很多。

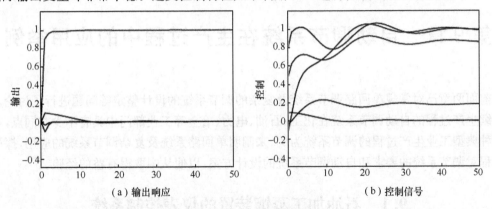

（a）输出响应　　　　　　　　（b）控制信号

图 8-10　闭环控制效果

预测控制系统的调整包括以下步骤：

（1）选择权重矩阵 $Q=C^{\mathrm{T}}C$，以最小化给定信号和输出信号之间的误差。当使用增强状态空间模型时，合理选择 Q 将产生优异的闭环性能。R 是一个对角矩阵，对角元素越小所对应的分量响应速度越快。

（2）一旦 Q 和 R 被选定，优化所需的最优控制轨迹就被确定下来。

（3）在一些比较困难的应用中，较小的 N 对应于较慢衰减速率的控制信号。在任何情况下，N 的增加将导致控制轨迹收敛到由 (Q,R) 矩阵决定的优先的轨迹。

（4）预测时域 N_{p} 是调整参数，它的值需要被选择得足够大。但太大的预测时域可能会出现数值病态问题。

复习思考题

8-1　简述多变量解耦控制中的基本处理方法和思路。

8-2　什么是相对增益，相对增益矩阵如何求解？

8-3　如何利用相对增益矩阵确定系统变量间的相对关系？

8-4　什么叫正耦合和负耦合？

8-5　若已知相对增益矩阵为 $\begin{bmatrix} 1 & 0 \\ 0 & 1 \end{bmatrix}$，请问这个系统是否需要解耦？为什么？

8-6　解耦控制在工程实施过程中需要注意哪些问题？什么叫做部分解耦？它有什么特点？

8-7　什么是推理控制？推理控制的应用背景是什么？

8-8　推理控制系统有哪些基本特征？

8-9　推理控制系统中，若模型估计不是很准确，对系统性能有何影响？

8-10　简述推理反馈控制系统的基本思路。

8-11　什么是预测控制？预测控制主要有哪些基本控制算法？

8-12　预测控制的优越性表现在哪里？原因是什么？是否必须采用非参数模型？

8-13　预测控制中参考轨迹的作用是什么？

第9章　自动调节系统在生产过程中的应用举例

前面两章已对常规单回路调节系统及复杂的调节系统的设计整定等问题进行了讨论。鉴于连续生产过程的自动调节系统在化工、石油、电力、冶金等工业部门中具有不少共同点,本章以几种典型工业生产过程的调节系统为例,来阐明单回路系统及复杂调节系统的应用,探讨工艺过程对调节系统的要求和自动调节系统的设计方案,以便从中取得有益的经验。

9.1　石油加工蒸馏装置的仪表控制系统

9.1.1　石油加工中的仪表控制系统概要

石油加工是生产过程自动化最先进的产业部门之一。石油已经登上了现代能源的宝座,石油化工制品也成为生活中不可缺少的东西。石油的主要成分是碳氢化合物。作为能源来说,它可以完全燃烧,产生很大的能量。另外,作为石油化工的原料,它很容易分解或合成。在炼制生产过程中,石油的连续处理比较简单,便于大批量生产。

从仪表控制的角度来观察石油加工,石油炼制工艺是连续生产过程,易于采用过程自动控制;因为是液体,测量和操作都很简单;从物体看,没有腐蚀作用,测量仪器也较简单。所以,各厂家生产的仪表大部可以直接用于石油加工工业中。

在石油利用的初期,人们采用蒸馏这种极其简单的处理方法,即把一定量的原油逐渐加热,使其蒸发,然后再使它冷凝。由于原油中各成分的沸点不同,进行分馏,便可得到不同的产品。在当时,仪表仅用于测量,没有用于测量阶段以后的控制过程。石油被大量利用之后,这些处理方法也从测量阶段发展到控制阶段,控制理论也取得了一定的发展,这就为测量控制仪表的发展提供了理论依据,现代仪表控制技术已经成为改革各种生产装置的基础。随着这种技术的发展,就不仅仅对温度、压力等物理量的单一控制,而是对其施行高度复杂的控制。要进行这种控制,不仅要用一般的工业仪表,而且还要使用具有计算机处理功能的仪表。

石油加工工业有广阔的领域,从石油的蒸馏、精炼、到挥发油分解后的合成等过程,虽然生产工艺过程各异,但从仪表控制系统来说,有着许多共同之处。

9.1.2　蒸馏塔的仪表控制系统

原油的成分以产地而异。如果进行元素分析就会发现,石油主要是碳氢化合物。其中,碳氢两种元素约占石油总重量的 95%～99%,也含少量的硫、氮、氧等元素。它又是多种碳氧化合物的混合物,其中有含一个碳的,也有多达数十个碳的碳氢化合物。这种原油,通过蒸馏的手段可以按各种成分具有不同的沸点而分开,形成半成品。蒸馏的第一道工序是在常压蒸馏塔中进行的,原油通过各塔盘蒸馏分离出残存的少量瓦斯,以及汽油、煤油、柴油和重油等。这些被分离出来的半成品中,某种物质经过改质、分解、脱硫等工序,再次被混合后作为成品或直接作为石油化工的原料。

1. 蒸馏的原理

现以 A、B 两种液体混合物的蒸馏为例，介绍蒸馏的原理。

图 9-1 是对应于 A、B 两种成分的平衡曲线，A 的沸点是 140℃，B 的沸点是 173℃。两液体的混合比变化时，混合液的沸点也将随之变化，图中还表示了各沸点处的气态成分比。把 A、B 混合液加热到 164.5℃时，液体沸腾。这时，与液体共存的气态成分比是 A 占 39.5％，B 占 60.5％。这种蒸发的气体冷凝后，将形成具有新的成分比的混合液体，其中 A 占 39.5％，B 占 60.5％。如果再使此混合物沸腾，那么，沸点将变成 157℃，这时气态成分比又变成 A 占 62％，B 占 38％，这样反复进行上述操作，不断蒸发和冷凝，就可以使 A、B 分离开来。

2. 蒸馏塔的控制要求与控制特性

常压蒸馏塔是一种精馏塔，它是石油化工生产过程中的主要装置。蒸馏过程是应用极为广泛的传质、传热过程。其目的是将石油(或其他原料)——由若干组不同成分所组成的混合物，通过蒸馏将混合物中各组分分离和精制，使之达到规定的纯度。蒸馏塔流程的示意图如图 9-2 所示。

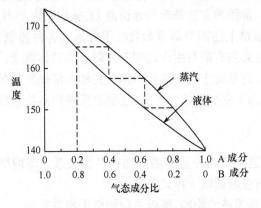

图 9-1 两成分平衡曲线举例

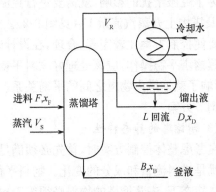

图 9-2 蒸馏塔流程示意图

蒸馏塔是一个多参数输入和多参数输出的对象。它的通道很多，它有很多级塔盘组成，内在机理复杂，对控制作用响应缓慢；参数间互相关联，而控制要求又较高。这些都给自动控制带来一定困难。因此，在制订控制方案时，必须深入了解工艺特性，结合具体情况进行设计。

(1)蒸馏塔自动调节的要求

蒸馏塔自动调节系统应当满足以下三个方面要求。

① 质量指标：蒸馏操作的目的是为了将混合物分离为产品，因此产品的质量必须符合预定的要求。一般来说，塔顶或塔底产品应保证一定纯度，另一部分产品质量也应在一定范围之内。

② 物料平衡：馏出液和釜液的平均采出量之和，应等于平均进料量，而且这两个采出量的变动应该比较缓慢，以利于上下工序的平稳操作。塔内及塔底容器的蓄液量应介于规定的上下限之间。

③ 约束条件：为了使蒸馏塔正常操作，必须满足一些约束条件。例如，蒸馏塔内汽液二相的流速不能过高，否则将引起泛液，流速又不能过低，否则使塔盘效率大幅度下降。此外，塔内压力的稳定与否，对塔的平稳操作有很大的影响。

（2）干扰因素分析

蒸馏塔作为一个整体还应包括再沸器，冷凝器和储存槽等。在生产上可能遇到的主要干扰有：

① 进料流量 F 的变动；

② 进料成分 x_F 的变动；

③ 进料温度或热状态的变动；

④ 冷剂或热剂进口温度、压力变动及环境温度变动。

上述各种干扰中有些是可控的，有些是不可控的。一般情况下，蒸馏塔的进料流量受前一工序的影响，是不可控的；有些情况下进料流量也可以控制，如炼油初馏塔的原油流量可控制为定值。

进料成分 x_F 的变化是无法控制的。它由上一道工序所决定，但多数是变化缓慢的。

进料温度和状态对蒸馏塔的操作影响很大。为了维持蒸馏塔内的热量平衡和稳定运行，在单相进料时采用进料温度控制，以便克服这种干扰；在二相进料时应采用控制热焓来保证。对于冷剂和热剂的参数，一般都用设置定值调节系统的办法加以稳定。

综上所述，大多数情况下，进料流量 F 和进料成分 x_F 的变化是精馏操作的主要干扰。

为了克服干扰的影响，就需要进行控制，常用的方法是改变馏出液 D、釜液采出量 B、回流量 L 及塔内上升蒸汽流量 V_S（见图 9-2）。通过上述四个调节参数的组合得到各种控制方案，但是要使控制方案比较完善、合理，在设计时必须有塔与生产过程互相联系的整体概念。首先要使蒸馏塔平稳操作，应该处理好物料平衡，这是由于进料流量中组分变动对塔操作工况的改变，影响了蒸馏塔内物料之间的平衡关系。为了获得合格的产品，还要有反映产品质量指标的反馈调节方案。

（3）精馏塔的静态特性

在考虑整体控制方案时，首先必须满足进入及离开蒸馏塔的物料平衡关系。蒸馏塔的主要干扰是进料流量和成分的变化。物料平衡应遵循以下算式关系。

在稳态下，进蒸馏塔的物料必须等于出蒸馏塔的物料，所以总的物料平衡关系为

$$F = D + B \tag{9-1}$$

轻组分的物料平衡关系为

$$F x_F = D x_D + B x_B \tag{9-2}$$

式中，F、D、B 分别为进料流量、蒸馏塔顶馏出物和蒸馏塔底产品量；x_F、x_D、x_B 分别为进料、蒸馏塔顶馏出物和蒸馏塔底产品中轻组分的含量。

解联立方程式（9-1）、式（9-2）可得

$$\frac{D}{F} = \frac{x_F - x_B}{x_D - x_B} \tag{9-3}$$

为了获得合格的产品质量，即 x_D 及 x_B 皆达到规定浓度，根据式（9-3）就必须是：

① 若 x_F 不变，则 D 应与 F 成比例增减。

② 若 F 不变，则 x_F 增大，馏出液 D 亦增大。

由此可知，D/F 是决定 x_D、x_B 的关键因素，也是有效的控制手段。减少 D（亦即增加 B）将使 x_D 上升，x_B 也上升；减少 B（亦即增加 D）将使 x_B 下降，x_D 也下降。

然而，单是物料平衡关系只能确定 x_B 与 x_D 的关系，还不能完全决定 x_B、x_D。因为一个方

程式不能确定两个未知数,还必须引入能量平衡关系来建立另一个方程式。根据精馏过程的能量关系,蒸馏塔内上升蒸汽流量 V_S 与产品成分关系的芬斯克(Fenske)方程,引入分离度

$$S=\frac{x_D(1-x_B)}{x_B(1-x_D)} \qquad (9\text{-}4)$$

影响 S 的因素很多,对于一个既定的蒸馏塔,分离度 S 可简化为 V_S/F 的函数,即

$$S=f(V_S/F) \qquad (9\text{-}5)$$

该式表明,V_S/F 一定,则分离关系 $x_D(1-x_B)/x_B(1-x_D)$ 就被确定,因而据式(9-3)和式(9-4)可知,只要保持 D/F 和 V_S/F 一定(或者 F 一定时,保持 D 及 V_S 一定),这个蒸馏塔的分离结果 x_B、x_D 就完全确定了。

以上讨论说明蒸馏塔操作和控制的概念,蒸馏塔的控制系统必须满足精馏过程本身的规律,就是物料平衡、能量平衡,以保证分离结果的浓度合乎质量要求。

(4)被调参数的选择

精馏塔被调参数的选择,指的是实现质量调节,表征产品质量指标的选择。

当然,反映质量指标最直接的参数是成分或物性参数。近年来,成分物性检测仪表已有发展,特别是工业色谱仪的应用,实现直接指标的质量调节已有了可能。但是,至今在精馏塔上应用的还不多的原因是,一是质量仪表尚不够可靠,二是分析过程滞后,反应缓慢。迄今,在精馏塔操作上,温度仍是最常用的间接参数。对精馏塔的被调参数的选择常用以下几种。

① 塔顶温度:选择温度代表产品质量是有条件的,对于二元混合物,在一定的压力下,沸点与成分之间存在单值对应关系。若压力恒定,塔盘温度间接反映成分。对于多元混合物,温度与质量之间无一一对应关系,仅可能近似反映成分的变化。测温点最好取在塔顶以下若干块塔盘处成分和温度变化较大的位置,从而提供一个组分变化比塔顶更大的测量信号。

② 温差控制:如果塔顶为主要产品区,宜将一个测量点放在塔顶稍下、温度变化较小的位置;另一个测量点放在灵敏板附近,即成分和温度变化较大位置。然后,取上述两测点的温度差 ΔT 为被调参数。这里,塔顶温度实际上起参比作用。压力变化对两点温度都有影响,但相减之后几乎相互抵消了。

③ 蒸汽压差控制:此法基于一定成分的混合液,其蒸汽压和温度之间存在着固定的函数关系,在恒定温度下,蒸汽压可以反映成分的原理。将待测混合液与标准成分试样置于相向温度中,混合液中待测成分等于标准成分时,蒸汽压相等;倘若成分不相等,便有压差出现,压差值反映出混合液中成分的差别。使用中,是把标准产品试样封在温包中放在某一塔板上,温包的蒸汽压与测出该塔板上蒸汽压相比较而得之。

3. 蒸馏塔仪表控制系统

图 9-3 是常压蒸馏装置的流程图和检测、控制仪表。在热交换器中,原料与来自蒸馏塔的半成品交换热量,然后利用管式加热炉将原油的温度加热到一定数值。温度调节器 TIC/1 用来控制燃料系统。蒸馏过程中产生的甲烷、乙烷气体和重油还可以作为燃料来使用,可以把它们混合在一起燃烧,也可以把它们分开单独来燃烧。重油燃烧时,应使燃烧炉中喷雾用水蒸气压力与重油压力之间形成一定的压差。为达到这一目的,专门设置了现场用的压差调节器。用气体燃烧时,也设置了随气体压力的下降而自动切断供气的控制回路和检测器等安全装置。

为了在一定条件下使生产过程运行起来,输入常压蒸馏塔的原油流量只要用 FIC/1 来控制。一般情况下,石油生产中的测定流量,大都采用孔板和差压变送器。FIC/1 就是其中一

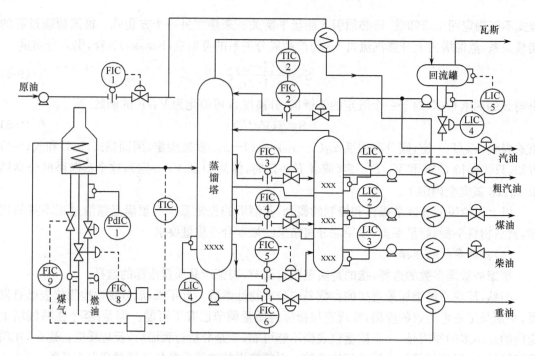

图 9-3　常压蒸馏装置的流程和仪表

例。但是,对于像重油那样的高黏度液体,不能采用孔板进行准确测量,因此,就要用容积式流量计,如椭圆齿轮流量计进行测量。注入蒸馏塔中的原油,按上述过程进行蒸馏分离,但是在分离时,必须控制蒸馏塔的状态,使之物料、能量达到平衡状态。

　　TIC/2、FIC/2 的串级控制回路被称为回流控制,是蒸馏塔控制系统中最重要的部分之一。在蒸馏塔内,要加热原油遇到从塔下部吹入的热蒸汽而蒸发,蒸汽上升进入较上层的塔盘中与盘中液体接触而凝结,在各层塔盘上都发生沸点高的蒸汽凝结和沸点低的液体蒸发现象,就形成了各层间的自然温度分布。

　　在蒸馏塔底部,积存着最难蒸发的重油。为了使重油中的轻质成分蒸发．就需要维持一定的液面,吹入蒸汽使之再蒸发,由 LIC/4 和 FIC/6 组成的串级控制系统就是为此而设置的。塔底液面高度的检测,一般都使用差压变送器为检测传感器。但是,对于重油来说,由于变送器的导压管很容易受外界气温的影响而使其内部蒸汽凝结,为此需要施行蒸汽管并行跟踪加热,才能使用。在蒸馏塔中间部分适当的位置上,分别设有粗汽油、煤油和柴油的出口管线。用 FIC/3~5 对它们分别进行流量控制,并且装有流量调节器。因为这些流量与蒸馏塔内的温度分布(各种种油的成分)有着重要的关系。由于这些中间馏分中还含有轻质油,所以与蒸馏塔并列还设置有汽提塔,将蒸汽吹入其中,使馏分中的轻质油蒸发排出 LIC/1~3,即为此目的而设置的。

　　从塔顶排出的蒸汽被冷却而积存于回流罐中,其中,气体、汽油以及水的混合物等将在回流罐中被分离,汽油的一部分作为回流又循环流入蒸馏塔内,另一部分被导入后面的生产装置。为保持回流罐中液位在一定范围内,以 LIC/5 控制排出液流量。

　　蒸馏塔的塔顶蒸汽经冷凝变成汽油和水而积存在回流罐内,设置 LIC/4 水位调节器是为了维持水和汽油有一定的分界面,又可以从中把下部的水分分离出来。一般情况下都采用低差压变送器和显示器等作为分界液面的变送器。

蒸馏塔可以用一系列仪表来检测和控制。石油炼制过程中,还有许多像本例所列举的那种仪表控制系统。仅在要求高的场合,用一般仪表未必能控制好,还必须使用有特殊功能,如计算功能的仪表来控制。

4. 蒸馏塔 YS—80 仪表控制系统

① 蒸馏塔用于分馏石油混合物,在石油化工厂中起着重要的作用。蒸馏塔的控制目标是保证塔顶和塔底产品的成分在规定的范围内,并使再沸器热能消耗最小。一般来说,蒸馏塔是比较难控制的,因为它特性复杂,塔内反应缓慢,时滞大,需要相当长的时间才能使产品成分稳定。

使用模拟仪表的简单控制系统,蒸馏塔常处于消耗过量的回流量和加热能量的操作状态,结果是损失大量能量。这是由于控制系统要优先保证产品质量,克服外界干扰,如进料流量和成分的波动等。一般控制塔顶成分往往使塔底成分发生偏差;反之亦然。采用 YS—80 仪表控制系统,进行前馈控制,解耦控制,非线性控制和高精度的计算操作。在蒸馏塔控制操作中,它有可能节约大量能量和资源。这种控制系统快速地自动补偿外界扰动的影响,保证蒸馏塔的稳定操作,能稳定产品的产量和提高质量,力求使塔操作在成分纯度允许变化的最小限度内,达到减少回流量和再沸器耗热量的目的。并希望系统能同时控制塔顶和塔底产品成分。

② 蒸馏塔 YS—80 仪表控制系统图例:蒸馏塔 YS—80 仪表控制系统示于图 9-4 中,系统主要检测温度差 T_d,并将压力差 P_d 的信号输入到 TdRC/1 调节器中进行压力补偿,这样的控制使塔内温度变化较小。TdRC/1 的输出,作为串级系统中流量调节器 FRC/2 的给定值。FRC/2 进行流量反馈控制。另外,为了控制产品成分,中间塔盘温度调节器 TRC/2 的输出控制再沸腾器的气流量 FRC/3 调节器的给定值,FRC/3 进行蒸汽流量反馈控制,这是一个典型串级控制系统。整个系统还进行前馈、解耦和非线性控制。

(1)前馈控制

一般情况下,蒸馏塔的最大外界干扰是进料流量和进料成分的波动。因而采用前馈控制是抑制干扰的有效方法,根据检测进料扰动来控制回流量和再沸器的加热量有可能使系统不发生大的波动。这时,前馈、滞后部件 LL1 和 LL2 进行动态补偿,它控制输出变量变化的结果能及时消除外界扰动的作用。前馈控制是开环控制,它是一种粗略的调节,而任何其他干扰造成的温度(或成分)偏差可依靠闭环反馈控制进一步加以调整,这样可以保证产品成分稳定,克服加载或减载的外界干扰。

(2)解耦控制

如果有必要同时控制塔顶与塔底的产品质量,采用解耦控制是很有效的。生产实践中,由于对象特性经常改变,超前—滞后环节是作为解耦部件进行近似的时间补偿。在图 9-4 所示的情况下,只有单向的解耦部件 LL3,它用于要求严格控制塔顶产品的成分的场合。这里塔底温度指示调节器 TRC/2 只是进行简单的 PI 控制,它调节塔顶产品的成分,使之保持在一定的允许变化范围内。

(3)非线性控制

如果有必要将塔底流体送到下一级蒸馏塔去,希望保持流量恒定而没有流速的波动,这是非常有效的控制方法,系统中 LIC/1 水位调节器是具有非线性死区的 PI 调节器,它使水位在预先规定的误差范围内保持流量稳定。这种水位调节能使下一级装置获得较均匀稳定的输入流速。

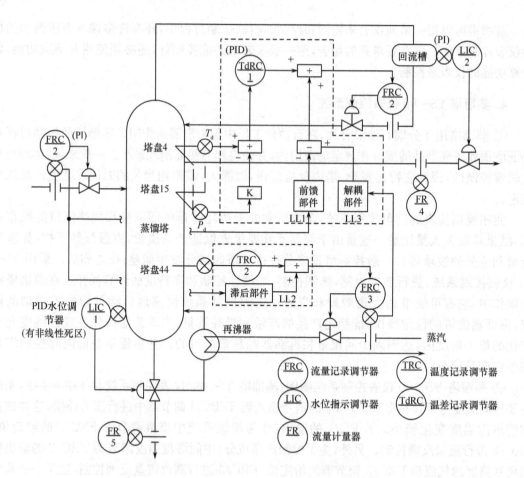

图 9-4 蒸馏塔 YS—80 仪表控制系统

YS—80 仪表控制系统可以取得较好的控制效果:该系统反应迅速,自动补偿外界的扰动,稳定产品质量;使回流流量和再沸器加热量能耗减少,稳定蒸馏塔的生产操作,节能效果比较显著;解耦控制使塔底与塔顶耦合影响减少,可进行产品成分控制。

9.2 钢铁工业中加热炉的控制系统

9.2.1 钢铁生产过程概要

第二次世界大战以后,炼铁技术取得了惊人的进展。铁矿石处理技术的进步,纯氧转炉炼钢和连续铸造法的应用,以及计算机技术深入到炼铁、炼钢、轧钢等工序,推进了技术革命,使产量与质量有很大的提高。图 9-5 所示是钢铁生产系统流程图。

从矿石的处理到生产出钢材,都是在同一现代化钢厂进行的,这就形成了钢铁联合企业。

对各种原料、矿石进行必要的事先处理后,将矿石装入高炉,进行还原反应而制成生铁,这叫炼铁工艺。把熔融态的生铁和碎铁屑一起装入转炉或电炉、平炉,经过氧化反应,使其脱碳并适当地进行成分调整,再行精炼就可以炼出钢来,这就是炼钢工艺。把钢水浇入铸模中,制成钢锭,再把钢锭装入均热炉均热后用初轧机压延开坯。在连续铸造法中,可以直接把钢水制成钢坯,热的钢坯冷却以后,送到下一个工艺加工厂,如钢板加工带钢加工、条钢加工等工厂。在各厂中,还需要用加热炉再次给钢坯加热,然后才能由各种轧钢机轧出管材、线材、钢板、形

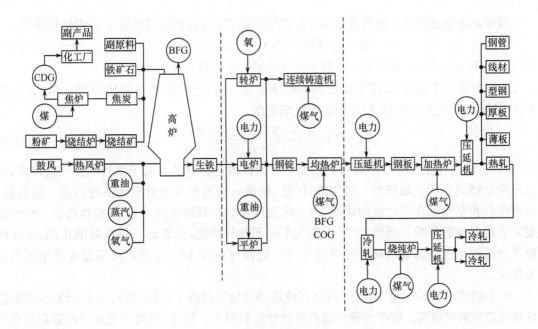

图 9-5　钢铁生产系统流程图

钢等。另外,带钢轧机轧制出的热轧钢带盘经过酸洗,可再行冷轧制出冷轧钢带、钢板等。

高炉作业产生的高炉炉气,可以作为燃料。炼焦时还可以得到焦炉气(作为炼钢、轧钢机加热炉的燃料),以及硫酸、氨气、苯等副产品。

如上所述,在钢铁联合企业中,各生产工艺之间相互联系,形成连续生产过程,所需原料和能量按图 9-5 所示那样传递,最后制成成品。钢铁生产虽然是这些复杂工艺的综合,但它也具有共同特征,那就是大部分工艺过程都是在高温氧化与还原反应过程中进行的。即使钢坯原来是热的,在生产过程中也要冷却,并反复进行多次加热与冷却。从这一点来看,钢铁生产是要消耗很多燃料(能量)的,有人把钢铁业称为能量消费业。

本节将以节能为重点,介绍钢铁工业各种燃烧加热设备,如热风炉、加热炉、均热炉、烧纯炉、烧结炉等,研究它们共性的问题,以加热炉燃烧控制系统为典型实例来说明。

9.2.2　加热炉的燃烧控制

加热炉是钢铁、冶金、玻璃、炼油、石油化工等工业部门中很典型的加热设备。它消耗的燃料(能量)在工厂中占有很大的比例,有时一个炉子即占全厂燃料耗量的一半.所以,加热的燃烧控制自动化受到特别的重视。

加热炉采用计算机控制。出于计算机以准确数字运算的控制能力,可以实现低空气过剩率的燃烧控制,使燃烧效率更高,从而获得很大的经济效益。

1. 燃烧机理与控制

加热炉的许多控制系统中,燃烧控制是最主要的。当燃料燃烧时,燃烧产物连同其他可能存在的蒸汽都被提高到火焰温度(其高低决定于燃料的能量含量),燃料的实际数量并不影响火焰温度的高低。燃烧产物的显热或燃料和空气的显热都可以用来估算火焰的温度,因为在两种情况下都能满足能量平衡条件。发热量为 H_C,质量流量为 F_F 的燃料燃烧所产生的热流量为

$$Q = F_F H_C \tag{9-6}$$

这个热流量必须等于燃料流量 W_F 和空气流量 W_A 升高到火焰温度 T 所需的热流量

$$Q=F_F C_F(T-T_F)+F_A C_A(T-T_A) \tag{9-7}$$

式中，C_F、T_F、C_A 和 T_A 分别表示燃料和空气的平均比热和入口温度。

为了保证完全燃烧，必须根据燃料的化学成分，选好空气和燃料的比值 K_A，用 K_A 代替 F_A/F_F，就可以从式(9-6)和式(9-7)解出火焰温度

$$T=\frac{H_C+C_F T_F+K_A C_A T_A}{C_F+K_A C_A} \tag{9-8}$$

式(9-8)只有在没有过量燃料的情况下才能认为是正确的。由于燃料比空气贵得多，而且不完全燃烧会产生烟灰和一氧化碳，因此，燃烧一般都是在过量空气下进行的。很显然，只有燃料和空气都在不过量的情况下，火焰温度才能达到最大值。式(9-8)也指出了空气温度对火焰温度的影响。当然，空气中氮气不仅不参与燃烧，还要起一种稀释的作用，从而降低了火焰的温度。如果用氧气代替空气，K_A 值就可减少 4/5，这将对火焰温度产生相当大的影响。

因为燃烧所含的能量中，有一些用在使燃烧物发生离解上，所以用式(9-8)计算火焰的温度要比实际测定值高。离解的程度随温度的增高而加大。但是，当离子充分冷却重新结合为分子时，能量又得到恢复。

2. 燃料、空气配比与燃烧效率

由于空气过量或不足均会使火焰温度下降，因此，火焰温度不是一个特别好的被调量。最常用的燃烧效率指标是燃烧产物中的含氧量。为保证完全燃烧所需的过量空气取决于燃料的性质，例如，天然气只需要 5% 的过量空气(即 0.9% 的过量氧)，油需要 6% 的过量空气(1.1% 的过量氧)，而煤则需要 10% 的过量空气(1.9% 的过量氧)，这是燃料的性质和燃烧状态不一样的缘故。

因为辐射传热量与火焰的绝对温度的四次方成正比，所以炉子的最高效率总是在火焰温度最高的情况下才能出现。热量的分配也是很重要的，增加过量空气将使火焰温度降低，从而减小喷射器附近的传热率。但由于进入系统的净热流量没有变化，因而在远离喷射器的地方，传热率将要增加。

从安全考虑，对于燃料—空气控制系统必须采取某些预防措施。空气不足会使燃料在炉子中积聚起来，而一旦点燃就可能发生爆炸。因此，必须确保燃料流量不超过一定的空气流量下所允许的数值。燃料流量和空气流量两者都可以用一个主燃烧率调节器加以设定，但要达到上述安全性要求，还需要有自动选择控制及限幅控制。

在燃料燃烧加热的炉子里，实际使用的空气量与理论空气量之比，称为空气过剩率 μ，即

$$\mu=\frac{实际空气量}{理论空气量}$$

为了使燃料得到充分的燃烧，空气过剩率 μ 常大于 1，一般 $\mu=1.02\sim1.50$。空气过剩率与热损失、热效益公害有很大的关系，其关系曲线如图 9-6 所示。

由图 9-6 可见，当空气量不足而不完全燃烧的热损失曲线很陡，随 μ 的增大而空气过剩较多时，由排烟带走的热损失增加，燃烧生成的 NO_2 和 SO_2 含量增加，会腐蚀设备，污染空气。其中有一最优燃烧区，大约在 $A=1.02\sim1.10$ 之间。这时热效率最高，污染公害最小。

在热效率最高的区域是低 O_2 含量燃烧区。经常保持在这个区域内运转，可望得到如下

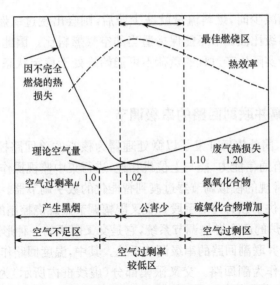

图 9-6　空气过剩率与热损失、热效益、公害关系图

经济效果：

　　① 减少排烟所含过量空气带走的热损失，达到节能的目的；

　　② 减少燃烧空气量和排风量，可以节省通风机的动力费用；

　　③ 降低 NO_x 的生成，减少空气污染；

　　④ 降低 SO_2 生成，防止设备腐蚀；

　　⑤ 减少灰分，使除尘器小型化并节省维护费用。

9.2.3　燃烧控制的串级比值调节系统

　　为了保证燃料与空气有一定的配比关系，一般在燃烧控制中，常用的控制方案之一是串级比值调节系统，其一般形式如图 9-7 所示。

　　比值器 K 值可以预先设定，串级在系统稳定运行的情况下，比值系统空燃比等于 K_A。通过分析烟气含氧量计算热效率，人工调整比值器的设定值可以使燃烧处于较佳状态。但是，当有干扰出现时，情况则不同。例如，由于负荷增加，炉膛温度下降，调节器使燃料流量增大。又由于空气是从变量，其响应有一段滞后，如图 9-8 中燃料流量 1 增加或减少的一段过渡过程中，实际空气流量曲线 3 与理想空气流量和燃料流量成比例变化曲线 2 之间不相重合。实际空气流量变化滞后于曲线 2。在燃料流量增加的动态过程中，会出现缺氧燃烧，产生黑烟，热

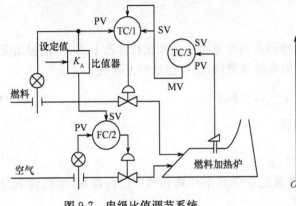

图 9-7　串级比值调节系统

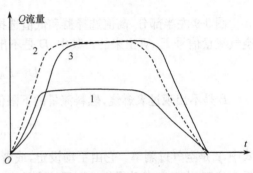

图 9-8　流量变化过程示意图

效率急剧下降。当负荷减少时,燃料流量就减少滞后,则会出现过氧燃烧,热效率也会降低。可见,在动态过程中,串级比值调节不能保持适当的空气燃料比。因此,它仅适用于稳态情况下燃烧控制方式。由于实际生产过程的负荷不可能始终处于稳定状态,就要寻求更好的燃烧控制方式。

9.2.4 交叉限幅并联副回路的串级调节

20 世纪 80 年代初,国外先后开发了以微处理器为核心的单回路控制仪表。它具有较大的运算控制能力,又具有通信能力,能与上位机相连,进行集中监视操作和数据处理,从而克服了模拟仪表的缺点,使常规的模拟调节器过渡到智能化的数字调节器。这种仪表的出现,为采用较复杂的调节方式提供了强有力的手段。交叉限幅调节是燃烧控制的一种新形式。

图 9-9 中表示加热炉的两个燃烧调节系统,它是交叉限幅的一种形式。在稳态时,这系统实质上是一个具有两个并联副回路的串级调节系统。其中,温度回路作为主回路,燃料流量回路和空气流量回路并联作为副回路。交叉限幅部分(虚线框内所示)为的是改善系统动态特性,使得在动态过程中系统也能在一定范围内维持空气—燃料比。

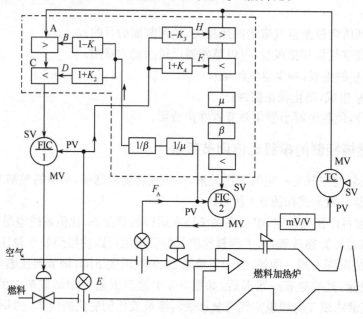

图 9-9 加热炉燃烧调节系统

1. 燃料流量调节回路

图 9-9 左半部分,高值选择器和低值选择器有两个重要的选择比较参数 B、D,是根据实测空气流量信号 F_A 算出来的。其中,D 是不出现缺氧燃烧,燃料流量的上限值

$$D = F_A \frac{1}{\mu\beta}(1+K_2) \tag{9-9}$$

B 是不出现过氧燃烧,燃料流量的下限值

$$B = F_A \frac{1}{\mu\beta}(1-K_1) \tag{9-10}$$

式中,μ 是空气过剩率。它由手动设定,或者通过燃烧效率计算和测定进行修正,通过含氧分析来校正,由动态自动寻优控制系统来设定。

β 为理论空气量校正系数，即

$$\beta = \frac{F_{Fmax}A_0}{F_{Amax}} \tag{9-11}$$

一般，$\beta = 0.8 \sim 1.0$。

A_0 为单位燃料所必需的理论空气量；F_{Fmax} 为燃料流量测定范围的最大值；F_{Amax} 为空气流量测定的最大值；K_1 为 5% 左右；K_2 为 5% 左右。

图 9-9 中炉膛温度调节器 TC 输出是系统要求的燃料流量信号 A。A 和 B 经高值选择器得出信号 C，C 和 D 再经低值选择器得出信号 E。这就是对应于要求的燃料流量信号 A，为了维持最佳燃烧，根据实测空气流量算出的允许燃料流量信号 E。要特别强调指出的是，这里出现了"要求燃料流量信号 A"和"允许燃料流量信号 E"，这两者在稳态时是相同的，在动态时是不同的。这正是交叉限幅控制方式的独特之点。下面来看这两个信号间的相互关系。

燃料流量控制回路的信号选择关系如图 9-10 所示。

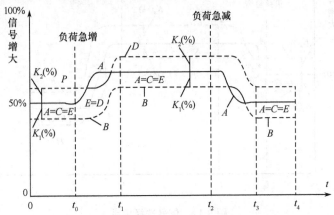

图 9-10 燃料流量控制回路信号选择关系图

在正常状态下，$B < A < D$（见图 9-10 中 $0 \sim t_0$ 段），则燃料流量设定值 $E = A$，要求燃料流量信号本身就成为燃料流量设定值。这时系统处于常规的串级调节方式。

当负荷急剧增加时，要求燃料流量的设定值 E 按不出现缺氧燃烧时燃料流量的上限值 D 而缓慢上升，见图中 $t_0 \sim t_1$ 段，从而维持了适当的空气—燃料比。

当负荷稳定时，空气流量重新适应，于是又恢复正常状态 $B < A < D$。$E = A$，见图 9-10 中 $t_1 \sim t_2$ 段。

假如负荷急剧减小时，要求燃料流量信号 A 立即下降，仍由于空气流量响应迟缓，使 $A < B$。在高值选择器的选择下，燃料流量的设定值 E 按不出现过氧燃烧时燃料流量的下限值 B 而缓缓下降，见图中 $t_2 \sim t_3$ 段，从而维持了适当的空气—燃料比。

当负荷稳定后，系统又恢复到正常状态，见 9-10 图中 $t_3 \sim t_4$ 段。

由上述分析可知：系统在正常工作时，就是一般的串级调节系统；一旦发生扰动，由于高、低值选择器的限幅作用，使得系统能在一定范围内维持空气—燃料比，克服了一般比值调节方式的局限性。

交叉限幅调节方式不但根据实测空气流量对燃料流量进行上、下限幅，而且还根据实测燃料流量对空气流量进行上、下限幅，这就构成了所谓的"交叉限幅"。燃料流量和空气流量按给定的关系互相制约的结果，就更能确保在动态过程中，使空气—燃料比维持在恰当的范围。在常规的比值调节中，空气流量仅仅是被动地跟随燃料流量而变化，不可能依据当时的空气流量

对燃料流量进行限制。相比之下，"交叉限幅"的优点就十分明显了。

2. 空气流量调节回路

空气流量调节回路见图9-9右半部分。这里也有两个重要的参数 F、H，是根据实测燃料流量信号 F_F 算出来的。其中，F 是不出现过氧燃烧时空气流量的上限值

$$F=(1+K_4)F_F \tag{9-12}$$

H 是不出现缺氧燃烧时空气流量的下限值

$$H=(1+K_3)F_F$$

式中，K_3 为5％左右，K_4 为5％左右。

该系统的工作原理与燃料流量调节回路是相同的，其信号选择关系如图9-11所示。

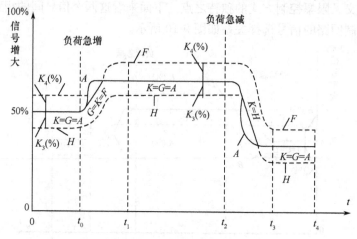

图 9-11　信号选择关系

综上所述，交叉限幅调节的基本思想是使燃料流量和空气流量调节回路参照各自对应的实测流量，在允许的范围内变化，达到动态时维持适当空气—燃料比的目的。因此，交叉限幅调节不但在稳定时能保持适当的空气—燃料比，而且在动态时也能维持适当的空气—燃料比。可以这样说，常规的比值调节是静态比值调节，而"交叉限幅调节"则是动态比值调节。

3. YS—80 加热炉燃烧控制系统

采用 YS—80 数字控制仪表所组成的加热炉燃烧控制系统如图9-12所示。燃烧控制是根据炉温调节器的输出信号来决定燃料流量调节器及空气流量调节器的设定值的并联副回路串级调节系统，在燃料流量控制与空气流量控制相互联系上也采用交叉限幅控制方式。

空气与燃料比的调节是利用烟气含氧量调节回路进行空气过剩率自动校正的功能。

图9-12系统看起来简明清晰，它的控制和计算功能都是在仪表内进行的。系统中两台 SLPC 调节器作空气流量和燃料流量调节。另两台 SLPC 可编程调节器的其中一台作为串级系统炉温调节器，包括了 PID 运算、交叉限幅、选择性控制及 μ、β 自动校正补偿等，另一台作为废气氧浓度调节器。根据燃料流量实测值的大小，通过函数发生器求得最适于燃烧的气氧浓度设定值，这样在轻负荷或重负荷时皆可获得最优燃烧。一般加热炉是三段加热，图9-12中只表示其中一段的控制系统，其余二段相同。

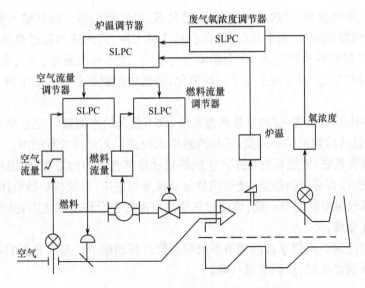

图 9-12　YS—80 加热炉燃烧控制系统

9.3　锅炉的自动调节系统

锅炉是发电、炼油、化工等工业部门的重要能源、热源动力设备。锅炉种类很多,按所用燃料分类,有燃煤锅炉、燃油锅炉、燃气锅炉;有利用残渣、残油、弛放气等为燃料的锅炉。所有这些锅炉,虽然燃料种类各不相同,但蒸汽发生系统和蒸汽处理系统是基本相同的。常见的锅炉设备主要工艺流程如图 9-13 所示。

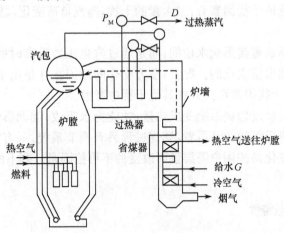

图 9-13　锅炉工艺流程图

燃料和空气按一定比例进入燃烧室燃烧,生成的热量传递给蒸汽发生系统,产生饱和蒸汽 D。然后经过热器,形成一定蒸汽温度的过热蒸汽 D,汇集至蒸汽母管。压力为 P_M 的过热蒸汽,经负荷设备调节阀供给负荷设备。与此同时,燃烧过程中产生的烟气,除将饱和蒸汽变成过热蒸汽外,还经省煤器预热锅炉给水和空气预热器预热空气,最后经引风机送往烟囱排入大气。

锅炉是一个较复杂的调节对象,为保证提供合格的蒸汽以适应负荷的需要,生产过程各主要工艺参数必须严格控制。主要调节量有负荷、锅炉给水、燃料量、减温水、送风等。主要输出量是:汽包水位、蒸汽压力、过热蒸汽温度、炉膛负压、过剩空气等。这些输入量与输出量之间是互相制约的,例如,蒸汽负荷变化,必然会引起汽包水位、蒸汽压力和过热蒸汽温度的变化;燃料量的变化不仅影响蒸汽压力,还会影响汽包水位、过热蒸汽温度、空气量和炉膛负压等。对于这样的复杂对象,工程处理上作了一些简化,将锅炉控制划分为若干个调节系统。其主要调节系统有:

(1)汽包水位调节系统:被调量是汽包水位,调节量是给水流量。它主要考虑汽包内部物料平衡,使给水量适应锅炉的蒸发量,维持汽包中水位在工艺允许的范围内。

(2)燃烧调节系统:使燃料燃烧所产生的热量适应蒸汽负荷的需要;使燃料量与空气量之间保持一定比例,以保证经济燃烧,使引风量与送风量相适应,以保持炉膛负压稳定。

(3)过热蒸汽温度的调节系统:维持过热器出口温度在允许范围之内,并保证管壁温度不超过允许的工作温度。

本章主要讨论锅炉汽包水位的调节系统和燃烧过程的调节。蒸汽温度的调节在介绍串级调节系统时已作简要介绍,所以这里从略。

9.3.1　汽包水位的调节

锅炉汽包水位自动调节的任务是使给水量与锅炉蒸发量相平衡,并维持汽包中水位在工艺规定的范围内。

汽包水位调节很重要。汽包水位过高,会影响汽水分离效果,使蒸汽带液,损坏汽轮机叶片;如果水位过低,会损坏锅炉,甚至引起爆炸。

1. 汽包水位调节对象的干扰分析

影响汽包水位变化的干扰因素有:给水量的干扰,蒸汽负荷变化,燃料量变化,汽包压力变化等。

汽包压力的变化不是直接影响水位的,而是通过汽包压力升高时的"自凝结"和压力降低时的"自蒸发"过程引起水位变化的。况且,压力变化的原因往往是出于热负荷和蒸汽负荷的变化所引起的,故这一干扰因素可归并在其他干扰中考虑。

燃料流量的变化要经过燃烧系统变成热量,才能为水吸收,继而影响汽化量,这个干扰通道的传递滞后和容量滞后都较大。再者,燃烧过程另有调节系统,一有波动即可克服,故不必在此考虑。蒸汽负荷变化是按用户需要量而改变的不可控因素。剩下的只有给水量可作为调节参数。

2. 汽包水位的动态特性

(1)蒸汽负荷(蒸汽流量)对水位的影响

蒸汽负荷(蒸汽流量)对水位的影响即干扰通道的动态特性。在燃料流量不变的情况下,蒸汽用量突然增加,瞬时间必然导致汽包压力的下降,汽包内水的沸腾突然加剧,水中气泡迅速增加,将整个水位抬高,形成了虚假的水位上升现象,即所谓虚假水位现象。

在蒸汽流量干扰下,水位变化的阶跃反应曲线如图 9-14 所示。当蒸汽流量突然增加时,由于虚假水位现象,在开始阶段水位不仅不会下降却反而先上升,然后下降(反之,当蒸汽流量突然减少时,则水位先下降,然后上升)。蒸汽流量 D 突然增加时,实际水位的变化 H 是不考虑水面下气泡容积变化时的水位变化 H_1 与只考虑水面下气泡容积变化所引起水位变化 H_2

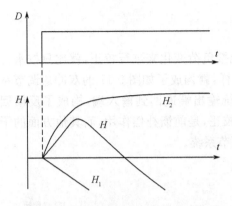

图 9-14　蒸汽流量干扰下水位反应曲线

的叠加,即

$$F=(1+K_4)F_F$$

用传递函数来描述可以表示为

$$\frac{H(s)}{D(s)}=\frac{H_1(s)}{D(s)}+\frac{H_2(s)}{D(s)}=\frac{\varepsilon_f}{s}+\frac{K^2}{T_2 s+1} \quad (9\text{-}13)$$

式中,ε_f 为蒸汽流量作用下,阶跃反应曲线的飞升速度;K_2、T_2 分别为只考虑水面下汽和油容积变化所引起的水位变化 H_2 的放大倍数和时间常数。

假水位变化大小与锅炉的工作压力和蒸发量有关,如一般 $100\sim230T/h$ 的中、高压锅炉,当负荷突然变化 10% 时,假水位可达 $30\sim40mm$。对于这种假水位现象,在设计方案时必须加以注意。

(2)给水流量对水位的影响(调节通道特性)

在给水流量作用下,水位阶跃反应曲线如图 9-15 所示。把气泡和给水看作单容无自衡对象,水位反应曲线如图中 H_1 线。但由于给水温度比汽包内饱和水的温度低,所以给水量变化后,使汽包中气泡含量减少,导致水位下降。实际水位反应曲线如图中 H 曲线．即当突然加大给水量后,汽包水位一开始不立即增加,而要呈现出一段起始惯性段。用传递函数来描述时,它相当于一个积分环节和一个纯滞后环节的串联,可表示为

$$\frac{H(s)}{G(s)}=\frac{\varepsilon_0}{s}e^{-\tau s} \quad (9\text{-}14)$$

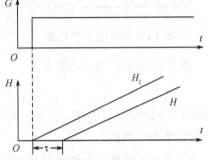

图 9-15　给水流量作用下,水位的
阶跃反应曲线

式中,ε_0 为给水流量作用下,阶跃反应曲线的飞升速度;τ 为纯滞后时间。

给水温度越低,纯滞后时间 τ 的值越大。一般 τ 约在 $15\sim100s$ 之间。如果采用省煤器,则由于省煤器本身的延迟,会使 τ 增加到 $100\sim200s$ 之间。锅炉排污、吹灰等操作时对水位也有影响,但这些都是短时间的干扰。

3. 单冲量调节系统

汽包水位调节手段是控制给水。基于这一原理,可构成图 9-16 所示的单冲量调节系统。这里指的单冲量,即汽包水位这一信号。这种调节系统是典型的单回路调节系统。当蒸汽负荷突然大幅度增加时,由于假水位现象,调节器不但不能开大给水阀来增加水量,以维持锅炉的物料平衡,却去关小调节阀的开度,减少给水量。等到假水位消失后,出于蒸汽量增加,送入水量反而减少,将使水位严重下降,波动很厉害,严重时甚至会使汽包水位降到危险程度,以致发生事故。因此,对于停留时间短,负荷变动较大的情况,这样的系统不能适应,水位不能保证。然而对于小型锅炉,由于水在汽包中停留时间较长,在蒸汽负荷变化时,假水位的现象并不显著,配上一些连锁报警装置,也可以保证安全操作,采用这种单冲量调节系统也能满足生产的要求。

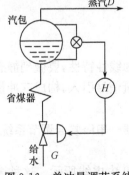

图 9-16　单冲量调节系统

4. 双冲量调节系统

水位对象的主要干扰是蒸汽负荷的变化。如果能按负荷变化来进行校正,就比只按水位进行校正要及时得多,还可以克服"假液位"现象。这样,就构成了如图 9-17 的双冲量调节系统,其方框图见图 9-18。被调参数水位的信号,从系统输出端返回到输入端,构成了反馈回路;蒸汽流量的引入是使调节阀按此干扰量进行补偿校正,是前馈补偿作用,而其他方面的干扰由反馈回路克服。此方案是一个前馈—反馈复合调节系统。

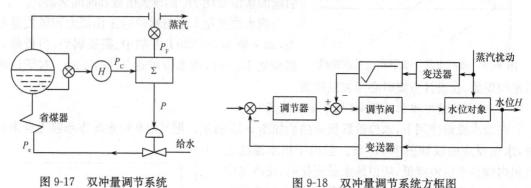

图 9-17　双冲量调节系统　　　　　　图 9-18　双冲量调节系统方框图

图 9-17 中加法器的运算是

$$P = C_0 + C_1 P_C \pm C_2 P_F \tag{9-15}$$

式中,C_0 为初始偏置值;P_C 为液位调节器的输出;P_F 为经蒸汽流量变送器开方后的信号;C_1、C_2 为加法器的系数。

C_2 项取正号或负号视调节阀是气关式或气开式而定,以蒸汽流量加大,给水量也要加大为原则。如果用气关式阀门,P 应减小,C_2 取负号;如果用气开式阀门,P 应增大,C_2 取正号。

C_2 值的确定要考虑到静态补偿,如果现场凑试,当只有负荷干扰条件下,使其调整到汽包水位基本不变即可。

C_1 的取值比较简单,可取为1,也可小于1。C_1 和调节器的放大系数的乘积是整个反馈回路的放大系数。

设置 C_0 的目的是使其在正常负荷下,调节器和加法器的输出都能有一个比较适中的数值。最好在正常负荷下,C_0 项和 $C_2 P_F$ 项恰好抵消。

双冲量调节系统的另一种接法可以将加法器放在调节器前面。由于水位上升与蒸汽负荷上升时,调节阀的动作方向是相反的,故 P_C 与 P_F 两信号是相减的。这种接法,当调节器整定参数改变时,补偿通道的参数要作相应的调整,以保持静态补偿。

5. 三冲量调节系统

双冲量调节系统有两个弱点,即调节阀的工作特性不一定能成为线性特性,要做到静态补偿比较困难;对于给水系统的干扰仍不能克服。为此可再将给水流量信号引入,构成三冲量调节系统,如图 9-19 所示。

水位是主冲量(主信号),蒸汽,给水为辅助冲量,这种方案是前馈—串级复合调节系统,如图 9-20 所示。

在汽包停留时间较短时,需引入蒸汽信号的微分作用,如图 9-19 中虚线所示。这种微分

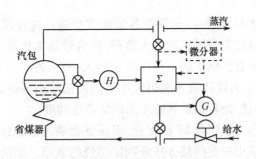

图 9-19　三冲量调节系统

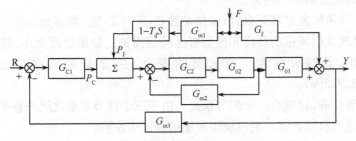

图 9-20　三冲量调节系统方块图

信号应是负微分作用,以避免由于负荷突然增加和突然减少时,水位偏离给定值过高或过低造成锅炉停车。

三冲量调节系统的系数设置是这样的,加法器运算是

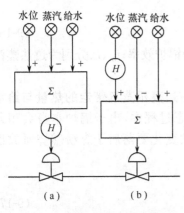

图 9-21　三冲量调节系统简化接法

$$P=C_0+C_1 P_C+C_2 P_F$$

系数 C_1 项常可取 1 或稍小于 1 的数值。假设采用气开式阀门,C_2 就取正值,其值可按物料平衡关系进行计算。至于 C_0 的设置和取值与双冲量调节系统相同。水位调节器和流量调节器的参数整定方法与一般串级调节系统相同。

在有些装置中,采用比较简单的三冲量调节系统,只用一台调节器及一台加法器;加法器可接在调节器之前,如图 9-21(a)所示,也可接在调节器之后,如图 9-21(b)所示。图中加法器正负号是针对采用气式阀门及正作用调节器的情况。图 9-21(a)接法的优点是使用仪表最少,只要一台多通道调节器即可实现。但如果系数设置不当,不能确保物料的平衡,当负荷变化时,水位将有余差。

图 9-21(b)的接法,水位无余差,使用仪表较图 9-21(a)法多,但调节器参数的改变不影响补偿通道的整定参数。

9.3.2　燃烧过程的调节

燃烧过程自动调节系统与燃料种类、燃烧设备以及锅炉型号等有关。火力发电厂多以煤为燃料,石油化工厂则以燃料油或燃气为主。

燃烧过程自动调节的任务主要有三个:

① 调节燃料量 M 来保持蒸汽母管压力 P_M 稳定。在电厂,一条母管上有若干台锅炉同时供气,因而产生了并列运行锅炉之间的负荷分配问题。例如,P_M 降低了,要由各台锅炉增加

燃料量 M 来提高蒸汽产量 D，但每一台锅炉各增加多少呢？这应该根据各锅炉的特点来决定。有的锅炉效率高，可以让它带固定的最大负荷，称为带基本负荷。那么，负荷的变动就由其他锅炉承担，而它们之中有些锅炉的负荷可以变动大一些，另一些则变动小一些。这样，就必须有一个主调节器以 P_M 为被调量并发出大小不同的信号去各锅炉的燃料调节器，指挥它们按不同的比例增减燃料量，使各锅炉具有不同的负荷变动度。

② 调节送风量 F 使它与燃料量 M 相配合，以保证燃烧过程的经济性，可惜的是，燃烧效率不能直接测量出来，往往用一些间接方法来判定燃烧的效率。燃烧过程自动调节系统的发展与这一问题的解决方案密切相关。

③ 排烟量 Y 与送风量 F 相配合，以保持炉膛负压 P_f 不变。如果负压太大，会使大量冷空气漏进炉内，就会增大引风机的负荷和排烟带走的热损失。如果负压太小，甚至为正压，则炉膛热烟往外冒出，影响设备和工作人员的安全。一般炉膛应维持在 -2mmHg 左右（$1\text{mmHg}=133.322\text{Pa}$）。

以上三个调节任务，相应有三个调节系统。由于三个调节系统之间关系密切，因而共同组成多参数的燃烧过程自动系统。现以烧煤粉锅炉为例来说明。

在三个调节任务中，比较困难的是如何保证燃烧过程的经济性。最早的调节系统是维持送风量与燃料煤给粉机转速一定的情况下，但输出的煤粉量却时多时少。即使煤粉给粉量一定，煤的质量也会变化，发热量有高有低。因此，这种调节方案是不好的。进一步就提出了蒸汽—风量系统。即保持送风量 F 与锅炉的蒸汽量 D 成比例。煤粉的数量和质量的变化最终都会反映在 D 的变化上，因此，这种系统是较好的。以下将证明，维持 F 和 D 成比例，就能保持过量空气系数为一定值。由锅炉的热平衡可知

$$MQ_r\eta_g=D(i_{gr}-i_{gs}) \tag{9-16}$$

式中，M 为标准煤粉量；Q_r 为每公斤标准煤粉的发热量；η_g 为锅炉效率；i_{gr}、i_{gs} 分别为过热蒸汽和给水的焓。

式（9-16）等号左边表示煤粉燃烧后传给锅炉的热量，右边表示蒸汽带走的热量与给水带入热量之差（这个式子只代表静态下的热量平衡。在动态过程中，出于锅炉本身会积蓄一部分热量，因此等号左右两边的热量是不等的，因为 D 的变化要落后于煤粉燃烧所放出的热量 Q_r）。

送风量是

$$F=\alpha F_0 \tag{9-17}$$

式中，α 为过量空气系数；F_0 为完全燃烧所需理论空气量。

一般可以认为

$$F_0=CMQ_r$$

而不管煤种的变化，式中 C 近似是常数。将上式与式（9-17）代入式（9-16）后得

$$\frac{F}{D}=K\alpha \tag{9-18}$$

式中，$K=\dfrac{C(i_{gr}-i_{gs})}{\eta_g}=$ 常数。

式（9-18）说明，α 和比值 F/D 成比例。若能保持 F 与 D 成一定比例，就能保证一定的过量空气系数 α，从而得到高的燃烧效率。

为了保证燃烧过程的经济性，还提出了控制烟气中氧（O_2）含量的方案。实践证明，O_2 含

量和过量空气系数 α 之间的关系比较固定,控制 O_2 含量比控制 F/D 能更好地保证燃烧效率。为此,要解决 O_2 含量的测定问题。目前有快速磁性测氧计,氧化锆氧量分析仪等可以测定含氧量。但还有些问题需要解决。首先要保证所抽取的烟气中氧的含量具有代表性。如果在炉膛和取样点之间的烟道漏入空气,或测氧仪器取样管漏入空气,那么就会造成很大的测量误差。因为烟气中的 O_2 含量本来就很低,要保证测氧计的气密性并希望取样点尽可能靠近炉膛,就必须解决高温取样问题。此外,测氧计的快速性还应提高,才能适应自动调节的要求。目前比较多的是采用保持 F/D 比值一定的方案。

9.3.3 锅炉控制系统举例

锅炉通常有水位控制、蒸汽温度控制和燃烧控制三个主要控制系统。这三个系统互相联系、互相配合,共同完成供应生产所需的蒸汽,保持蒸汽压力、温度稳定,同时使锅炉在安全和经济的工况下运行。图 9-22 是一个锅炉自动控制系统的总图,可以了解各控制系统的组成与其间的联系。

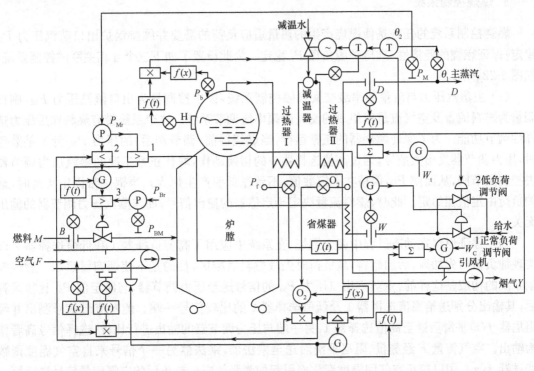

图 9-22　锅炉的自动控制系统图

1. 给水控制系统

汽包水位的测量采用差压变送器,其输出经低通滤波器 $f(t)$ 以平滑阻尼水位的高频脉动。另外,汽包压力 P_b 经过变送器测出并转换成标准输出信号,经过非线性函数单元 $f(x)$ 和乘法器的作用对水位信号进行压力校正,使水位信号更为准确,减少虚假水位的影响。校正后的水位信号分为两路,一路送低负荷运行时给水调节器 G,另一路送至正常负荷调节系统的加法器,作为三冲量给水调节的主信号。锅炉给水是通过并行的两个大小调节阀门即正常负荷调节阀 1 和低负荷调节阀 2 分别进行控制的。当锅炉在低负荷(<30％额定负荷)运行时,正

常负荷调节阀1关闭,锅炉水位信号通过低负荷调节器 G 控制低负荷调节阀门 2 的开度以调节给水量。这时,只是以锅炉水位为被调量的单回路控制系统。当锅炉负荷大于 30%额定负荷时,低负荷调节阀已经开至最大,则自动切换到以水位 H 为主被调量,给水流量 W 为副被调量,蒸汽流量 D 为前馈量的前馈—反馈串级控制系统,即通常称为三冲量给水控制系统。这时,主要用调节正常负荷的调节阀门1。当给水流量由小到大时,先开小阀门后开大阀门;反之,减少给水流量,先关大阀门后关小阀门的控制方式称为分程控制。使用两个阀门是为了克服用大阀门控制小流量难以精确的困难。

2. 蒸汽温度控制系统

图 9-22 中主蒸汽出口蒸汽温度 θ_1 为主被调量,经测量和变送后送至主调节器 T,副被调量是减温器后的蒸汽温度 θ_2,经测量、变送后送至副调节器,其输出控制减温水的电动调节阀,以改变减温水流量。这个系统是典型的串级控制系统。

3. 燃烧控制系统

燃烧控制系统的任务是使燃烧产生的热量适应负荷的需要并维持锅炉出口蒸汽压力 P_M 稳定;保证燃烧的经济性;维持炉膛负压 P_f 稳定。为此设置了如下三个互相关联的控制系统,如图 9-22 所示。

(1) 主蒸汽压力与流量的串级交叉限幅控制系统,以主被调量为出口蒸汽压力 P_M,副被调量为燃料流量及空气流量所组成的交叉限幅串级调节系统。这个系统带有燃料阀后压力选择性调节功能。为了保证燃烧器的正常运行,当燃烧器前(调节阀后)的压力 P_{BM} 低于某数值时,压力调节器发出大信号,通过高值选择器 3 的切换动作,取代正常工况的蒸汽压力调节器去控制调节阀,从而使 P_{BM} 保持在一定数值,不致过低而产生熄火。当锅炉带固定负荷时,锅炉负荷由定值器给定。此时,燃料流量决定于定值器的输出信号,而与蒸汽压力调节器的输出无关。

为了保证燃料在动态过程中完全燃烧,在系统中应用了高值选择器 1 和低值选择器 2 以实现加负荷时先加风,后加燃料,减负荷时先减燃料后减风,目的是不使烟囱冒黑烟。燃烧控制系统的构成是这样的:主蒸汽出口压力 P_M 的信号送至压力调节器,与给定值 P_M 比较运算后,其输出分别送给高值选择器 1 及低值选择器 2 的比较信号一端。燃料流量信号测出并经阻尼器 $f(t)$ 平滑后送至高值选择器 1,另一端与压力调节器的输出进行比较,选择信号高者作为输出。空气流量 F 经测量、阻尼平滑后送至乘法器,乘法器另一个信号来自空气温度函数变送器 $f(x)$,用以校正空气因温度变化而引起的膨胀效应。校正后的空气流量信号送至第二个乘法器,这个乘法器是由烟气氧含量调节器的输出来改变空气流量比例系数的。第二乘法器输出分两路,一路送至低值选择器 2 的一端,另一路送至综合比较器的左端。综合比较器右端是接收高值比较器 3 的输出信号,将这两个信号综合比较后其差值信号送空气流量调节器 G,去调节空气流量的翻板阀门。

当要增大负荷时,首先压力主调节器 P_M 的输出增大,这将使高值选择器 1 动作,选择主调节器的信号输出到综合比较器,然后再通过空气调节器去开大空气阀门,增加空气量。当空气流量增大后,其信号送至低值选择器 2,由其输出控制燃料调节器逐步加大燃料流量。若空气流量信号增至大于主调节器输出信号时,则低值选择器切换由主调节器输出控制燃料流量。反之,当减少负荷时,低值选择器首先动作,由主调节器的输出控制降低燃料流量,然后再通过高值选择器 1 去降低空气的流量。这样就实现了加负荷时先加风,后加燃料;减负荷时先减燃料后减风的交叉限幅控制。

(2) 以烟气含氧量作为燃烧经济性指标,燃烧的经济性是以燃料流量与空气流量有最佳的配比来实现的。空气的不足,使燃烧不充分;空气过量,使排烟带走热量过多。二者都不经济。以检测烟气含氧量作为燃烧经济性指标是一种普遍采用的方法。图 9-22 是以检测烟道的氧气含量通过调节 O_2 来改变第二乘法器的系数,从而改变空气流量的比例系数,实现燃料与空气的配比最佳。由于锅炉在负荷不同时,烟气含氧量的最佳值是有变化的. 所以,氧气调节器的给定值应由蒸汽流量信号通过函数变换单元来校正,烟气合氧量的值随锅炉负荷而改变。

(3) 炉膛负压 P_f 控制系统以炉膛负压 P_f 为被调节量带有送风调节器输出为前馈量,通过加法器综合后去控制引风量调节器,组成前馈—反馈复合控制系统。

系统中为了消除蒸汽流量、燃料流量、空气流量、锅炉汽包水位和炉膛负压等被测信号的脉动,采用阻尼器 $f(t)$ 以平滑高频脉动干扰,使整个控制系统工作平稳。

9.4 火电机组的脱硝控制系统

我国的电力系统作为全世界最大的电力系统,其中能源的主要来源为煤,电煤消耗约占全国煤炭产量的一半以上。煤炭资源在我国一次能源结构中的主导地位,奠定了我国电力生产中以燃煤火电机组为主的格局,而且这一趋势在相当长一段时间内不会改变。火电机组在我国电力装机中占据主导地位,因此火电机组的研究一直都是重要研究课题。

目前,我国大型超临界机组投运总容量巨大,装机容量和机组数量均已跃居世界首位。随着国家建设资源节约型、环境友好型社会的规划,大型超临界机组在火电中广泛应用,并将成为电力工业的中流砥柱。由此而引发的环境问题越来越受到社会各界的关注,特别是随着环境的恶化加剧,很多大型城市雾霾天气频繁出现,都与空气氮氧化物(NO_x)浓度密切相关。

随着人们生活水平的提高,现代人不仅仅只是满足于衣食住行等最基本的生活要素,越来越多的人开始注重周围环境的好坏。雾霾天气的频繁发生更使得原本没有重视大气污染的人群关注到了这个问题。为了健康和可持续发展,因此国家制订了明确的规章制度,严格管控火力发电所要排放的废气污染物含量。电厂废气的烟气中含有颗粒物、硫化物、氮氧化物等多种污染物,尤其是氮氧化物如果过度排放会导致酸雨、光化学烟雾等一系列环境污染现象,甚至还会直接影响人的呼吸系统,引发慢性咽炎、支气管哮喘等一系列疾病。为了减少对环境的污染,在火力发电系统中,废弃的烟气不会直接排放到大气中,而是要经过一个处理的流程才最终排放到大气。这个流程包括了烟气脱销(即去除烟气中氮氧化物的)、除尘等一系列工序。

9.4.1 火力电厂生产过程

火力发电实质是能量转换的过程,首先将化学能转化成蒸汽的热能,然后蒸汽带动汽轮机的转动,即将热能转化成机械能,最后在发电机的作用下将机械能转化成电能。火力电厂按照其用途还分为两种,一种为凝汽式电厂,主要用途就是提供电能;还有一种为热电厂,在供电的同时还承担供暖的功用。

火力发电厂发电容量和机组形式不同,但是其基本工作过程是类似的。

电厂生产过程主要包括三个系统,分别是燃烧系统、汽水系统和电气系统。

燃煤从储煤场利用输煤皮带输送到原煤仓,再由给煤机输送到磨煤机内,将燃煤磨成煤粉,热空气将研磨的煤粉从磨煤机出口携带进入粗粉分离器,颗粒较大的不合格的煤粉返回磨煤机继续研磨,合格的煤粉由一次风携带经排粉风机送入锅炉的炉膛内燃烧。煤粉燃烧后形成的热烟气沿锅炉的烟道流动,加热炉膛四周水冷壁管中的给水,通过省煤器、空气预热器,最终被输送到脱硝器、除尘器,将燃烧不完全的煤灰分离出来,引风机将处理过的烟气引至烟囱后排入大气。送风机将二次风送入装设在尾部烟道的空气预热器可以使进入锅炉的空气温度升高,便于煤粉的燃烧,同时也可以降低排放烟气的温度,进而提高机组的运行效率,实现节能减排。燃烧系统运行是否稳定直接影响烟气中各种氮氧化物含量的波动情况。

水系统包括锅炉、汽轮机、凝汽器和给水泵等设备。凝结水和补给水先进入除氧器,然后由水泵加压后通过高压加热器送入省煤器,最后进入锅炉顶部的汽包内。水冷壁内的水不断吸收煤在燃烧过程中散发出的热量,其中一部分水经加热沸腾后汽化为水蒸气,蒸汽从汽包流出后,进入过热器中继续加热成为过热蒸汽,再通过主蒸汽管道输送到汽轮机。快速流动的蒸汽推动汽轮机的叶片转动,从而将热能转化成机械能。汽轮机转子与发电机的转子同轴布置,这样汽轮机转子转动时直接带动发电机转子转动,从而产生电能。乏汽从汽轮机下部排出进入凝汽器,然后被循环水泵打入凝汽器的冷却水凝结成水。凝结水由凝结水泵输送到低压加热器并最终回到除氧器内,完成一个循环。由于在循环中不可避免地存在汽水泄露问题,因此要适量地向循环系统内补给一些水,以提高能源利用率并且保证循环的正常进行。

发电厂的电气系统包括发电机、励磁装置、厂用电系统和升压变电所等。发电机发出的电能,其中一部分经厂用变压器通过厂用配电装置供给磨煤机、给煤机、水泵、高温加热器等各种用电设备,为内部设备供电;另外一部分经主变压器调制增压,经高压配电装置和升压站将电能输出。

除上述三大主要系统之外,还有一些其他的辅助生产系统,如水的化学处理系统、燃煤的输送系统、灰浆的排放系统等。这些系统与主系统协调工作,它们相互配合完成电能的生产任务。

9.4.2 烟气脱硝过程

随着全国脱硫设备的建设,二氧化硫的污染治理明显有效,所以氮氧化物(NO_x)已经成为主要的酸性污染气体。据统计,2000—2005 年我国(NO_x)排放从 1100 万吨增加到 1900 万吨,年均增长约 10%。2005 年后,空气中(NO_x)浓度仍在不断上升,2010 年排放 2273.6 万吨,2011 年 7 月上半年全国(NO_x)排放总量 1206.7 万吨,比 2010 年同期(1136.6 万吨)增长6.17%。

国家发改委明确规定,燃煤锅炉从 2012 年 1 月 1 日开始实行(NO_x)排放限值 100mg/m³。

1. 烟气中的(NO_x)转换过程

烟气中 NO_x 主要是由燃料中含氮化合物在燃烧过程中氧化生成的,成为燃料型 NO_x,燃料型 NO_x 占到了总体的 90%;另一部分是空气中的氮气在燃烧过程中高温氧化生成的,称之为热力型 NO_x。化学反应式如下

$$N_2 + O_2 = 2NO \tag{9-19}$$

$$NO + \frac{1}{2}O_2 = NO_2 \tag{9-20}$$

除此之外还有极少量的一部分 NO_x 来源于火焰前沿燃烧的早期阶段,由碳氢化合物与氮气通过中间产物 HCN、CN 转化而成的 NO_x,称之为快速型 NO_x。

2. (NO_x)脱除的方法

减少(NO_x)的排放量是有多种方法的,工业上主要应用的大致上可以分为两个大类:一类是低氮燃烧技术;另外一类是烟气脱硝技术。

低氮燃烧技术:低氮燃烧技术是在燃烧过程中减少(NO_x)的形成,从而减少和降低(NO_x)的排放,具体有以下几种方法。

(1) 低过量空气系数运行

通过抑制烟气中空气含量来抑制 NO_x 的生成量,对降低燃料型 NO_x 尤其有效,同时可提高锅炉运行经济性。

(2) 降低燃烧器区域的火焰峰值温度

可采取燃烧器区域的烟气再循环和降低预热空气温度两种措施来减少热力型 NO_x 的生成,用烟气稀释空气中的氧,也使燃料型 NO_x 减少。

(3) 空气分级燃烧

基本思路是希望避开温度过高和大量过剩空气系数同时出现,从而降低 NO_x 的生成。① 使燃料先在缺氧条件下燃烧,抑制燃料 NO_x 生成;②燃料进入空气过剩区燃尽,虽然空气量多,但温度较低不会生成大量的 NO。因此,总的 NO_x 生成量降低约 40%~50%。

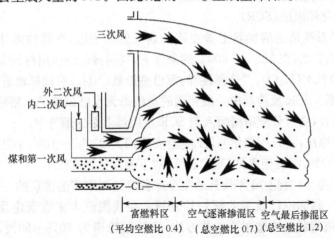

图 9-23　低 NO_x 燃烧器风分级示意图

(4) 燃料分级燃烧

如图 9-23 所示,第一燃烧区为富氧燃烧区,产生较多的 NO;第二燃烧区为缺氧燃烧区,将第一燃烧区生成的 NO 还原;第三燃烧区为燃尽区,过剩空气系数大于 1。可减少 50% 的 NO_x。

(5) 浓淡燃烧

给部分燃烧器供较多的空气,呈贫燃区;部分燃烧器供较少的空气,呈富燃区,两者都偏离理论空气量,燃烧温度降低,可较好地抑制 NO_x 生成。

(6) 烟气再循环燃烧

从炉后抽取部分低温烟气送回炉膛,或加入一次风或二次风中,降低氧浓度和火焰温度,使 NO_x 生成受到抑制,为了不影响燃烧系统的稳定,再循环风量应少于 30%,可使生成的

NO_x 降低 25%～35%。

低氮燃烧技术主要是改造燃煤锅炉以实现上述方法，可以有效地减少 NO_x 含量，但是同时也存在一些问题，最突出的表现为低氮燃烧锅炉为了降低 NO_x 的含量，而降低了能源的利用率，同时还存在成本高、改造复杂等一系列问题。

9.4.3 烟气脱硝技术

烟气脱硝技术是在锅炉燃烧结束后，对排放出的废弃烟气进行化学反应，将 NO_x 转化成无害的氮气（N_2）和水（H_2O），从而降低 NO_x 的浓度，达到改善排放污染的目的，主要方法分为选择性非催化还原法和选择性催化还原法。由于在实际的运用中绝大部分使用的是选择性催化还原法，所以这里主要介绍选择性催化还原法。

（1）选择性非催化还原法（SNCR）

选择性非催化还原法：①无须催化剂，反应温度范围为 930～1090℃；②投资较低，适用于小型锅炉，或部分大型锅炉；③脱硝率低，氨逃逸过高，对下游设备有一定影响。

还原剂氨（尿素）是以气态或液态形式利用喷入系统，将烟气中的 NO_x 通过化学反应还原成 N_2 和 H_2O。当温度控制不当或还原剂停留时间不够或与烟气混合不均匀，将影响氨与 NO_x 的反应，生成氨逃逸和产生硫酸铵，造成空气预热器堵塞和腐蚀，还影响环境指标。当 NO_x 脱除率为 50% 时，将有大约 10%～25% 转化为 N_2O 等有害的温室气体，同时它对臭氧层也起破坏作用。所以该方法在实际运用中使用非常少。

（2）选择性催化还原法（SCR）

SCR 烟气脱硝系统是当前世界上最主流的烟气脱硝手段，选择性催化还原法是利用氨（NH_3）对 NO_x 还原功能，在 320℃～400℃ 的条件下，利用催化剂作用将 NO_x 还原为对大气没有影响的氮气（N_2）和水（H_2O）。"选择性"的意思是指氨（NH_3）有选择地进行还原反应，在这里只选择 NO_x 还原。SCR 反应器中一般使用的是液态无水氨或氨的水溶液，首先使氨蒸发，然后与稀释空气混合，通过分配格栅喷入到 SCR 反应器上游的烟气中。

选择性催化还原法：①采用催化剂，反应温度范围为 280℃～420℃；②投资较高，应用最广，应用范围超过 90%；③脱硝率高，氨逃逸低，对下游设备影响较小。

SCR 脱硝技术是 20 世纪 70 年代开始在全球各发达国家普遍推广的一种脱硝工艺技术，已成功应用于燃煤、燃油电厂及工业锅炉等领域。在我国绝大多数新建及改造项目也采用 SCR 工艺，是燃煤机组脱硝改造主要工艺方法，NO_x 脱除率为 60%～90%，SCR 脱硝流程如图 9-24 所示。

简单介绍一下 SCR 反应器正常工作的正常启动和停止过程。首先在锅炉预通风阶段使用空气预先加热催化剂，然后烟气脱硝系统与锅炉同时起动。SCR 烟气脱硝系统温度监测系统实时监测 SCR 反应器入口及出口的温度，正常运行时温度差在 10 ℃ 以下。当催化剂温度升到 310 ℃ 后，维持 10 分钟，氨气供给系统通过喷氨格栅向 SCR 反应器喷氨，这时 SCR 烟气脱硝系统进入正常运行阶段。正常运行的反应温度应维持在 310℃～400 ℃ 之间。正常工作时 SCR 反应器的入口 NO_x 浓度和出口 NO_x 浓度可以通过检测设备实时监控。

在锅炉停止运行前，需要先对催化剂进行吹灰操作。SCR 烟气脱硝系统在停炉前 10 分钟开始停止喷氨，即手动将氨量需求信号值调整至 0。在制氨发生设备接收到氨量需求信号为 0 时，关闭氨气喷入管线上的阀门，维持 10 分钟后即可进行停炉操作。停炉后，在维持锅炉负压的情况下，采用引风机吹扫 SCR 烟气脱硝系统。如果催化剂层没有预先进行吹灰操作，就不能对其采用空气吹扫。

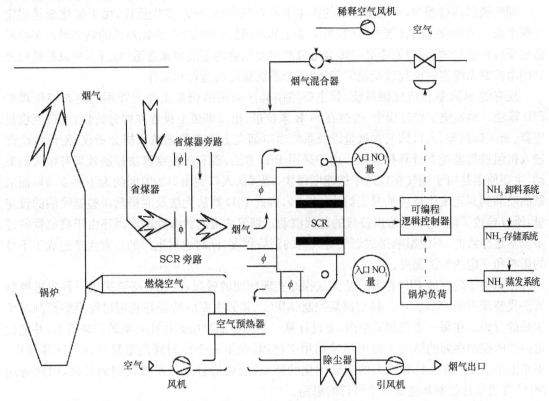

图 9-24　SCR 脱硝流程示意图

从图 9-24 中可以看到空气首先经过空气预热器预热,然后输送到锅炉与锅炉中的燃煤燃烧,烟气从锅炉中排出送入 SCR 反应器;同时氨储罐经过汽化蒸发然后与空气混合后也输送到 SCR 反应器。烟气和氨在 SCR 反应器中催化剂的作用下发生化学反应,NO_x 和氨(NH_3)反应生成无害的氮气(N_2)和水(H_2O),其反应的化学反应方程式如式(9-21)和式(9-22)所示

$$4NO+4NH_3+O_2 \longrightarrow 4N_2+6H_2O \tag{9-21}$$

$$2NO_2+4NH_3+O_2 \longrightarrow 3N_2+6H_2O \tag{9-22}$$

脱硝控制系统就是利用入口 NO_x 浓度和出口 NO_x 浓度建立 SCR 反应器的模型,然后控制氨(NH_3)的用量使出口 NO_x 浓度维持在相对稳定的较低的水平($100mg/m^3$)。

SCR 脱硝法之所以其 NO_x 脱除率高于 SNCR 脱硝法,主要依赖于催化剂的作用,催化剂使整个反应温度降低并且效率提高,所以催化剂的选择尤为重要。最常用催化剂都含有氧化矾、氧化钛及其他的活泼金属等。目前的催化剂的反应都在 315℃～400℃ 为宜。催化剂置换费用约占系统总价的 50%。催化剂寿命一般 1～2 年。

由于锅炉排放的烟气存在大量的污染物,化学成分复杂,对催化剂的使用寿命也造成了一定的影响。催化剂中毒将会降低催化剂性能,使其逐渐失效,这主要是 SO_3 的吸附和氨硫化合物的污染造成。中毒取决于反应温度,低硫煤和高硫煤分别不低于 300℃ 和 342℃,持续低温将永久损坏;高于 400℃ 则催化剂活性退化。另外砷、碱金属、碱土金属也会使催化剂中毒。再有飞灰、油的污染和磨损及结垢都会造成催化剂失效和损坏。

在整个 SCR 烟气脱硝系统中,控制算法主要存在于对氨喷撒量的控制,其他的设备在正常工作的情况下不需要人为的改变。氨喷洒的设定量由控制系统根据当前排放的入口烟气的

NO$_x$ 来确定。

烟气脱硝的过程中,氨在催化剂的作用下和烟气中的 NO$_x$ 发生反应,由于催化剂是固定在整个烟气处理设备的管道内部的,由于催化剂是网格状的结构,因此喷洒的氨如果过多容易造成反应速度变慢,同时氨喷洒过多会造成产出废气物的生成堵塞管道的过孔,所以氨的喷洒必须由控制系统实时监控改变设定值,使整个系统稳定的运行和工作。

现有的 SCR 氨供应控制系统,其主要控制算法采用的仍是工业上常用的经典控制理论 PID 算法。原系统工作过程中,通过在 SCR 系统进、出口烟道上设置取样分析仪、入口温度反应器、出入口压差、入口烟气含氧量以及系统出口烟道上设置的逃逸取样分析仪,使信号全部进入机组进行监控并计算排放量。由于采用 PID 方法,现有的控制算法控制效果有很大的波动,主要原因是由于烟气在风道中的速度很快,烟气从入口到出口的时间约为 10~20 秒,而从氨的喷洒到真正发生反应的时间约为 140 秒,因此 PID 算法无法及时提前调整氨喷洒的设定量,所以导致了烟气 NO$_x$ 浓度持续的起伏波动。烟气浓度起伏波动的原因还由于喷氨量的过多或不足导致的,不仅影响排放烟气对大气的污染程度,同时也对电厂的正常生产造成了不良的影响和一定的经济损失。

正是由于现有的 PID 控制算法无法很好实现预期的效果,因此有必要采用一种先进控制算法代替现有的 PID 方法。模型预测控制(MPC)其最主要的特征是利用过程模型预测对象未来的行为。在每一个控制周期内,通过计算一系列控制举措来优化对象的未来行为,并把优化得到的控制序列的第一个输出信号作用于过程,在下一个控制周期重复所有的计算过程。正是由于 MPC 方法具有强大的滚动优化的特点,所以适合这里所要控制的对象,因此选用 MPC 方法设计控制算法是一个可行的思路。

以状态空间为基础的现代控制理论从 20 世纪 60 年代初期发展以来,已取得了很大进展,它以 Pontragian(1962)的极大值原理、Bellman(1963)的动态规划和 Kalman(1960a,1960b)的最优滤波理论为其发展的里程碑,并在航天、航空等领域取得了辉煌的成果。利用状态空间法分析和设计系统,提高了人们对被控对象的洞察能力,提供了设计控制系统的手段,对控制理论和控制工程的发展起到了积极的推动作用。但随着科学技术和生产的迅速发展,对复杂和不确定性系统实现自动控制的要求不断提高,使得现代控制理论的局限性日益明显。这主要表现在以下两个方面:

(1)现代控制理论是以被控对象精确的数学模型为基础的,而在复杂工业环境下,其精确的数学模型很难建立,即使一些被控对象能够建立所对应的数学模型,但其结构往往非常复杂,阶次过高或呈现出非线性特性,难以设计和实现有效的控制。

(2)系统在实际运行时由于各种实际工况的原因其参数会发生变化,而且生产环境的改变和外来扰动的影响更是给系统带来了很大的不确定性,这使得按理想模型得到的最优控制失去了最优性并使控制品质严重降低。因此,人们往往更关心的是控制系统是否能在不确定影响下仍能保持良好的控制性能,而不是只追求理想的最优性。

这些来自实际的原因阻碍了现代控制理论在复杂工业过程中的实际应用。为了克服理论和实际应用的不协调,除了加强对系统辨识、自适应控制、鲁棒控制等研究外,人们试图面对工业过程的特点,寻找一种对模型要求低、在线计算方便、控制综合效果好的控制方法。模型预测控制就是在这种情况下发展起来的一类新型计算机控制算法。

模型预测控制的建模大概归纳为如下。所需建立的烟气脱硝系统入口浓度预估模型,需要通过根据锅炉的燃烧过程中的多项数据来估计入口的烟气浓度,由于锅炉燃烧本身的化学过程是一个非常复杂的过程,涉及锅炉反应的温度变化、燃烧过程中风的流动速度、煤的供给量等方方面面的问题,因此我们采用非线性建模的方法来建立烟气入口浓度的预估模型。

脱硝系统中,从控制器喷洒氨动作实施,到喷洒的氨实际发挥作用是一较长的时间过程,一般约为 200 秒的时间,而烟气从锅炉的燃烧端到最终输送到 SCR 脱硝系统的入口,也是一个相对比较缓慢的过程,约为 30 秒的时间,因此如果能够提前 30 秒得到脱硝系统入口 NO_x 的浓度,对于整个控制过程有非常大的帮助和意义。一方面解决了入口 NO_x 浓度检测装置损坏或失灵的问题,另一方面可以提前告知控制器的下一步工作,为控制器的预判做好准备。

辨识所需要的数据均是从现场采集得到,由于锅炉燃烧的复杂性,因此取了多个量作为辨识的输入量,输出量为 SCR 烟气脱硝系统的入口浓度,由于数据的数量较多且数值范围变化很大,所以还是需要对辨识数据进行去均值处理。

9.4.4 基于模型预测控制的烟气脱硝控制系统

下面分两个部分介绍该控制系统的建模和控制器的设计。

1. 系统建模

选取火电机组的实际脱硝设备监测的数据作为辨识数据进行辨识,辨识数据全部来源自现场数据。现场设备可以采集到入口 NO_x 的浓度、出口 NO_x 的浓度、总风量和喷氨(NH_3)量设定值。

由于实际辨识数据在量级上存在较大的差异,因此首先需要对数据进行预处理。建模所选取的输入量分别为总风量和喷氨(NH_3)量设定值,输出量为实际去除的 NO_x 的量。

辨识所需的数据都可以直接从检测设备中直接获得,所获得的数据需要进行预处理后才可用于系统模型的辨识。

实际去除 NO_x 的量无法通过设备检测直接获得,需要通过入口 NO_x 浓度、出口 NO_x 浓度和总风量共同计算获得,即

$$NO_{x除去量} = (NO_{x入口浓度} - NO_{x出口浓度}) \times L_{总风量} \tag{9-23}$$

通过式(9-23),可以得到系统实际去除的 NO_x 总量。

这里采用的具体建模方法为子空间辨识法,通过辨识,获得一个两输入一输出的控制系统模型。利用不同时间的实际系统运行数据进行验证,可以判定辨识系统的准确性。

图 9-25 中浅灰色为原系统的实际运行数据,深灰色曲线为辨识得到的曲线,曲线拟合度为 76.76%。从辨识结果来看,辨识模型得到的输出曲线能够很好地拟合实际的输出曲线,该辨识模型可以用于设计控制系统。

2. 控制系统设计

在获得了系统的模型之后,就可以采用模型预测控制的方法进行控制器的设计。模型预测控制(ModelPerdictiveConrtol,MPC)的核心特征是利用对象模型预测对象的未来行为。在每个控制周期内,通过计算一系列控制处理来优化被控对象的未来行为,并把优化得到的控制序列的第一个输出信号作用于过程,在下一个控制周期重复所有的计算过程。MPC 算法对模型精度要求低,对模型包容性很强,从阶跃响应模型、线性状态空间模型到非线性状态空间模型,甚至到混杂系统模型都适用。对控制过程中的约束条件可进行显式处理,能较好反应实际工业生产情况。它采用实时预测、滚动优化和反馈校正机制对干扰和不确定性因素有较好

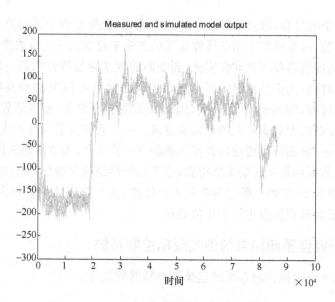

图 9-25　实际运行数据和辨识模型输出量对比

的适应性,可达到良好的控制效果,因而得到了广泛的关注和大量的应用。

为了使控制过程更加接近真实系统,这里对 MPC 控制器输出的控制幅值等进行了限幅、限速率处理,将控制器输出的幅值控制在一定范围内之间。同时与经典 PID 控制器进行比较,得到如图 9-26 所示的控制结果。

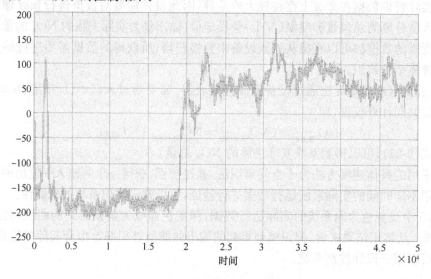

图 9-26　预测控制器效果图

图 9-26 为实际需要去除的 NO_x 含量和预测控制系统所去除的 NO_x 总量对比图,深灰曲线为实际系统在 50000s 内的实际需要脱销量轨迹,采用时间为 5s;细深曲线为预测控制器得到的模型预测控制施加之后的系统脱销量输出轨迹,同样也是在 50000s 内,采样时间 5s。可以看到由于预测控制器为零初始状态,而原系统为非零初始状态,所以在系统起初的时间内一直在追赶实际系统,当系统稳定之后两条曲线能够很好的拟合,而且追赶速度非常迅速,预测控制器能够得到很好的控制效果。

图 9-27 所示为 PID 控制效果的示意图。从两张控制效果的示意图不难发现,PID 算法在

整个控制的过程中一直落后于实际系统,此时出口烟气的浓度忽高忽低,无法稳定在一个较为均匀平滑的状态,这样的工作过程首先会造成整个脱硝系统的排放烟气无法稳定保持在国家标准的污染物含量以下,从而对环境造成污染;同时由于烟气浓度的大幅波动,为了使排放烟气 NO_x 浓度稳定和达标,用户所需喷洒的氨的用量会大量的增加,增大反应发生的力度,这样不仅造成了大量的经济损失,而且重要的是长此以往恶性循环,不仅烟气排放无法得到有效控制,也对生产设备造成不良的影响。

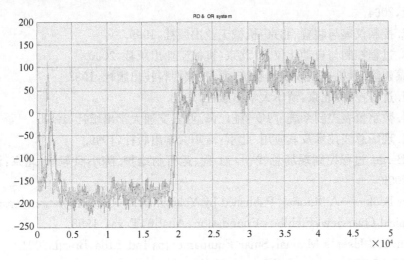

图 9-27　PID 控制效果示意图

复习思考题

9-1　锅炉设备主要控制系统有哪些?

9-2　简述石油加工蒸馏的工作原理与蒸馏塔的控制要求。

9-3　作图说明蒸馏塔的塔顶与塔底有哪些主要控制系统以保证生产操作。

9-4　试述加热炉串级比值调节系统的控制原理并画出控制系统图。

9-5　什么是加热炉的交叉限幅并联副回路的串级调节系统,其优点何在?

9-6　汽包水位的假液位现象是怎么回事? 它是在什么情况下产生的? 具有什么危害性?

9-7　锅炉水位控制中,能够克服液位影响的控制方案有哪几种?

9-8　工业锅炉有几个基本的调节系统,简述燃烧控制系统的工作原理,如何做到燃烧的优化?

参 考 文 献

[1] F G Shinskey. 过程控制系统——应用,设计与整定. 萧德云,吕伯明译. 北京:清华大学出版社,2004.

[2] 向婉成. 控制仪表与装置. 北京:机械工业出版社,1999.

[3] 侯志林. 过程控制与自动化仪表. 北京:机械工业出版社,2000.

[4] 施仁,蔡建陵. 微机控制仪表及系统. 西安:陕西科技出版社,1988.

[5] 金以慧. 过程控制. 北京:清华大学出版社,1993.

[6] 森下岩. 数字仪表控制系统. 西安:施仁译. 西安交通大学出版社,1988.

[7] 阳宪惠. 现场总线技术及其应用. 北京:清华大学出版社,1999.

[8] Jonas Berge. 过程控制现场总线——工程、运行与维护. 陈小枫等译. 北京:清华大学出版社,2003.

[9] Fieldbus Book——A Tutorial. Published by Yokogawa Electric corporation,Japan. 2001.

[10] Technical Overview,Fieldbus Foundation,Austin,Taxas. 1998.

[11] System 302 User's Manual,Smar Equipamentos Ind. Ltda,Brazil. 2001.

[12] CENTUM CS3000 User's Manual,Yokogawa Electric Corporation,Japan. 2004.

[13] 陶永华等编著. 新型 PID 控制及其应用. 北京:机械工业出版社,1998.

[14] 王桂增,王诗宓等. 高等过程控制. 北京:清华大学出版社,2002.

[15] 邵裕森,戴先中. 过程控制工程. 北京:机械工业出版社,2000.

[16] 孙洪程,李大字,翁维勤. 过程控制工程. 北京:高等教育出版社,2006.

[17] 蒋慰孙,俞金寿. 过程控制工程. 北京:电子工业出版社,2007.

[18] 何衍庆. 工业生产过程控制. 北京:化学工业出版社,2004.

[19] 刘宝坤. 计算机过程控制系统. 北京:机械工业出版社,2001.

[20] YS1000 Series User's Maunal,Yokogawa Electric Corporation,Japan. 2008.

[21] 郑辑光,韩九强,杨清宇. 过程控制系统. 北京:清华大学出版社,2012.

[22] 张爱民主编. 自动控制原理. 北京:清华大学出版社,2006.

[23] 俞金寿. 过程自动化及仪表.

[24] 历玉鸣. 化工仪表及自动化. 北京:化学工业出版社,2006.

[25] 吴勤勤. 控制仪表及装置. 北京:化学工业出版社,2007.

[26] 张宏建. 过程控制系统与装置. 北京:机械工业出版社,2012.

[27] 阳宪惠. 安全仪表系统的功能安全. 北京:清华大学出版社,2007.

[28] 萧鹏. 过程分析技术及仪表. 北京:机械工业出版社,2008.

[29] 于洋. 在线分析仪表. 北京:电子工业出版社,2006.